W0262764

Umwelt- und Bioressourcenmanagement für
eine nachhaltige Zukunftsgestaltung

Erwin Schmid · Tobias Pröll

(Hrsg.)

Umwelt- und Bioressourcenmanagement für eine nachhaltige Zukunftsgestaltung

OPEN

Hrsg.
Erwin Schmid
Institut für Nachhaltige Wirtschaftsentwicklung
Universität für Bodenkultur Wien
Wien, Österreich

Tobias Pröll
Institut für Verfahrens- und Energietechnik
Universität für Bodenkultur Wien
Wien, Österreich

ISBN 978-3-662-60434-2   ISBN 978-3-662-60435-9   (eBook)
https://doi.org/10.1007/978-3-662-60435-9

Die Deutsche Nationalbibliothek verzeichnet diese Publikation in der Deutschen Nationalbibliografie; detaillierte bibliografische Daten sind im Internet über http://dnb.d-nb.de abrufbar.

Springer Spektrum

Planung/Lektorat: Sebastian Müller

Springer Spektrum ist ein Imprint der eingetragenen Gesellschaft Springer-Verlag GmbH, DE und ist ein Teil von Springer Nature.
Die Anschrift der Gesellschaft ist: Heidelberger Platz 3, 14197 Berlin, Germany

Grußworte

Liebe Leserin, lieber Leser!

Kaum eine österreichische Universität steht so sehr für Nachhaltigkeit und Interdisziplinarität wie die Universität für Bodenkultur Wien (BOKU). BOKU-Studien sind nicht durch die Zugehörigkeit zu Fakultäten, sondern durch das Zusammenwirken aller Departments bestimmt. Und unser „Drei-Säulen-Modell" (Natur-, Ingenieur-, Wirtschafts- und Sozialwissenschaften) macht sie interdisziplinär.

Natürlich wäre es schön, möglichst viele Studierende mit dem Studium des Umwelt- und Bioressourcenmanagements (UBRM) auf den Weg zu einer nachhaltigeren, besseren Zukunft zu bringen. Leider sind die Ressourcen dafür begrenzt. Deshalb haben wir uns angesichts der neuen Universitätenfinanzierung und der Arbeitsmarktsituation entschlossen, nur noch so vielen Studierenden Plätze zur Verfügung zu stellen, wie wir auch guten Gewissens ausbilden können. Diese Plätze sollen jenen offenstehen, die bereits überzeugt sind, sich mit den vielfältigen und komplexen Zusammenhängen dieses Studiums beschäftigen zu wollen. Jenen, die bereit sind, sich alle Grundlagen der drei Säulen eines BOKU-Studiums anzueignen, soll unsere volle Aufmerksamkeit zukommen. Zwischen Disziplinen zu vermitteln, erfordert nicht nur fachliches, sondern auch kulturelles Verständnis der beteiligten Fachrichtungen. Beides ist nicht nebenbei zu erwerben, sondern nur durch bewusstes, unvoreingenommenes Eintauchen in den jeweiligen Fachbereich und in dessen Umfeld. Deshalb gibt es dieses Buch, deshalb ist es notwendig, sich vor Studienbeginn in einem Online-Self-Assessment mit den Inhalten des Studiums auseinanderzusetzen, um die richtige Entscheidung treffen zu können.

Ich möchte den Autorinnen und Autoren dieses Buches danken, die allesamt engagierte Forschende und Lehrende im UBRM-Studium sind, dass sie weder Zeit noch Mühe gescheut haben, ihr Fachgebiet für künftige und gegenwärtige Studierende darzustellen – allen voran den Herausgebern Erwin Schmid, dem Wirtschaftswissenschaftler, und Tobias Pröll, dem Techniker, die durch diese Zusammenarbeit bewiesen haben, dass Interdisziplinarität nicht nur ein Schlagwort ist, sondern gelebte Praxis.

Ich wünsche Ihnen eine interessante Lektüre und ein erfolgreiches Studium, sollten Sie sich dafür entscheiden.

Ihre Sabine Baumgartner Wien, im Juli 2019
Vizerektorin für Lehre und Weiterbildung

Vorwort

Seit mehr als 50 Jahren arbeiten Wissenschaftlerinnen und Wissenschaftler verschiedener Disziplinen verstärkt zusammen, um auf die komplexer werdenden Fragen und spezifischen Herausforderungen der Zeit schlüssige Antworten geben und tragfähige Lösungen vorschlagen zu können. Dies wurde notwendig, weil einfache Antworten und disziplinäre Lösungen für die rasanten gesellschaftlich-technologischen Veränderungen und die weitreichenden internationalen Verflechtungen nicht mehr ausreichten. Dazu gehören auch die zunehmenden Wechselwirkungen zwischen Mensch, Technik und Natur und die damit verbundenen – zum Teil irreversiblen – Auswirkungen auf die lokale und globale Umwelt und somit auf zukünftige Generationen.

Daraus entwickelten sich die Nachhaltigkeits- und Umweltwissenschaften. Seither führten zahlreiche Universitäten Studien ein, um Studierende inter- und transdisziplinär auszubilden. Mit ihren Ausbildungsprofilen sind die Absolventinnen und Absolventen gefragte Mitarbeiterinnen und Mitarbeiter in vielen Wirtschaftsbereichen, in nationalen und internationalen Organisationen sowie in privaten und öffentlichen Einrichtungen. Viele von ihnen sind in ihren Aufgaben- und Tätigkeitsbereichen Pionierinnen und Pioniere für eine nachhaltige Zukunftsgestaltung.

An der Universität für Bodenkultur Wien (BOKU) werden die Umwelt- und Nachhaltigkeitswissenschaften seit etwa zwei Jahrzehnten konsequent ausgebaut. In den Studienprogrammen der BOKU wird das mit dem Drei-Säulen-Modell umgesetzt. Die Wirtschafts- und Sozialwissenschaften, die Naturwissenschaften und die Ingenieurwissenschaften sind in allen Bachelor- und Masterprogrammen mit Grundlagen- und Spezialfächern vertreten. Das Drei-Säulen-Modell bildet ein Alleinstellungsmerkmal und ermöglicht den Studierenden die Aneignung disziplinärer und interdisziplinärer Kompetenzen in den Schwerpunktbereichen der BOKU.

Im Studium Umwelt- und Bioressourcenmanagement (UBRM) werden die Herausforderungen unserer Zeit aufgegriffen und Wissen, Kompetenzen und Werkzeuge vermittelt, die Absolventinnen und Absolventen unterstützen, verschiedene Perspektiven in ihren Arbeitsaufgaben zu integrieren. Die BOKU-Imagestudie aus dem Jahr 2014 zeigte, dass fast die Hälfte der befragten Meinungsführerinnen und -führer aus Wirtschaft, Politik, Kommunikation, Wissenschaft und Bildung das UBRM-Studium als besonders zukunftsweisend sieht.

Das UBRM-Studium wurde an der BOKU im Studienjahr 2003/04 als Bachelor- und Masterprogramm eingerichtet und fand großen Zuspruch bei den Studierenden.

Um die Qualität der Ausbildung zu gewährleisten, hat sich die Universitätsleitung im Jahr 2018 zur Einführung eines Aufnahmeverfahrens und für die Begrenzung der Studierendenzahl im Bachelorstudiengang UBRM entschieden.

Die Beiträge in diesem Buch bieten einen Überblick über und Einblicke in das UBRM. Die Lektüre soll interessierte Studierende bei der Studienwahl unterstützen, indem sie Themen und Fachgebiete und die zu erwerbenden Kompetenzen und Fertigkeiten kennenlernen. Jenen, die bereits im Umwelt- und Bioressourcenmanagement tätig sind, bietet das Buch eine Möglichkeit, die eigenen Aufgaben- und Tätigkeitsbereiche zu reflektieren. Diese kompakte Zusammenstellung unterschiedlicher, sich ergänzender Themenfelder soll auch als Inspiration dienen und bewusste Veränderungen im eigenen Arbeitsgebiet anregen. Konkrete Fallbeispiele und Einblicke in die Studien- und Berufspraxis zeigen, wie nachhaltige Zukunftsgestaltung im Sinne der Agenda 2030 der Vereinten Nationen aussehen kann. Wir wünschen eine spannende Lektüre und freuen uns über Rückmeldungen zum Buch.

Für eine gute Lesbarkeit wird in den Beiträgen die vollständige Paarform (z.B. Studentinnen und Studenten) oder eine geschlechterneutrale Formulierung (Studierende) verwendet. Frauen und Männer sollen sich gleichermaßen angesprochen fühlen. Abweichungen sind entweder fachlich begründet, oder sie wurden in der Überarbeitung übersehen. Auch hierzu danken wir für Rückmeldungen.

Die Erstellung des Manuskripts, das Layout und die Erstellung vieler Abbildungen wurden von Frau Christina Roder vom Department für Wirtschafts- und Sozialwissenschaften hervorragend unterstützt. Herr Mag. Georg Sachs hat als externer Lektor wesentlich zur Verbesserung der Lesbarkeit beigetragen. Die Herausgeber bedanken sich bei beiden sehr herzlich. Wir danken auch den Autorinnen und Autoren, die sich kurzfristig und während des laufenden Semesters bereit erklärt haben, an dem Buchprojekt mitzuwirken. Herr Dr. Sebastian Müller und Frau Dr. Meike Barth haben es ermöglicht, dass dieses Buch umgehend im Springer-Spektrum Verlag erscheinen kann und auch in elektronischer Version frei zur Verfügung steht. Die Herausgeber bedanken sich sehr herzlich bei Frau Vizerektorin Dr. Sabine Baumgartner für die finanzielle Unterstützung.

Erwin Schmid und Tobias Pröll   Wien, im Juli 2019

Inhaltsverzeichnis

1 Management für eine nachhaltige Zukunftsgestaltung

Erwin Schmid[a], Hermine Mitter[a], Verena Winiwarter[b] und Tobias Pröll[c]
[a] Institut für Nachhaltige Wirtschaftsentwicklung, [b] Institut für Soziale Ökologie, Department für Wirtschafts- und Sozialwissenschaften (WiSo), [c] Institut für Verfahrens- und Energietechnik, Department für Materialwissenschaften und Prozesstechnik (MAP)
erwin.schmid@boku.ac.at, hermine.mitter@boku.ac.at, verena.winiwarter@boku.ac.at, tobias.proell@boku.ac.at

1.1 Herausforderungen unserer Zeit

Am Beginn des 21. Jahrhunderts steht die Menschheit vor großen gesellschaftlichen und ökologischen Herausforderungen, um ein friedliches und menschenwürdiges Zusammenleben innerhalb der physischen Grenzen des Planeten zu sichern (Rockström et al. 2009). Entwicklungen im 19. und 20. Jahrhundert förderten – insbesondere in Ländern des Globalen Nordens – die Entstehung von Wohlfahrts- und Sozialstaaten sowie individuelle Freiheit, Selbstbestimmung, Unabhängigkeit und den Wohlstand vieler Menschen. Es wurden Institutionen geschaffen, um die gesellschaftliche Ordnung, die Mitbestimmung und die Verteilung von Ressourcen zu regeln. Sie unterstützen den Ausgleich zwischen Bevölkerungsgruppen und Generationen, der immer wieder neu zu verhandeln ist. Die Institutionen der Demokratie, des Rechts und der Wissenschaft müssen aufgrund der zunehmenden Fragmentierung der Gesellschaft, der Entwicklung disruptiver Technologien und zur Bewältigung globaler ökologischer Herausforderungen laufend weiterentwickelt werden (Ostrom 2015).

Eine der größten Herausforderungen ist der menschlich verursachte Klimawandel (World Economic Forum 2019). Er führt zu Veränderungen für alle Lebewesen, wobei die erwarteten Auswirkungen sowie die Möglichkeiten und Fähigkeiten sich anzupassen, ungleich verteilt sind (Byers et al. 2018). So können die Auswirkungen des Klimawandels die Lebensbedingungen, v.a. in Ländern des Globalen Südens, erschweren, z.B. durch den Anstieg des Meeresspiegels oder das häufigere Auftreten von Extremwetterereignissen (Harrington und Otto 2018; IPCC 2014). Temperaturanstieg, Niederschlagsveränderungen und höhere atmosphärische CO_2-Konzentration beeinflussen die Produktion von Nutzpflanzen (Challinor et al. 2014; Knox et al. 2016) und das Auftreten von Schadorganismen, klimasensitiven Unkräutern und von Krankheiten sowie von deren Gegenspielern (Bebber et al. 2013). Das hat mit-

1

unter massive Konsequenzen für die globale Landwirtschaft, z.B. durch großflächige Ernteverluste (Deutsch et al. 2018), für das Gesundheitswesen, z.B. durch das Auftreten von Infektionskrankheiten und Allergenen (APCC 2019), und für die Stabilität und Resilienz von Ökosystemen, z.B. durch die Ausbreitung invasiver Arten (Carboni et al. 2018).

Der Verbrauch und die Verschmutzung natürlicher Ressourcen, wie Boden, Wasser und Luft, sind weitere zentrale Herausforderungen des 21. Jahrhunderts (World Economic Forum 2019). Sensible Ökosysteme werden gestört, Lebensräume für Pflanzen und Tiere gehen verloren, und Biodiversität und genetische Vielfalt werden reduziert (vgl. z.B. Barker und Tingey 1992). Zudem kommt es zur Beeinträchtigung der biosphärischen Produktionsgrundlagen, sodass die globale Versorgungssicherheit mit Lebensmitteln, nachwachsenden Rohstoffen und Energie gefährdet ist. Dem stehen eine wachsende Weltbevölkerung (UN 2019) und in weiten Teilen der Welt ein zunehmender Pro-Kopf-Konsum gegenüber. Die fortschreitende Umweltverschmutzung kann die Anpassungsfähigkeit an die globalen Veränderungen und die Lebensqualität von Milliarden Menschen beeinträchtigen.

Die zunehmende Polarisierung der Gesellschaft sowie soziale und ökonomische Ungleichheiten, z.B. zwischen Staaten, Generationen und Geschlechtern, gehören ebenfalls zu den großen Herausforderungen unserer Zeit (World Economic Forum 2019). Dadurch kann der gesellschaftliche Zusammenhalt untergraben werden, und es kann zu sozialen Instabilitäten kommen, die in der Folge zu Krisen der Demokratie, des Wohlfahrtsstaats, der Rechtsstaatlichkeit und der internationalen Zusammenarbeit führen können.

Angesichts der vielfältigen Herausforderungen und der damit verbundenen Folgen für Menschen und Ökosysteme wird die Forderung nach einer Transformation von Gesellschaften und Wirtschaftssystemen immer lauter. Solche Transformationsprozesse bedürfen gut ausgebildeter Expertinnen und Experten, die komplexe Zusammenhänge verstehen, ökologische, soziale, ökonomische und technologische Möglichkeiten und Grenzen erkennen, Wissen verbinden und in Kontext setzen können, um nachhaltige Lösungen zu erarbeiten und eine robuste Entscheidungsfindung zu unterstützen. Nachhaltig sind Lösungen dann, wenn durch sie die Lebensgrundlagen künftiger Generationen weltweit erhalten werden – und sie gleichzeitig die sozialen und ökonomischen Ungleichheiten reduzieren. Als robust gelten Entscheidungen, wenn sie, unabhängig von den sich verändernden klimatischen und sozioökonomischen Rahmenbedingungen, zum Erreichen des gewünschten Ziels beitragen (Hallegatte 2009). Dafür sind fachliche, methodische und soziale Kompetenzen, Kenntnisse über Zusammenhänge und Wechselwirkungen sowie handwerkliche Fertigkeiten des wissenschaftlichen Arbeitens notwendig. Die Kompetenz, verschiedene Perspektiven wahrnehmen und diese bei der Erarbeitung von Lösungen integrieren zu können, ist eine Grundvoraussetzung, um Zukunft nachhaltig zu gestalten.

1.2 Auf dem Weg in eine nachhaltige Zukunft?

1.2.1 Agenda für nachhaltige Entwicklung

Die Agenda 2030 für nachhaltige Entwicklung nimmt sich der vielfältigen Herausforderungen unserer Zeit an. Sie wurde im September 2015 von der Generalversammlung der Vereinten Nationen verabschiedet und soll die Menschheit auf einen Pfad der Transformation hin zu einer fairen und nachhaltigen Lebensweise für alle Menschen bringen. Die Agenda 2030 ist entlang der großen Themen Menschen, Planet Erde, Wohlstand, Frieden und Partnerschaft strukturiert und zeichnet mit ihren Zielen und Zielvorgaben die Vision einer Welt, in der die Versorgung aller Menschen mit Wasser und Lebensmitteln gesichert ist und die weiteren Grundbedürfnisse gedeckt sind, in der Konsum- und Produktionsmuster nachhaltig und fair sind und in der alle Menschen ihr volles Potenzial in Harmonie mit der Umwelt und mit ihren Mitmenschen entfalten können (UN 2015).

Diese ambitionierte Vision wurde von den 193 Mitgliedstaaten der Vereinten Nationen angenommen. Auch die österreichische Bundesregierung hat sich zur Umsetzung der Agenda 2030 verpflichtet (Bundeskanzleramt Österreich 2016). Die **17 nachhaltigen Entwicklungsziele** der Agenda 2030 (*Sustainable Development Goals – SDGs*) sind in 169 Unterziele ausdifferenziert (vgl. Abbildung 1.1). Die Zielfortschritte sollen laufend geprüft und dokumentiert werden (vgl. z.B. OECD 2019; Sachs et al. 2019; Stiglitz et al. 2018).

Die SDGs stellen ein Zielsystem für Entscheidungsprozesse auf globaler, nationaler und regionaler Ebene dar und geben die von der Gesellschaft gewünschte Entwicklungsrichtung vor. Schon das Zielportfolio der Agenda 2030 zeigt: Viele nehmen die Welt, in der wir leben, als zunehmend komplex wahr. Ressourcenknappheit, technischer Wandel, soziale und ökonomische Ungleichheit, Bevölkerungswachstum, Epidemien und insbesondere der globale Klimawandel können zu gesellschaftlichen Verwerfungen führen. Die Komplexität und Vernetztheit der Herausforderungen, das Fehlen einfacher Lösungen und die Notwendigkeit, im Rahmen der gesellschaftlichen Transformation rasch Maßnahmen erarbeiten und umsetzen zu müssen, erfordert die Zusammenarbeit verschiedener Akteurinnen und Akteure in diversen Themenbereichen und

SDG 1:   Armut in allen ihren Formen und überall beenden

SDG 2:   Den Hunger beenden, Ernährungssicherheit und eine bessere Ernährung erreichen und eine nachhaltige Landwirtschaft fördern

SDG 3:   Ein gesundes Leben für alle Menschen jeden Alters gewährleisten und ihr Wohlergehen fördern

SDG 4:   Inklusive, gleichberechtigte und hochwertige Bildung gewährleisten und Möglichkeiten lebenslangen Lernens für alle fördern

SDG 5:   Geschlechtergleichstellung erreichen und alle Frauen und Mädchen zur Selbstbestimmung befähigen

SDG 6:   Verfügbarkeit und nachhaltige Bewirtschaftung von Wasser und Sanitärversorgung für alle gewährleisten

SDG 7:   Zugang zu bezahlbarer, verlässlicher, nachhaltiger und moderner Energie für alle sichern

SDG 8:   Dauerhaftes, breitenwirksames und nachhaltiges Wirtschaftswachstum, produktive Vollbeschäftigung und menschenwürdige Arbeit für alle fördern

SDG 9:   Eine widerstandsfähige Infrastruktur aufbauen, breitenwirksame und nachhaltige Industrialisierung fördern und Innovationen unterstützen

SDG 10: Ungleichheit innerhalb von und zwischen Staaten verringern

SDG 11: Städte und Siedlungen inklusiv, sicher, widerstandsfähig und nachhaltig machen

SDG 12: Für nachhaltige Konsum- und Produktionsmuster sorgen

SDG 13: Umgehend Maßnahmen zur Bekämpfung des Klimawandels und seiner Auswirkungen ergreifen

SDG 14: Ozeane, Meere und Meeresressourcen im Sinne nachhaltiger Entwicklung erhalten und nachhaltig nutzen

SDG 15: Landökosysteme schützen, wiederherstellen und ihre nachhaltige Nutzung fördern

SDG 16: Friedliche und inklusive Gesellschaften für eine nachhaltige Entwicklung fördern

SDG 17: Umsetzungsmittel stärken und die Globale Partnerschaft für nachhaltige Entwicklung mit neuem Leben erfüllen

Abbildung 1.1: *Die nachhaltigen Entwicklungsziele (SDGs) der Agenda 2030*
(vgl. Gratzer und Winiwarter 2018; UN 2015)

Sektoren auf unterschiedlichen Entscheidungsebenen. Insbesondere die Umwelt- und Nachhaltigkeitswissenschaften reagieren auf diese Herausforderungen, indem sie ihre Studiengänge stark inter- und transdisziplinär ausrichten (Børsen et al. 2013; Khadri 2014; Michelsen 2013). Wirtschaft, Politik und Zivilgesellschaft halten für gut und fächerübergreifend ausgebildete Expertinnen und Experten vielfältige Aufgaben und Tätigkeitsfelder bereit, mit denen sie zu den Entwicklungszielen der Agenda 2030 beitragen können.

Solche Menschen denken vernetzt und verfügen über fachliche, methodische, soziale und persönliche Kompetenzen, die für eine inter- und transdisziplinäre Zusammenarbeit erforderlich sind. Sie verstehen die Sprache und Kultur der fachlich relevanten Disziplinen sowie der Akteurinnen und Akteure und sind in der Lage, ihr Wissen über Fachgrenzen hinweg in gesellschaftlichen Handlungsfeldern zu kommunizieren und anzuwenden. Absolventinnen und Absolventen solcher Studiengänge sind idealerweise in der Lage, mit sich verändernden Anforderungen flexibel umzugehen, und können sich in eine breite Palette von Fachbereichen vertiefen (vgl. z.B. Lattuca et al. 2013; Pecukonis et al. 2008).

1.2.2 Nachhaltige Zukunftsgestaltung braucht inter- und transdisziplinär ausgebildete Expertinnen und Experten

UBRM ist zentral für die Umsetzung der Agenda 2030. Dafür bedarf es Wissen über Theorien, Methoden und Zugänge in den Sozial- und Wirtschaftswissenschaften ebenso wie in den Ingenieur- und Naturwissenschaften. Darauf aufbauend müssen Expertinnen und Experten natürliche und gesellschaftliche Systeme und deren Wechselwirkungen verstehen und Querschnittkompetenzen (z.B. Medien- und Innovationskompetenzen sowie Beratungs- und Diskursführungskompetenzen; Beck 2007) besitzen.

Expertinnen und Experten im UBRM erheben und analysieren Daten im Kontext verschiedener wissenschaftlicher Disziplinen und sind in der Lage, komplexe Zusammenhänge zu erkennen sowie inter- und transdisziplinäre Lösungen zu erarbeiten – denn tragfähige Lösungen können nur entstehen, wenn unterschiedliche Perspektiven miteinbezogen werden. Damit bereiten sie gesellschaftspolitisch relevante Entscheidungen vor und können mögliche kurz- und langfristige Auswirkungen auf unterschiedliche Bevölkerungsgruppen und Lebensräume bereits vorab abschätzen. Sie kennen die wesentlichen Verfahren und Instrumente zur nachhaltigen Nutzung und Erhaltung natürlicher Ressourcen auf betrieblicher, gesellschaftlicher und naturräumlicher Ebene ebenso wie die aktuellen Fachdiskurse. Sie sind in der Lage, etablierte Verfahren und Instrumente weiterzuentwickeln und gesellschaftliche Lern- und Veränderungsprozesse anzustoßen und zu begleiten.

Eine inter- und transdisziplinäre Ausbildung befähigt Umwelt- und Bioressourcenmanagerinnen und -manager zum vernetzten Denken und ermöglicht es ihnen, nichtnachhaltige Entwicklungen und Rückkopplungsmechanismen bereits früh zu erkennen, vorausschauend nach dem Vorsorgeprinzip zu planen sowie verschiedene Sichtweisen in langfristig orientierte Problemlösungsprozesse einzubringen. Mit System-, Ziel- und Transformationswissen können sie Handlungsalternativen auf lokaler, regionaler oder globaler Ebene erarbeiten, Gefahren und Unsicherheiten unterschiedlicher Herangehensweisen bereits vorab erkennen und abwägen sowie mögliche Gestaltungsspielräume aktiv nutzen. Expertinnen und Experten des UBRM interpretieren und evaluieren abstrakte, allgemeingültige Zusammenhänge im situationsbezogenen Kontext. Darüber hinaus können sie gesellschaftlich relevante Fragestellungen formulieren und robuste Handlungsalternativen erarbeiten, um Zielkonflikte zu reduzieren sowie Innovations- und Transformationsprozesse professionell zu begleiten.

Wie die Agenda 2030 betont, sind alle gesellschaftlichen Bereiche an der Nachhaltigkeitstransformation beteiligt. Entsprechend vielfältig sind die Arbeitsfelder von Expertinnen und Experten des UBRM. Sie beschäftigen sich mit effizienter und nachhaltiger Energie- und Ressourcennutzung, mit Umweltagenden und Umweltmanagementsystemen in Unternehmen sowie in zivilgesellschaftlichen und öffentlichen Organisationen und Einrichtungen. In der Kommunikation können sie eine Schnittstellenfunktion einnehmen. Sie greifen die Anliegen und Ideen der Gesellschaft auf und entwickeln in partizipativen Prozessen gemeinsam mit unterschiedlichen Akteurinnen und Akteuren tragfähige Lösungen. Dabei führen sie Betroffene und Anspruchsgruppen mit Entscheidungsträgerinnen und Entscheidungsträgern zusammen, vermitteln zwischen Interessen, gleichen Machtverhältnisse aus und motivieren die Beteiligten zum verantwortungsvollen Handeln. Durch die Einbindung unterschiedlicher Akteurinnen und Akteure in Planungen und Entscheidungen werden persönliche und institutionelle Lern- und Transformationsprozesse gefördert. Zudem können Umwelt- und Bioressourcenmanagerinnen und -manager sachlich einschätzen, bei welchen Fragestellungen und gesellschaftlichen Herausforderungen eine umfangreiche Einbindung von Akteurinnen und Akteuren notwendig bzw. förderlich ist, um so tragfähige Lösungen erarbeiten zu können.

1.2.3 Themenbereiche des Umwelt- und Bioressourcenmanagements

Die Beiträge dieses Buches stellen wichtige Themenbereiche des UBRM vor und zeigen die vielfältigen Arbeitsmöglichkeiten auf. Ob im öffentlichen Dienst, bei Nichtregierungsorganisationen (NGOs), in Unternehmen oder in der Wissenschaft – um in Richtung der SDGs Fortschritte zu erreichen, braucht es vernetzte, inter- und transdisziplinär ausgebildete Expertinnen und Experten. Die Vielfalt der Fachbereiche lässt sich in eine überschaubare Zahl übergreifender Themenbereiche gliedern und in den Kontext der SDGs setzen (vgl. Abbildung 1.2). Anhand der Region Seewinkel beschreibt Fallbeispiel 1.1, wie inter- und transdisziplinäre Forschung gestaltet werden kann, um ein umfassendes Verständnis für die Herausforderungen einer Region zu erzielen und tragfähige Lösungen zu entwickeln.

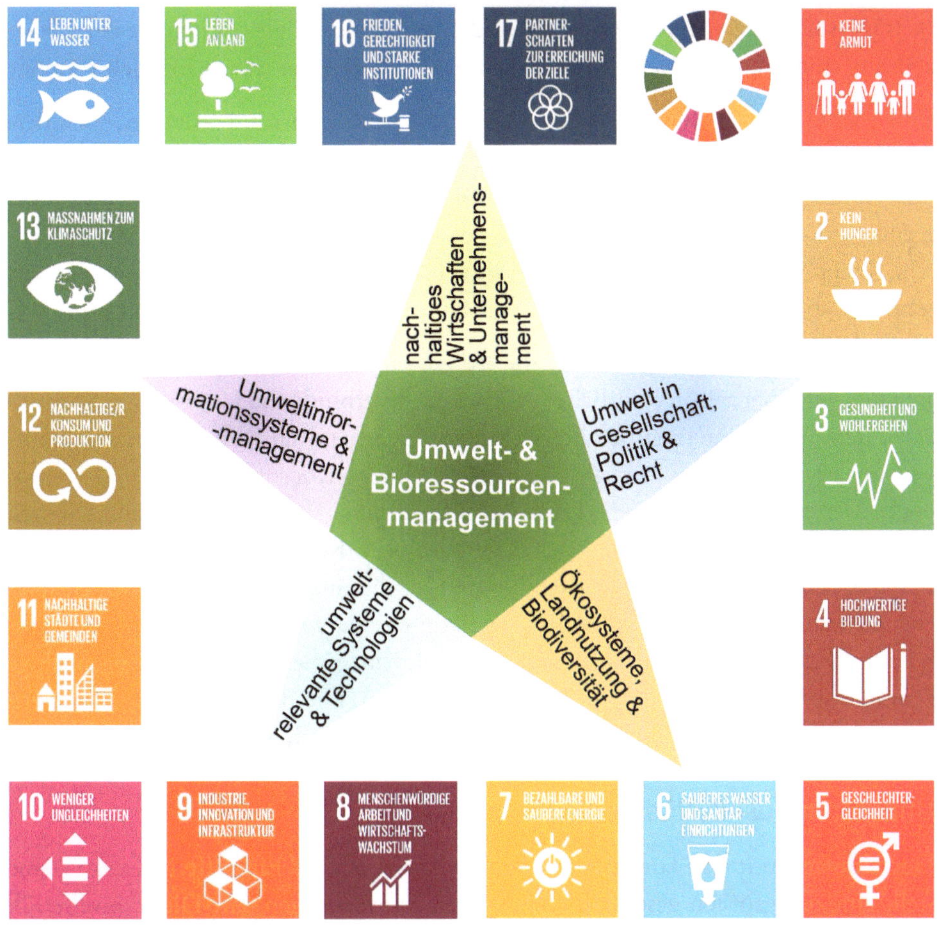

Abbildung 1.2: *Umwelt- und Bioressourcenmanagement im Kontext der nachhaltigen Entwicklungsziele (SDGs)*

Nachhaltiges Wirtschaften und Unternehmensmanagement

Wer das Wirtschaften mit natürlichen Ressourcen verbessern will, braucht ein Verständnis für marktwirtschaftliche und ordnungspolitische Zusammenhänge auf mikro- und makroökonomischer Ebene. Dem Marktversagen bei Umweltgütern nachzugehen, dessen Ursachen zu verstehen und Lösungsansätze zu kennen, ist ebenso wichtig, wie die Kenntnis effizienter Regulierungsinstrumente im Bereich der Umweltverschmutzung und Ressourcennutzung. Die Bereitstellung öffentlicher Güter – wie Bildung, Sicherheit und saubere Umwelt – ist von zentraler Bedeutung, um niemanden von deren Nutzung auszuschließen. Die Nichtausschließbarkeit führt zu Herausforderungen, wenn die Qualität der Güter erhalten oder sogar gesteigert werden soll. Finanzierungsbeiträge sowie die Mitbestimmungs- und Beteiligungsmöglichkeiten an deren Gestaltung sind innerhalb der Gesellschaft und global gesehen unterschiedlich verteilt.

Eine ebenso wichtige Rolle spielt der Umgang mit nicht oder nur teilweise regenerierbaren Ressourcen, wie beispielsweise mit fossilen Brennstoffen oder Phosphor. Um der Erschöpfung einer natürlichen Ressource oder der Überlastung eines Filter-, Puffer- oder regulierenden Umweltmediums (wie z.B. dem Boden) vorzubeugen, muss die ökologische Knappheit – in vielen Fällen ist die absolute Grenze bereits erreicht bzw. sogar überschritten – bei marktwirtschaftlichen Entscheidungen systematisch berücksichtigt werden.

Internationale Organisationen wie die Vereinten Nationen verhandeln bereits seit Jahrzehnten über völkerrechtliche Verträge und verbindliche Umwelt- und Sozialstandards. Auch Unternehmen übernehmen zunehmend Umwelt- und Sozialverantwortung, weil das den wirtschaftlichen Erfolg fördert. Konsumentinnen und Konsumenten erwarten, dass Unternehmen gesellschaftliche Verantwortung übernehmen und dafür auch entsprechende Nachweise erbringen. Konzepte wie Corporate Social Responsibility oder Corporate Citizenship sind für die einzelnen Unternehmen entsprechend zu konkretisieren. Dafür bedarf es strategischer Unternehmensplanung, betriebswirtschaftlichen Handwerkszeugs sowie Umweltmanagementsysteme, die nachhaltige Produktion und nachhaltigen Konsum unterstützen. Die Beiträge 2.1 bis 2.3 liefern wichtige Einblicke für die Umsetzung der SDGs 1, 2, 3, 7, 8, 10, 12 & 13.

Umwelt in Gesellschaft, Politik und Recht

Der Umgang mit den langfristigen Folgen menschlicher Eingriffe in Ökosysteme stellt eine der größten gesellschaftlichen Herausforderungen dar. Die Umweltethik beschäftigt sich mit der Anwendung moralischer Prinzipien auf das Verhalten von Personen und Unternehmen gegenüber der belebten und unbelebten Umwelt. Sie liefert unabdingbares Reflexionswissen und Handlungsmaximen, die eine strukturierte und umfassende Diskussion menschlicher Handlungen im Kontext erwarteter Umweltauswirkungen unterstützen. Der Konnex zu Umweltpolitik, Umweltrecht und Umweltsoziologie ist naheliegend. Die Umweltpolitik beschreibt in drei Dimensionen (1) die Ordnung des politischen Systems und der institutionellen und organisatorischen Rahmenbedingungen, (2) die Prozesse von Konsensbildung, Konfliktaustragung, Machterhaltung und Machterwerb sowie (3) die Inhalte, Ziele, Programme und Instrumente in spezifischen Politikfeldern. Gemeinsam mit der Umweltsoziologie liefert die Umweltpolitik das nötige Konzept-, Kontext- und Hintergrundwissen für den Umgang mit politischen Akteurinnen und Akteuren sowie mit deren Interessen in UBRM-relevanten Politikfeldern. Die Umweltsoziologie beschäftigt sich mit der Bedeutung individueller und kooperativer Entscheidungsprozesse bei komplexen, umweltrelevanten Fragestellungen, zeigt, wie Umwelthandlungen und deren Auswirkungen wahrgenommen werden, und ermöglicht die qualitative Bewertung von Instrumenten zur Unterstützung von Verhaltensänderungen. UBRM ist in eine große Bandbreite an Rechtsvorschriften eingebettet. Gerade im Umweltbereich gibt es auf internationaler, europäischer, nationaler und regionaler Ebene unzählige Rechtsnormen. Rechtliche Grundkenntnisse sind unabdingbar, um die Rahmenbedingungen für eine intersektorale Zusammenarbeit im Sinne der Nachhaltigkeit zu ermöglichen, zu fördern und um juristische Probleme selbstständig oder in Kooperation mit Fachjuristinnen und -juristen beurteilen zu können.

Während institutionelle und rechtliche Rahmenbedingungen oft historisch gewachsen und in diesem Kontext zu verstehen sind, geht die Umweltgeschichte noch einen bedeutenden Schritt weiter. Sie beschreibt die Wechselwirkungen zwischen Menschen, Technik und Umwelt in mittel- bis langfristigen Zeiträumen. Dadurch wird es möglich, aktuelle und frühere Entwicklungen systematisch zu vergleichen, um aus vergangenen Erfolgen oder Rückschlägen zu lernen und diese Erkenntnisse für gegenwärtige Entscheidungen nutzbar zu machen. Die Beiträge 3.1 bis 3.4 liefern wichtige Einblicke für die Umsetzung der SDGs 3, 5, 10, 12 & 16.

Ökosysteme, Landnutzung und Biodiversität

UBRM erfordert Wissen über Funktionen, Leistungen und Wechselwirkungen von Ökosystemen und deren Veränderungen in Raum und Zeit, die etwa durch Änderungen klimatischer, politischer oder gesellschaftlicher Rahmenbedingungen angestoßen werden. Die nachhaltige Bewirtschaftung von Ökosystemen und das Management von Bioressourcen setzt naturwissenschaftliche Grundlagenkenntnisse aus Fächern wie Ökologie, Meteorologie, Klimatologie, Botanik, Zoologie, Geologie und Bodenkunde voraus. Die dynamischen Interaktionen in und zwischen terrestrischen und aquatischen Ökosystemen müssen verstanden werden, um den naturschutzfachlichen und gesellschaftlichen Wert der Ökosysteme einschätzen und die kurz-, mittel- und langfristigen Wirkungen von geplanten Eingriffen vorab beurteilen zu können. Darauf aufbauende Instrumente des Natur-, Gewässer- und Landschaftsschutzes sind für die Erhaltung lebensnotwendiger natürlicher Ressourcen und für den Schutz der Biodiversität nötig. Zur Dokumentation und Evaluierung des Zustands von Ökosystemen und deren laufenden Veränderungen bedarf es des gezielten Monitorings aussagekräftiger Indikatoren, die kostengünstig messbar und unmissverständlich zu interpretieren sind und die sich zur Unterstützung robuster Entscheidungen eignen. Nur bei einer integrierenden Herangehensweise können nachhaltige Landnutzung und Landbewirtschaftung unter den Bedingungen des globalen Wandels gelingen.

Damit soll nicht nur die Ernährung der Weltbevölkerung mit hochwertigen Lebensmitteln sichergestellt werden, sondern auch die Auswirkungen auf Natur und Umwelt auf ein tragfähiges Ausmaß reduziert werden. Die Raum- und Umweltplanung ist gefordert, menschliche Lebensräume unter Berücksichtigung ökologischer, sozialer, kultureller und ökonomischer Interessen zu gestalten sowie Instrumente für die multifunktionale Nutzung von Räumen zu erarbeiten. Damit sollen die vielen – teils komplementären, teils gegensätzlichen – Anforderungen an „den Raum" bzw. die Umwelt ausbalanciert werden. Die Beiträge 4.1 bis 4.5 liefern wichtige Einblicke für die Umsetzung der SDGs 6, 11, 13, 14 & 15.

Umweltrelevante Systeme und Technologien

Die Zivilisation versucht, die Lebensbedingungen einer arbeitsteiligen Gesellschaft zu verbessern, indem sie in den verschiedenen Sektoren Lebensmittel, Gebrauchsgüter und Nutzenergie bereitstellt und letztlich auch die Abfallprodukte verarbeitet. Entlang dieser Bereitstellungsketten und Entsorgungsschienen sind viele Prozesse umweltrelevant: die Entnahme von Primärrohstoffen aus der Umwelt, die Aufbereitung und der Transport, die Herstellung von Produkten in Produktionsanlagen, die Verteilung der Produkte und deren Nutzung sowie die Sammlung und Behandlung des Abfalls und Abwassers. Alle diese Schritte bedürfen geeigneter und regional angepasster Technologien, die einer ständigen Weiterentwicklung unterliegen. Für Umwelt- und Bioressourcenmanagerinnen und -manager ist deshalb die grundlegende Kenntnis der physikalischen, chemischen und technischen Prinzipien hinter den technologischen Ansätzen sowie ein Überblick über die verfügbaren Technologien samt ihren Möglichkeiten und Grenzen von entscheidender Bedeutung. Siedlungswasserwirtschaft und Gewässerschutz, effiziente Energiesysteme auf der Grundlage erneuerbarer Energieträger, Abfallwirtschaft und Recycling sowie Verkehr und Mobilität sind im UBRM besonders relevante Systeme. Die Siedlungswasserwirtschaft beschäftigt sich u.a. mit der Planung und Implementierung von Wasserversorgung und Abwasserinfrastruktur (Kanal- und Kläranlagen) und bietet dafür standortangepasste Lösungen. Gewässerschutz arbeitet an der Reinhaltung von Grund- und Oberflächengewässern, wobei zwischen Wassernutzerinnen und -nutzern, die Trinkwasser, Bewässerung und/oder Kühlung brauchen, ein Interessensausgleich erfolgen muss. Um klimaneutrale Energiesysteme zu stärken, die Wasserkraft, Wind-, Sonnen- und Bioenergie nutzbar machen, werden nicht nur die Technologien zur Energiebereitstellung, sondern auch Übertragungs- und Speichertechnologien laufend weiterentwickelt. Die Organisation von Mobilität bedarf nicht nur emissionsarmer Transporttechnologien, sondern ist auch eng an die Siedlungsentwicklung gekoppelt. Im Bereich der Abfallwirtschaft geht es neben Strategien zur Abfallvermeidung auch um technologische Lösungen zur Abfallbehandlung mit dem Ziel, Wertstoffe zurückzugewinnen und eine Kreislaufwirtschaft mit möglichst kurzen Schleifen zu realisieren. Für nachhaltige Gesamtlösungen ist es essenziell, das Zusammenspiel der einzelnen Sektoren (Wasser, Verkehr, Energie, Abfall) zu erkennen, technologische Optionen wirtschaftlich zu bewerten und mit den anderen, weniger technischen Disziplinen (z.B. Raumplanung, Ökologie, Ökonomie) abgestimmt zu betrachten. Umfassende Kenntnisse über die technischen, sozialen, ökonomischen und rechtlichen Aspekte etablierter und innovativer Technologien sind für das UBRM unerlässlich. Die Beiträge 5.1 bis 5.5 liefern wichtige Einblicke für die Umsetzung der SDGs 2, 3, 6, 7, 9, 11, 12, 13 & 14.

Umweltinformationssysteme und -management

Insbesondere für die Bearbeitung von Umwelt- und Ressourcenfragen brauchen Expertinnen und Experten grundlegendes Wissen aus Chemie, Physik, Statistik, Mathematik und Informatik. Der Erfassung, Plausibilitätsprüfung und Analyse von Umweltdaten sowie deren Bereitstellung in einer für die jeweiligen Nutzerinnen und Nutzer verständlichen und geeigneten Form kommt eine wesentliche Rolle zu. Zu den wichtigsten Umweltdaten zählen Klima-, Luft- und Bodenparameter, Landbedeckung, Wasserstand und -qualität. Für den Aufbau von Umweltinformationssystemen braucht es ein Verständnis dafür, welche Daten und Indikatoren mit welcher Methode für welche Gebiete und in welcher Regelmäßigkeit erhoben werden sollen. Da Umweltfragen selten mit administrativen Grenzen übereinstimmen, müssen auch Fragen der grenzüberschreitenden Datenerhebung, Möglichkeiten des regelmäßigen Datenaustauschs und der Datenverschneidung mitbedacht werden. Eine Fülle an Umweltdaten wird heute mittels Satelliten- und Lasertechnik bereitgestellt. Um diese Daten systematisch erfassen und entsprechend verarbeiten zu können, werden in vielen Handlungsfeldern des UBRM Methoden der Fernerkundung und Geoinformation benötigt.

Umweltinformationssysteme eignen sich dafür, Umweltdaten auch für eine größere Gruppe an Interessierten, z.B. über Social Media, bereitzustellen. Je nach Zielgruppe aufbereitet, geben sie Auskunft über die natürliche, gebaute und soziale Umwelt und deren Wechselwirkungen. Sie können für hoheitliche Aufgaben wie Raum- und Umweltplanung, für private Unternehmen, etwa in der Logistikbranche, und für die Gesellschaft, etwa bei Hochwasserwarnungen, als Entscheidungsgrundlage herangezogen werden. Für das UBRM ist es entsprechend wichtig, mit Methoden der Datenerhebung und -analyse vertraut zu sein, um die Informationen für den jeweiligen Zweck nutzen und interpretieren zu können. Die Beiträge 6.1 und 6.2 liefern wichtige Einblicke für die Umsetzung der SDGs 7, 13, 14 & 15.

Fallbeispiel 1.1: Inter- und transdisziplinäre Forschung für die Region Seewinkel

Die Region Seewinkel und ihre Herausforderungen

Die Region Seewinkel im Osten Österreichs liegt im pannonischen Klimagebiet. Sie zeichnet sich durch eine abwechslungsreiche, agrarisch geprägte Landschaft und den größten endorheischen (abflusslosen) See Mitteleuropas, den Neusiedler See, aus. Damit bietet sie vielen Tier- und Pflanzenarten einen wertvollen Lebensraum. Die Nutzungsansprüche an die Region sind vielfältig und reichen von Landwirtschaft und Tourismus – den beiden bedeutendsten Wirtschaftssektoren – bis hin zu Jagd, Fischerei, Schilfernte und Naturschutz.

Durch die unterschiedlichen Ansprüche kommt es immer wieder zu Nutzungskonflikten, die sich durch klimatische Veränderungen noch verstärken können. Zum Beispiel kann bereits ein geringfügiges Absinken des Grundwasserstandes zum Austrocknen der für die Region charakteristischen Salzlacken führen, mit dramatischen Auswirkungen auf die Biodiversität (Horváth et al. 2019). Die Landwirtschaft nutzt in trockenen Jahren Grundwasser für die Bewässerung. Der Grundwasserstand ist jedoch entscheidend für den kapillaren Aufstieg von Salzen aus dem Boden.

Nachhaltige Zukunftsgestaltung in der Region Seewinkel

Um die Wechselwirkungen zwischen den unterschiedlichen Nutzungsansprüchen und den Ressourcen Boden und Wasser zu verstehen und Strategien zur Lösung bestehender und möglicher zukünftiger Nutzungskonflikte zu entwickeln, bedarf es der Zusammenarbeit verschiedener Akteurinnen und Akteure. Forschungsarbeiten der BOKU (z.B. das Projekt CLISWELN, Climate Services for the Water-Energy-Land Nexus) analysieren das Zusammenspiel von agrarischer Landnutzung und hydrologischen Prozessen unter sich verändernden klimatischen Bedingungen (Karner et al. 2019). Regionale Anspruchsgruppen erarbeiten in Zusammenarbeit mit Wissenschaftlerinnen und Wissenschaftlern wirksame Maßnahmen, die ihre Bedürfnisse berücksichtigen und gleichzeitig zur nachhaltigen Entwicklung der Region beitragen.

Inter- und transdisziplinäre Forschung

Die Kooperation von Wissenschaftlerinnen und Wissenschaftlern mit unterschiedlichem disziplinärem Hintergrund (z.B. Agronomie, Hydrologie, Klimatologie, Ökologie und Ökonomie) sowie die Einbindung regionaler Akteurinnen und Akteure in den unterschiedlichen Phasen des Forschungsprozesses sind notwendig, um in den Lösungsstrategien unterschiedliche Perspektiven berücksichtigen zu können. Insbesondere sind das Zusammenwirken einer heterogenen Gruppe von Expertinnen und Experten aus Forschung, privaten Unternehmen, Interessensvertretungen, Naturschutzorganisationen, NGOs und der Verwaltung und die Einbindung regionaler Entscheidungsträgerinnen und Entscheidungsträger sowie von Vertreterinnen und Vertretern unterschiedlicher Anspruchsgruppen förderlich.

Bei der inter- und transdisziplinären Forschung geht es auch darum, Methoden aus den Natur-, Ingenieur- und Sozialwissenschaften einzusetzen, die Ergebnisse entsprechend zu integrieren und für die regionalen Akteurinnen und Akteure nutzbar zu machen (Defila und Di Giulio 1999). Im Forschungsprojekt CLISWELN werden integrative Modellanalysen, Workshops und qualitative, leitfadengestützte Interviews eingesetzt, um evidenzbasierte Entscheidungsprozesse mit Fakten und Erkenntnissen zu unterstützen.

Integrative Modellanalysen kombinieren Theorien, Daten und Methoden aus unterschiedlichen Disziplinen, um Ursache-Wirkungs-Verhältnisse zu beschreiben und zu erklären (Hisschemöller et al. 2001; van Ittersum et al. 2008). Für den Seewinkel werden so mögliche Auswirkungen des Klimawandels auf die Landwirtschaft und die Wassernutzung quantifiziert und effektive Anpassungs-maßnahmen an den Klimawandel identifiziert. Anpassung kann im landwirtschaftlichen Betrieb er-folgen, z.B. durch die Veränderungen der Kulturartenzusammensetzung oder der Bewässerungs-technologie, und sich direkt und indirekt auf die natürlichen und sozialen Ressourcen auswirken. Auch die Koordination von öffentlichen Maßnahmen, wie z.B. Technologie- und Infrastrukturentwicklung oder gesetzliche Standards, kann die Anpassung an den Klimawandel fördern und Ressourcen-nutzungskonflikte reduzieren.

In einer Workshopreihe werden mit regionalen Akteurinnen und Akteuren kohärente kognitive Karten erstellt, worin ihre Wahrnehmungen, Erfahrungen und ihr Wissen systematisch erfasst und visualisiert werden. Die Ergebnisse unterstützen die quantitative Simulation regionaler Szenarien. In leitfaden-gestützten Interviews wird das Anpassungsverhalten von Landwirtinnen und Landwirten an die ver-änderten klimatischen und hydrologischen Rahmenbedingungen erhoben (Mitter et al. 2019). Die Ergeb-nisse zeigen Möglichkeiten auf, wie Klimawandelanpassungen in den Sektoren der Region angeregt werden können.

1.3   Zusammenfassung

Schon aus dieser kurzen Überblicksdarstellung wird deutlich, wie vielfältig die Themen- und Arbeitsbereiche im UBRM sind. Rechtliche Rahmenbedingungen, Politikzyklen, technologische Entwicklungen und gesellschaftliche Wertvorstellungen müssen be-rücksichtigt werden, um ressourcen- und umweltschonendes Wirtschaften heute und auch in Zukunft sicherzustellen.

Inter- und transdisziplinär ausgebildete Expertinnen und Experten des UBRM können im Umgang mit den sich ständig verändernden Herausforderungen einen wesentlichen Beitrag leisten, weil sie mit multisektoralen Kenntnissen, methodischen Fertigkeiten und kommunikativen Kompetenzen punkten. Sie kennen die Vorteile und Grenzen disziplinärer Herangehensweisen, können komplexe Fragestellungen in interdisziplinären Teams und in Zusammenarbeit mit unterschiedlichen Akteurinnen und Akteuren bearbeiten und so zu institutionellen Innovationen und tragfähigen Lösungen bei-tragen. Die Vielfalt der Ausbildungsinhalte des UBRM ist herausfordernd, macht die Absolventinnen und Absolventen aber fit für die komplexen Aufgaben verschiedener Praxisfelder, die eines gemeinsam haben: Sie brauchen umsichtige, mutige aber rück-sichtsvolle, kompetente und vertrauenswürdige Menschen, die sich mit Engagement und Verstand den Herausforderungen unserer Zeit stellen. Dazu gehört auch die Offenheit und Bereitschaft zur laufenden fachlichen und persönlichen Weiterbildung und Entwicklung. Die Autorinnen und Autoren dieses Buches sehen es als ihre Auf-gabe an, dazu beizutragen, dass Absolventinnen und Absolventen des UBRM-Studiums der BOKU zu solchen Menschen werden.

Literatur

APCC (Austrian Panel on Climate Change) (Hrsg.) (2019): Österreichischer Special Report Gesundheit, Demographie und Klimawandel (ASR18). Wien, Österreich: Verlag der Österreichischen Akademie der Wissenschaften (ÖAW). Verfügbar in:
https://verlag.oeaw.ac.at/oesterreichischer-special-report-gesundheit-demographie-klimawandel [Abfrage am 30.7.2019].

Barker, J. R. and Tingey, D. T. (eds.) (1992): Air Pollution Effects on Biodiversity. New York: Springer.

Bebber, D. P., Ramotowski M. A. T., and Gurr, S. J. (2013): Crop pests and pathogens move polewards in a warming world. Nature Climate Change, 3, 985–988. https://doi.org/10.1038/nclimate1990.

Beck, C. (2007): Kompetenz-Studie. Koblenz: Fachhochschule Koblenz, Fachbereich Betriebswirtschaft.

Børsen, T., Antia, A. N., and Glessmer, M. S. (2013): A case study of teaching social responsibility to doctoral students in the climate sciences. Science and Engineering Ethics, 19, 4, 1491–1504. https://doi.org/10.1007/s11948-013-9485-9.

Bundeskanzleramt Österreich (2016): Beiträge der Bundesministerien zur Umsetzung der Agenda 2030 für eine nachhaltige Entwicklung durch Österreich. Verfügbar in:
https://www.bundeskanzleramt.gv.at/nachhaltige-entwicklung-agenda-2030
[Abfrage am 18.2.2019].

Byers, E., Gidden, M., Leclere, D., Balkovic, J., Burek, P., Ebi, K., Greve, P., Grey, D., Havlik, P., Hillers, A., Johnson, N., Kahil, T., Krey, V., Langan, S., Nakicenovic, N., Novak, R., Obersteiner, M., Pachauri, S., Palazzo, A., Parkinson, S., Rao, N. D., Rogelj, J., Satoh, Y., Wada, Y., Willaarts, B., and Riahi, K. (2018): Global exposure and vulnerability to multi-sector development and climate change hotspots. Environmental Research Letters, 13, 055012. https://doi.org/10.1088/1748-9326/aabf45.

Carboni, M., Guéguen, M., Barros, C., Georges, D., Boulangeat, I., Douzet, R., Dullinger, S., Klonner, G., van Kleunen, M., Essl, F., Bossdorf, O., Haeuser, E., Talluto, M. V., Moser, D., Block, S., Conti, L., Dullinger, I., Münkemüller, T., and Thuiller, W. (2018): Simulating plant invasion dynamics in mountain ecosystems under global change scenarios. Global Change Biology, 24, e289–e302. https://doi.org/10.1111/gcb.13879.

Challinor, A. J., Watson, J., Lobell, D. B., Howden, S. M., Smith, D. R., and Chhetri, N. (2014): A meta-analysis of crop yield under climate change and adaptation. Nature Climate Change, 4, 287–291. https://doi.org/10.1038/nclimate2153.

Defila, R. and Di Giulio, A. (1999): Evaluating transdisciplinary research. Panorama Swiss Priority Programme Environment, 1, 3–11.

Deutsch, C. A., Tewksbury, J. J., Tigchelaar, M., Battisti, D. S., Merrill, S. C., Huey, R. B., and Naylor, R. L. (2018): Increase in crop losses to insect pests in a warming climate. Science, 361, 916–919. https://doi.org/10.1126/science.aat3466.

Gratzer, G. und Winiwarter, V. (2018): Chancen und Herausforderungen bei der Umsetzung der UN-Nachhaltigkeitsziele aus österreichischer Sicht. In: Winiwarter, V., Hrsg., Umwelt und Gesellschaft - Herausforderungen für Wissenschaft und Politik. Commission for Interdisciplinary Ecological Studies (KIOES), Opinions 8, 13–26. https://doi.org/10.1553/KIOESOP_008s1.

Hallegatte, S. (2009): Strategies to adapt to an uncertain climate change. Global Environmental Change, 19, 240–247. https://doi.org/10.1016/j.gloenvcha.2008.12.003.

Harrington, L. J. and Otto, F. E. L. (2018): Changing population dynamics and uneven temperature emergence combine to exacerbate regional exposure to heat extremes under 1.5 °C and 2 °C of warming. Environmental Research Letters, 13, 034011. https://doi.org/10.1088/1748-9326/aaaa99.

Hisschemöller, M., Tol, R. S. J., and Vellinga, P. (2001): The relevance of participatory approaches in integrated environmental assessment. Integrated Assessment, 2, 57–72. https://doi.org/10.1023/A:1011501219195.

Horváth, Z., Ptacnik, R., Vad, C. F., and Chase, J. M. (2019): Habitat loss over six decades accelerates regional and local biodiversity loss via changing landscape connectance. Ecology Letters, 22, 1019–1027. https://doi.org/10.1111/ele.13260.

IPCC (Intergovernmental Panel on Climate Change) (2014): Climate Change 2014: Impacts, Adaptation, and Vulnerability. Part B: Regional Aspects. Contribution of Working Group II to the Fifth

Assessment Report of the Intergovernmental Panel on Climate Change. Cambridge, UK, New York, NY, USA: Cambridge University Press. Available at: https://www.ipcc.ch/report/ar5/wg2/ [accessed 30.7.2019].

Karner, K., Mitter, H., and Schmid, E. (2019): The economic value of stochastic climate information for agricultural adaptation in a semi-arid region in Austria. Journal of Environmental Management, 249, 109431. https://doi.org/10.1016/j.jenvman.2019.109431.

Khadri, H. O. (2014): A strategy for developing and enhancing interdisciplinary research and graduate education at Ain Shams University (ASU). European Scientific Journal, 10, 28, 87–106.

Knox, J., Daccache, A., Hess, T., and Haro, D. (2016): Meta-analysis of climate impacts and uncertainty on crop yields in Europe. Environmental Research Letters, 11, 113004. https://doi.org/10.1088/1748-9326/11/11/113004.

Lattuca, L. R., Knight, D., and Bergom, I. (2013): Developing a measure of interdisciplinary competence. International Journal of Engineering Education, 29, 726–739.

Michelsen, G. (2013): Sustainable development as a challenge for undergraduate students: The module "science bears responsibility" in the Leuphana bachelor's programme. Science and Engineering Ethics, 19, 1505–1511. https://doi.org/10.1007/s11948-013-9489-5.

Mitter, H., Larcher, M., Schönhart, M., Stöttinger, M., and Schmid, E. (2019): Exploring farmers' climate change perceptions and adaptation intentions: Empirical evidence from Austria. Environmental Management, 63, 804–821. https://doi.org/10.1007/s00267-019-01158-7.

OECD (Organisation for Economic Co-operation and Development) (2019): Measuring Distance to the SDG Targets 2019: An Assessment of Where OECD Countries Stand. Paris: OECD Publishing. https://doi.org/10.1787/a8caf3fa-en.

Ostrom, E. (2015): Governing the Commons. The Evolution of Institutions for Collective Action. First published 1990. Cambridge, UK et al.: Cambridge University Press.

Pecukonis, E., Doyle, O., and Bliss, D. L. (2008): Reducing barriers to interprofessional training: Promoting interprofessional cultural competence. Journal of Interprofessional Care, 22, 417–428. https://doi.org/10.1080/13561820802190442.

Rockström, J., Steffen, W., Noone, K., Persson, A., Chapin III, F. S., Lambin, E. F., Lenton, T. M., Scheffer, M., Folke, C., Schellnhuber, H. J., Nykvist, B., de Wit, C. A., Hughes, T., van der Leeuw, S., Rodhe, H., Sörlin, S., Snyder, P. K., Costanza, R., Svedin, U., Falkenmark, M., Karlberg, L., Corell, R. W., Fabry, V. J., Hansen, J., Walker, B., Liverman, D., Richardson, K., Crutzen, P., and Foley, J. A. (2009): A safe operating space for humanity. Nature, 461, 472–475. https://doi.org/10.1038/461472a.

Sachs, J., Schmidt-Traub, G., Kroll, C., Lafortune, G., and Fuller, G. (2019): Sustainable Development Report 2019. Transformations to Achieve the Sustainable Development Goals. New York: Bertelsmann Stiftung, Sustainable Development Solutions Network (SDSN). Available at: https://www.sdgindex.org/ [accessed 30.7.2019].

Stiglitz, J. E., Fitoussi, J.-P., and Durand, M. (2018): Beyond GDP: Measuring What Counts for Economic and Social Performance. Paris: OECD Publishing. https://doi.org/10.1787/9789264307292-en.

UN (United Nations) (2015): Transforming our world: The 2030 Agenda for Sustainable Development. A/RES/70/1. New York. Available at: https://sustainabledevelopment.un.org/post2015/transformingourworld [Abfrage am 18.2.2019].

UN (United Nations) (2019): World Population Prospects 2019: Highlights. ST/ESA/SER.A/423. New York: UN. Available at: https://population.un.org/wpp/Publications/ [accessed 30.7.2019].

van Ittersum, M. K., Ewert, F., Heckelei, T., Wery, J., Alkan Olsson, J., Andersen, E., Bezlepkina, I., Brouwer, F., Donatelli, M., Flichman, G., Olsson, L., Rizzoli, A. E., van der Wal, T., Wien, J. E., and Wolf, J. (2008): Integrated assessment of agricultural systems - A component-based framework for the European Union (SEAMLESS). Agricultural Systems, 96, 150–165. https://doi.org/10.1016/j.agsy.2007.07.009.

World Economic Forum (2019): The Global Risks Report 2019. 14th ed. Geneva, Switzerland: World Economic Forum. Available at: https://www.weforum.org/reports/the-global-risks-report-2019 [accessed 30.7.2019].

2 Nachhaltiges Wirtschaften und Unternehmensmanagement

2.1 Ökonomie natürlicher und gesellschaftlicher Ressourcen

Johannes Schmidt und Sebastian Wehrle
Institut für Nachhaltige Wirtschaftsentwicklung,
Department für Wirtschafts- und Sozialwissenschaften (WiSo)
johannes.schmidt@boku.ac.at, sebastian.wehrle@boku.ac.at

2.1.1 Einleitung

Bei der Produktion und dem Konsum von Gütern und Dienstleistungen machen wir vielfältigen Gebrauch von Ressourcen und Umwelt, etwa indem wir Erdölprodukte verbrennen oder Fischfang betreiben. Die Nutzung von Ressourcen sowie der Eintrag von Schadstoffen und Abfällen in die Umwelt beeinflussen langfristig die Ressourcenverfügbarkeit und die Umweltqualität. Die Umwelt- und Ressourcenökonomie untersucht diese Beziehungen: Die Nutzung von Umwelt und Ressourcen wird hinsichtlich ihrer Effizienz und Verteilungswirkungen analysiert. Das Fach ist stark interdisziplinär geprägt und vermittelt neben sozialen, technischen und ökonomischen Zusammenhängen auch ein Verständnis für die Wechselwirkungen zwischen Menschen und Ökosystemen. Diese Erkenntnisse bilden die Grundlage für die Bewertung von Regulierungsinstrumenten mit dem Ziel, die soziale Wohlfahrt zu erhöhen. Im Allgemeinen setzt die neoklassische Ökonomie dabei voraus, dass bestimmte Institutionen, also Regeln des Zusammenlebens (z.B. Eigentumsrechte, Märkte, staatliche Restriktionen und informelle Regeln im Handel), vorhanden sind und funktionieren. Die Neue Institutionenökonomik beschäftigt sich damit, wie solche Institutionen ausgestaltet sind bzw. werden sollen und welchen Einfluss sie auf unser Wirtschaften haben.

Umwelt- und Ressourcenökonominnen und -ökonomen beschäftigen sich neben mikroökonomischen Fragestellungen (bei denen Konsumentinnen und Konsumenten bzw. Produzentinnen und Produzenten im Mittelpunkt stehen) auch mit makroökonomischen Fragestellungen (welche die Wirtschaft als Ganzes betreffen), wie etwa der Frage nach der Möglichkeit nachhaltigen Wirtschaftswachstums.

Thomas Malthus, ein Vorreiter in Fragen des nachhaltigen Wachstums, beschäftigte sich bereits 1798 im „Essay on the Principle of Population" (Malthus 1998) mit der Nutzung natürlicher Ressourcen durch den Menschen. Er postulierte, dass das lineare

© Der/die Herausgeber bzw. der/die Autor(en) 2020
E. Schmid und T. Pröll (Hrsg.), *Umwelt- und Bioressourcenmanagement für eine nachhaltige Zukunftsgestaltung*, https://doi.org/10.1007/978-3-662-60435-9_2

Wachstum landwirtschaftlicher Produktivität nicht mit dem exponentiellen Bevölkerungswachstum mithalten könne. Diese zwei unterschiedlichen Wachstumsprozesse müssten immer wieder in Einklang gebracht werden, weil die Bevölkerung ausreichend Nahrung benötigt. Laut Malthus muss dieser Prozess zwangsläufig zu wiederkehrenden Hungerkatastrophen führen. Er konnte nicht voraussehen, dass der rasante technische Fortschritt (z.B. in der Herstellung von synthetischen Stickstoffdüngern und Pestiziden, in der Züchtung von Nutzpflanzen und Nutztieren, in der Entwicklung moderner Maschinen sowie in der Intensivierung und Ausweitung der agrarischen Produktion auf neue, zuvor naturbelassene Flächen) eine immense Steigerung der globalen landwirtschaftlichen Produktion ermöglichte. So ernährt die Landwirtschaft heute weltweit sieben Mal so viele Menschen wie im 18. Jahrhundert und befriedigt ebenfalls einen immens gestiegenen Fleischkonsum.[1] Gleichzeitig brachte diese Ausweitung und Intensivierung der landwirtschaftlichen Produktion neue Umweltprobleme mit sich (siehe Modell der Risikospirale, Abbildung 3.4.2).[2]

Moderne umwelt- und ressourcenökonomische Modelle beschreiben die Prozesse von Produktion und Konsum detaillierter: Vorhandene natürliche Ressourcen werden unter Einsatz von Kapital und Arbeit in Konsum- und Kapitalgüter transformiert, wobei auch Nebenprodukte wie Emissionen und Reststoffe erzeugt werden. Welche Relationen von Eingangs- und Reststoffen sind dabei aber effizient? Welche Rolle spielt technischer Fortschritt in diesen Prozessen? Wie viel Wachstum in der Bevölkerung und in anthropologisch geschaffenem Kapital[3] ist möglich, ohne zukünftige Generationen einzuschränken bzw. den Zustand der heutigen Umwelt zu verschlechtern? Die Umwelt- und Ressourcenökonomie kann hier Beiträge zur Zielerreichung leisten, aber auch Synergien und Konflikte zwischen verschiedenen Zielen, wie zwischen SDG 8 (menschenwürdige Arbeit und Wirtschaftswachstum) und SDG 13 (Maßnahmen zum Klimaschutz) aufzeigen.

---

[1] Die Produktion von Fleisch und anderen tierischen Produkten erfolgt mit einer deutlich geringeren Flächeneffizienz als jene pflanzlicher Lebensmittel (Wirsenius et al. 2010).

[2] Im Zeitraum 1961–2012 stieg die Nahrungsmittelverfügbarkeit pro Kopf weltweit (FAO 2015), obwohl diese in einzelnen Ländern zurückging (z.B. Afghanistan, Somalia). Floud et al. (2011) zeigten für einige europäische Länder den Anstieg der Nahrungsmittelverfügbarkeit von 2.000 kcal/Kopf/Tag im Jahr 1800 (ca. zu der Zeit, als Malthus sein Buch publizierte) auf über 3.600 kcal/Kopf/Tag im Jahr 2000. Die durchschnittliche Nahrungsmittelverfügbarkeit kann allerdings ein irreführender Indikator sein, wenn das Einkommen innerhalb einer Region ungleich verteilt ist. Deswegen sind weltweit noch immer ca. 800 Mio. Menschen unterernährt (1990 waren es noch rund 1 Mrd.) (FAO et al. 2015). Gleichzeitig hat sich in der Periode 1850–2015 die weltweite Waldfläche um 17% verringert (Houghton und Nassikas 2017), und v.a. wegen des Einsatzes von mineralischen Kunstdüngern in der Landwirtschaft wurden die sicheren Grenzen der Stickstoffemissionen global bereits überschritten (Steffen et al. 2015).

[3] Das anthropogen geschaffene Kapital umfasst physisches Kapital (z.B. Maschinen, Gebäude, Infrastruktur), intellektuelles Kapital (d.s. verkörperte Fähigkeiten und Wissen, die das Produktivitätspotenzial erhöhen) und soziales Kapital (d.s. nicht verkörperte Fähigkeiten und Wissen, wie z.B. Bücher und andere kulturelle Gebilde, die über die Zeit im sozialen Lernprozess weitergegeben und entwickelt wurden).

2.1.2 Wachstum und Nachhaltigkeit

Einfache neoklassische Wachstumsmodelle zeigen, dass selbst ohne Berücksichtigung endlicher, natürlicher Ressourcen Wachstum nur begrenzt möglich ist. Um die Produktion des Wirtschaftssystems zu steigern, muss physisches Kapital (Fabriken, Straßen usw.) aufgebaut werden. Ab einem bestimmten Punkt übersteigen aber die Erhaltungskosten für das Kapital das Potenzial für Neuinvestitionen. Es kommt zu einem wachstumslosen Gleichgewicht, falls die Bevölkerung nicht wächst. Erst die Einführung von technologischem Fortschritt erlaubt weiteres Wachstum – allerdings unter Einschränkungen, weil auch Forschung und Entwicklung Ressourcen verbrauchen (Romer 1990).

Durch den aufsehenerregenden Bericht des Club of Rome in den 1970er-Jahren, „Limits to Growth" (Meadows et al. 1972), haben die Wirtschaftswissenschaften die Bedeutung nachhaltigen Wirtschaftens angesichts der Endlichkeit natürlicher Ressourcen verstärkt aufgegriffen. In der Folge wurden Wirtschaftsmodelle mit Ressourcen- und Umweltkomponenten erweitert. So hat u.a. Robert Solow (1974) gezeigt, dass die Verwendung endlicher natürlicher Ressourcen, wie fossiler Energieträger, langfristig nicht zum Kollaps von Wirtschaftssystemen führen muss: Ist die Substitution von natürlichen Ressourcen und von anthropologisch geschaffenem Kapital grundsätzlich möglich, kann das Wirtschaftssystem – im Prinzip unendlich lange – konstanten Output produzieren. Als Beispiel kann die Transformation des Energiesystems von fossilen hin zu nichtfossilen Energieträgern dienen (siehe dazu auch Beitrag 5.1 und vgl. SDG 7 – bezahlbare und saubere Energie): Wenn natürliche Ressourcen wie Erdöl langfristig durch anthropologisch geschaffenes Kapital wie Windturbinen oder Atomkraftwerke ersetzt werden und keine nichtenergetischen Restriktionen wie Land- oder Rohstoffmangel auftreten, muss das Produktionsniveau des Wirtschaftssystems nicht notgedrungen sinken (siehe Abbildung 2.1.1). Robert Solow war der Ansicht, dass es nicht Aufgabe heutiger Generationen sei, *bestimmte* natürliche Ressourcen zu schützen, sondern vielmehr Wirtschaftssysteme so zu gestalten, dass die

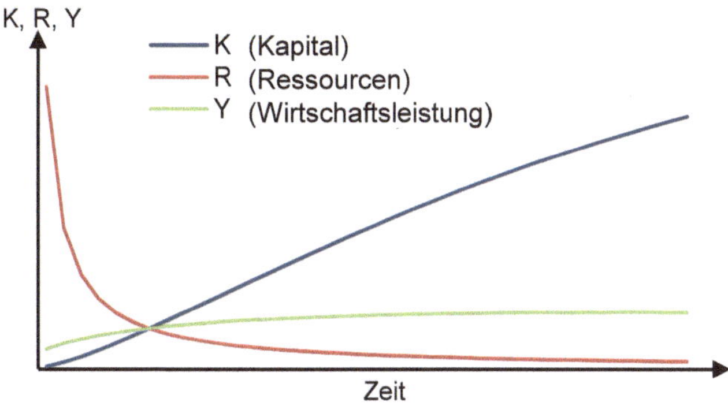

Abbildung 2.1.1: Nachhaltiges Wirtschaften mit endlichen Ressourcen

Produktions- und Konsummöglichkeiten zukünftiger Generationen im Vergleich zu heutigen nicht eingeschränkt werden: In seiner Interpretation wirtschaften wir nachhaltig, wenn das Nutzennivau für zukünftige Generationen nicht sinkt.

Hartwick (1977) zeigte wenig später, dass Nachhaltigkeit langfristig nur zu erreichen ist, wenn die Knappheitsrente in den Aufbau von anthropologisch geschaffenem Kapital investiert wird. Die Knappheitsrente bezieht sich dabei auf ein Modell von Hotelling (1931). Er zeigte, dass die Preise von endlichen Ressourcen eine Rente aufweisen, die in der Regel über die Zeit wächst.[4] Nach Hotelling ging man daher von über die Zeit wachsenden Preisen für endliche, natürliche Ressourcen aus. Empirische Untersuchungen konnten dazu keine eindeutigen Schlüsse liefern, da die Ergebnisse sehr vom Untersuchungszeitraum abhängen und die Preise für natürliche Ressourcen große Schwankungen aufweisen.[5]

Aus Hartwicks Regel zur Nachhaltigkeit folgt, dass der Aufbau eines langfristig nachhaltigen Produktions- und damit auch Konsumniveaus nur dann möglich ist (vgl. SDG 12 – verantwortungsvolle Konsum- und Produktionsmuster), wenn heutige Generationen auf einen Teil ihres möglichen Konsums verzichten. Des Weiteren müssten natürliche Ressourcen durch anthropologisch geschaffenes Kapital ersetzbar sein – und zwar relativ einfach: Um das Konsumniveau halten zu können, muss die Produktivität des anthropologisch geschaffenen Kapitals mindestens genauso hoch sein, wie jene der damit ersetzten natürlichen Ressourcen. So müssen für das Gelingen der globalen Energiewende z.B. nichtbrennstoffbasierte erneuerbare Energien (wie Windkraft oder Photovoltaik) mindestens so produktiv sein (also einen gleich hohen oder höheren Output pro eingesetzter Einheit Kapital und Arbeit haben) wie die Extraktion und Verwendung fossiler Energien. Außerdem sind Bevölkerungs- und Wirtschaftswachstum nur mit technologischem Fortschritt möglich, und die neuen Produktionstechnologien dürfen keine schweren Nebenfolgen verursachen (wie z.B. katastrophale Unfälle in der Atomkraft). Solow und Hartwick wenden das Konzept der schwachen Nachhaltigkeit an. Sie gehen davon aus, dass natürliche Ressourcen großteils durch anthropologisch geschaffenes Kapital ersetzt werden können. Bei Erdöl erscheint das einleuchtend. Jedoch geht

---

[4] Im Vergleich zu Güterpreisen, die auf Wettbewerbsmärkten den marginalen Kosten der letzten produzierten Einheit entsprechen, sind die Preise für endliche Ressourcen höher als die marginalen Produktionskosten. Die Differenz wird als Knappheitsrente bezeichnet. Sie gibt die Opportunitätskosten des Verkaufs einer zusätzlichen Ressourceneinheit an und steigt, je knapper die Ressource wird. Die Entwicklung der Knappheitsrente mit der gleichen Rate des Marktzinssatzes wird als Hotelling-Regel bezeichnet.

[5] Erweiterungen versuchen die Variabilität und den langfristigen Preisverlauf besser zu erklären (Perman et al. 2011). So hat die zunehmende Knappheit in bestimmten Ölfeldern (z.B. onshore) zu einem Preisanstieg geführt, der die Entwicklung und Verbreitung neuer Technologien (z.B. offshore, Schieferöle) ermöglichte. Aufgrund von Lerneffekten bei den Produzentinnen und Produzenten sinken die Kosten neuer Technologien im Laufe der Zeit jedoch, sodass die Fördermenge auch bei niedrigeren Preisen konstant bleiben kann. Auch Kartelle, unregelmäßige Explorationserfolge und geopolitische Ereignisse (wie z.B. Kriege) können den Preispfad kurz- und langfristig beeinflussen.

man auch davon aus, dass natürliche Ressourcen wie die Klimaregulation durch anthropologisch geschaffenes Kapital (wie z.B. Klimaanlagen) ersetzt werden können.

Vertreterinnen und Vertreter einer *starken Nachhaltigkeit* widersprechen der vollständigen Ersetzbarkeit und argumentieren, dass natürliches und anthropologisch geschaffenes Kapital zum Großteil *komplementär* sind: Eine zu hohe Ausbeutung natürlicher Ressourcen würde zum Kollaps des Systems Erde führen. So entwickeln die Autorinnen und Autoren des Konzepts „Planetary Boundaries" (Rockström et al. 2009) Schwellenwerte u.a. für die Menge an Treibhausgasemissionen oder den Verlust von Biodiversität (siehe Beiträge 4.1 und 4.4). Werden diese Schwellenwerte überschritten, ist die Stabilität der Ökosysteme so stark gefährdet, dass die entstehenden negativen Konsequenzen für den Menschen katastrophal und nicht mehr beherrschbar wären. So könnte eine vollständige Umstellung des Energiesystems auf erneuerbare Energieträger gravierende Konsequenzen für die Biodiversität haben und durch die Verfügbarkeit bestimmter endlicher Ressourcen – wie seltener Erden – begrenzt werden.

Starke Nachhaltigkeit kann in ökonomischen Modellen berücksichtigt werden (siehe Beitrag 6.1), indem die Substituierbarkeit mancher Ressourcen limitiert wird. Die Tragfähigkeit von natürlichen Systemen (D'Alessandro 2007) setzt dem Verbrauch von natürlichem Kapital ein Limit (z.B. absolute Treibhausgasemissionslimits). Weiteres Wirtschaftswachstum ist grundsätzlich auch unter der Komplementarität von natürlichem und anthropologisch geschaffenem Kapital vorstellbar, also unter absoluten Ressourcenlimits. Diese beruhen aber auf der Erwartung immerwährenden technologischen Fortschritts, der bei gesteigerter Produktivität geringere Emissionen, Abfälle und Schadstoffe erlauben müsste.

Wie wird nun Wachstum überhaupt gemessen? In vielen Modellen wird dazu das Bruttoinlandsprodukt (BIP; englisch Gross Domestic Product, GDP) verwendet. Dieses bezeichnet den Wert aller Güter und Dienstleistungen, die in einem Land innerhalb eines Jahres produziert werden. Die Verwendung des BIP als wirtschaftspolitische Zielgröße ist jedoch mit vielen Problemen behaftet: So werden im BIP nicht alle Tätigkeiten erfasst (z.B. unbezahlte Hausarbeit, Entnahme von Ressourcen), und umweltschädliche Wirtschaftstätigkeiten gehen positiv in das BIP ein. Umweltschäden und Ressourcenentnahme finden in einer umweltbezogenen volkswirtschaftlichen Gesamtrechnung – System of Environmental-Economic Accounting (SEEA) – Berücksichtigung. In manchen Regionen liegt dieses „grüne" BIP deutlich unter dem traditionellen BIP (Bartelmus 2009). Eine viel umfassendere Bewertung des Fortschritts von Volkswirtschaften fordern Stiglitz et al. (2018), da das BIP und auch Abwandlungen wie das grüne BIP nicht in der Lage sind, Lebensqualität, Lebenszufriedenheit und Glück zu messen. Sie plädieren für die Entwicklung eines Bündels an Indikatoren, die zeigen, wer vom Wachstum profitiert, ob Wachstum nachhaltig ist, wie Menschen ihre Lebensqualität einschätzen und welche Faktoren zum Erfolg eines Individuums oder eines Landes beitragen (siehe Fallbeispiel 2.1.1). Die Vermessung von Volkswirtschaften (z.B. hinsichtlich ihres Einflusses auf die Umwelt und die soziale Wohlfahrt, der Bestimmung von Bedingungen für ihre langfristig nachhaltige Entwicklung und der empirischen Analyse derselben) sind ein zentraler Bestandteil der Umwelt- und Ressourcenökonomie, genauso wie jene Faktoren, die die Ressourcenverwendung in Volkswirtschaften beeinflussen.

Fallbeispiel 2.1.1: Messung des gesellschaftlichen Fortschritts

Im Jahr 2013 gründete die OECD, die Organisation für wirtschaftliche Zusammenarbeit und Entwicklung, die „High Level Expert Group on the Measurement of Economic Performance and Social Progress", um Vorschläge zu evaluieren, wie man den gesellschaftlichen Fortschritt unabhängig vom BIP messen könnte. Die Vorsitzenden der Expertengruppe, Joseph Stiglitz, Jean-Paul Fitoussi und Martine Durand publizierten daraufhin im Jahr 2018 den Bericht „Beyond GDP: Measuring what counts for economic and social performance". Sie beschreiben, dass das BIP kein geeigneter Indikator sei, um soziale Wohlfahrt zu messen – wofür er auch nicht entwickelt wurde, sondern um konjunkturelle Wirtschaftsschwankungen und -zyklen zu messen. Eine starke wirtschaftspolitische Ausrichtung an das BIP ist daher nur eingeschränkt erfolgreich darin, die Gesamtwohlfahrt zu heben.

Stiglitz et al. (2018) nennen als Beispiel die Politikmaßnahmen, die infolge der Krise von 2008 getroffen wurden. Während die restriktiven Budgetmaßnahmen (teilweise) zu einem Ansteigen des BIP führten (in vielen Fällen wurde nicht einmal dieses Ziel erreicht), erhöhten sie gleichzeitig die ökonomische Unsicherheit für breite Teile der Bevölkerung, machten vielen jungen Menschen den Einstieg in das Erwerbsleben unmöglich (z.B. in Südeuropa) und zerstörten das Vertrauen in Institutionen, weil die Maßnahmen als unfair wahrgenommen wurden. Hätte sich die Politik an einem breiteren Indikatorenbündel orientiert (welches die wahrgenommene ökonomische Unsicherheit, die Verteilung von Einkommen, Vermögen und v.a. auch Chancen berücksichtigt sowie persönliches Wohlbefinden und die ökologischen Konsequenzen unseres Wirtschaftens miteinbezieht), wären mit hoher Wahrscheinlichkeit andere Maßnahmen getroffen worden. Stiglitz et al. (2018) betonen jedoch, dass sie nicht grundsätzlich wachstumskritisch sind, sondern das *richtige* Wachstum forcieren wollen.

Stiglitz et al. (2018) halten das Indikatorenbündel, welches für die nachhaltigen Entwicklungsziele (SDGs) entwickelt wurde, für zu umfangreich (mehr als 200 Indikatoren), um es in allen Ländern umfassend zu erheben und politische Maßnahmen daran auszurichten. Sie beschreiben in ihrem Bericht detailliert die Fortschritte in der Entwicklung solcher Indikatoren, noch vorhandene Lücken und welche Länder diese Indikatoren bereits erfolgreich anwenden.

Von der Diskussion um die Messung gesellschaftlichen Fortschritts inspiriert, publiziert Statistik Austria (s.a.) unter dem Titel „Wie geht's Österreich" ein Bündel an Indikatoren. In Österreich ist z.B. das Haushaltseinkommen langsamer gestiegen als das BIP, und die Wohnkostenüberlastung hat in den letzten Jahren wieder zugenommen. Auch manche Umweltindikatoren, wie etwa die Treibhausgasemissionen und die verbauten Flächen, zeigen eine besorgniserregende Entwicklung. Gleichzeitig sind die Tötungsdelikte seit dem Jahr 2000 stark gefallen, haben sich die Einkommensunterschiede zwischen Männern und Frauen verringert, genauso wie die frühzeitige Sterblichkeit. Für die subjektiv wahrgenommene Zufriedenheit gibt es keine klaren Ergebnisse. Die Zeitreihe ist zu kurz, und es sind nur kleine Veränderungen beobachtet worden.

2.1.3 Marktversagen und Regulierung

Die oben vorgestellten makroökonomischen Modelle sind stark vereinfachte Darstellungen von Volkswirtschaften. Einzelne Märkte, deren Interaktionen und darin auftretende Ineffizienzen werden nicht im Detail analysiert. Mikroökonomische Modelle beschäftigen sich mit genau dieser Fragestellung. Sie versuchen Instrumente bereitzustellen, die das Verhalten der Marktakteure steuern, um so mögliche Ineffizienzen (z.B. zu hohe Umweltverschmutzung) zu vermeiden. Hierfür steht ein breites umweltökonomisches Instrumentarium zur Verfügung – von Verboten bis zu Preisanpassungen und handelbaren Verschmutzungszertifikaten. Im Gegensatz zu Marketingansätzen, die versuchen, die Präferenzen von Individuen zu beeinflussen (z.B. die Neigung zu biologisch hergestellten Nahrungsmitteln über Werbung zu erhöhen), versuchen umweltökonomische Instrumente, die Anreize so anzupassen, dass Individuen in ihrem eigenen Interesse effiziente Konsum- oder Produktionsentscheidungen treffen (also z.B. durch die Erhöhung von Preisen von konventionell produzierten Produkten über Steuern oder auch durch das Verbot mancher Produktionsmittel, wie genverändertes Saatgut). Im Folgenden diskutieren wir zwei Fälle, in denen Märkte ineffiziente Allokationen erzeugen können: beim Auftreten von Externalitäten und in der Bereitstellung öffentlicher Güter. In beiden Fällen gibt es einige Optionen, um einem Marktversagen entgegenzuwirken.

2.1.3.1 Externalitäten

Viele unserer Produktions- und Konsumaktivitäten verursachen Emissionen. Diese reichern sich in der Umwelt an (z.B. Nitrat im Grundwasser, CO_2 in der Atmosphäre, Schwermetalle im Boden), weil sie nur teilweise und langsam in unschädliche Formen umgewandelt werden. Die Überschreitung der natürlichen Absorptions- und Filterungskapazitäten der Umwelt kann zu Umweltschäden führen. Während Emissionen üblicherweise in physischen Einheiten gemessen werden (z.B. kg, t/ha, ppm), bewertet man Umweltschäden oft monetär (z.B. €). Umweltökonomische Analysen untersuchen den grundlegenden Zielkonflikt zwischen den Produktions- und Konsumaktivitäten und den Umweltschäden: Umweltverschmutzung zu vermeiden, ist zwar nützlich (z.B. Verbesserung der Luftqualität), es verursacht aber auch Kosten. Sind die (monetären) Umweltschäden und die Vermeidungskosten bekannt, lässt sich daraus das ökonomisch effiziente Verschmutzungsniveau bestimmen. Zur Implementierung eines gesellschaftlich optimalen Verschmutzungsniveaus steht eine Vielzahl von umweltpolitischen Instrumenten zur Verfügung (siehe Beitrag 3.2). Prinzipiell lässt sich eine Regulierung über Preise (z.B. Umweltsteuern), Mengen (z.B. Produktionsquoten), über eigens geschaffene Märkte für Verschmutzungszertifikate oder über Grenzwerte und Verbote[6] gestalten. Zudem hat Ronald Coase (1960) gezeigt, dass effiziente Lösungen auch ohne staatlichen Eingriff möglich sind, sofern die Eigentumsrechte an Produktionsmitteln und Umweltgütern klar definiert und einer der Verhandlungsparteien zugeteilt sind. Die betroffenen Parteien können sich infolge auf eine gemeinsame Lösung einigen. Auf internationaler Ebene stellt die Verhandlungslösung die wichtigste Form der Umweltregulierung dar (z.B. Paris-Abkommen für den internationalen Klimaschutz im Jahr 2015, Montreal-Abkommen zum Schutz der Ozonschicht im Jahr 1989).

Die Besteuerung von Emissionen verteuert z.B. die emissionsintensive Produktion von Gütern. Der Anreiz, andere Produktionstechnologien zu wählen, die weniger Emissionen verursachen, wird erhöht. In letzter Zeit rückt auch die Verteilungswirkung solcher Instrumente in den Mittelpunkt der Forschung: Steuern wirken auf den Energiekonsum grundsätzlich *regressiv*. Haushalte mit niedrigem Einkommen werden also relativ stärker belastet als jene mit hohem Einkommen, sodass bei steigendem Einkommen die Ausgaben für Konsumgüter und Energie relativ sinken (Kirchner et al. 2019; Klenert et al. 2018). Die Umweltökonomie liefert Vorschläge, um diese negative Verteilungswirkung zu kompensieren. Einnahmen aus CO_2-Steuern können z.B. umverteilt werden, um so den regressiven Effekt auszugleichen (für weitere Beispiele siehe Fallbeispiel 2.1.2).[7]

2.1.3.2   Öffentliche Güter

Öffentliche Güter werden anhand zweier Eigenschaften definiert: (1) Werden sie angeboten, ist es unmöglich, nichtzahlungsbereite Personen vom Konsum auszuschließen (Nichtausschließbarkeit), und (2) der Konsum einer Person schränkt den Konsum anderer Personen nicht ein (Nichtrivalität). Zu öffentlichen Gütern zählen u.a. Demokratie, Rechtstaatlichkeit, öffentliche Bildung und Forschung, Kultur, öffentliche Verwaltung, Gesundheits- und Sozialversorgung sowie innere und äußere Sicherheit. Der Bereitstellung öffentlicher Güter in Wirtschaftssystemen kommt eine besondere Bedeutung zu, da Märkte hier nicht oder nur sehr eingeschränkt funktionieren und die Bereitstellung dieser Güter daher gemeinschaftlich organisiert werden muss (in den meisten Fällen über staatliche Institutionen). Die Bereitstellung dieser Güter

---

[6] Grenzwerte und Verbote sind eher ineffizient, führen also zu höheren Umweltschutzkosten als notwendig. Gleichzeitig gelten sie aber als sehr effektiv und relativ einfach umzusetzen. Wie der Dieselskandal gezeigt hat, sind aber auch sie anfällig für Manipulationen.

[7] Die Schweiz führte neben einer CO_2-Steuer auch ein Kompensationssystem ein: Die Steuereinnahmen werden gleichverteilt auf alle Bürgerinnen und Bürger wieder gutgeschrieben (sogenannte *lump-sum payments*). Dadurch werden niedrige Einkommen im Vergleich zu hohen relativ entlastet. Der umweltpolitische Nachteil einer solchen Maßnahme ist, dass die eingenommenen Steuern nicht für andere Klimaschutzmaßnahmen, wie Investitionen in den öffentlichen Verkehr, zur Verfügung stehen.

Fallbeispiel 2.1.2: Umweltökonomie und die Energiewende

Die Umstellung des globalen Energiesystems von fossilen Energieträgern auf solche mit wenigen oder gar keinen CO_2-Emissionen ist ein wichtiger Beitrag zur Reduktion von Treibhausgasemissionen und damit zur Beschränkung der globalen Erwärmung. Eine Möglichkeit stellen erneuerbare Energien dar, wobei Photovoltaik (PV) als eine der wichtigsten erneuerbaren Zukunftstechnologien gilt. Die Umwelt- und Energieökonomie hat bedeutende Beiträge zum Verständnis der Entwicklung und des Einsatzes dieser Technologie geliefert. Dies wird hier exemplarisch an zwei Beispielen aufgezeigt.

Logik von Einspeisetarifen

Im Jahr 2000 wurden in Deutschland Einspeisetarife eingeführt – basierend auf der Beobachtung, dass eine neue Technologie, soll sie marktreif gemacht werden, einer Anstoßförderung bedarf. Der vermehrte Einsatz der Technologie entlang der gesamten Wertschöpfungskette soll Lerneffekte anregen, die zu einer starken Verbilligung der Technologie führen. Das Ziel ist, sie infolge ohne Förderungen am Markt einsetzen zu können. Kostensenkungen bei Kapazitätserhöhungen werden über sogenannte Lernraten empirisch abgeschätzt. Dazu sind Daten über die Kosten von Technologien und deren Anwendung notwendig. Die Lernrate gibt an, um wie viel sich eine Technologie verbilligt, wenn die installierte Kapazität dieser Technologie verdoppelt wird. Die Lernrate für PV liegt zwischen 18% und 28%, d.h., eine Verdopplung der Menge an installierter PV-Kapazität hat in der Vergangenheit die Kosten um 18% bis 28% reduziert (Mauleón 2016).

Aus der Lernratentheorie kann abgeleitet werden, welche Technologien für öffentliche Subventionen infrage kommen: Diese sollten jung und relativ unausgereift sein, weil nur dann große Lerneffekte zu erwarten sind. Gleichzeitig sollte die Technologie nicht auf sehr knappen Rohstoffen basieren, bei denen eine erhöhte Nachfrage die Preise stark ansteigen lassen würde. Trotzdem ist unklar, ob bei sehr jungen Technologien starke Lerneffekte auftreten werden. Bei PV erzielte die Einspeisetarifpolitik große Erfolge, weil einige notwendige Bedingungen erfüllt waren und die Technologie durch die Skalierung billiger wurde: Als die Förderpolitik eingeführt wurde, war die Technologie am Markt noch wenig verbreitet. Infolge wurden signifikante Kostenreduktionen erreicht: Die Gestehungskosten einer Stromeinheit, erzeugt aus PV, sind zwischen 2000 und 2018 um einen Faktor 10 gefallen. Derzeit liegt der globale Anteil von PV bei unter 2%, einige weitere Verdopplungen der Kapazität und damit verbundene weitere Kostensenkungen erscheinen möglich.

Biomassekraftwerke wurden ebenfalls über Einspeisetarife gefördert. Hier war aber bereits bei der Einführung abzusehen, dass keine signifikante Kostendegression zu erwarten ist: Die Verbrennung von Biomasse und die Stromerzeugung daraus ist eine gut bekannte Technologie. Große Technologiesprünge waren daher unwahrscheinlich. Biomassekraftwerke nutzen außerdem einen knappen Rohstoff. Die Nachfrageerhöhung ließ die Preise für Biomasse ansteigen. Biomassekraftwerke hatten also teilweise sogar mit Kostensteigerungen zu kämpfen. Die Förderung von Biomasse war wohl aus anderen Gründen opportun, nicht aber originär technologisch-ökonomisch motiviert.

Ökonomik dezentraler Photovoltaik

Eine zweite umweltökonomische Erkenntnis betrifft die Förderung von PV für Haushalte. Diese hat vielfältige ökonomische Effekte: So wurde die Einkommensungleichheit in Deutschland leicht erhöht, weil v.a. einkommensstarke Haushalte (mit Eigenheimen) in der Lage waren, PV einzusetzen, während einkommensschwächere Haushalte die Kosten dafür über die Ökostromumlage mittragen müssen (Grösche und Schröder 2014). Um diese regressive Verteilungswirkung abzuschwächen, müsste man die Ökostromumlage einkommensabhängig gestalten. Gleichzeitig könnten aber auch einkommensschwächere Haushalte in Mietwohnungen an der Energiewende partizipieren. Dafür müssten allerdings rechtliche Rahmenbedingungen geändert werden, was in Österreich erst vor Kurzem geschehen ist. Hier wird deutlich, wie wichtig eine interdisziplinäre Herangehensweise ist, die auch eine rechtswissenschaftliche Expertise mit einschließt.

verursacht in der Regel auch hohe Kosten. Ökonominnen und Ökonomen beschäftigen sich daher u.a. mit der Frage, welche Menge an öffentlichen Gütern bereitgestellt werden soll – deren Finanzierung konkurriert schließlich um das öffentliche Haushaltsbudget. Da die Finanzierung und Bereitstellung von öffentlichen Gütern zwangsläufig Mittel zwischen Bürgerinnen und Bürgern umverteilt und die gesellschaftliche Partizipation über sie beeinflusst wird, sind gesellschaftliche und politische Debatten über deren Bereitstellung unverzichtbar.

Die Eigenschaft der Nichtausschließbarkeit öffentlicher Güter gibt Anreize für sogenanntes Trittbrettfahrerverhalten. Dabei wird weniger von einem öffentlichen Gut bereitgestellt, als ökonomisch effizient wäre, da die Trittbrettfahrer für den Konsum des öffentlichen Gutes nicht direkt bezahlen müssen. Ein Beispiel für ein Trittbrettfahrerproblem bei öffentlichen Gütern ist der Klimaschutz. Von einer Verringerung von Treibhausgasemissionen in Österreich oder in Europa profitieren Menschen weltweit. Niemand kann von den positiven Auswirkungen der Emissionsreduktion auf das Klimasystem ausgeschlossen werden. Die unmittelbaren Kosten tragen aber jene, die die Emissionen reduzieren. Manche Regierungen und Staaten fahren daher auf dem Trittbrett mit, indem sie aus dem Pariser Abkommen aussteigen bzw. es nicht ratifizieren.

2.1.4 Fazit

Die Beispiele zeigen, dass wir vielfältige Möglichkeiten haben, unsere Wirtschaftssysteme auszugestalten. Angesichts dessen ist die wichtigste Frage unserer Generation nicht ob, sondern wie die Menschheit langfristig leben will. Die Umwelt- und Ressourcenökonomie liefert wichtige Konzepte und Werkzeuge, um die Optionen und Konsequenzen auszuloten und zu bewerten. Dabei ist eine Zusammenarbeit mit den Natur- und Ingenieurwissenschaften von hoher Bedeutung, um die Möglichkeiten und Konsequenzen wirtschaftlichen Handelns für unser System Erde besser verstehen zu können (siehe Beitrag 4.1). Gleichzeitig bedarf es einer intensiven Auseinandersetzung mit den benachbarten Sozialwissenschaften, um die „blinden Flecken" der Ökonomie – z.B. die Rolle von Macht in Entscheidungen und jene von Institutionen oder soziologische Aspekte des Umweltverhaltens (siehe Beiträge 3.2 und 3.3) – verstärkt zu berücksichtigen.

Literatur

Bartelmus, P. (2009): The cost of natural capital consumption: Accounting for a sustainable world economy. Ecological Economics, 68, 1850–1857. https://doi.org/10.1016/j.ecolecon.2008.12.011.

Coase, R. H. (1960): The problem of social cost. The Journal of Law & Economics, 3, 1–44. http://www.jstor.org/stable/724810.

D'Alessandro, S. (2007): Non-linear dynamics of population and natural resources: The emergence of different patterns of development. Ecological Economics, 62, 473–481. https://doi.org/10.1016/j.ecolecon.2006.07.008.

FAO (Food and Agriculture Organization of the United Nations) (2015): Food Balance Sheets. Available at: http://www.fao.org/faostat/en [accessed 12.4.2019]

FAO, IFAD, and WFP (Food and Agriculture Organization of the United Nations; International Fund for Agricultural Development; World Food Programme) (2015): The State of Food Insecurity in the World 2015. Meeting the 2015 international hunger targets: taking stock of uneven progress. Rome: FAO.

Floud, R., Fogel, R. W., Harris, B., and Hong, S. C. (2011): The Changing Body: Health, Nutrition, and Human Development in the Western World since 1700. Cambridge, New York: Cambridge University Press.

Grösche, P. and Schröder, C. (2014): On the redistributive effects of Germany's feed-in tariff. Empirical Economics, 46, 1339–1383. https://doi.org/10.1007/s00181-013-0728-z.

Hartwick, J. (1977): Intergenerational equity and the investing of rents from exhaustible resources. The American Economic Review, 67, 972–74. https://www.jstor.org/stable/1828079.

Hotelling, H. (1931): The economics of exhaustible resources. Journal of Political Economy, 39, 2, 137–175. http://dx.doi.org/10.1086/254195.

Houghton, R. A. and Nassikas, A. (2017): Global and regional fluxes of carbon from land use and land cover change 1850–2015. Global Biogeochemical Cycles, 31, 456–472. https://doi.org/10.1002/2016GB005546.

Kirchner, M., Sommer, M., Kratena, K., Kletzan-Slamanig, D., and Kettner-Marx, C. (2019): CO_2 taxes, equity and the double dividend – Macroeconomic model simulations for Austria. Energy Policy, 126, 295–314. https://doi.org/10.1016/j.enpol.2018.11.030.

Klenert, D., Mattauch, L., Combet, E., Edenhofer, O., Hepburn, C., Rafaty, R., and Stern, N., (2018): Making carbon pricing work for citizens. Nature Climate Change, 8, 669. https://doi.org/10.1038/s41558-018-0201-2.

Malthus, T. (1998): An Essay on the Principle of Population. Electronic Scholarly Publishing Project.

Mauleón, I. (2016): Photovoltaic learning rate estimation: Issues and implications. Renewable and Sustainable Energy Reviews, 65, 507–524. https://doi.org/10.1016/j.rser.2016.06.070.

Meadows, D. H., Meadows, D. L., Randers, J., and Behrens III, W. W. (1972): The Limits to Growth. New York: Universe Books.

Perman, R., Ma, Y., McGilvray, J., Common, M. S., and Maddison, D. (2011): Natural Resource and Environmental Economics. 4th revised edition. Harlow, Essex, New York: Addison Wesley.

Rockström, J., Steffen, W., Noone, K., Persson, A., Chapin, F. S., Lambin, E. F., Lenton, T. M., Scheffer, M., Folke, C., Schellnhuber, H. J., Nykvist, B., Wit, C. A. de, Hughes, T., Leeuw, S. van der, Rodhe, H., Sörlin, S., Snyder, P. K., Costanza, R., Svedin, U., Falkenmark, M., Karlberg, L., Corell, R. W., Fabry, V. J., Hansen, J., Walker, B., Liverman, D., Richardson, K., Crutzen, P., and Foley, J. A. (2009): A safe operating space for humanity. Nature, 461, 472–475. https://doi.org/10.1038/461472a.

Romer, P. M. (1990): Endogenous technological change. Journal of Political Economy, 98, S71–S102. https://www.jstor.org/stable/2937632.

Solow, R. M. (1974): Intergenerational equity and exhaustible resources. The Review of Economic Studies, 41, 29–45. https://doi.org/10.2307/2296370.

Statistik Austria (s.a.): Wie geht's Österreich? Verfügbar in: http://www.statistik.at/web_de/statistiken/wohlstand_und_fortschritt/wie_gehts_oester reich/was_ist_wie_gehts_oesterreich/index.html [Abfrage am 23.5.2019].

Steffen, W., Richardson, K., Rockström, J., Cornell, S. E., Fetzer, I., Bennett, E. M., Biggs, R., Carpenter, S. R., Vries, W. de, Wit, C. A. de, Folke, C., Gerten, D., Heinke, J., Mace, G. M., Persson, L. M., Ramanathan, V., Reyers, B., and Sörlin, S. (2015): Planetary boundaries: Guiding human development on a changing planet. Science, 347, 1259855. https://doi.org/10.1126/science.1259855.

Stiglitz, J. E., Fitoussi, J.-P., and Durand, M. (2018): Beyond GDP. Measuring What Counts for Economic and Social Performance. Paris: OECD Publishing.

Wirsenius, S., Azar, C., and Berndes, G. (2010): How much land is needed for global food production under scenarios of dietary changes and livestock productivity increases in 2030? Agricultural Systems, 103, 621–638. https://doi.org/10.1016/j.agsy.2010.07.005.

2.2 Unternehmerische Umwelt- und Sozialverantwortung

Ika Darnhofer
Institut für Agrar- und Forstökonomie,
Department für Wirtschafts- und Sozialwissenschaften (WiSo)
ika.darnhofer@boku.ac.at

2.2.1 Welche Verantwortung haben Unternehmen?

Der Ökonom Milton Friedman beschränkte die soziale Verantwortung der Unternehmen auf die Gewinnmaximierung (Friedman 1970). Das scheint auch für die damalige Zeit etwas kurz gefasst, da Unternehmen schon immer freiwillig weitere gesellschaftliche Aufgaben übernommen haben, sei es die Förderung der Künste, die Förderung der Forschung oder auch die Bereitstellung von Wohnungen für ihre Arbeiterinnen und Arbeiter. Allerdings wird die Beschränkung der sozialen Verantwortung auf solche philanthropische Aktivitäten heute als ungenügend erachtet.

Insbesondere mit der Globalisierung, mit welcher der Einfluss von internationalen Konzernen auf die Gestaltung der Märkte und der Produktionsbedingungen gestiegen ist, wird von Unternehmen erwartet, dass sie mehr Verantwortung übernehmen. Große international agierende Konzerne beschäftigen nicht nur mehrere Hunderttausende Menschen, ihre Umsätze übertreffen häufig das Bruttoinlandsprodukt mittelgroßer Industrieländer, und sie kontrollieren zentrale Zukunftstechnologien (z.B. Gen-, Nano- und Kommunikationstechnologien) (Hahn 2013). Diese multinationalen Konzerne sind politische Akteure geworden, die auf unterschiedliche Weise Einfluss auf die Gesellschaft nehmen. Entsprechend wird auch von ihnen erwartet, dass sie einen konkreten Beitrag zur nachhaltigen Entwicklung leisten.

Das Nachhaltigkeitsmanagement, d.h. die Wahrnehmung der Corporate Social Responsibility (CSR), ist zur strategischen Querschnittsaufgabe geworden. Sie umfasst die Planung, Umsetzung und Kommunikation sozialer und ökologischer Maßnahmen und deren Integration in unternehmerische Strategien. Es ist auch Teil der Organisationsentwicklung, da sich Unternehmen den sich ändernden ökologischen und gesellschaftlichen Ansprüchen stellen müssen. Nachhaltigkeitsmanagement hat daher die Aufgabe, in einer Organisation Lern- und Entwicklungsprozesse zu gestalten, damit ökologische Grenzen besser berücksichtigt werden und in der Folge das Unternehmen an der Entwicklung, wie eine gerechte Gesellschaft aussehen soll, aktiv teilnehmen kann.

Da der ökonomische Erfolg für Unternehmen dennoch wesentlich ist, stellt sich die Frage, ob die Übernahme gesellschaftlicher Verantwortung Mehrkosten verursacht oder ob sie dem ökonomischen Erfolg zuträglich ist. Letzteres ist der Fall, wenn z.B. eine Senkung des Material- oder Energieverbrauches Kosten spart, wenn das Image des Unternehmens verbessert wird, oder wenn die Mitarbeiterinnen und Mitarbeiter zufriedener sind und sich daher mehr engagieren. Das Argument, dass Unternehmen von der Übernahme gesellschaftlicher Verantwortung wirtschaftlich profitieren, wird als *business case* für CSR bezeichnet. Allerdings schränkt dieser Ansatz die Bandbreite der möglichen CSR-Aktivitäten (siehe Tabelle 2.2.1) auf jene ein, von denen ein ökonomischer Erfolg erwartet wird. Es gibt jedoch auch CSR-relevante, gesellschaftlich erwünschte Änderungen (z.B. die Eindämmung von Steuerflucht), an denen Unternehmen kein ökonomisches Interesse haben.

Tabelle 2.2.1: **Beispiele für CSR-Aktivitäten** *(nach Meixner et al. 2015, S. 925)*

	Ökonomie	Ökologie	Soziales
Kundinnen und Kunden	• Service- und Reparaturangebot	• Kennzeichnung durch Labels	• Konsumentenschutz • Information
Mitarbeiterinnen und Mitarbeiter	• Aufstiegsmöglichkeiten • Entlohnungssystem	• Schulung zum effizienten Energieeinsatz	• Gleichbehandlung • Work-Life-Balance • Diversity Management
Shareholder	• Informationen • Strategische Ziele • Unternehmenswachstum	• Ökologische Kennzahlen	• Arbeitsbedingungen als Teil des CSR-Berichts
Gesellschaft insgesamt	• Verflechtung mit regionalen Unternehmen	• Recycling • Effizienter Energieeinsatz	• Marketingethos (z.B. Vermeidung von Werbung, die an Kinder gerichtet ist) • Spenden und Sponsoring
Zuliefererinnen und Zulieferer	• Langfristige Beziehungen	• Anbau- und Abbaubedingungen • Saubere Produktion	• Unterstützung zur Erreichung sozialer Kennzahlen
Regierung	• Rechtskonformität • Faire Steuerleistung	• Einhaltung gesetzlicher Auflagen	• Regelungen zum Schutz der Arbeitnehmerinnen und Arbeitnehmer

Ursprünglich kamen die Themenfelder für CSR aus dem Umweltschutz und der Einhaltung der Menschenrechte. Sie wurden schrittweise erweitert, zuerst um die Sicherheit und später um die Zufriedenheit der Mitarbeiterinnen und Mitarbeiter zu berücksichtigen. Im Folgenden wird kurz auf internationale, freiwillige Standards eingegangen, deren Bedeutung gestiegen ist, da sich internationale Konzerne zumindest teilweise dem Regelungsbereich von Nationalstaaten entziehen. Diese Standards werden von Unternehmen verwendet, um ihre Umwelt- und Sozialleistungen zu dokumentieren, aber auch von Nichtregierungsorganisationen (NGOs), um Druck auf Unternehmen aufzubauen. In den folgenden Abschnitten werden exemplarisch ein paar Bereiche aus dem betrieblichen Nachhaltigkeitsmanagement angeführt, insbesondere im Bereich der sozialen Verantwortung. Für eine gesamthafte Darstellung sei auf entsprechende Lehrbücher verwiesen (z.B. Baumast und Pape 2013; Schneider und Schmidpeter 2015).

2.2.2 Umwelt- und Sozialstandards

Um die Aktivitäten der Unternehmen im Bereich der Nachhaltigkeit dokumentieren und vergleichen zu können, sind einheitliche Standards erforderlich. Diese können von Betrieben umgesetzt und von unabhängigen Stellen kontrolliert werden. Bei erfolgreicher Kontrolle werden Zertifikate ausgestellt, und das Unternehmen kann diese in der Kommunikation mit Stakeholdern einsetzen, z.B. indem es Labels auf Produkten anbringt. Solche Labels (z.B. Fairtrade, Forest Stewardship Council, Marine Stewardship Council, Global Organic Textile Standard) unterscheiden Produkte die ‚nur' den gesetzlichen Anforderungen entsprechen, von jenen, die darüber hinausgehende Ansprüche erfüllen. Sie können wichtige Informationen für die Kaufentscheidung von Konsumentinnen und Konsumenten darstellen.

Zu den wichtigsten Umwelt- und Sozialstandards für Unternehmen gehören die Umweltmanagement Norm (ISO 14001) (siehe ISO 2015), das Eco-Management and Audit Scheme (EMAS) (siehe UGA 2019), die Occupational Health and Safety Management Systems (ISO 45001) (siehe ISO 2018), der Leitfaden zur gesellschaftlichen Verantwortung (ISO 26000) (siehe ISO 2010) und Social Accountability (SA8000) (siehe SAI 2014).

Standards werden laufend weiterentwickelt, u.a. um neue technische Produktionsmöglichkeiten und Änderungen in den gesellschaftlichen Erwartungen zu berücksichtigen. Auch werden stets neue Standards definiert, um relevante Prozesse differenziert bewerten und eine größere Zahl an Produkten zertifizieren zu können. Mit der Zunahme der Standards geht allerdings die Wirkung der Labels teilweise verloren, da Konsumentinnen und Konsumenten nicht immer wissen, welche ökologischen oder sozialen Standards durch ein Label vermittelt werden (siehe Beitrag 2.3).

Unternehmen sind nicht unbedingt eifrig in der Umsetzung anspruchsvoller Standards, da diese zusätzliche Auflagen im Herstellungsprozess bedeuten und die Dokumentation sowie der Zertifizierungsprozess zeitaufwendig und kostspielig sind. NGOs spielen hier eine wichtige Rolle: Sie machen auf problematische Produktionsbedingungen aufmerksam und üben damit Druck auf Unternehmen aus (siehe Fallbeispiel 2.2.1).

Fallbeispiel 2.2.1: Initiativen für sichere und faire Arbeitsbedingungen in der Bekleidungsindustrie

In den 1990er-Jahren wurde Nike immer wieder vorgeworfen, dass die Arbeitsbedingungen, unter denen Sportartikel und -bekleidung hergestellt wurden, höchst problematisch wären, da sie u.a. mithilfe von Kinderarbeit in Pakistan und Kambodscha hergestellt wurden (Greenberg und Knight 2004). Nike vertrat ursprünglich die Position, dass das Unternehmen für die Arbeitsbedingungen in der Zulieferindustrie nicht verantwortlich sei. Der Druck der Öffentlichkeit stieg, und Anfang der 2000er-Jahre änderte Nike seine Position: Das Unternehmen gab zu, dass es hohe Anforderungen an die Qualität seiner Produkte stellte. Warum nicht auch an die Arbeitsbedingungen? Der Sportartikelhersteller ergriff daher Maßnahmen, um bei seinen Lieferanten Kinderarbeit zu verhindern, und sorgte durch regelmäßige Berichte für Transparenz bei der Herstellung von Nike-Produkten.

Im April 2013 stürzte in Savar, Bangladesch, das achtstöckige Gebäude Rana Plaza ein, welches mehrere Textilfabriken beherbergte. Dabei kamen über 1.100 Menschen ums Leben, und mehr als 2.400 wurden verletzt, darunter mehrheitlich junge Frauen (Taplin 2014). Die Tragödie sorgte weltweit für Aufruhr und führte die Arbeitsbedingungen der Textilindustrie vor Augen. Der Bangladesh Accord (2018) wurde ins Leben gerufen, um sichere Arbeitsbedingungen für die Zukunft zu gewährleisten.

Weitere Initiativen, die sich für bessere Arbeitsbedingungen in der Textilindustrie einsetzen sind: Clean Clothes Kampagne (Südwind 2019), Sustainable Apparel Coalition (SAC 2019) und Fair Wear Foundation (FWF 2019). Eine umfassende Umsetzung dieser Initiativen würde wesentlich zur Erfüllung der Agenda 2030 für nachhaltige Entwicklung dienen, insbesondere zur Erreichung von SDG 1 keine Armut, SDG 3 Gesundheit und Wohlergehen, SDG 8 menschenwürdige Arbeit und Wirtschaftswachstum, SDG 10 weniger Ungleichheiten, sowie SDG 12 nachhaltige/r Konsum und Produktion.

2.2.3　Betriebliche Nachhaltigkeitsberichterstattung

Mit steigendem Bewusstsein über Missstände im Umwelt- und Sozialbereich ist auch das Informationsbedürfnis von unterschiedlichen Stakeholdern, wie Investorinnen und Investoren, Eigentümerinnen und Eigentümer, Geschäftspartnerinnen und Geschäftspartnern sowie von Konsumentinnen und Konsumenten, gestiegen. Unternehmen, die glaubwürdig über die gesellschaftlichen und ökologischen Auswirkungen ihres Handelns berichten, pflegen ihr Image – eine gute Voraussetzung für den zukünftigen Geschäftserfolg (IÖW 2008). Dieser Vertrauensaufbau gelingt besonders dann, wenn die regelmäßige Berichterstattung Änderungen und stetige Weiterentwicklung dokumentiert. So kann ein Unternehmen überzeugend vermitteln, dass es seiner gesellschaftlichen Verantwortung gerecht wird.

Ziel der Berichte ist es, transparent Rechenschaft über die Leistungen eines Unternehmens zu legen und darüber zu berichten, welche innovativen und nachhaltigen Antworten es auf wichtige aktuelle Herausforderungen gefunden hat. Um Qualitätsanforderungen an CSR-Berichten zu definieren und die Vergleichbarkeit der Leistungskennzahlen zu Nachhaltigkeitsthemen sicherzustellen, gibt es Richtlinien wie die AA1000 Prinzipien (AccountAbility 2008) bzw. die GRI-Standards (GRI 2018).

Die GRI-Standards geben detaillierte Hinweise zu Datenerhebung, Systemgrenzen, Berichterstellung und branchenspezifische Empfehlungen.

Auch die Europäische Kommission hat eine Richtlinie für die Angabe nichtfinanzieller und die Diversität betreffender Informationen durch große Unternehmen erlassen (NFI-Richtlinie 2014). Seit Jänner 2018 haben alle Unternehmen mit mehr als 500 Mitarbeiterinnen und Mitarbeitern jährlich nichtfinanzielle Informationen zu veröffentlichen. Diese Berichte haben folgende Themen zu umfassen: Umweltschutz, soziale Verantwortung und Belange der Arbeitnehmerinnen und Arbeitnehmer, Achtung der Menschenrechte, Bekämpfung von Korruption und Bestechung sowie ein Diversitätskonzept im Zusammenhang mit den Verwaltungs-, Leitungs- und Aufsichtsorganen des Unternehmens. Bemerkenswert dabei ist, dass die Europäische Kommission die Nachhaltigkeitsberichterstattung nicht mehr als freiwillig erachtet. Es wird erwartet, dass Unternehmen ihre soziale Verantwortung wahrnehmen und transparent darüber berichten.

Die NFI-Richtlinie (2014) wurde in Österreich in Form des Nachhaltigkeits- und Diversitätsverbesserungsgesetzes (NaDiVeG 2016) umgesetzt. Knapp 120 große Unternehmen von öffentlichem Interesse sind nun verpflichtet, wesentliche Informationen zur Nachhaltigkeitsleistung in Form einer Nichtfinanziellen Erklärung (NFI-Erklärung) im Lagebericht oder in einem gesonderten Nachhaltigkeitsbericht zu veröffentlichen. Neben dieser gesetzlichen Verpflichtung für große Betriebe zeichnen sich in Österreich viele Klein- und Mittelbetriebe durch sehr engagierte Nachhaltigkeitsberichte aus (Jasch 2015, S. 830).

2.2.4 *Nachhaltiges Management von Wertschöpfungsketten*

Der alleinige Fokus auf Umwelt- und Sozialaspekte in den eigenen Produktionsstätten reicht häufig nicht mehr. Dies liegt daran, dass Leistungen kaum noch von einem Unternehmen allein erbracht werden: Es sind unterschiedliche Lieferantinnen und Lieferanten in den Leistungserstellungsprozess eingebunden. In manchen Branchen, wie z.B. in der Automobilindustrie oder im Einzelhandel, werden mehr als 60% der Wertschöpfung in vorgelagerten Unternehmen erbracht (Seuring und Müller 2013, S. 245).

Um dieser Produktionsstruktur gerecht zu werden, nimmt die Bedeutung vom ‚Supply Chain Management' zu. Es zielt einerseits darauf ab, Material-, Produktions- und Informationsflüsse zu optimieren, und andererseits Kooperationen mit Zulieferbetrieben, mit NGOs sowie mit Kundinnen und Kunden proaktiv zu gestalten. Ziel ist es, die gesamte Wertschöpfungskette als eine Einheit zu betrachten, da der Wettbewerb nicht mehr nur zwischen Unternehmen, sondern auch zwischen Wertschöpfungsketten stattfindet.

Diese Wertschöpfungsketten sind heute überwiegend global, und häufig wird in sogenannten ‚Billiglohnländern' produziert. Allerdings herrschen in diesen Ländern für westliche Konsumentinnen und Konsumenten oftmals inakzeptable Umwelt- und Arbeitsbedingungen (siehe Fallbeispiel 2.2.1).[1] Auf Umwelt- und Sozialthemen fokussierte NGOs berichten regelmäßig über Missstände auf den Vorstufen der Wertschöpfungskette. Großangelegte Kampagnen können erheblichen Druck auf Unternehmen ausüben. Bekannte Beispiele sind Kampagnen, die auf die Arbeitsbedingungen in chinesischen Unternehmen, in denen Apple-Produkte hergestellt werden (Frost und Burnett 2007), oder den Umgang von Starbucks mit Kaffeebäuerinnen und -bauern (Argenti 2004) aufmerksam gemacht haben.

Da die Reputation der Marke durch solche Kampagnen gefährdet wird, sind die Unternehmen bestrebt, in ihren Beziehungen zu Lieferantinnen und Lieferanten nicht nur ökonomische, sondern auch soziale und ökologische Aspekte zu berücksichtigen. Dabei arbeiten zukunftsweisende Unternehmen mit unterschiedlichen Stakeholdern zusammen, um Ziele zu definieren und Veränderungsprozesse mit den Lieferantinnen und Lieferanten zu gestalten (Frost und Burnett 2007). Ein qualitativ gutes Engagement der Stakeholder kann zu einer gerechteren gesellschaftlichen Entwicklung führen, indem denjenigen, die das Recht haben, gehört zu werden, in den Entscheidungsfindungsprozess einbezogen werden. Der Stakeholder Engagement Standard (AA1000SES) (siehe AccountAbility 2015) definiert einen Rahmen für die Bewertung, Gestaltung, Umsetzung und Kommunikation eines hochwertigen Austauschprozesses mit unterschiedlichen Anspruchs- und Interessensgruppen.

2.2.5 Diversity Management

Die soziale Verantwortung von Unternehmen betrifft auch ganz wesentlich den Umgang mit den eigenen Mitarbeiterinnen und Mitarbeitern. Hier spielt Diversity Management eine immer größere Rolle. Darunter fallen Maßnahmen zur Frauenförderung (Gender Pay Gap reduzieren; Frauenanteil in Führungspositionen erhöhen), Work-Life-Balance, die bessere Einbindung ethnischer Minderheiten oder auch altersgerechte Arbeitsplatzgestaltung. Damit spiegelt Diversity die zahlreichen Veränderungen in der heutigen Gesellschaft wider, wie z.B. die Alterung der Bevölkerung, das neue Selbstverständnis der Frauen in der Arbeitswelt oder die ethnische Vielfalt.

Ziel eines effektiven Diversity Managements ist es, Unterschiede als strategische Ressource zu nutzen, d.h. Ausgrenzung zu vermeiden und die personelle Vielfalt als Bereicherung wahrzunehmen. Eine Unternehmenskultur, die Diversität wertschätzt, ermöglicht es den Mitarbeiterinnen und Mitarbeitern, ihre einzigartigen Fähigkeiten zu entfalten, und erhöht ihre Motivation; damit können Fehlzeiten und Personal-

---

[1] In vielen Ländern gibt es Vorschriften zu sozialen Fragen, wie z.B. Mindestlohn, Kinderarbeit oder Arbeitszeiten, sowie zum Umweltschutz. Allerdings besteht ein erhebliches Vollzugsdefizit, da Behörden nicht immer in der Lage sind, diese Vorschriften zu kontrollieren und wirkungsvoll einzufordern.

fluktuationen reduziert werden (Hanappi-Egger 2015). Dazu müssen unterschiedliche Dimensionen von Vielfalt bei Mitarbeiterinnen und Mitarbeitern betrachtet werden: die Persönlichkeit, innere Dimensionen (z.B. Geschlecht, Alter, sexuelle Orientierung, ethnische Zugehörigkeit), äußere Dimensionen (Familienstand, Ausbildung, Einkommen) und organisationale Dimensionen (Dauer der Zugehörigkeit, Arbeitsfeld, Funktion) (Gardenschwarz und Rowe 2003). Diversity Management bedeutet daher eine differenziertere Personalpolitik, ein Hinterfragen von Homogenität, eine Abkehr der Orientierung am stereotypen ‚Norm-Mitarbeiter' (dem weißen, heterosexuellen, verheirateten Mann).

Auch im Umgang mit Kundinnen und Kunden kann Diversity Management eine Rolle spielen, indem z.B. bei der Entwicklung von Produkten oder Dienstleistungen die Bedürfnisse spezieller Altersgruppen oder Ethnien berücksichtigt und diese Gruppen gezielt angesprochen werden (z.B. Ethno-Marketing).

2.2.6 Unternehmensethik

Unternehmensethik umfasst Compliance (d.h. Regeleinhaltung) und Integrität (d.h. die Fähigkeit und Bereitschaft zu eigenverantwortlichem Handeln in schwierigen Situationen) (Clausen 2009, S. 32). Beide sind gleichermaßen wichtig: Regeln geben Orientierung für das eigene Handeln. Sie können aber nie alle Situationen erfassen. Daher ist die intrinsische Motivation zu richtigem Verhalten wesentlich.

Dass ethisches Verhalten nicht vorausgesetzt werden kann, zeigt sich daran, dass namhafte Unternehmen wiederholt aufgrund ihrer Geschäftspraktiken mit negativen Schlagzeilen in die Medien kommen. Diese Praktiken sind teilweise illegal und teilweise innerhalb des gesetzlichen Rahmens, aber jedenfalls unethisch. So verwenden internationale Konzerne wie Starbucks, Fiat und Amazon kreative Mechanismen und Gesellschaftskonstruktionen, um ihre Steuerschuld zu reduzieren (siehe Fallbeispiel 2.2.2).

Fallbeispiel 2.2.2: Steuervermeidung durch Starbucks (EU COM 2015a)

Der Starbucks-Konzern hat ein kompliziertes Geflecht an Tochtergesellschaften in verschiedenen europäischen Ländern aufgebaut und nutzt es, um Geldflüsse steuermindernd zu gestalten. So betreibt Starbucks in den Niederlanden eine Kaffeerösterei und produziert dort auch Becher, Servietten und andere Utensilien, die in alle Filialen in Europa exportiert werden. Für die Verwendung von Knowhow zahlt diese Kaffeerösterei Lizenzgebühren an die Tochtergesellschaften und reduziert dadurch den steuerbaren Gewinn in den Niederlanden. Der Gewinn wird noch weiter reduziert, indem sie die zur Röstung vorgesehenen Bohnen zu einem stark überhöhten Preis von einem anderen Tochterunternehmen der Starbucks-Gruppe in der Schweiz erwirbt. Auch die Starbucks-Tochter in Österreich zahlt eine Lizenzgebühr an die Zentrale in den Niederlanden, wodurch die Steuerleistung in Österreich reduziert wird.

Dies wirkt nicht nur wettbewerbsverzerrend, sondern schadet auch Nationalstaaten durch geringere Steuereinnahmen. Die Europäische Kommission hat daher eine Initiative zur ‚fairen Besteuerung' (EU COM 2018) gestartet, ein ‚Steuertransparenzpaket' (EU COM 2015b) und eine Richtlinie zur Bekämpfung von Steuervermeidungspraktiken (Anti-BEPS-Richtlinie 2016) verabschiedet, deren Vorschriften mit 1. Jänner 2019 anzuwenden sind.

Beispiele für ethisch bedenkliche und illegale Geschäftspraktiken liefert der Volkswagen-Konzern (siehe Fallbeispiel 2.2.3). Eine wichtige Frage in diesem Kontext ist, wie es zu solchen Vorgängen kommen kann, in die viele Personen involviert sind und die sich über längere Zeiträume erstrecken. Offensichtlich spielen dabei nicht nur individuelle Handlungsmotive (u.a. Streben nach Macht und Einfluss, persönliche Bereicherung, mangelndes Unrechtsbewusstsein) eine Rolle, sondern auch Organisationsstrukturen. Diese können zu Rollenkonflikten und zu einer Unternehmenskultur von gegenseitigen Gefälligkeiten führen – eine Voraussetzung für Missstände, wie sie in den Fallbeispielen angeführt wurden (Clausen 2009).

Fallbeispiel 2.2.3: Unethische und illegale Praktiken beim VW-Konzern (Clausen 2009)

Im Jahr 2005 gerät der Volkswagen Konzern mit Meldungen über Lustreisen für Betriebsratsangehörige in die Schlagzeilen: VW zahlt Dienstleistungen von Prostituierten, Geschenke für Ehefrauen und Honorare sowie Reisekosten in Höhe von mehr als 1 Mio. € allein für die Geliebte des Gesamtbetriebsratsvorsitzenden Klaus Volkert. Sich auf Firmenkosten zu vergnügen, ist Untreue (Verwendung von Vermögensgütern entgegen der erteilten Verfügungsbefugnis) und Betrug (Verfügung über das Vermögen der/des Getäuschten, ohne angemessene Gegenleistung). Des Weiteren kassierte Volkert selbst Prämienzahlungen in Millionenhöhe, was gegen das Betriebsverfassungsgesetz verstößt. Die Vorgänge haben Konsequenzen: Volkert (und andere) treten im Juni 2005 zurück (Clausen 2009, S. 15ff.).

Die deutsche Automobilindustrie ist dafür bekannt, dass sie politische Lobbyarbeit leistet, um die Verschärfung von Umweltnormen zu verzögern oder abzumildern. Dass der VW-Konzern wenig sensibel für gesellschaftliche Anliegen wie Klimaschutz ist, zeigte sich auch im Jahr 2015, als die Manipulation von Dieselmotoren und der Einbau von Betrugssoftware öffentlich wurde. Damit wird deutlich, dass VW Abgasvorschriften nicht als Mindestnorm sieht, geschweige denn versucht, diese zu übertreffen.

Diese Beispiele zeigen, dass sich Unternehmen auch in Europa nicht immer redlich verhalten und sich Spitzenmanagerinnen und -manager in ethische, moralische oder juristische Graubereiche begeben. Eine Studie von Ernst & Young (2017) zeigt, dass 23% der befragten deutschen Führungskräfte für das eigene berufliche Fortkommen zumindest zu einer der folgenden Verhaltensweisen bereit wären: Externe täuschen, das eigene Management mit falschen Informationen versorgen und unethisches Verhalten bei Kundinnen und Kunden, Lieferantinnen und Lieferanten oder im eigenen Team ignorieren.

Eine wesentliche Aufgabe von Unternehmensethik ist, die Urteilsfähigkeit von Entscheidungsträgerinnen und Entscheidungsträgern zu stärken, damit sie die Fähigkeit aufbauen, sich eine fundierte Meinung über eine Situation zu bilden und deren ethische Dimension zu erkennen. Nur dann ist es möglich, vermeintlichen Sachzwängen zu entkommen, die vorhandenen Handlungsmöglichkeiten zu erkennen und kreativ zu nutzen. Wesentlich ist daher die Fähigkeit, die derzeitigen Spielregeln zu reflektieren und sich immer wieder die Kernfrage der Unternehmensethik zu stellen: Wie wollen wir im Wirtschaftsleben miteinander umgehen (Clausen 2009)?

2.2.7 Nächste Schritte: Suffizienz, Social Entrepreneurship

Viele Unternehmen verfolgen einen complianceorientierten Ansatz zur unternehmerischen Verantwortung und beschränken sich darauf, Gesetze und Branchenstandards einzuhalten sowie ihre Mitarbeiterinnen und Mitarbeiter fair zu behandeln. Sie fokussieren sich daher primär auf Risikomanagement, indem sie auf ihr Image und das Medienecho achten und die Interessen der lautesten Stakeholder befriedigen. Manche Unternehmen gehen weiter und sehen ihre gesellschaftliche Verantwortung darin, zu einem drängenden gesellschaftlichen Problem einen Lösungsbeitrag zu leisten.

So wählen manche Suffizienz als Unternehmensstrategie. Indem sie etablierte Produktions- und Konsummuster hinterfragen, leisten sie einen Beitrag zu den Zielen der Agenda 2030, insbesondere zu SDG 12 für nachhaltige Konsum- und Produktionsmuster. Konkrete Beispiele für die Umsetzung von Suffizienzstrategien sind z.B.: den Schwerpunkt auf einfache und langlebige Produkte zu legen; Entschleunigung zu unterstützen, indem z.B. Telefondienstleister Kundinnen und Kunden einen Rabatt anbieten, wenn sie nicht jährlich das Mobiltelefon wechseln; eine Entkommerzialisierung z.B. durch Bildungsangebote, die Fähigkeiten vermitteln, Leistungen selbst erbringen zu können; oder eine konsequente Orientierung an regionalen Zulieferbetrieben, um Transportwege zu reduzieren (Baumast 2013). Als Beispiel für die Umsetzung einer Suffizienzstrategie kann auch die ‚Common Threads Initiative' des Outdoorbekleidungsherstellers Patagonia (2011a) dienen: Durch Anzeigen rief Patagonia (2011b) dazu auf, eine Jacke nicht zu kaufen, außer man brauche sie wirklich. Patagonia lud damit ein, sich an den Prinzipien Reduzieren, Reparieren, Weiterverwenden, Recyclen und Umdenken zu orientieren (zum Beitrag der Konsumentinnen und Konsumenten zu Suffizienz siehe Beitrag 2.3).

Noch weiter gehen Social Entrepreneurs, die gesellschaftliche Interessen als wesentliche Grundlage ihrer Unternehmensstrategie sehen. Bei der Gestaltung ihrer Geschäftstätigkeit orientieren sie sich daher an fundamental anderen Fragen: Fördert der Geschäftszweck eine nachhaltige Entwicklung? Welche Konsummuster werden initiiert? Welche Lebensstile werden unterstützt? Mit anderen Worten: Was bewirkt die unternehmerische Tätigkeit (Schaltegger 2017)?

Social Entrepreneurs wollen auf diese Weise aktiv und kreativ zur Transformation unseres Wirtschaftssystems beitragen. Sie stellen sich der Herausforderung, neue Unternehmensmodelle zu entwickeln, welche die Ressourcen der nachfolgenden Generationen nicht nur erhalten, sondern vermehren und somit zukünftige Handlungsspielräume unserer Gesellschaft vergrößern. Die bisherigen – oftmals nur auf kurzfristigen Gewinn ausgerichteten – Geschäftsmodelle werden völlig neu gedacht, sodass die Wertschöpfung für Gesellschaft und Unternehmen das übergeordnete Ziel werden (Schmidpeter 2015). Social Entrepreneurs verfolgen daher keine primäre oder ausschließliche Profitorientierung. In der Regel zielen sie auf Kostendeckung ab und reinvestieren die Gewinne im Sinne des Gründungsziels.

Social Entrepreneurs sind häufig im Kontext der Entwicklungszusammenarbeit tätig. Sie entwickeln z.B. technische Lösungen für eine kostengünstige Produktion von sauberem Strom oder Trinkwasser für arme Bevölkerungsgruppen. Als eines der bekanntesten Beispiele gilt der Nobelpreisträger Muhammad Yunus, der Gründer der Grameen Bank (2019), die Mikrokredite an gesellschaftliche Randgruppen vergibt. Diesen Randgruppen wurden dadurch neue Möglichkeiten eröffnet, da sie bisher vom Finanzsystem ausgeschlossen waren.

2.2.8 Ausblick: ein lohnendes, breites Tätigkeitsfeld

Unternehmen produzieren Waren oder Dienstleistungen und sind grundsätzlich auf finanziellen Gewinn ausgerichtet. Herkömmliche Unternehmen orientieren sich an der Gewinnmaximierung bzw. Verlustminimierung; sie nehmen gesellschaftliche Erwartungen primär über die Gesetze und die Nachfrage von Kundinnen und Kunden wahr. In den letzten Jahrzehnten ist der Druck auf Unternehmen gestiegen, über diese Mindestanforderungen hinaus einen Beitrag zur nachhaltigen Entwicklung zu leisten. Dieser fällt ganz unterschiedlich aus, je nachdem, welche Probleme in einer Branche oder Region besonders akut sind (Abbildung 2.2.1). Ursprünglich war es v.a. die Erwartung, dass Unternehmen freiwillig mehr für den Umweltschutz tun, später ist der Umgang mit Mitarbeiterinnen und Mitarbeitern stärker ins Blicklicht gerückt. Immer mehr Unternehmen wollen unmittelbar durch ihre Aktivitäten einen positiven Wandel in der Gesellschaft herbeiführen. Im Mittelpunkt der Unternehmensethik steht für sie weniger die Gewinnmaximierung, sondern einen Beitrag zur Lösung von gesellschaftlichen Problemen zu leisten und dabei Gewinn zu erwirtschaften.

*Abbildung 2.2.1: Die unterschiedlichen Bereiche der unternehmerischen Umwelt-
und Sozialverantwortung*

Betriebliches Nachhaltigkeitsmanagement bietet damit ein breites Tätigkeitsfeld für
UBRM-Absolventinnen und -Absolventen. Dabei geht es nicht nur um die Gestaltung
von technischen Prozessen oder Umweltschutz, sondern auch um soziale Verantwortung. Im Vordergrund stehen wissenschaftlich fundierte Erkenntnisse und die Fähigkeit, ethisch begründete Richtungsentscheidungen treffen zu können. Nachhaltigkeits-
managerinnen und -manager können Initiativen partnerschaftlich mit Stakeholdern
ausverhandeln, die Unternehmensleitung von deren strategischer Bedeutung überzeu-
gen und sie wirkungsvoll an Kundinnen und Kunden kommunizieren. Indem sie Möglichkeiten aufzeigen, wie Unternehmen dem Ressourcenverbrauch, Umweltschäden und
sozialen Missständen entgegenwirken können, werden sie ihrer gesellschaftlichen Verantwortung gerecht und legen wichtige Grundbausteine für eine nachhaltige Zukunft.

Literatur

AccountAbility (2008): AA1000 Accountability Prinzipien Standard 2008. London, UK. Verfügbar in:
https://www.accountability.org/standards/ [Abfrage am 20.7.2019].

AccountAbility (2015): AA1000 Stakeholder Engagement Standard 2015. London, UK. Verfügbar in:
https://www.accountability.org/standards/ [Abfrage am 20.7.2019].

Anti-BEPS-Richtlinie (2016): Richtlinie (EU) 2016/1164 des Rates vom 12. Juli 2016 mit Vorschriften
zur Bekämpfung von Steuervermeidungspraktiken mit unmittelbaren Auswirkungen auf das
Funktionieren des Binnenmarkts. Abl L 193/2016, 1. Verfügbar in:
http://data.europa.eu/eli/dir/2016/1164/oj [Abfrage am 20.7.2019].

Argenti, P. (2004): Collaborating with activists: How Starbucks works with NGOs. California Management Review, 47, 1, 91–116. https://doi.org/10.2307/41166288.

Bangladesh Accord (Accord on Fire and Building Safety in Bangladesh) (2018): Website of the Bangladesh Accord. Available at: https://bangladeshaccord.org/ [accessed 20.7.2019].

Baumast, A. (2013): Perspektive Nachhaltigkeit – Effizienz, Konsistenz und Suffizienz als Unternehmensstrategien. In: Baumast, A. und Pape, J., Hrsg., Betriebliches Nachhaltigkeitsmanagement. Stuttgart: Eugen Ulmer, 360–373.

Baumast, A. und Pape, J. (Hrsg.) (2013): Betriebliches Nachhaltigkeitsmanagement. Stuttgart: Eugen Ulmer.

Clausen, A. (2009): Grundwissen Unternehmensethik. Tübingen: A. Franke UTB.

Ernst & Young (2017): EMEIA Fraud Survey – Ergebnisse für Deutschland, April 2017. Düsseldorf. Verfügbar in: https://www.ey.com/ [Abfrage am 17.3.2019].

EU COM (Europäische Kommission) (2015a): Kommission stellt Unvereinbarkeit der selektiven Steuervorteile für Fiat in Luxemburg und für Starbucks in den Niederlanden mit dem EU-Beihilfenrecht fest. Pressemitteilung. Verfügbar in: http://europa.eu/rapid/press-release_IP-15-5880_de.htm [Abfrage am 17.3.1019].

EU COM (Europäische Kommission) (2015b): Maßnahmenpaket zur Steuertransparenz. Verfügbar in: https://ec.europa.eu/taxation_customs/business/company-tax/tax-transparency-package_de [Abfrage am 20.7.2019].

EU COM (European Commission) (2018): Proposal for a Council Directive laying down rules relating to the corporate taxation of a significant digital presence. COM(2018) 147 final. Available at: https://ec.europa.eu/taxation_customs/business/company-tax/fair-taxation-digital-economy_en [accessed 20.7.2019].

Friedman, M. (1970): The social responsibility of business is to increase its profits. The New York Times Magazine, 13 Sept. 1970. Available at: http://umich.edu/~thecore/doc/Friedman.pdf [accessed 17.3.2019].

Frost, S. and Burnett, M. (2007): Case study: The Apple iPod in China. Corporate Social Responsibility and Environmental Management, 14, 103–113. https://doi.org/10.1002/csr.146.

FWF (Fair Wear Foundation) (2019): Website of the FWF. Amsterdam, the Netherlands. Available at: https://www.fairwear.org/ [accessed 20.7.2019].

Gardenschwartz, L. and Rowe, A. (2003): Diverse Teams at Work. Capitalizing on the Power of Diversity. Alexandria, VA, USA: Society for Human Resource Management.

Grameen Bank (2019): Website of the Grameen Bank. Dhaka, Bangladesh. Available at: http://www.grameen.com/introduction/ [accessed 20.7.2019].

Greenberg, J. and Knight, G. (2004): Framing sweatshops: Nike, global production and the American news media. Communication and Critical/Cultural Studies, 1, 151–175. https://doi.org/10.1080/14791420410001685368.

GRI (Global Reporting Initiative) (2018): GRI Sustainability Reporting Standards. Global Sustainability Standards Board (GSSB), Amsterdam, the Netherlands. Available at: https://www.globalreporting.org/standards/gri-standards-translations/ [accessed 20.7.2019].

Hahn, R. (2013): Corporate Citizenship – Unternehmen als politische Akteure. In: Baumast, A., und Pape, J., Hrsg., Betriebliches Nachhaltigkeitsmanagement. Stuttgart: Eugen Ulmer, 123–138.

Hanappi-Egger, E. (2015): Diversitätsmanagement und CSR. In: Schneider, A. und Schmidpeter, R., Hrsg., Corporate Social Responsibility. 2. Auflage. Berlin: Springer-Gabler, 211–223.

IÖW (Institut für Ökologische Wirtschaftsforschung) (Hrsg.) (2008): Leitlinie zu wesentlichen nicht-finanziellen Leistungsindikatoren, insbesondere zu Umwelt- und ArbeitnehmerInnenbelangen, im Lagebericht. Wien (Brom, M., Frey, B., Jasch, C., Projektpartnerinnen). Verfügbar in: http://www.ioew.at/ioew/d-ioew-set.html [Abfrage am 20.7.2019].

ISO (International Organization for Standardization) (2010): ISO 26000:2010 Guidance on Social Responsibility. Geneva, Switzerland. Available at: https://www.iso.org/iso-26000-social-responsibility.html [accessed 20.7.2019].

ISO (International Organization for Standardization) (2015): ISO 14001:2015 Environmental Management Systems – Requirements with Guidance for Use. Geneva, Switzerland. Available at: https://www.iso.org/standard/60857.html [accessed 20.7.2019].

ISO (International Organization for Standardization) (2018): ISO 45001:2018 Occupational Health and Safety Management Systems – Requirements with Guidance for Use. Geneva, Switzerland. Available at: https://www.iso.org/iso-45001-occupational-health-and-safety.html [accessed 20.7.2019].

Jasch, C. (2015): CSR und Berichterstattung. In: Schneider, A. und Schmidpeter, R., Hrsg., Corporate Social Responsibility. 2. Auflage. Berlin: Springer-Gabler, 823–834.

Meixner, O., Schwarzbauer, A. und Pöchtrager, S. (2015): CSR in der Agrar- und Ernährungswirtschaft. In: Schneider, A. und Schmidpeter, R., Hrsg., Corporate Social Responsibility. 2. Auflage. Berlin: Springer-Gabler, 921–932.

NaDiVeG (2016): Bundesgesetz, mit dem zur Verbesserung der Nachhaltigkeits- und Diversitäts-berichterstattung das Unternehmensgesetzbuch, das Aktiengesetz und das GmbH-Gesetz geändert werden (Nachhaltigkeits- und Diversitätsverbesserungsgesetz, NaDiVeG). BGBl. I Nr. 20/2017. Verfügbar in: https://www.ris.bka.gv.at/eli/bgbl/I/2017/20/20170117 [Abfrage am 20.7.2019].

NFI-Richtlinie (2014): Richtlinie 2014/95/EU des Europäischen Parlaments und des Rates vom 22. Oktober 2014 zur Änderung der Richtlinie 2013/34/EU im Hinblick auf die Angabe nichtfinanzieller und die Diversität betreffender Informationen durch bestimmte große Unternehmen und Gruppen. Abl L 330/2014, 1. Verfügbar in: http://data.europa.eu/eli/dir/2014/95/oj [Abfrage am 20.7.2019].

Patagonia (2011a): Common Threads Initiative. Patagonia blog, Sept. 2011. Ventura, CA, USA. Available at: https://www.patagonia.com/blog/2011/09/introducing-the-common-threads-initiative/ [accessed 20.7.2019].

Patagonia (2011b): Don't buy this jacket. Patagonia advertisement on Black Friday, New York Times, Nov. 25, 2011. Available at: https://www.patagonia.com/blog/2011/11/dont-buy-this-jacket-black-friday-and-the-new-york-times/ [accessed 20.7.2019].

SAC (Sustainable Apparel Coalition) (2019): Website of the SAC. San Francisco, CA, USA. Available at: https://apparelcoalition.org [accessed 20.7.2019].

SAI (Social Accountability International) (2014): SA8000® Standard. New York, USA. Available at: http://www.sa-intl.org [accessed 20.7.2019].

Schaltegger, S. (2017): Sustainable Entrepreneurship als Treiber von Transformation. Verfügbar in: https://www.zukunftsinstitut.de/artikel/sustainable-entrepreneurship-als-treiber-von-transformation/ [Abfrage am 17.3.2019].

Schmidpeter, R (2015): CSR, Sustainable Entrepreneurship und Social Innovation – Neue Ansätze der Betriebswirtschaftslehre. In: Schneider, A. und Schmidpeter, R., Hrsg., Corporate Social Responsibility. 2. Auflage. Berlin: Springer-Gabler, 135–144.

Schneider, A. und Schmidpeter, R. (Hrsg.) (2015): Corporate Social Responsibility. Verantwortungs-volle Unternehmensführung in Theorie und Praxis. 2. Auflage. Berlin: Springer-Gabler.

Seuring, S. und Müller, M. (2013): Nachhaltiges Management von Wertschöpfungsketten. In: Baumast, A. und Pape, J., Hrsg., Betriebliches Nachhaltigkeitsmanagement. Stuttgart: Eugen Ulmer, 245–258.

Südwind (Südwind – Verein für Entwicklungspolitik und globale Gerechtigkeit) (2019): Webseite der Clean Clothes Kampagne Österreich. Wien. Verfügbar in: https://www.cleanclothes.at/ [Abfrage am 20.7.2019].

Taplin, I. (2014): Who is to blame? A re-examination of fast fashion after the 2013 factory disaster in Bangladesh. Critical Perspectives on International Business, 10, 1/2, 72–83. https://doi.org/10.1108/cpoib-09-2013-0035.

UGA (Umweltgutachterausschuss beim Bundesministerium für Umwelt, Naturschutz und nukleare Sicherheit) (2019): Webseite des Eco-Management and Audit Scheme (EMAS). Berlin. Verfügbar in: https://www.emas.de/ [Abfrage am 20.7.2019].

2.3   Nachhaltiger Konsum

Petra Riefler und Laura Wallnöfer
Institut für Marketing und Innovation,
Department für Wirtschafts- und Sozialwissenschaften (WiSo)
petra.riefler@boku.ac.at, laura.wallnoefer@boku.ac.at

2.3.1   Die Rolle von Konsumentinnen und Konsumenten für eine nachhaltige Wirtschaft

„Essen Sie weniger Fleisch – der Umwelt zuliebe!" Mit solchen und ähnlichen Appellen richten sich Natur- und Umweltschutzorganisationen an Konsumentinnen und Konsumenten. Sie dienen v.a. der Bewusstseinsbildung in der Bevölkerung über den direkten Zusammenhang des eigenen Konsums und dem Klimawandel (siehe Fallbeispiel 2.3.1 und Abbildung 2.3.1). Konsumentinnen und Konsumenten treffen

Fallbeispiel 2.3.1: Nachhaltiger Lebensmittelkonsum, WWF Warenkorbstudie (2019)

Der wöchentliche Lebensmitteleinkauf einer durchschnittlichen österreichischen vierköpfigen Familie verursacht rund 58 kg an CO_2-Emissionen (vgl. WWF 2019). Würde sich diese durchschnittliche Familie für mehr Hülsenfrüchte, Obst und Gemüse aus biologischem Anbau und für weniger Fleischwaren entscheiden, verringerten sich ernährungsbedingte Treibhausgasemissionen um bis zu 40%.

Abbildung 2.3.1: Vergleich eines üblichen Warenkorbs (links) mit einem nachhaltigeren und gesünderen Warenkorb (rechts) (WWF 2019)

täglich eine Vielzahl an Entscheidungen, die – für sie häufig unsichtbare – soziale und ökologische Konsequenzen haben.

Schätzungen zufolge gehen zwischen 50 und 80% des weltweiten Land-, Material- und Wasserverbrauchs sowie mehr als 60% der konsumbasierten Treibhausgas-emissionen auf die Nachfrage privater Haushalte zurück. Die relevantesten Konsumbereiche sind in diesem Zusammenhang Ernährung, individuelle Mobilität und Wohnen (vgl. Hertwich et al. 2015). Wie diese Zahlen verdeutlichen, spielen Konsumentinnen und Konsumenten – neben Regierungen, Unternehmen sowie anderen Akteurinnen und Akteuren – eine zentrale Rolle bei der Gestaltung eines nachhaltigen Wirtschaftssystems (vgl. UN 2016).

Das SDG 12 (nachhaltige Konsum- und Produktionsmuster) greift diese zentrale Rolle auf. Während Beitrag 2.2 die unternehmerische Verantwortung zur Erreichung der Ziele des SDG 12 beleuchtet hat, beschäftigt sich dieser Beitrag mit der Verantwortung von Konsumentinnen und Konsumenten. Zum einen sind Corporate-Social-Responsibility-Aktivitäten von Unternehmen, die im Beitrag 2.2 beschrieben wurden, in vielen Fällen nur dann erfolgreich, wenn Konsumentinnen und Konsumenten bereit sind, Unternehmen zu wählen, die gesellschaftliche Verantwortung übernehmen (Riefler 2019). Zum anderen besteht breiter Konsens darüber, dass Konsumentinnen und Konsumenten eigene Konsummuster insgesamt nachhaltiger gestalten müssten, um die Ziele des SDG 12 zu erreichen.

Um Veränderungen im Sinne des SDG 12 zu erreichen, ist es folglich entscheidend, individuelle Werte, Gewohnheiten und Entscheidungsmuster grundlegend zu kennen und bestimmende Einflussfaktoren (z.B. aus dem kulturellen und sozialen Umfeld) auf das Konsumverhalten zu verstehen. Dieses Verständnis ermöglicht es, nachhaltige Innovationen und Geschäftsmodelle so zu gestalten, dass sie individuellen Bedürfnissen bestmöglich entsprechen. Dieses Verständnis ist auch die Basis für die Ausgestaltung von Anreizen für individuelle Verhaltensänderungen im Sinne eines umwelt- und sozialverträglichen Konsums. Die Konsumentenforschung trägt dazu bei, Antworten auf Fragen wie jene am Beginn dieses Beitrages zu finden: Wie kann man mehr Konsumentinnen und Konsumenten dazu bewegen, weniger Fleisch zu essen?

Studierende des UBRM lernen die Konzepte und Formen nachhaltigen Konsums kennen sowie die Herausforderungen in der Veränderung von Konsumverhalten zu verstehen, um daraus mögliche Handlungsoptionen für Unternehmen, Institutionen sowie für Forschung und Politik ableiten zu können. Sie erwerben im Bachelorstudium Grundlagenwissen über die Vermarktung von nachhaltigen Produkten und Dienstleistungen und können dieses in den Themenfeldern Konsumentenverhalten und marktorientierte Innovationen im Masterstudium vertiefen. Abschnitt 2.3.2 liefert erste Einblicke in das Thema nachhaltiger Konsum, dessen Ausgestaltungsmöglichkeiten und bekannte Hindernisse.

2.3.2 Soziale, ökologische und ökonomische Perspektiven nachhaltigen Konsums

Die sogenannte „Oslo-Definition" liefert eine gängige Begriffserklärung für nachhaltigen Konsum. Sie wurde im Rahmen eines Symposiums zu nachhaltiger Produktion und nachhaltigem Konsum bereits 1994 formuliert. Nachhaltiger Konsum beschreibt demnach „… die Nutzung von Gütern und Dienstleistungen, die elementare menschliche Bedürfnisse befriedigen und eine bessere Lebensqualität hervorbringen, wobei sie gleichzeitig den Einsatz natürlicher Ressourcen, toxischer Stoffe und Emissionen von Abfall und Schadstoffen über den Lebenszyklus hinweg minimieren, um nicht die Bedürfnisbefriedigung künftiger Generationen zu gefährden" (Norwegisches Umweltministerium, zitiert nach Spangenberg 2003, S. 124).

In der Definition sind im Besonderen drei Aspekte entscheidend, nämlich (1) die elementare Bedürfnisbefriedigung, (2) die Verbesserung der Lebensqualität und (3) die Ressourcenschonung. Der erste Aspekt meint, dass weltweit in einer Weise und einem Ausmaß konsumiert werden soll, dass die Lebensgrundlage für Menschen (Ernährung, Wasser etc.) auf allen Teilen der Erde gesichert bleibt (oder wird). Für westliche Gesellschaften, in denen über die Deckung der Lebensgrundlage/Bedürfnisse und über ökologische Grenzen hinaus konsumiert wird (Druckman und Jackson 2010), stellt sich hier die Frage, welches Konsumausmaß für ein gutes Leben ausreicht, damit ökologische Grenzen gewahrt bleiben. Der zweite Aspekt kann sowohl ökologisch (z.B. saubere Luft), sozial (z.B. faire Arbeitsbedingungen) als auch wirtschaftlich (z.B. sicheres Einkommen) betrachtet werden. Diese drei Bedingungen spiegeln die drei Säulen der Nachhaltigkeit (siehe Abbildung 2.3.2) wider. Der dritte Aspekt ist als Bringschuld für künftige Generationen zu verstehen. Die Definition impliziert die Rolle der Akteurinnen und Akteure, insbesondere der Konsumentinnen und Konsumenten, durch aktuelles Handeln einen notwendigen Beitrag zu diesen Aspekten zu leisten.

Die Definition wählt hierbei den Begriff der *Nutzung*, der im engeren Sinn wohl zu kurz greift. Nachhaltiger Konsum sollte über die Nutzung hinaus auch als Kauf, Besitz und Nachnutzung verstanden werden. Für eine nachhaltige Entwicklung werden alternative Konsumformen zum Erwerb von Besitz (etwa Teilnutzung, *sharing*) gebraucht (Schanes et al. 2016). Der Erwerb von Besitz an Produkten stellt in westlichen Gesellschaften jedoch weiterhin den Normalfall dar. Es geht neben der Substitution von nichtnachhaltigen Waren und Dienstleistungen durch umwelt- und sozialverträgliche Alternativen auch um die Verstärkung alternativer Konsumformen. Die

Nachnutzung durch Weitergabe oder Wiederverwertung ist ebenfalls unter Nutzung zu subsumieren. Die Konsumentinnen und Konsumenten spielen eine wesentliche Rolle in der Kreislaufwirtschaft (etwa durch fachgerechte Entsorgung von wiederverwertbaren Rohstoffen).

2.3.3 Formen nachhaltigen Konsums

Basierend auf dem beschriebenen Konzept des nachhaltigen Konsums (Abbildung 2.3.2) können Konsumentinnen und Konsumenten in unterschiedlichen Formen zu einer nachhaltigen Konsumentwicklung beitragen.

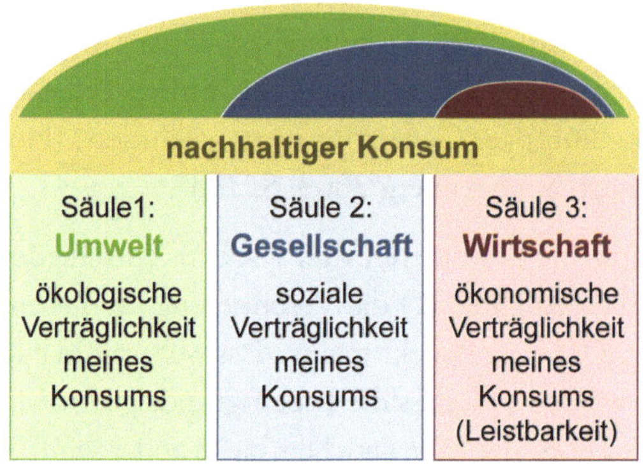

Abbildung 2.3.2: Drei-Säulen-Modell des nachhaltigen Konsums

Dabei lassen sich drei grundlegende Ansätze unterscheiden:

- **Substitution** („etwas anderes kaufen", z.B. Wechsel zu effizienteren und/oder langlebigeren Produkten),

- **Reduktion** („weniger kaufen", z.B. Wiederverwendung oder gemeinschaftliche Verwendung von Produkten),

- **Verzicht** („nicht kaufen", z.B. gänzlicher Verzicht auf bestimmte Produkte und Dienstleistungen).

Bei der *Substitution* werden konventionelle Produkte und Dienstleistungen durch umwelt- und sozialverträglichere Alternative ersetzt. Dies umfasst exemplarisch die Wahl von Produkten, die Rohstoffe effizienter nutzen (etwa weniger Treibstoff oder Strom benötigen) oder die aus nachwachsenden Rohstoffen hergestellt sind. Auf dem Gebiet der ökologischen Innovation wird aktuell viel Material- und Prozessforschung betrieben, um im Sinne einer Bioökonomie Produkte auf Basis nachwachsender Rohstoffe zu entwickeln. Zu nachhaltigem Konsum zählt aber ebenso der bewusste Verzicht auf Produkte von Unternehmen, die ihrer gesellschaftlichen Verantwortung nicht nachkommen.

Reduktion bedeutet, dass weniger Rohstoffe abgebaut werden bzw. Waren im Umlauf sind (z.B. gemeinschaftliche Nutzung durch mehrere Haushalte; längere Verwendung durch Reparatur, Weiterverkauf oder Spenden; Wiederverwertung von Rohstoffen in einer Kreislaufwirtschaft). Fallbeispiel 2.3.2 beschreibt ein junges Wiener Unternehmen, das den Abfall von Lebensmitteln (somit am Ende der Wertschöpfungskette) zu vermeiden sucht, indem diese Lebensmittel weitergegeben und zu neuen Produkten verarbeitet werden. Eine ähnliche Initiative in Deutschland (Foodsharing.de) sammelt in Kooperation mit Betrieben und ehrenamtlichen Unterstützerinnen und Unterstützern Lebensmittelabfälle. Zur freien Entnahme stehen diese in Form von „Fair-Teilern", d.h. öffentlich frei zugänglichen Lebensmittelregalen und Kühlschränken, zur Verfügung. Laut Betreiber konnten auf diese Weise knapp 22.000 Tonnen an Lebensmittelabfällen in Deutschland, Österreich und der Schweiz vermieden werden (Foodsharing 2019).

Fallbeispiel 2.3.2: *Unverschwendet – Eine Initiative als Beitrag zu nachhaltigem Lebensmittelkonsum*

Österreichische Haushalte werfen jährlich mehrere Millionen Tonnen an genießbarem Obst und Gemüse in den Müll. Lebensmittel, die qualitativ einwandfrei, jedoch aus Sicht der Verbraucherinnen und Verbraucher zu groß, zu klein, zu unschön sind oder einfach nicht aufgegessen wurden. Das junge Unternehmen „Unverschwendet", gegründet im Jahr 2015 von der UBRM-Absolventin Cornelia Diesenreiter und ihrem Bruder, hat sich der Minimierung dieser Lebensmittelabfälle (unter dem Stichwort *zero waste*) durch kreative Ansätze verschrieben. Das Wiener Start-up bezieht nichtverkäufliches oder nichtverbrauchtes Obst und Gemüse aus einem Netzwerk von landwirtschaftlichen Betrieben, Institutionen und Haushalten. Es verkocht diese Lebensmittel zu Marmeladen, Sirup und Saucen. 25 Tonnen Lebensmittel wurden im Jahr 2018 auf diese Weise verarbeitet statt entsorgt und 100.000 Feinkostprodukte verkauft (Unverschwendet 2019).

Verzicht stellt das höchste Maß an Reduktion dar. Es bedeutet die bewusste Entscheidung, Waren und Dienstleistungen, die ökologisch oder sozial nicht verträglich sind, nicht zu konsumieren. Aktuell fokussieren die öffentliche Debatte und innovative Geschäftsideen vordergründig auf Formen der Substitution und Reduktion. Die Wichtigkeit des Konsumverzichts zur Erreichung von Klima- und Nachhaltigkeitszielen ist jedoch augenmerklich und findet sich beispielsweise in der aktuellen Strategie der Bioökonomie der österreichischen Regierung wieder (BMNT et al. 2019).

2.3.4 *Herausforderungen in der Entwicklung nachhaltigen Konsumverhaltens*

Konsumentinnen und Konsumenten können unterschiedliche Beiträge zur Erreichung des SDG 12 leisten. Das aktuelle Marktgeschehen und die Statistiken zum

Ressourcenverbrauch von Haushalten zeigen aber, dass Veränderungen nicht so rasch voranschreiten, wie sie es müssten. Umfragen zeigen, dass die meisten Konsumentinnen und Konsumenten Klimaschutz und soziale Gerechtigkeit als wichtig erachten. Am Point of Sale vergessen sie jedoch ihre guten Vorsätze. Häufig spielen Produkteigenschaften – wie Marke, Preis oder Genuss – eine größere Rolle. Eine Metaanalyse basierend auf 57 empirischen Studien zeigt, dass die Einstellung zum Umweltschutz tatsächliches Verhalten nur zum Teil erklärt (vgl. Bamberg und Möser 2007). Diese Ergebnisse verdeutlichen, dass neben einer Bewusstseinsbildung für nachhaltige Themen auch andere Maßnahmen zur Entwicklung nachhaltiger Konsummuster ergriffen werden müssen.

Die Diskrepanz zwischen Bewusstsein, Werten und Einstellungen auf der einen Seite und dem tatsächlichen Handeln auf der anderen Seite wird als *Attitude-Behaviour-Gap* (oder *Value-Action-Gap*) bezeichnet (vgl. Kollmuss und Agyeman 2002). Der Abgleich von dem, was man tun möchte, und dem, wie man tatsächlich handelt, stellt eine der größten Herausforderungen bei der Vermeidung ressourcenintensiver sowie sozial unverträglicher Konsummuster dar (siehe Abbildung 2.3.3).

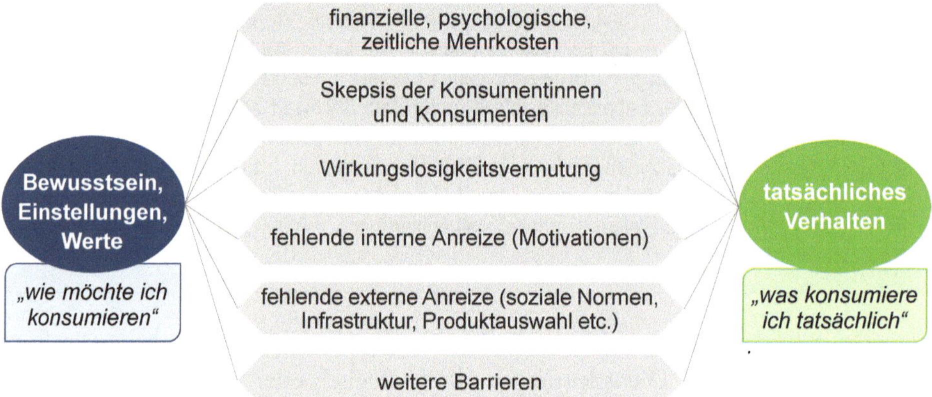

Abbildung 2.3.3: *Attitude-Behaviour-Gap und einige bekannte Barrieren*

Was hält Konsumentinnen und Konsumenten also davon ab, ihre guten Intentionen in die Tat umzusetzen? Die Barrieren sind mannigfaltig und umfassen z.B. finanzielle, psychologische wie zeitliche Mehrkosten für nachhaltige Alternativen; das Fehlen von internen Anreizen (Motivationen), von sozialen Normen, von positivem Feedback für nachhaltiges Verhalten und von notwendiger Infrastruktur; die Problematik von Konsumentenskepsis bezüglich Funktionalität und Informationswahrheit nachhaltiger Produkte als auch eine Wirkungslosigkeitsvermutung aufseiten der Konsumentinnen und Konsumenten (vgl. Kollmuss und Agyeman 2002).

In Bezug auf *Mehrkosten* ist festzuhalten, dass sich Konsumentinnen und Konsumenten typischerweise für jene Produktalternative entscheiden, die ihnen den höchsten Produktwert (Gesamtnutzen minus Gesamtkosten) bietet. Der Konsum nachhaltiger Produkte hat neben dem gängigen funktionalen auch einen sozialen (altruistischen) und psychologischen Nutzen (man tut etwas „Gutes"). Nachhaltige Alternativen haben gleichzeitig häufig höhere wahrgenommene Kosten. Es entstehen (1) *Suchkosten* (Zeitaufwand) für das Finden, Verstehen und Berücksichtigen zusätzlicher Kriterien, die häufig aus Sicht der Konsumentinnen und Konsumenten schwierig zu beurteilen sind (z.B. faire Löhne in der Wertschöpfungskette, Tierwohl, ressourcenschonende Produktion). Unternehmen verwenden eine Vielzahl an Produktlabels zu Informationszwecken (siehe Beitrag 2.2). Diese werden jedoch nur von Teilen der Konsumentinnen und Konsumenten verstanden bzw. in die Kaufentscheidung miteinbezogen. Des Weiteren verursachen nachhaltige Alternativen häufig (2) *finanzielle Mehrkosten* oder (3) *psychologische Kosten* etwa durch die vorausgesetzte Änderung von Gewohnheiten. Menschen ändern ihre Gewohnheiten nur langsam und ungern, was etwa im anfänglichen Beispiel des Fleischkonsums eine wesentliche Barriere darstellt. Zu erwähnen sind auch Zielkonflikte zwischen Motiven (z.B. die Bequemlichkeit einer Take-away-Speise versus Vermeidung von Verpackungsabfall) und Trade-offs zwischen Produkteigenschaften (z.B. Leistungsstärke versus Nachhaltigkeit).

Die *Skepsis der Konsumentinnen und Konsumenten* gründet meist nicht in mangelnder Informationsbereitstellung vonseiten der Unternehmen zur Nachhaltigkeit ihrer Produkte und Dienstleistungen, sondern vielmehr darin, dass sie diesen Informationen nur bedingt Glauben schenken. Die zugrunde liegende Motivation von Unternehmen für soziales oder philanthropisches Engagement wird v.a. in europäischen Ländern kritisch hinterfragt. Da den Konsumentinnen und Konsumenten die Erfahrung mit Material- und Prozessinnovationen fehlt, besteht häufig auch Skepsis in Bezug auf die Funktionalität und Haltbarkeit von alternativen Materialien, die mit jenen in konventionellen Produkten verglichen werden.

In Bezug auf die *Wirkungslosigkeitsvermutung* erachtet die/der Einzelne ihren/seinen Beitrag zum nachhaltigen Konsum – aufgrund der Größe des Problems – als nutzlos. Das eigene Zutun wird daher (vor dem Gesichtspunkt der zusätzlichen Kosten) als vernachlässigbar eingeschätzt und nicht verfolgt.

2.3.5 Ausblick: Nachhaltiger Maßnahmenmix und sein Beitrag

Der Dringlichkeit, ressourcenintensives Konsumverhalten zu verändern, steht somit eine Reihe an Hindernissen gegenüber, die einer breiten Durchsetzung von nachhaltigen Konsummustern entgegenwirken. Wie Abbildung 2.3.4 illustriert, agieren die

Konsumentinnen und Konsumenten als individuelle Wesen in einem sozialen, kulturellen und politischen Umfeld, das ihr Verhalten beeinflusst und somit förderlich auf nachhaltiges Konsumieren wirken kann. Die Konsumverhaltensforschung vereint Theorien und Werkzeuge zahlreicher Disziplinen (Verhaltensökonomik, Psychologie, Soziologie), um effektive Maßnahmen zur Beseitigung oder Entkräftung solcher Hindernisse zu identifizieren. Positive Anreize (gesellschaftliche Wertschätzung, finanzielle Subventionen) erhöhen den erzielten Nutzen bei Wahl einer nachhaltigen Konsumalternative. Die Schaffung und Weiterentwicklung geeigneter Institutionen und Rahmenbedingungen fördern nachhaltigen Konsum (vgl. Beitrag 5.3). Gebote und Verbote (z.B. Beschluss der EU zum Verbot von Einwegplastik ab dem Jahr 2021 (Richtlinie über Einwegkunststoffe 2019)) unterstützen eine effektive Verhaltenssteuerung. Maßnahmen wie Green Nudging versuchen hingegen, eine Verhaltensänderung ohne Verbote, Gebote oder eine Veränderung der Anreize zu erwirken (vgl. Thaler und Sunstein 2008).

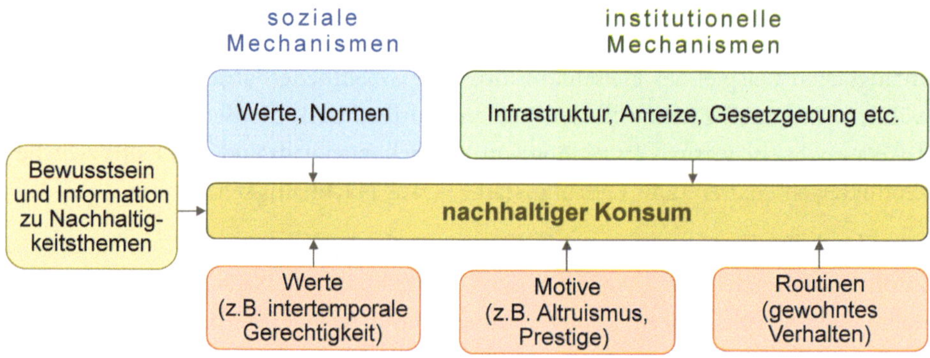

Abbildung 2.3.4: Einflussgrößen auf das Konsumverhalten

Dieses Zusammenspiel an Einflussgrößen zeigt deutlich, es bedarf einer gemeinsamen und weltweiten Anstrengung von Konsumentinnen und Konsumenten, Unternehmen und der Politik, um die Ziele des SDG 12 schrittweise zu erreichen. Ein erster Schritt wäre die Substitution von umweltschädlichen Konsumoptionen durch nachhaltige. Langfristig bedarf es einer gesellschaftlichen Debatte und Neuorientierung, was suffizienter (maßvoller) Konsum beitragen kann, um die Bedürfnisse gegenwärtiger und zukünftiger Konsumentinnen und Konsumenten in Einklang zu bringen. Gegenwärtig kann maßvoller Konsum in den reichen Teilen der Welt einen Beitrag zur Armuts- und Hungerbekämpfung leisten (SDG 1 und 2), weil Ressourcen so gerechter verteilt werden können.

UBRM-Studierende lernen, Zusammenhänge zwischen den drei Säulen des nachhaltigen Konsums herzustellen sowie Konsumentscheidungen und Veränderungsmechanismen zu verstehen. Diese Kenntnisse befähigen sie, in Betrieben und Organisationen an nachhaltigen Gesellschafts- und Wirtschaftskonzepten mitzuarbeiten.

Literatur

Bamberg, S. and Möser, G. (2007): Twenty years after Hines, Hungerford, and Tomera: A new meta-analysis of psycho-social determinants of pro-environmental behaviour. Journal of Environmental Psychology, 27, 1, 14–25. https://doi.org/10.1016/J.JENVP.2006.12.002.

BMNT, BMVIT und BMBWF (Bundesministerium für Nachhaltigkeit und Tourismus; Bundesministerium für Bildung, Wissenschaft und Forschung; Bundesministerium für Verkehr, Innovation und Technologie) (2019): Bioökonomie – Eine Strategie für Österreich. Wien. Verfügbar in: https://www.bmnt.gv.at/umwelt/klimaschutz/biooekonomie/Bio%C3%B6konomie-Strategie-f%C3%BCr-%C3%96sterreich.html [Abfrage am 1.4.2019].

Druckman, A. and Jackson, T. (2010): The bare necessities: How much household carbon do we really need? Ecological Economics, 69, 9, 1794–1804. https://doi.org/10.1016/J.ECOLECON.2010.04.018.

Foodsharing (2019): Foodsharing Statistik. Verfügbar in: https://foodsharing.de/statistik [Abfrage am 24.3.2019].

Hertwich, E. G., Vita, G., Wood, R., Ivanova, D., Tukker, A., Stadler, K., and Steen-Olsen, K. (2015): Environmental impact assessment of household consumption. Journal of Industrial Ecology, 20, 3, 526–536. https://doi.org/10.1111/jiec.12371.

Kollmuss, A. and Agyeman, J. (2002): Mind the gap: Why do people act environmentally and what are the barriers to pro-environmental behavior? Environmental Education Research, 8, 3, 239–260. https://doi.org/10.1080/13504620220145401.

Richtlinie über Einwegkunststoffe (2019): Richtlinie (EU) 2019/904 des Europäischen Parlaments und des Rates vom 5. Juni 2019 über die Verringerung der Auswirkungen bestimmter Kunststoffprodukte auf die Umwelt. Abl L 155/2019, 1. Verfügbar in: http://data.europa.eu/eli/dir/2019/904/oj [Abfrage am 20.7.2019].

Riefler, P. (2019, in press): Consumer responses to MNE socially-responsible behavior. In: Leonidou, L. C., Katsikeas, C. S., Samiee, S., Leonidou, C. N., eds., Socially Responsible International Business: Critical Issues and the Way Forward. Cheltenham: Edward Elgar Publishing.

Schanes, K., Giljum, S., and Hertwich, E. (2016). Low carbon lifestyles: A framework to structure consumption strategies and options to reduce carbon footprints. Journal of Cleaner Production, 139, 1033–1043. https://doi.org/10.1016/j.jclepro.2016.08.154.

Spangenberg, J. (2003): Vision 2020: Arbeit, Umwelt, Gerechtigkeit: Strategien für ein zukunftsfähiges Deutschland. München: ökom Verlag.

Thaler, R. H. and Sunstein, C. R. (2008): Nudge: Improving Decisions about Health, Wealth, and Happiness. New Haven, London: Yale University Press.

UN (United Nations) (2016): Transforming our world: the 2030 Agenda for Sustainable Development. Sustainable Development Knowledge Platform. Sustainable Development Goals. Available at: https://sustainabledevelopment.un.org/post2015/transformingourworld [accessed 1.4.2019].

Unverschwendet (2019): Verfügbar in: https://www.unverschwendet.at/ [Abfrage am 4.4.2019].

WWF (Worldwide Fund For Nature) (2019): Bio, Gesund und Leistbar. Ja, das geht! Umweltfreundliche und gesunde Ernährung in Österreich. Verfügbar in: https://www.wwf.at/de/view/files/download/showDownload/?tool=12&feld=download&sprach_connect=3351 [Abfrage am 1.4.2019].

3 Umwelt in Gesellschaft, Politik und Recht

3.1 Verantwortungsethik für Umwelt und Natur

Wolfgang Liebert
Institut für Sicherheits- und Risikowissenschaften,
Department für Wasser-Atmosphäre-Umwelt (WAU)
liebert@boku.ac.at

3.1.1 Hintergrund

Die Umweltdebatte hat in den westlichen Industriestaaten erst seit den 1960er- und 1970er-Jahren ernsthaft Fuß fassen können. Dafür gab es mehrere Auslöser: ein wachsendes Umweltbewusstsein infolge größerer technischer Unfälle, ein schleichender – zunächst teilweise kaum sichtbarer – Prozess der ökologischen Degradation, Gesundheitsgefährdungen sowie die Entstehung global wirksamer Problemlagen durch technisches Handeln. Die Diskussionen der Umweltbewegung und -politik erreichten auch die Philosophie. Seit den 1970er-Jahren entwickelte sich eine neue Bereichsethik, die Umweltethik. Sie baut auf traditionellen ethischen Konzeptionen auf und fragt nach ethisch-moralischer Orientierung für das menschliche Umwelthandeln.

Stellvertretend dafür stellt dieser Beitrag die Ethikkonzeption von Immanuel Kant sowie die Verantwortungs- und Zukunftsethik von Hans Jonas in Hinblick auf die Entwicklung umweltethischer Ansätze vor. Abschließend folgt ein knapper Ausblick auf die Breite der umweltethischen Debatte.

3.1.2 Kants Maximenethik: Oberste Vernunftprinzipien der Moral

Wie kann unsere innere moralische Stimme gut zum Ausdruck kommen? Wie können wir uns selbst leiten? Wie kann etwas für alle Einsichtiges und (irgendwie) Verbindliches (und damit vielleicht Verpflichtendes) ausfindig gemacht werden, ohne in moralischen Dogmatismus[1] oder den Relativismus der Beliebigkeit in Moralfragen zu verfallen?

Immanuel Kant (1724–1804) hat in seinen ethischen Schriften versucht, Antworten zu geben. Er ging dabei ganz bewusst nicht von Gefühlen aus, sondern bezog sich auf das Vernunftwesen Mensch. Die Fähigkeit zum eigenständigen Nachdenken ist eine menschliche Gabe und wird zur Aufgabe für das Gelingen einer freiheitlichen menschlichen Zivilisation. Oberste moralische Prinzipien sollen allein aus Vernunft-

---

[1] Hier im Sinne des Vertretens von festgefügten ethischen Lehrmeinungen oder Normen in einer Weise, die keine Kritik daran zulässt.

© Der/die Herausgeber bzw. der/die Autor(en) 2020
E. Schmid und T. Pröll (Hrsg.), *Umwelt- und Bioressourcenmanagement für eine nachhaltige Zukunftsgestaltung*, https://doi.org/10.1007/978-3-662-60435-9_3

gründen einsehbar und gültig sein – ohne (direkten) Bezug auf Erfahrungen in der Welt (Empirie). Sie sollen *vor aller Erfahrung* (*a priori*) gelten. Kant will die Moral tief in der Vernunft des Menschen verankern – unabhängig von rein empirischen, von Fall zu Fall wechselnden Bedingungen des menschlichen Handelns.

Der erste Satz seiner *Grundlegung der Metaphysik der Sitten*[2] lautet: „Es ist … nichts in der Welt, was ohne Einschränkung für gut könnte gehalten werden, als allein ein guter Wille" (Kant 1785/1975, BA S. 1). Der Gehalt dieses Satzes meint mindestens zweierlei: Erstens ist die normative Idee eines uneingeschränkt Guten grundlegend für die Sittlichkeit (Moralität) einer Person und für das Zusammenleben der Menschen. Zweitens wird die Willensfähigkeit als besondere Eigenschaft des Vernunftwesens Mensch hervorgehoben. Das, was den Menschen auszeichnet, ist also nicht nur seine Vernunft allein, sondern auch sein freier Wille. Wenn das so ist, muss jeder Mensch sein willentliches Handeln genauer ansehen und prüfen, ob es dem Guten dient.

Gibt es ein objektives Kriterium für Moralität, das *a priori* Gültigkeit beanspruchen kann? Kann man bestimmen, welche grundlegenden Handlungsprinzipien oder Handlungsmaximen moralisch vertretbar sind? Gemäß Kant sind dies Appelle an die menschliche Pflicht, die in Form von Imperativen formuliert werden („handle so und so"). Die Verwendung des Pflichtbegriffs durch Kant mag heute irritieren, aber dies erfolgte im Geiste der Aufklärung. Es handelt sich also nicht um Befehle, die dem einzelnen Menschen von äußeren Mächten, von überlegenen machtvollen Autoritäten auferlegt werden, sondern es geht um die Selbstgesetzgebung des vernünftigen, freien und autonomen Menschen.

Der gesuchte Typ des Imperativs ist für Kant ein *kategorischer* Imperativ. Vereinfacht ist damit gemeint: Es soll etwas formulierbar werden, das über alle Funktionalisierungen und rein subjektive Absichten des Handelns hinausreicht und Anspruch auf voraussetzungslose, eben „kategorische" Verbindlichkeit erheben kann. Gesucht ist ein Imperativ der allgemeinst denkbaren Form mit universeller Gültigkeit und Brauchbarkeit, der für jeden vernunftbegabten Menschen einsichtig und anwendbar ist.

Kants *kategorischer Imperativ in seiner ersten Formulierung* lautet: „Handle nur nach derjenigen Maxime, durch die du zugleich wollen kannst, dass sie ein allgemeines Gesetz werde" (Kant 1785/1975, BA S. 52).

Wie „funktioniert" der kategorische Imperativ? Eine Maxime ist eine praktische Regel, d.h. eine Regel für das Handeln, welche durch die Vernunft bestimmt wird. Eine Maxime ist also ein überlegter Grundsatz (oder das Prinzip), nach dem das Subjekt handeln will. Der kategorische Imperativ – als vernünftiger, objektiver, allgemeingülti-

---

[2] Zitiert wird nach Seiten der Originalausgabe, wie üblich mit BA für die erste (A) und die zweite Auflage (B), sodass die Stellen in jeder guten Kant-Ausgabe aufgefunden werden können.

ger *Prüfalgorithmus* – soll nun eine Überprüfung der moralischen Vertretbarkeit von subjektiven Handlungsregeln ermöglichen: Steckt hinter der Maxime des Handelns, die das Subjekt sich (probehalber) setzt, wirklich ein guter Wille? Nur wenn ich wollen kann, dass meine Maxime des Handelns auch allgemeines Gesetz werden könnte, nur dann ist meine Maxime moralisch vertretbar. Das objektive Prinzip (der kategorische Imperativ, das „praktische Gesetz") ist gültig für jedes vernünftige Wesen und ist der Grundsatz, nach dem es letztlich sein Handeln ausrichten soll (Kant 1785/1975, BA S. 52). So ist zu unterscheiden zwischen einer objektiven, allgemeingültigen Ebene (das auf das praktische Handeln bezogene Gesetz, der kategorische Imperativ) und der subjektiven Ebene (die Maximen, die sich die Individuen setzen).

Die Maximen sind nicht von außen vorgeschrieben. Sie dienen der vernünftigen Selbstbestimmung des Subjekts. Ganz im Geiste der Aufklärung werden damit auch angemaßte Autoritäten, autoritär auftretende Staatsführungen oder Kirchen radikal infrage gestellt. Der kategorische Imperativ sorgt dafür, dass nicht irgendwelche selbst gesetzten Maximen als moralische Orientierung genutzt werden. Er zielt auf die Überprüfung der moralischen Vertretbarkeit von Maximen ab. Was ich (das Subjekt) tun soll, folgt meiner eigenen Einsicht; es sind zunächst einmal Ansprüche von mir an mich selbst. An das als richtig Anerkannte soll ich mich dann auch halten. Sie betreffen die Lebensführung insgesamt.

Was Kant entwickelt hat, stellt sehr hohe Ansprüche an jeden einzelnen Menschen. Jede und jeder muss sich über mögliche Maximen des eigenen Handelns klar werden und dann prüfen, ob diese moralisch vertretbar sind, d.h. alle anderen zunächst probehalber angenommenen, möglichen Maximen wieder aussondern. Die als moralisch vertretbar erkannten Maximen sollen schließlich auch befolgt werden. Betont sei: Der kategorische Imperativ ist kein Prüfkriterium für Einzelhandlungen und auch keine Anleitung für ein Gesetzgebungsverfahren.

Der Test auf Verallgemeinerbarkeit von zunächst persönlichen Maximen öffnet die personale, individuelle Perspektive hin zur intersubjektiven Perspektive des Menschen als Gemeinschaftswesen. Der kategorische Imperativ als Prüfkriterium soll tendenziell auch dafür sorgen, dass die jeweiligen subjektiven Lebenshorizonte, die mit Maximen verknüpft werden, auch in intersubjektive Lebenshorizonte von menschlichen Gemeinschaften passen.

Die *dritte Formulierung des kategorischen Imperativs*[3] lautet: „Handle so, dass du die Menschheit, sowohl in deiner Person, als in der Person eines jeden anderen, jederzeit zugleich als Zweck, niemals bloß als Mittel brauchst" (Kant 1785/1975, BA S. 66f.). Kants Erläuterungen dazu sprechen für sich: „der Mensch ist keine Sache"; der

---

[3] Es gibt noch eine zweite und vierte Formulierung, auf die hier nicht näher eingegangen wird.

Mensch ist „nicht etwas, das bloß als Mittel gebraucht werden kann"; der Mensch „muss bei allen seinen Handlungen jederzeit als Zweck an sich selbst betrachtet werden" (Kant 1785/1975, BA S. 66f.). Dies ist gleichbedeutend mit der „Autonomie und Würde … der menschlichen und jeder vernünftigen Natur" (Kant 1785/1975, BA S. 79).

Der Philosoph Ernst Tugendhat hat die dritte Formulierung des kategorischen Imperativs knapp zusammengefasst: „Instrumentalisiere niemanden" (Tugendhat 1993, S. 80). Man könnte vielleicht auch sagen: Jeder Mensch hat Würde und Eigenwert und darf nicht verzweckt werden. Dies zeigt sehr deutlich, dass Kant nicht bei einer rein subjektivistischen, nur für das Individuum selbst gültigen moralischen Position stehen bleibt, auch wenn er eine personale Formulierung wählt. Hier steht ein allgemein verbindlich gemeintes „Prinzip der Menschheit" (Kant 1785/1975, BA S. 69), ein Menschheitsgebot oder Menschheitsgesetz. Hier ist das angesprochen, was wir heute Menschenwürde nennen.

Kants moraltheoretische Überlegungen sind für den zwischenmenschlichen Bereich entwickelt worden. Sie könnten aber möglicherweise auch eine bewusstere Reflexion menschlichen Handelns mit Relevanz für die Naturzusammenhänge, in die wir eingebunden sind, anleiten. Ich könnte überlegen, ob es in meinem alltäglichen Handeln Handlungsmaximen gibt, die Umweltfolgen in vernünftiger Weise im Blick haben. Wenn ich mögliche Maximen bzw. grundlegende Handlungsprinzipien erkenne, könnte ich den kategorischen Imperativ anwenden, um zu prüfen, ob sie moralisch vertretbar sind und ob sie – zumindest tendenziell – allgemeingültig sein könnten (Könnten sie allgemeines Gesetz werden? Könnte ich das wollen?). So könnte die bewusste Berücksichtigung von Umweltfolgen oder allgemeiner von Folgen des Handelns

Fallbeispiel 3.1.1: Reduktion des persönlichen CO_2-Beitrags

Bekanntlich ist der CO_2-Ausstoß von technischen Prozessen, die Menschen nutzen, eine wesentliche Ursache für den stattfindenden Klimawandel. Ich könnte nach einer Handlungsmaxime suchen, die meinen CO_2-Beitrag auf ein vertretbares Maß reduzieren kann. Welche Jahresmenge an CO_2 – verursacht durch die ganze Menschheit – gilt nach wissenschaftlicher Erkenntnis noch als vertretbar? Diese Zahl dividiere ich durch die Gesamtzahl der Menschen und erhalte wohl etwa 2–3 Tonnen pro Jahr. Ich stelle als Handlungsmaxime auf, dass ich im Jahresmittel durch mein Handeln (Stromverbrauch, Wärmebedarf, Mobilität, Kleidung, Nahrung, Herstellung und Nutzung technischer Geräte, Infrastruktur in meiner Lebensregion etc.) nur die noch vertretbare CO_2-Menge der Weltbevölkerung pro Kopf freisetzen soll. Zur Umsetzung müsste ich herausfinden, wie viel CO_2 meine alltäglichen Verrichtungen und genutzten Güter freisetzen, und dann der Maxime entsprechende Verbrauchsreduktionen vornehmen, um meine CO_2-Freisetzung auf das notwendige Maß (wohl etwa auf die Hälfte oder ein Drittel) zu reduzieren. Es ist nun zu überlegen: Wäre das vernünftig? Kann ich das als Individuum erreichen? Kann dies ohne weitere gesamtgesellschaftliche Maßnahmen gelingen? Hält die gewählte Maxime der Überprüfung durch den kategorischen Imperativ stand? Wäre eine solche Pro-Kopf-Regel für alle Menschen in allen Erdregionen sinnvoll, fair und akzeptabel?

in Naturzusammenhängen als mit zu berücksichtigendes Handlungsmotiv in die Beurteilung von Handlungsmaximen eingehen – zumindest auf der subjektbezogenen
Ebene. Offen oder unklar bliebe allerdings, wie wir zu allgemeingültigen ethischen
Forderungen oder gar zu konkreten Gesetzen kommen können, die auf allgemein
akzeptierten moralischen Überlegungen basieren.

Die dritte Formulierung des Kategorischen Imperativs als Menschheitsgesetz könnte in
den Bereichen zum Zuge kommen, in denen wir den Eindruck haben müssen, dass die
Menschenwürde bei umweltrelevantem Handeln verletzt wird (z.B. Einbringung umwelt-
und gesundheitsgefährdender Stoffe in die Natur, exzessive Mineraliengewinnung durch
Menschen und die Natur gefährdende Abbauprozeduren wie bei größeren, offenbar
billigend in Kauf genommenen Minenunglücken in Brasilien 2015 und 2019 erlebt).

3.1.3   Verantwortungsethik und neuer Imperativ (Hans Jonas)

Hans Jonas (1903–1993) hat 1979, als über 75-Jähriger, ein Buch vorgelegt, das in der
Debatte über die ökologische Krise Furore machte: „Das Prinzip Verantwortung –
Versuch einer Ethik für die technologische Zivilisation". Jonas glaubte nicht, dass
die traditionelle Ethik mit den Herausforderungen in der wissenschaftlich-technischen
Welt, in der wir leben, angemessen umgehen kann. Kennzeichen der neuen Situation
(Jonas 1979, S. 15ff.) sind: die „beispiellose Reichweite" menschlicher Handlungen
„in die Zukunft", die „räumliche Ausbreitung und Zeitlänge der Kausalreihen" über
die „Nahsphäre hinaus", der „irreversible" Charakter von Veränderungen sowie eine
„kritische Verletzlichkeit der Natur durch die technische Intervention des Menschen" –
bis an die Toleranzgrenzen der Natur. Die Menschheit tritt als „kollektiver Täter" auf,
und „individuelle Taten" sind nicht mehr wirklich zurechenbar (Jonas 1979, S. 32).
Dies ist eines der zentralen Argumente, warum die traditionelle, auf das individuelle
Tun abzielende Ethik laut Jonas nicht mehr zureichend ist.

Als Konsequenz wird eine neue Moralität eingefordert: „Neuartige Vermögen des Handelns [erfordern] neue Regeln der Ethik und vielleicht sogar eine neuartige Ethik"
(Jonas 1979, S. 58). Den Kern einer neuen Ethik soll ein „neuer Imperativ" bilden. Bei
Kant wurde der kategorische Imperativ noch „zur Probe … private[r] Wahl", so Jonas
(1979, S. 57). Nun müsse es aber um weit mehr gehen. Wir dürften zwar unser eigenes
Leben wagen, nicht aber das der Menschheit. Es geht nun um „Handlungen des
kollektiven Ganzen" – bzw. um Handlungen, die das kollektive Ganze betreffen.

Jonas (1979, S. 36) stellt seinen *neuen Imperativ* ähnlich wie Kant in mehreren
Alternativformulierungen auf:

- „Handle so, dass die Wirkungen deiner Handlung verträglich sind mit der
  Permanenz echten menschlichen Lebens auf Erden;

oder negativ ausgedrückt:

- Handle so, dass die Wirkungen deiner Handlung nicht zerstörerisch sind für die zukünftige Möglichkeit solchen Lebens;

oder einfach:

- Gefährde nicht die Bedingungen für den indefiniten Fortbestand der Menschheit auf Erden;

oder, wieder positiv gewendet:

- Schließe in deine eigene Wahl die zukünftige Integrität des Menschen als Mit-Gegenstand deines Wollens ein."

Dieser neue Imperativ, den man auch den *ökologischen Imperativ* nennen könnte, scheint einfach und einleuchtend formuliert zu sein, dennoch ist eine Interpretation nötig. In der ersten Formulierung geht es um die Beachtung der Kausalketten, in die unser (technisch verstärktes) Handeln eingebunden ist. Was sind die angestrebten Wirkungen und was die mitbewirkten unerwünschten Folgen? Und sind diese Wirkungen und Folgen verträglich mit dem dauerhaften Fortbestand menschlichen Lebens? Die Verträglichkeitsforderung wird in der zweiten Formulierung grob skizziert: Handlungen sollen jedenfalls nicht zerstörerisch für „die Permanenz echten menschlichen Lebens" sein. Was mit „echtem" menschlichem Leben gemeint sein könnte, kann man zunächst nur erahnen. Die dritte Formulierung verlangt im Grunde, dass geklärt wird, was die Grundbedingungen zur Erreichung des Fortbestandes der Menschheit sind. Und es wird klar, dass bewusst eine anthropozentrische Haltung eingenommen wird. Es scheint nicht um die Natur insgesamt zu gehen, sondern der Maßstab ist das Überleben der Menschheit und das „echte" menschliche Leben. Die vierte Formulierung legt nahe, vor der Durchführung jeder Handlung, die ja willensbasiert ist und zumeist eine Wahl zwischen Alternativen darstellt, zusätzliche Überlegungen anzustellen: Die „zukünftige Integrität des Menschen" ist genauso bedeutsam wie der konkrete erwartete Ertrag aus der Handlung. Die „Integrität" des Menschen spielt wieder auf die anfängliche Formulierung des „echten" menschlichen Lebens an. Es geht also nicht nur um die pure Überlebenssicherung für ein irgendwie geartetes menschliches Leben auf diesem Planeten.

In einem weiteren Text von Jonas wird sehr deutlich, dass er die anthropozentrische Grundhaltung durchaus kritisch reflektiert. Schon im „verständigen Selbstinteresse" des Menschen sei es, eine „Durchbrechung der Anthropozentrik" anzugehen. „Als planetarische Macht ersten Ranges darf er nicht mehr nur an sich selbst denken" (Jonas 1993, S. 85). Eine „Umweltethik" werde nötig, denn jetzt beanspruche „die gesamte Biosphäre des Planeten mit all ihrer Fülle von Arten, in ihrer neu enthüllten

Verletzlichkeit gegenüber den exzessiven Eingriffen des Menschen ihren Anteil an der Achtung, die allem gebührt, das seinen Zweck in sich selbst trägt – d.h. allem Lebendigen" (Jonas 1993, S. 85). Bemerkenswert ist, dass Kants dritte Formulierung des kategorischen Imperativs, die den Eigenwert jedes Menschen betont, hier erweitert wird auf nichtmenschliches Leben auf diesem Planeten.

Wie kann man nun unter Nutzung des *neuen Imperativs* konkret vorgehen? Aus Jonas' Sicht besteht die Schwierigkeit dabei darin, dass das konkrete Folgewissen über technisches Tun in der Welt hinter dem technischen Wissen her hinkt.[4] Was kann man dennoch ethisch verantwortlich tun? Wie kann eine „Zukunftsethik" (Jonas 1979, S. 39) praktisch aussehen? Jonas schlägt zwei wichtige Elemente der Vorgehensweise einer Zukunftsethik vor: eine „Heuristik der Furcht" und einen „Vorrang der schlechten Prognose".

„Heuristik der Furcht" (Jonas 1979, S. 63ff.) meint, dass die Furcht als Erkenntnis gewinnendes Instrumentarium genutzt werden soll. Wir müssten erstens eine Vorstellung von den Fernwirkungen unseres technischen Handelns in der Welt gewinnen und eine Haltung dazu einnehmen. Man müsse sich auf das Fürchten einlassen und das mögliche Schlechte, das bewirkt werden kann, als etwas bereits jetzt Erfahrbares erkennen. Zweitens müsse man dann ein angemessenes Gefühl entstehen lassen (entsprechend dem Vorgestellten). Man müsse „sich vom erst [nur] gedachten Heil und Unheil kommender Geschlechter affizieren … lassen". Dies soll eine „Furcht geistiger Art" sein, jedoch nicht eine Furcht, die uns von außen befällt und ohnmächtig macht. Sie soll helfen, eine Haltung zu den Dingen einzunehmen, die durch das kollektive Handeln der Menschheit kommen können.

Damit Nutzenerwägungen die Schadensbedenken nicht überschatten oder übertrumpfen können, steht der mögliche Nutzen aus menschlichem Handeln nicht im Vordergrund. Die Furcht vor Schädigungen, auf die man sich einlassen soll, muss allerdings eine „begründete Furcht" sein (Jonas 1979, S. 392). Sie soll nicht rein gefühlsmäßig bleiben, sondern muss auch für andere nachvollziehbar begründet werden können.

Als zweites Element der Vorgehensweise schlägt Jonas (1979, S. 70ff.) den „Vorrang der schlechten vor der guten Prognose" vor. Angesichts der Unsicherheit aller Zukunftsprojektionen und dem Vorwärtsdrängen des „Großunternehmens der modernen Technologie" als Ganzem müsse „die Vorschrift, primitiv gesagt, [heißen,] dass

---

[4] Für Jonas war wohl die in den 1970er-Jahren neu entstehende Technikfolgenabschätzung noch kein überzeugendes Konzept, mit dem diese Wissenslücke überbrückt werden könnte. Heute gibt es Bemühungen zur vorausschauenden, prospektiven Wissenschafts- und Technikfolgenforschung (Liebert und Schmidt 2010, 2018). Weiterhin gibt es viele historische Beispiele, in denen durchaus frühzeitige Warnungen ausgesprochen wurden. Lehren wurden aber erst viel später daraus gezogen. Umweltrelevante Beispiele finden sich in UBA (2004).

der *Unheilsprophezeiung mehr Gehör zu geben ist als der Heilsprophezeiung"*. Wesentlich ist hier, dass Jonas das Fortschreiten des kollektiven technologischen Entwickelns und Tuns als Großunternehmen sieht, das wie eine große Dampfwalze voran rollt. Eine evolutive Kleinschrittigkeit, wie sie in den Naturprozessen als natürliche Entwicklung beobachtbar ist, sei hier nicht (mehr) gegeben. Der „Vorteil der tastenden Natur" werde ausgehebelt. Der Evolution sei es fremd, aufs Ganze zu gehen. Die Menschheit gehe aber aufs Ganze.

Jonas verwendet die mit der Anmutung der Irrationalität verbundenen Begrifflichkeiten der Heils- und der Unheilsprophezeiung. Zukünftiges Unheil durch Technik zu befürchten, erscheint ebenso rational bzw. irrational wie das zukünftige Heil durch Technologie zu versprechen. Jonas ist überzeugt, dass eine Unheilsprognose essenziell bedeutsamer für die Zukunft der Menschheit sein könne. Diese Vorrangregel hat deutliche Kritik hervorgerufen, weil sie als Innovationsverhinderung interpretiert wurde. Umgekehrt ist sie der Keim des Vorsorgeprinzips, das inzwischen in Europa einen hohen Stellenwert hat. Das Vorsorgeprinzip ist nicht auf individuelles Verhalten beschränkt, sondern nimmt kollektives menschliches Tun in den Blick.

Die zwei Elemente der Vorgehensweise werden ergänzt durch das Verantwortungsgefühl und die tatsächliche Übernahme von Verantwortung: „Erst das hinzutretende *Gefühl der Verantwortung*, welches dieses Subjekt an dieses Objekt bindet, wird uns seinethalben handeln lassen" (Jonas 1979, S. 170). Damit erkennt Jonas ein wesentliches affektives oder emotionales Element der Ethik an. Erst das in uns entstehende Verantwortungsgefühl lässt uns verantwortlich, moralisch handeln. Die Vernunft allein, die rationale Reflexion allein kann dies nicht bewirken. Die „Sorge um den Nachwuchs" (Jonas 1979, S. 85ff.) ist „der elementar menschliche Urtyp des Zusammenfalls von objektiver Verantwortlichkeit und subjektivem Verantwortungsgefühl" (Jonas 1979, S. 171). Dies kennen wir als menschliche Wesen, wenn wir beobachten, wie Mütter und Väter auf Babys und Kleinkinder einfühlend und sorgsam reagieren. Je kleiner die jungen Wesen sind, desto stärker werden in der Regel die Menschen von dieser zuneigenden fürsorglichen Haltung berührt und selbst erfasst. Jonas bemerkt, dass diese Sorge um den Nachwuchs der Anrufung des Sittengesetzes à la Kant gar nicht bedürfe.

Jonas zielt damit auf ein nichtreziprokes Verantwortungsverhältnis ab, das nicht (unbedingt) auf erwarteter Gegenseitigkeit beruht. Es besteht für den Handelnden jenseits von Gerechtigkeitsvorstellungen oder Nutzenerwartungen. Diese Art von Verantwortung besteht objektiv. Das heißt, man kann von ihr auch nicht zurücktreten (so wie man ein übernommenes Amt zurücklegen kann), sondern sie ist einfach vorhanden und global wirksam. Sie ist „unbedingt und unwiderruflich" (Jonas 1979, S. 173). Anthropozentrisch formuliert: „Das Urbild aller Verantwortung ist die von Menschen für Menschen" (Jonas 1979, S. 184). Man kann jedoch ergänzen, dass die Sorge um den

Nachwuchs auch im Tierreich beobachtet werden kann und dass die Verantwortung nicht auf den Menschen beschränkt bleiben muss. Das Verantwortungsverhältnis kann im Prinzip für alles Lebendige „in seiner Bedürftigkeit und Bedrohtheit" (Jonas 1979, S. 185) gelten. Für Jonas kann nur Lebendiges Gegenstand von Verantwortung werden.

Schließlich betont Jonas, dass es den Menschen auszeichne, Verantwortung haben zu können. Der Mensch ist nicht nur ein vernunftbegabtes Wesen (*animal rationale*), sondern ein „moralisches Wesen" (Jonas 1979, S. 185). Jonas spricht konkret von der „Höchste[n] Pflicht der Bewahrung" (Jonas 1979, S. 74) und von der „Hütung des Erbes", der „Integrität des Ebenbildes" (Jonas 1979, S. 393), womit der Religionsphilosoph Jonas offenbar auf die biblische Gottesebenbildlichkeit des Menschen an-

Fallbeispiel 3.1.2: Umgang mit Gene-Drive-Forschung

Bei der Übertragung von gefährlichen Krankheiten wie Malaria, die jedes Jahr sehr viele Opfer fordern, spielen bestimmte Mückenarten eine zentrale Rolle. Fruchtfliegen (Drosophila) verschiedener Arten können Ernteerträge (z.B. von Kirschen oder Oliven) erheblich dezimieren. Gentechnisch erzeugte Veränderungen der Insekten werden als Gegenmittel erforscht – verstärkt seit der Entdeckung der neuartigen Genschere CRISPR/Cas im Jahr 2012. Es wird versucht, Insektenarten gentechnisch so zu verändern, dass sich bestimmte gewünschte Eigenschaften nicht mehr gemäß den Mendel'schen Vererbungsregeln mit 50% Wahrscheinlichkeit, sondern dominant vererben lassen, sodass rasch ganze Populationen verändert werden. Man spricht von mutagener Kettenreaktion oder Gene Drive. Forschende arbeiten an Eliminierungsprogrammen (z.B. durch Erzeugung von Unfruchtbarkeit) oder an der Verminderung der Pathogenität von Krankheitsüberträgern (z.B. durch Beeinflussung der Wirt-Pathogen-Wechselwirkung). Die Freisetzung von entsprechend gentechnisch veränderten Insekten müsste allerdings jenseits der Laborgrenzen, im Freiland – also in der ganzen Natur – erfolgen. Es gibt Befürchtungen, dass solche Freisetzungen neben erhofften Wirkungen auch erhebliche unerwünschte oder gefährliche Folgen haben könnten. Ein einzelnes Insekt, das mit einem effektiv wirksamen Gene-Drive-Mechanismus ausgestattet ist, könnte die Natur tiefgreifend – vielleicht irreversibel – verändern. Es stellen sich folgende Fragen: Ist die Weitergabe eines durch Gene Drive ausgelösten gentechnischen Programms (auch eines Eliminationsprogramms) über Artgrenzen hinweg möglich? Welche „ökosyste>maren" (also ganze Ökosysteme betreffende) Folgen (z.B. durch den Ausfall bestimmter Spezies) sind denkbar? Sind Kaskadeneffekte mit Auswirkungen auf andere Lebewesen möglich? Kann man sicherstellen, dass Veränderungen nur an den angezielten Stellen im Genom vorgenommen werden? Sind unerwartete Effekte möglich? Könnten Infektionserreger den Wirtsorganismus wechseln bzw. andere Fruchtschädlinge den Platz der bekämpften Fruchtfliegen übernehmen, die dann ebenfalls mit Gene Drives bekämpft werden müssten, sodass es zu einer Kettenreaktion mutagener Kettenreaktionen kommen muss? Wären mit Gene Drives veränderte Insekten nicht *selfish genetic elements*, die quasi autonom in der Natur operieren, was die Kontrolle durch den Menschen infrage stellt? Würde die Eingriffstiefe menschlicher Technik in Naturprozesse nicht ganz erheblich erhöht, bis hin zu der Vision einer Natur unter Menschenhand? Angesichts dieser Risiken muss weiter gefragt werden: Können der neue Imperativ von Jonas, seine Heuristik der Furcht und seine Vorrangregel Anleitung für einen verantwortbaren Umgang mit der Gene-Drive-Forschung geben? Wie kann das Vorsorgeprinzip konkret wirksam werden? Sind Forschungs- und Entwicklungsarbeiten in diesen Bereichen überhaupt verantwortbar?

spielt, allerdings ohne damit *positive Religion* als Zugang zur Verantwortungs- und Zukunftsethik einfordern zu wollen. Jonas' konservativ-bewahrende, also tutoristische Position ist erkennbar: Der Mensch ist schon gut, so wie er ist – jenseits aller politischen oder auch technischen Utopie, was die zukünftige (auch technisch inszenierte) Entwicklung von Mensch und Gesellschaft anbetreffen könnte. Dies verdeutlicht wohl auch, was mit der „Permanenz echten menschlichen Lebens" gemeint sein könnte, von dem in Jonas' Imperativ die Rede ist.

3.1.4 Auf dem Weg zu einer Umweltethik

Jonas' Verantwortungs- und Zukunftsethik ist so entwickelt worden, dass sie Anleitungen für den menschlichen Umgang mit Umwelt und Natur geben könnte. Dieser Beitrag beschreibt nur zwei mögliche ethische Ansätze auf dem Weg zu einer Umweltethik. Die über 2000 Jahre alte Ethiktradition hat auch andere Konzeptionen hervorgebracht, die für umweltethische Überlegungen fruchtbar gemacht werden können.[5] Dazu gehören die Tugendethik, der Utilitarismus und gewiss auch religiöse Traditionen. Die Konzeption von Kant wurde in der Diskursethik grundsätzlich so weiterentwickelt, dass die Allgemeingültigkeit von Normen von uns allen gemeinsam überprüfbar erscheint. Der Hoffnung auf eine universelle Vernunftorientierung in ethischen Belangen – jenseits von Dogmatismus und unverbindlichem Relativismus – wird so wieder Leben eingehaucht. Und doch muss auch geklärt werden, welche Rolle Gefühle, die auch von Jonas angesprochen wurden, für die Moral und für die tatsächliche Übernahme von Verantwortung spielen. Ist es nicht so, dass es gar nicht möglich scheint, ein Wertbewusstsein zu entwickeln, ohne (moralisch gefärbte) Gefühle zuzulassen? Kann jemand, der die Stimme eines moralischen Gefühls in sich nicht zulässt, überhaupt Werthaltungen und eine moralische Position – auch gegenüber anderen und der nichtmenschlichen Mitwelt – entwickeln? Was motiviert zum Handeln auf der Basis des als richtig Erkannten?

Für die Umweltethik ist darüber hinaus von großer Bedeutung, wie sie sich zum Anthropozentrismus stellt. Die Frage ist, ob sie sich ganz im Gegensatz zu menschenzentrierten Moralkonzeptionen sehen kann oder ob sie durch gezielte Differenzierungen (z.B. schwacher versus starker Anthropozentrismus) den Herausforderungen durch die Umweltprobleme gerecht werden kann. Es kann auch gefragt werden, ob nicht für eine Aufweitung der Moralgemeinschaft über den nichtmenschlichen Bereich hinaus argumentiert werden kann oder muss. So wird im sogenannten Sentientismus auch allen empfindungsfähigen nichtmenschlichen Wesen moralisch zu respektierender Eigenwert zuerkannt. Ökozentrische Positionen weisen sogar Ökosystemen einen

---

[5] Vergleiche dazu beispielsweise Liebert (2019).

Eigenwert zu. Spezifischer sind Konzepte einer holistisch angelegten Tiefenökologie oder einer lebenszentrierten Ethik entwickelt worden. Unabhängig und in Abgrenzung von Eigenwertdebatten sind auch – beispielsweise in den USA – pragmatische umweltethische Positionen entstanden, die den Anspruch haben, in konkreten Situationen umweltpolitische Entscheidungsprozesse (ganz pragmatisch) durch ethische Argumentation (weniger theorielastig) zu unterstützen. Für die Entwicklung einer Umweltethik und zur Erreichung einer umweltethischen Orientierung ist es von Bedeutung, die Breite der möglichen Konzeptionen in ihren Grundzügen zu verstehen, ihren jeweiligen Gehalt zu sichten und zu interpretieren (Liebert 2019; Ott et al. 2016).

Wir stehen gemeinsam vor der Frage, wie wir uns gegenüber der Natur, auf deren Basis wir leben und uns weiterentwickeln, verhalten sollen. Was bedeutet verantwortliches Handeln in der Natur, die wir ja auch selbst sind?

Literatur

Jonas, H. (1979): Das Prinzip Verantwortung – Versuch einer Ethik für die technologische Zivilisation. Frankfurt: Suhrkamp

Jonas, H. (1993): Warum Ethik ein Thema für Technik ist: Fünf Gründe. In: Lenk, H. und Ropohl, G., Hrsg., Technik und Ethik. 2. erw. Auflage. Stuttgart: Reclam, 81–91. (engl. Original „Technology as a Subject for Ethics". Social Research, 49 (1982), 891–898).

Kant, I. (1785/1975): Grundlegung der Metaphysik der Sitten. In: Weischedel, W., Hrsg., Werke in zehn Bänden. Band 6. Darmstadt: Wissenschaftliche Buchgesellschaft.

Liebert, W. (2019, in Vorbereitung): Umwelt-Ethik. Einführung für Nicht-Philosophen.

Liebert, W. and Schmidt, J. C. (2010): Towards a prospective technology assessment: challenges and requirements for technology assessment in the age of technoscience. Poesis & Praxis, 7, 99–116. https://doi.org/10.1007/s10202-010-0079-1.

Liebert, W. und Schmidt, J. C. (2018): Ambivalenzen im Kern der wissenschaftlich-technischen Dynamik. Ergänzende Anforderungen an eine Theorie der Technikfolgenabschätzung. TATuP, 27, 1, 52–59. https://doi.org/10.14512/tatup.27.1.52.

Ott, K., Dierks, J. und Voget-Kleschin, L. (Hrsg.) (2016): Handbuch Umweltethik. Stuttgart: Metzler.

Tugendhat, E. (1993): Vorlesungen über Ethik. Frankfurt: Suhrkamp.

UBA (Umweltbundesamt) (Hrsg.) (2004): Späte Lehren aus frühen Warnungen: Das Vorsorgeprinzip 1896–2010. Berlin. Verfügbar in: https://www.umweltbundesamt.de/publikationen/spaete-lehren-aus-fruehen-warnungen [Abfrage am 11.5.2019].

3.2   Umwelt- und Ressourcenpolitik

Patrick Scherhaufer, Karl Hogl, Reinhard Steurer und Helga Pülzl
Institut für Wald-, Umwelt-, und Ressourcenpolitik,
Department für Wirtschafts- und Sozialwissenschaften (WiSo)
patrick.scherhaufer@boku.ac.at, karl.hogl@boku.ac.at, reinhard.steurer@boku.ac.at,
helga.puelzl@boku.ac.at

3.2.1   Politik und Umweltpolitik – was ist das?

Dieser Beitrag erklärt, was Politik ist und welche Dimensionen dabei zu unterscheiden sind. Darauf aufbauend werden Probleme und mögliche Lösungsansätze der Klimapolitik erläutert. Abschließend wird anhand der Elektromobilität verdeutlicht, wie damit verbundene politische Entscheidungen sowohl einer Abwägung der Umwelt- und Sozialverträglichkeit im In- und Ausland als auch einer gesellschaftlichen Akzeptanz bedürfen.

Der britische Politikwissenschafter John Kingdom (2003, S. 1) fasst das Wesen von Politik in folgender Form zusammen: „Politics is about the way people organize their lives together in a community." Diese Definition geht davon aus, dass (1) wir unser Leben nicht nur als Individuen verbringen, sondern in Gemeinschaften leben; (2) sich die Vorstellungen, wie das Zusammenleben in einer Gesellschaft organisiert werden kann und wie es zu gemeinsamen Entscheidungen kommen soll, oft deutlich voneinander unterscheiden.

Es entstehen Konflikte, weil Menschen v.a. an ihrem eigenen Nutzen oder am Nutzen derer, die ihnen nahestehen, interessiert sind oder weil sie unterschiedliche Ansichten zu den grundlegenden moralischen Fragen haben. Aufgrund knapper Ressourcen, unbegrenzter Vielfalt unterschiedlicher Meinungen, verschiedenster Interessen und ethischer Einstellungen der Menschen sind Konflikte in modernen Gesellschaften unvermeidbar. Auseinandersetzungen und Abstimmungsprozesse zwischen konkurrierenden Gruppen gehören zum Alltag demokratisch verfasster Gesellschaften (Beck und Schwarz 1995). Der Soziologe Ralf Dahrendorf (1965, zitiert in Beck und Schwarz 1995, S. 14) schreibt dazu: „Wo immer es menschliches Leben in der Gesellschaft gibt, gibt es auch Konflikt. Gesellschaften unterscheiden sich nicht darin, daß es in einigen Konflikte gibt und in anderen nicht; Gesellschaften und soziale Einheiten unterscheiden sich in der Gewaltsamkeit und der Intensität von Konflikten." Maßstab für die Güte einer politischen Ordnung ist also nicht die Häufigkeit von Konflikten in einer Gesellschaft, sondern ihre Fähigkeit, mit Konflikten umzugehen.

Dieses „Umgehen" mit Konflikten ist nicht mit deren Lösung gleichzusetzen. Um Konflikte regeln zu können, müssen sie aber jedenfalls als solche wahrgenommen und konkurrierende Zielsetzungen unterschiedlicher Gruppen müssen akzeptiert werden (Dahrendorf 1992). Der deutsche Politikwissenschafter Gerhard Lehmbruch (1968, S. 17) definiert in diesem Sinne Politik als die *„verbindliche Regelung gesellschaftlicher Konflikte über Werte, einschließlich materieller Güter"*. Die zentrale Aufgabe der Politik ist es, Angelegenheiten des Gemeinwesens mittels verbindlicher Entscheidungen im Rahmen demokratischer und rechtsstaatlicher Strukturen und Prozesse zu regeln.

Damit sind drei wesentliche Dimensionen des Politischen angesprochen: Strukturen, Prozesse und Inhalte. In der deutschen Sprache wird dies alles unter dem Begriff *Politik* zusammengefasst. Das Englische unterscheidet zwischen *Polity, Politics* und *Policy*:

- **Polity** steht für *die Ordnung und die Strukturen politischer Systeme* (z.B. die verfassungsrechtlich festgelegte Verteilung der Aufgaben zwischen dem österreichischen Nationalrat und den Landtagen der Bundesländer in der Gesetzgebung zu klimarelevanten Themen) und *die Ordnung politischer Verfahren* (Rechte und Pflichten von den an Entscheidungsprozessen beteiligten Gruppen). Interessengruppen, wie die Wirtschaftskammer und der Gewerkschaftsbund, haben z.B. bei der Regelung von Emissionen im motorisierten Individualverkehr bestimmte Anhörungs- und Mitbestimmungsrechte.

- **Politics** umfasst *Prozesse der Konfliktaustragung und Entscheidungsfindung* (Kompromiss- und Konsensbildung) zwischen konkurrierenden Gruppen. Das Spektrum reicht von politischen Auseinandersetzungen über die Definition eines Problems (z.B. welche Bedeutung hat der Klimawandel in bestimmten Weltregionen) bis zur Frage, mit welchen Ansätzen dem Klimawandel bestmöglich begegnet werden kann.

- **Policy** meint die *inhaltlichen Aspekte von Politik*. Es geht um inhaltliche Fragen der Problembearbeitung und Aufgabenerfüllung in politischen Systemen, etwa um die definierten Ziele (z.B. das Ausmaß der Reduktion von Treibhausgasemissionen) und die Wahl der Politikinstrumente, mit denen diese Aufgaben erreicht werden sollen (z.B. Verbote klimaschädlicher Produkte oder finanzielle Anreize zum Kauf emissionsarmer Fahrzeuge).

Tabelle 3.2.1 zeigt das vielfältige Spektrum umweltpolitischer Interventionsmöglichkeiten von *persuasiven* Politikinstrumenten über *kooperative, prozedurale und marktwirtschaftliche* bis hin zu *regulativen* Instrumenten. Instrumente in der ganz linken Spalte sollen die Bereitstellung von Informationen steuern (z.B. Gütesiegel und Umweltberichte). Ihr Einsatz bedarf nur geringer staatlicher Eingriffe. Regulative Instrumente (z.B. Gebote und Verbote) hingegen können auch mit staatlichem Zwang durchgesetzt werden. Der Staat muss die Einhaltung überwachen und Verstöße sanktionieren.

Alle drei Dimensionen der Politik sind wesentlich in der Forschung der Umweltpolitikwissenschaft, die u.a. Folgendes untersucht: Ziele der nationalen, europäischen

Tabelle 3.2.1: Das Spektrum umweltpolitischer Instrumente
(Böcher und Töller 2012, S. 75)

Persuasiv	Kooperativ	Prozedural	Marktwirtschaftlich	Regulativ
• Umwelt-information • Umweltbildung • Symbole (Blauer Engel) • Etc.	• Freiwillige Selbst-verpflichtungen • Runde Tische • Dialogforen • Mediation • Etc.	• Umweltverträg-lichkeitsprüfung • Öko-Audit • Etc.	• Umweltsteuern /-abgaben • Handelbare Emissionsrechte • Subventionen • Finanzielle Förderprogramme • Etc.	• Gebote/Verbote • Grenzwerte (z.B. Emissionen) • Bewilligungs-verfahren • Etc.

Niedrig ◄——————— **Grad staatlicher Intervention** ———————► Hoch

und internationalen Umweltpolitik und deren Eignung zur Problemlösung; Art, Ursache, Zeitpunkt des Instrumenteneinsatzes und Zielerreichung (*Policy*); geeignete Strukturen zur Problemlösung (*Polity*) (z.B. wer ist zur Beteiligung berechtigt? Nach welchen Regeln ist Umweltpolitik zu machen?) und Prozesse der Umweltpolitik (*Politics*) (z.B. welche Interessen setzen sich in Entscheidungsprozessen aus welchen Gründen durch?).

Seit den 2000er-Jahren ist das Konzept *Governance* in den Fokus der Politikwissenschaft gerückt. *Governance* geht weit über staatliche Politik hinaus und betont, dass gesellschaftlich relevante Regeln nicht nur von Regierungen, sondern auch von Unternehmen und Akteurinnen und Akteuren der Zivilgesellschaft formuliert und umgesetzt werden. Es geht dabei also um *"the ways in which governing is carried out, without making any assumption as to which institutions or agents do the steering"* (Gamble 2000, S. 110).

3.2.2 Klimapolitik: Welche Probleme und mögliche Lösungen gibt es?

Naturwissenschaftlerinnen und Naturwissenschaftler sind sich sicher: Die Klimaerwärmung schreitet in einem historisch unbekannten Tempo voran und wird überwiegend vom Menschen (genauer gesagt: durch den Ausstoß von Treibhausgasen, allen voran CO_2) verursacht (vgl. Beitrag 4.2). Sozialwissenschaftlerinnen und Sozialwissenschaftler betonen, dass die Eindämmung dieser bedrohlichen Entwicklung zu den größten (umwelt-)politischen Herausforderungen der Menschheit gehört. Wenn aber die Bedrohung so groß und eindeutig ist, warum ist das Problem nicht längst gelöst? Dafür gibt es viele politisch relevante Gründe (Oreskes und Conway 2011):

▪ Der Klimawandel ist schwer wahrnehmbar und immer mehr Akteurinnen und Akteure (einschließlich hochrangige Politikerinnen und Politiker) zweifeln entweder das Phänomen insgesamt oder dessen menschliche Ursachen an. Allein daraus entstehen heftige politische Auseinandersetzungen zur Sinnhaftigkeit und Angemessenheit von Klimaschutz bzw. Klimapolitik.

- Die Atmosphäre und das darin entstehende Klima ist ein globales Gemeingut (eine sogenannte Allmende), das durch Individuen oder einzelne Staaten nicht ausreichend geschützt werden kann. Klimaschutz ist nur durch eine drastische Reduktion von Treibhausgasen (v.a. CO_2) weltweit möglich (Ostrom et al. 1999).

- Für diese sogenannte Dekarbonisierung (die Abkehr von der Nutzung kohlenstoffhaltiger Energieträger) gibt es noch keine technisch einfache und günstige Lösung (anders als z.B. bei der Bekämpfung des Ozonlochs). Die einzige praktikable Lösung ist derzeit, fossile Energiequellen (v.a. Kohle, Erdöl und Erdgas) durch erneuerbare Energie (bevorzugt Wasserkraft, biogene Energieträger, Windkraft und Photovoltaik) zu ersetzen.

- Diese sogenannte Energiewende ist wirtschaftlich und politisch schwierig, weil fossile Energie nach wie vor zu den am einfachsten verfügbaren Energiequellen zählt. Zudem sind sämtliche Systeme seit Jahrzehnten auf deren Nutzung ausgerichtet (v.a. Verkehr und die dazugehörige Tankinfrastruktur).

- Von diesen „Sachzwängen" abgesehen, sind mit der Nutzung fossiler Energie massive unternehmerische und staatliche Interessen verbunden. So gehören z.B. Ölunternehmen wie BP zu den größten Unternehmen der Welt, und mächtige Staaten wie die USA zählen zu den weltweit größten Produktionsländern fossiler Energie.

- Viele potenzielle Verliererinnen und Verlierer einer Energiewende schüren Zweifel an der Klimaerwärmung und haben mit rechtspopulistischen Parteien wie der AfD wichtige Verbündete gefunden (Schaller und Carius 2019). Damit schließt sich der Kreis zum oben genannten ersten Grund.

Die angeführten Punkte verstärken sich gegenseitig. Dahinter stecken zahlreiche Probleme, die sich in allen Dimensionen der Politik bemerkbar machen (siehe Tabelle 3.2.2):

- *Polity*: Der Schutz des globalen Gemeinguts Atmosphäre bzw. Klima erfordert eine wirksame globale Regulierung. Internationale Abkommen wie jenes von Paris aus dem Jahr 2015 bestätigen zwar die Dringlichkeit dieses Anliegens, liefern aber aufgrund von gravierenden Interessenskonflikten zwischen den rund 200 Staaten völlig unzureichende Ergebnisse. Statt der in Paris geforderten Erwärmung von maximal 1,5–2 °C, steuern wir derzeit auf eine Erwärmung von zumindest 3 °C zu (Falkner 2016; Spash 2016). Ambitionierte Klimaschutzinitiativen von Individuen oder einzelnen Staaten sind begrüßenswert, können das Problem aber nicht lösen, solange andere Individuen bzw. Staaten ihre Emissionen nicht ebenfalls reduzieren. Eine mögliche Lösung wäre, dass einige Länder oder Staatengemeinschaften (wie die EU) eine Vorreiterrolle im Klimaschutz übernehmen und andere zur Nachahmung animieren bzw. drängen, z.B. durch Klimaschutzimportzölle (Nordhaus 2015).

- *Politics*: Akteurinnen und Akteure mit wirtschaftlichen Interessen schüren Zweifel an den Ursachen der Klimaerwärmung und *behindern* politische Lösungen (vgl. Oreskes und Conway 2011). Ringt sich die Politik trotz dieser Widerstände zum Klimaschutz durch, wird die Umsetzung von Maßnahmen oft durch Lobbying behindert bzw. verwässert. Für eine fortschrittlichere Klimapolitik müssen Zweifel zurückgedrängt, Problembewusstsein gefördert und öffentlicher Druck aufgebaut werden.

- *Policy*: Dekarbonisierung wird nicht automatisch eintreten, sondern kann nur durch den Einsatz zahlreicher politischer Maßnahmen erreicht werden. Diese Kombination umfasst u.a. Informationsinstrumente (z.B. Energielabels), Verbote (z.B. von Ölheizungen) und ökonomische Anreize (Baldwin et al. 2012). Letztere zielen v.a. darauf ab, Kostenwahrheit herzustellen, d.h., die Verursacherinnen und Verursacher von Treibhausgasen sollen die Kosten für Schäden tragen, nicht die Allgemeinheit. Diese Internalisierung externer Kosten erfolgt z.B. durch den Handel von Verschmutzungsrechten oder mittels einer CO_2-Steuer. Fossilenergie würde somit teurer und im Vergleich zu erneuerbaren Energiequellen unattraktiver werden (Baranzini et al. 2017). Es gäbe also wirksame politische Maßnahmen. Je wirksamer die Maßnahmen, desto unpopulärer sind sie jedoch zumeist in der Bevölkerung – und in der Politik.

Tabelle 3.2.2: *Probleme und Lösungsansätze der Klimapolitik*

	Charakteristika	Politische Hürden	Lösungsansätze
Polity	• Globales Gemeingut Atmosphäre • Derzeit unregulierte Übernutzung in Bezug auf Treibhausgase	• Staaten mit unterschiedlicher sozioökonomischer Entwicklung zur Dekarbonisierung verpflichten • Ausreichend Fossilenergie verfügbar	• Internationale Abkommen abschließen, in denen entwickelte Staaten mit gutem Beispiel vorangehen • Andere Staaten zur Nachahmung von Klimaschutz animieren bzw. drängen
Politics	• Problem schlecht wahrnehmbar • Zweifel an den Ursachen und/oder Folgen des Klimawandels	• Dominante wirtschaftliche Interessen • Mangelnde öffentliche Unterstützung	• Zweifel ausräumen • Problembewusstsein fördern • Öffentlichen Druck aufbauen
Policy	Klimaschutz betrifft: • Alle Bereiche des Staates • Die gesamte Gesellschaft	• Erfolgreiche Klimapolitik durch Umweltministerien allein nicht möglich • Klimaschutz benötigt die Unterstützung von anderen, oft weniger interessierten Ministerien	• Maßnahmen kombinieren (Labels, Verbote etc.) • Treibhausgasemissionen einen angemessenen Preis geben und Akzeptanz dafür schaffen

Da Staaten mit der Einführung adäquater Klimaschutzmaßnahmen offensichtlich zögern, rücken auch in der Klimapolitik nichtstaatliche Formen der Governance in den Fokus, also Klimaschutz durch Individuen (v.a. von Konsumentinnen und Konsumenten), durch Nichtregierungsorganisationen (NGOs wie z.B. Greenpeace) und Unternehmen (z.B. durch Corporate Social Responsibility; vgl. Steurer 2013 sowie Beitrag 2.2). Allerdings: Auch nichtstaatliche Governance kämpft aufgrund der oben beschriebenen Zusammenhänge damit, die Klimaerwärmung wirksam einzudämmen.

Kurzum: Rasche Lösungen für das Problem Klimaerwärmung sind nicht in Sicht. Dies gilt besonders für eine der zentralen Herausforderungen der Dekarbonisierung: den Umstieg auf eine emissionsarme Mobilität.

3.2.3   Mobilitätspolitik: Ein zentrales Thema der Klimapolitik

Die regelmäßig publizierten Energieflussberechnungen zeigen, dass Österreich zu ca. 70% von fossilen Energieträgern (hauptsächlich Öl und Gas) abhängig ist (BMNT 2018). Daraus ergeben sich zwei zentrale klimapolitische Herausforderungen. Erstens, die Dekarbonisierung des österreichischen Energiesystems muss bei gleichzeitiger Sicherstellung der Energiebereitstellung geschafft werden. Zweitens, Mobilitätsinfrastruktur und das Mobilitätsverhalten müssen sich ändern, da der derzeit weitaus größte Anteil des verwendeten Öls (ca. 80%) in der Herstellung klimaschädigender Treibstoffe für den Verkehrssektor zum Einsatz kommt. Laut Klimaschutzbericht des Umweltbundesamtes (Anderl et al. 2018, S. 106) sind zudem die Treibhausgasemissionen im Verkehrssektor seit 1990 um 66,7% gestiegen, in allen anderen Sektoren hingegen gesunken. Das heißt, eine Energiewende bedarf einer Mobilitätswende!

Grob unterteilt gibt es drei Strategien, um Dekarbonisierung im Rahmen einer Mobilitätswende umzusetzen (vgl. Behrendt et al. 2018; Huber 1994):

- Die *Konsistenzstrategie* zielt darauf ab, die Qualität von Material- bzw. Energieströmen durch den Einsatz alternativer Produktionsmethoden (z.B. modulare robotergestützte Montagen), Materialien (z.B. biologische statt chemische Stoffe) und/oder Technologien (z.B. erneuerbare statt fossile Energien und entsprechende Antriebsformen) umweltfreundlicher zu gestalten.

- Unter der *Effizienzstrategie* werden jene Maßnahmen subsumiert, die den Material- bzw. Energieeinsatz pro Ware oder Dienstleistung durch technische Innovationen quantitativ reduzieren (z.B. durch den Einsatz effizienterer Verbrennungsmotoren oder einer ressourcenschonenden Batterieherstellung im Rahmen der Elektromobilität sowie Recycling).

- Die *Suffizienzstrategie* fokussiert nicht auf technische Innovationen, sondern auf eine Veränderung von Lebensstilen, Verhaltensweisen und Konsummustern (d.h. beispielsweise, verstärkter Einsatz CO_2-armer Mobilitätsformen – zu Fuß gehen, Rad fahren, Nutzung öffentlicher Verkehrsmittel; das „richtige Maß" an Reisen, Auto fahren etc.).

Die meisten EU-Länder verfolgen in Bezug auf Mobilität v.a. langfristig eine Konsistenzstrategie und greifen kurzfristig auf Effizienzstrategien zurück. Bis zu einer „flächendeckenden Elektrifizierung" im Bereich der Mobilität hat Österreich allerdings noch einen weiten Weg vor sich. Im Jahr 2018 wurden von ca. 5 Mio. Personenkraftwagen (Pkw) erst rund 21.000 (0,4%) elektrisch betrieben. Einen ersten Schritt zur Förderung der Elektromobilität setzte die österreichische Bundesregierung im Jahr 2016 mit einem Aktionspaket, in welchem folgende Maßnahmen vorgesehen wurden: Beim Kauf eines Elektro- oder Brennstoffzellenfahrzeugs können Privatpersonen eine einmalige Förderung in Anspruch nehmen, und private sowie öffentlich zugängliche Ladeinfrastrukturen werden unterstützt. Zudem entfällt beim Ankauf solcher Fahrzeuge die Normverbrauchsabgabe (NoVA) und die motorbezogene Versicherungssteuer.

Österreich setzt damit im Wesentlichen auf Kaufanreize bei der Beschaffung, Steuererleichterungen und auch auf Umweltinformationen (z.B. Informationsinitiative *Klimaaktiv* über die Vorteile der Elektromobilität, vgl. BMNT 2017), nicht aber auf andere monetäre Anreize (z.B. eine kilometerabhängige Maut für alle Pkw) oder Ge- und Verbote (z.B. Umweltzonen bzw. Zugangsbeschränkungen für fossil betriebene Pkw).

Aus politikwissenschaftlicher Sicht lassen sich die oben beschriebenen *Policies* daher den marktwirtschaftlichen und persuasiven Instrumenten zuordnen (siehe Tabelle 3.2.1). Regulative Politikinstrumente spielen in Österreich derzeit eine untergeordnete Rolle.

Im Vergleich dazu hat Norwegen in Europa die weitaus höchsten Anteile elektrisch betriebener Fahrzeuge im Bestand und bei Neuzulassungen. Dies wurde mit einem umfassenden und langfristigen Plan – dem National Transport Plan 2018–2029 (Norwegian Ministry of Transport and Communications 2017) – erreicht (siehe Fallbeispiel 3.2.1).

Fallbeispiel 3.2.1: Mobilitätswende in Norwegen

Die Mobilitätswende in Norwegen basiert auf einem Instrumentenmix, der von staatlichen Investitionen in nachhaltigere Mobilitätsinfrastrukturen über Maßnahmen für mehr Sicherheit im Straßenverkehr für Kinder und Jugendliche bis hin zur Förderung der Gesundheit reicht. Im Mittelpunkt stehen neben mit fixem Ablaufdatum versehenen Fördermaßnahmen (z.B. Steuerbefreiungen) und Erleichterungen für Elektrofahrzeuge (z.B. Zugang zu Busspuren) insbesondere auch regulative Instrumente (z.B. das Verbot der Neuzulassung fossil betriebener Pkw ab 2025).

Genauso wie die Gewinnung fossiler Brennstoffe mit Problemen verbunden ist (z.B. Umweltverschmutzung, Kriege, Einsatz neuer Technologien wie Fracking etc.), stehen Staaten, die zukünftig auf Elektromobilität setzen, neuen Herausforderungen der Umwelt- und Sozialverträglichkeit gegenüber. Derzeitige Batteriesysteme sind auf Rohstoffe wie Lithium und Kobalt angewiesen. Eine wichtige globale Lithiumrohstoffquelle liegt in der Atacama-Wüste, im Dreiländereck zwischen Chile, Bolivien und Argentinien. Für die Gewinnung des Lithiums werden große Mengen an Grundwasser benötigt. Veränderungen des Grundwasserspiegels haben aber gravierende Auswirkungen auf die lokale Flora und Fauna, die landwirtschaftliche Produktion und somit auf das Erwerbseinkommen von zumeist indigenen Kleinbäuerinnen und -bauern (Andreucci und Radhuber 2017). Kobalt kommt hauptsächlich aus der Republik Kongo. Organisationen wie Amnesty International (2017) weisen regelmäßig auf Menschenrechtsverletzungen in den großen und auch den vielen kleineren Bergbauminen hin (Kinderarbeit, unfaire bis hin zu lebensgefährliche Arbeitsbedingungen etc.). Das heißt, im Sinne einer gelungenen *Konsistenzstrategie* müsste aber der Einsatz der neuen Technologie „Elektromobilität" mit der Verbesserung der sozialen und ökologischen Bedingungen in der Bergbauindustrie einhergehen.

Aufgrund der enormen Marktkonzentration (Rohstoffvorkommen in wenigen Ländern und deren Kontrolle durch einzelne Unternehmen) stellt sich die Frage, ob die Abhängigkeit von fossilen Rohstoffen nicht einfach durch die Abhängigkeit von mineralischen Rohstoffen ersetzt wird. Mögliche Auswege liegen in konsequent umgesetzten *Effizienzstrategien,* wobei bei der Verbreitung der Elektromobilität Folgendes sicherzustellen ist:

- Materialeinsatz von vorneherein gering halten,
- Wirkungsgrad von Batterien erhöhen,
- Batterien weiterverwenden (z.B. als stationäre Energiespeicher) und
- effizientes Recycling am Ende ihrer Lebenszeit vorantreiben.

Effizienzstrategien können aber nur einen Teil des Problems lösen, da sogenannte „Rebound-Effekte" die positiven Umweltwirkungen sehr schnell durch quantitative Gegeneffekte mindern, egalisieren oder sogar umkehren können (z.B. durch eine Steigerung der Pkw-Zulassungen). Darüber hinaus sind Elektrofahrzeuge nicht die versprochenen Null-Emissionsfahrzeuge. Bei deren Herstellung und Betrieb fallen sogenannte *elsewhere emissions* an: Einerseits entstehen Emissionen durch den Einsatz von nichterneuerbarem Strom; andererseits ist die Produktion von Batterien besonders energie- und damit bislang treibhausgasintensiv und mit größeren Umweltauswirkungen verbunden als die Herstellung von fossil betriebenen Fahrzeugen. Vergleicht man alternative und herkömmliche Antriebstechniken, muss die gesamte Erzeugungs-

und Verbrauchskette berücksichtigt werden. Wissenschaftlich fundierte Öko- bzw. Umweltbilanzierungen helfen bei dieser komplexen Aufgabe. Diese Untersuchungen zeigen, dass Elektromobilität (nur) mit Strom, der zu 100% aus erneuerbaren Energiequellen stammt, eine eindeutig positive Bilanz aufweist (Wietschel et al. 2019).

Abgesehen vom in der österreichischen Klima- und Energiestrategie festgehaltenen Ziel – *Bedeckung des gesamten Stromverbrauchs bis 2030 zu 100% aus erneuerbaren Quellen* – muss die Stromgewinnung aus erneuerbaren Energieträgern zusätzlich ausgebaut werden, um Elektromobilität voranzutreiben (siehe Fallbeispiel 3.2.2).

Fallbeispiel 3.2.2: Rechenbeispiel Elektromobilität und Energiebedarf in Österreich

In Österreich liegt der Anteil der Erneuerbaren bei der Stromproduktion derzeit bei knapp über 70%.

Rechnung: Pro Elektrofahrzeug wird mit einem Alltagsstromverbrauch von 15 kWh/100 km und einer durchschnittlichen Fahrleistung pro Jahr von 13.000 km gerechnet. Das macht bei 5 Mio. zugelassen Pkw einen zusätzlichen Energieverbrauch von rund 10 TWh (ca. 15% der Stromproduktion).

Fazit: Im Jahr 2017 wurden ca. 9 TWh aus Ökostromanlagen ohne Wasserkraft in das österreichische Stromnetz eingespeist. Da bei Wasserkraft nur mehr wenig Ausbaupotenzial besteht, werden für eine flächendeckende Elektrifizierung des Pkw-Bestands doppelt so viele sonstige Ökostromanlagen (Windkraft, Photovoltaik, Biomasse, Geothermie, Deponie- und Klärgas) notwendig werden. Im Bereich Windenergie würde das statt 1.200 insgesamt 2.400 Windkraftanlagen bedeuten (Stand 2017).

Neue Energieinfrastrukturprojekte und die dadurch entstehenden Energielandschaften sind jedoch mit Konflikten und Akzeptanzproblemen verbunden (Scherhaufer et al. 2017). Der Ausbau kann z.B. zu Biodiversitätsverlusten führen, die Flächenkonkurrenz zur Lebensmittelherstellung sowie zum Wohn- und Siedlungsraum erhöhen, humanökologische Einflüsse wie Lärm verstärken oder Naherholungsräume reduzieren.

Vor diesem Hintergrund wird deutlich, dass auch die Suffizienzstrategie einen wichtigen Beitrag zur Dekarbonisierung des Verkehrssektors leisten muss. Im Gegensatz zu den bisher aufgezeigten Konsistenz- und Effizienzstrategien zielt sie auf eine absolute Senkung des Ressourcen- und Energieverbrauchs ab und kritisiert das vorherrschende Paradigma eines stetigen Wachstums. Dafür müssen allerdings bisherige Selbstverständlichkeiten, Routinen und Praktiken der individuellen Mobilität hinterfragt werden. Verhaltensänderung ist jedoch ein langwieriger Prozess, der momentan in der Gesellschaft nicht nur unpopulär ist, sondern weitgehend im Zusammenhang mit dem Thema Verzicht diskutiert wird.

Aus heutiger Sicht kann nur ein Zusammenspiel von Konsistenz-, Effizienz- und Suffizienzstrategien zu einer erfolgreichen Mobilitätswende führen. Wie schon im Abschnitt 3.2.2 angedeutet, kann allein die Internalisierung externer Umweltkosten (z.B. mittels CO_2-Steuer) die Emissionen im Verkehr reduzieren, weil Menschen auf energieintensive Mobilität verzichten (Suffizienz), Autos sparsamer werden (Effizienz) und Elektromobilität basierend auf 100% Strom aus erneuerbaren Energiequellen verstärkt zum Einsatz kommen würde (Konsistenz).

Darüber hinaus gilt es sich stets vor Augen zu führen, dass das bisherige fossile Mobilitätssystem als einer der Hauptverursacher des Klimawandels weitaus mehr negative ökologische, soziale und wirtschaftliche Effekte generiert als eine neue Mobilitätspolitik, die Konsistenz-, Effizienz- und Suffizienzstrategien zu kombinieren versucht.

Dieser Beitrag gab Einblicke in die Herausforderungen und möglichen Problemlösungen der Umwelt- und Ressourcenpolitik im Zeitalter des Klimawandels. Er zeigte v.a. anhand der Politikfelder Klima und Verkehr auf, dass es umweltfreundliche Alternativen zum Fossilzeitalter gibt und dass diese auch politisch gefördert werden können – was bislang allerdings in Österreich nur sehr zaghaft geschieht. Gleichzeitig darf nicht übersehen werden, dass durch das Streben nach Dekarbonisierung neue Umweltprobleme und Ressourcenkonflikte entstehen werden. Dekarbonisierung möglichst umwelt- und sozialverträglich zu gestalten, erfordert systemisches Denken in komplexen Zusammenhängen, so wie es im Rahmen dieses Buches (und in interdisziplinären Umweltstudien) vermittelt werden soll.

Literatur

Amnesty International (2017): Time to recharge. Corporate action and inaction to tackle abuses in the cobalt supply chain. London. Available at: https://www.amnesty.org/en/documents/afr62/7395/2017/en/ [accessed 10.5.2019].

Anderl, M., Burgstaller, J., Gugele, B., Gössl, M., Haider, S., Heller, C., Ibesich, N., Kampel, E., Köther, T., Kuschel, V., Lampert, C., Neier, H., Pazdernik, K., Poupa, S., Purzner, M., Rigler, E., Schieder, W., Schmidt, G., Schneider, J., Schodl, B., Svehla-Stix, S., Storch, A., Stranner, G., Vogel, J., Wiesenberger, H. und Zechmeister, A. (2018): Klimaschutzbericht 2018. Report 0660. Umweltbundesamt: Wien. Verfügbar in: http://www.umweltbundesamt.at/aktuell/publikationen/publikationssuche/publikationsd etail/?pub_id=2258 [Abfrage am 10.5.2019].

Andreucci, D. and Radhuber, I. M. (2017): Limits to "counter-neoliberal" reform: Mining expansion and the marginalisation of post-extractivist forces in Evo Morales's Bolivia. Geoforum, 84, 280–291. https://doi.org/10.1016/j.geoforum.2015.09.002.

Baldwin, R., Cave, M., and Lodge, M. (2012): Understanding Regulation: Theory, Strategy, and Practice. 2nd edition. Oxford: Oxford University Press.

Baranzini, A., van den Bergh, J. C., Carattini, S., Howarth, R. B., Padilla, E., and Roca, J.(2017): Carbon pricing in climate policy: seven reasons, complementary instruments, and political economy considerations. Climate Change, 8, 3–11. https://doi.org/10.1002/wcc.462.

Beck, R. und Schwarz, G. (1995): Konfliktmanagement. Alling: Sandmann.

Behrendt, S., Göll, E. und Korte, F. (2018): Effizienz, Konsistenz, Suffizienz. Strategieanalytische Betrachtung für eine Green Economy. IZT-Text 1-2018, Berlin: IZT – Institut für Zukunftsstudien und Technologiebewertung gemeinnützige GmbH. Verfügbar in: https://www.izt.de/publikationen/reihe-izt-text/ [Abfrage am 13.05.2019].

BMNT (Bundesministerium für Nachhaltigkeit und Tourismus) (2017): Vorteile der Elektromobilität. Verfügbar in: https://www.klimaaktiv.at/mobilitaet/elektromobilitaet/elektromobilitaet.html [Abfrage am 10.05.2019].

BMNT (Bundesministerium für Nachhaltigkeit und Tourismus) (2018): Energie in Österreich 2018. Zahlen, Daten, Fakten. Wien. Verfügbar in: https://www.bmnt.gv.at/service/publikationen/energie/energie-in-oesterreich-2018.html [Abfrage am 10.5.2019].

Böcher, M. und Töller, E. (2012): Umweltpolitik in Deutschland. Eine politikfeldanalytische Einleitung. Wiesbaden: Springer VS.

Dahrendorf, R. (1992): Der moderne soziale Konflikt: Essay zur Politik der Freiheit. Stuttgart: Deutsche Verlags-Anstalt.

Falkner, R. (2016): The Paris Agreement and the new logic of international climate politics. International Affairs, 92, 1107–1125. https://doi.org/10.1111/1468-2346.12708.

Gamble, A. (2000): Economic governance. In: Pierre, J., Hrsg., Debating Governance: Authority, Steering and Democracy. Oxford: Oxford University Press, 110–137.

Huber, J. (1994): Nachhaltige Entwicklung durch Suffizienz, Effizienz und Konsistenz. In: Fritz, P., Huber, J. und Levi, H. W., Hrsg., Nachhaltigkeit in naturwissenschaftlicher und sozialwissenschaftlicher Perspektive. Stuttgart: Universitas, 31–46.

Kingdom, J. (2003): Government and Politics in Britain: An Introduction. 3rd edition. Oxford et al.: Polity Press.

Lehmbruch, G. (1968): Einführung in die Politikwissenschaft. Stuttgart, Berlin, Köln, Mainz: Kohlhammer.

Nordhaus, W. D. (2015): Climate clubs: Overcoming free-riding in international climate policy. American Economic Review, 105, 1339–1370. https://doi.org/10.1257/aer.15000001.

Norwegian Ministry of Transport and Communications (2017): Meld. St. 33 (2016-2017) Report to the Storting (white paper). National Transport Plan 2018-2029. A targeted and historic commitment to the Norwegian transport sector (English summary). Available at: https://www.regjeringen.no/en/dokumenter/meld.-st.-33-20162017/id2546287/ [accessed 10.5.2019].

Oreskes, N. and Conway, E. M. (2011): Merchants of Doubt: How a Handful of Scientists Obscured the Truth on Issues from Tobacco Smoke to Global Warming. New York: Bloomsbury Press.

Ostrom, E., Burger, J., Field, C. B., Norgaard, R. B., and Policansky, D. (1999): Revisiting the commons: Local lessons, global challenges. Science, 284, 278–282. https://doi.org/10.1126/science.284.5412.278.

Schaller, S. and Carius, A. (2019): Convenient truths: Mapping climate agendas of right-wing populist parties in Europe. Berlin: adelphi consult GmbH. Available at: https://www.adelphi.de/de/publikation/convenient-truths [accessed 10.5.2019].

Scherhaufer, P., Höltinger, S., Salak, B., Schauppenlehner, T., and Schmidt, J. (2017): Patterns of acceptance and non-acceptance within energy landscapes: A case study on wind energy expansion in Austria. Energy Policy, 109, 863–870. https://doi.org/10.1016/j.enpol.2017.05.057.

Spash, C. L. (2016): This changes nothing: The Paris Agreement to ignore reality. Globalizations, 13, 928-933. https://doi.org/10.1080/14747731.2016.1161119.

Steurer, R. (2013): Disentangling governance: a synoptic view of regulation by government, business and civil society. Policy Sciences, 46, 387–410. https://www.jstor.org/stable/42637288.

Wietschel, M., Kühnbach, M. und Rüdiger, D. (2019): Die aktuelle Treibhausgasemissionsbilanz von Elektrofahrzeugen in Deutschland. Working Paper Sustainability and Innovation, No. S 02/2019. Karlsruhe: Frauenhofer ISI. Verfügbar in: http://publica.fraunhofer.de/dokumente/N-537432.html [Abfrage am 10.5.2019].

3.3 Soziologie des Umweltverhaltens

Christine Altenbuchner und Ulrike Tunst-Kamleitner
Institut für Nachhaltige Wirtschaftsentwicklung,
Department für Wirtschafts- und Sozialwissenschaften (WiSo)
christine.altenbuchner@boku.ac.at, ulrike.tunst@boku.ac.at

3.3.1 Subjektives Umweltbewusstsein und Umweltverhalten

3.3.1.1 Determinanten des Umweltverhaltens

Warum denken Menschen zwar an Umweltschutz, schädigen die Umwelt aber trotzdem? Warum müssen Menschen in der US-Stadt Flint mit Blei verseuchtes Wasser trinken, und was hat das mit den Schülerinnen- und Schülerprotesten von *Fridays for Future* zu tun? Warum ist Greta Thunberg („Ich habe gelernt, dass man niemals zu klein ist, um einen Unterschied zu machen.") Heldin der Klimaschutzbewegung? Und was hat das alles mit Umweltsoziologie und nachhaltiger Entwicklung zu tun?

SDG 16 soll „friedliche und inklusive Gesellschaften für eine nachhaltige Entwicklung fördern". *Wie können wir das Ziel erreichen und den Wandel hin zu einer umweltbewussteren Gesellschaft schaffen?* Seit den 1990er-Jahren steigt das Umweltbewusstsein stetig. Individuen halten die Umwelt für schützenswert und zeigen dementsprechende Handlungsbereitschaft. Dieses Bewusstsein wird jedoch kaum oder gar nicht in Verhalten umgesetzt. Menschen fahren weiter mit Verbrennungskraftmotoren, obwohl sie wissen, dass diese CO_2 ausstoßen. Sie kaufen nicht (nur) regionale Bio-Lebensmittel, obwohl sie die Umwelt schützen möchten. Sie lassen Geräte im Stand-by-Modus laufen, obwohl damit Energie nutzlos verbraucht wird. Die Umweltsoziologie untersucht diese Schere zwischen Einstellung und Handeln systematisch und unterscheidet dafür verschiedene Komponenten.

Der Begriff *Umwelteinstellung* wird synonym zum Begriff Umweltbewusstsein verwendet. Es setzt sich aus drei Komponenten zusammen:

- Das *Umweltwissen* einer Person, das ist die kognitive Komponente: „Was weiß ich bzw. was will ich über die Umweltauswirkungen meines Verhaltens wissen?".

- Die *subjektive Betroffenheit* einer Person von Umweltproblemen, das ist die emotionale oder affektive Komponente: „Bin ich direkt oder indirekt von Umweltauswirkungen betroffen?".

- Die *Verhaltensbereitschaft* einer Person der Umwelt oder Umweltproblemen gegenüber, das ist die Handlungs- oder Reaktionskonsistenz. Man spricht auch von der handlungsorientierten oder konativen Komponente: „Will ich mich umweltbewusst verhalten?".

Die drei Komponenten umfassen das *Denken*, *Fühlen* und *Reagieren* einer Person. Einstellungen können demzufolge als *Mindset* von einzelnen Überzeugungen verstanden werden, die zusammen die Einstellung als insgesamt positive oder negative Bewertung bilden.

Bei Einstellungen ist zwischen innerer oder interner bzw. äußerer oder externer (z.B. monetärer Nutzen und Kosten) Verhaltenskontrolle bzw. zwischen intrinsischer und extrinsischer Motivation zum Handeln zu unterscheiden.

Abbildung 3.3.1 zeigt Einflussgrößen des subjektiven Umweltverhaltens, das zusätzlich zu den Einstellungskomponenten die soziale Einbettung des Verhaltens einbezieht. Eine zentrale Rolle spielt hier die *Verhaltensintention* (konative Einstellungskomponente), das direkte Bestimmungselement des Verhaltens, die Verhaltensmotivation bzw. -demotivation. Die Verhaltensintention wiederum wird von folgenden Faktoren bestimmt:

- von den kognitiven (*Umweltwissen*) und emotionalen (*Betroffenheit*) Einstellungskomponenten,

- von der *sozialen Einbettung* des Verhaltens, also vom Einfluss, den die Meinung von uns wichtigen Personen über unser erwünschtes Verhalten auf unsere Intention hat,

- von der (subjektiv) wahrgenommenen *Verhaltenskontrolle*. Hier geht es darum, wie leicht oder schwierig es scheint, ein Verhalten durchzuführen; darüber entscheidet unsere Wahrnehmung verfügbarer bzw. begrenzender Ressourcen in Form von Zeit, Geld und Zusammenarbeit mit anderen (Vogel 1999).

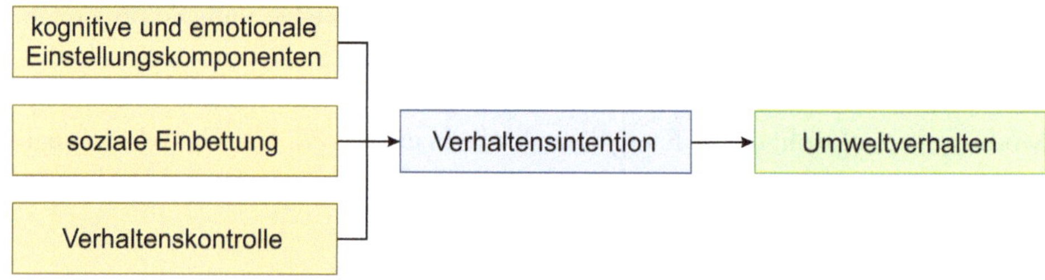

Abbildung 3.3.1: *Einfluss von Umwelteinstellungen im Kontext anderer Bestimmungsfaktoren des Umweltverhaltens*

Wahrnehmung setzt sich aus *wahr* und *nehmen* zusammen – wir nehmen etwas als wahr an, die Wahrheit kann aber durchaus anders liegen. Dies gilt auch für die kognitive Einstellungskomponente. Wir nehmen die Welt nicht direkt, sondern immer vermittelt wahr. Die Vermittlung der Realität erfolgt über unsere Sinne und über sozial begründete Wahrnehmungsmuster. Wahrnehmung ist immer eine Selektion von Information. In Zeiten von *Fake News* und *Breitbart News Network* lässt sich das leicht erklären: Jede/Jeder kreiert ihre/seine eigene Wahrheit, die ihr/ihm am besten entgegenkommt und am ehesten ihren/seinen vorhandenen Wahrnehmungsmustern entspricht. Was wir aus der Realität als Information aufnehmen, wird davon beeinflusst, welche Auswahlmuster wir durch Erziehung und durch die Einflüsse anderer Menschen und Institutionen zugrunde legen.

3.3.1.2 Zwischen Bewusstsein und Verhalten

Warum Bewusstsein und Verhalten oft diametral zueinander stehen, dazu gibt es keine einheitliche Theorie, die für alle Bereiche und Verhaltensweisen eine plausible Erklärung liefern würde. Infolge werden einige Erklärungsansätze vorgestellt (Diekmann und Preisendörfer 2001; Kuckartz 2008):

- Bei einzelnen Problemen gibt es nicht genügend Information darüber, wie man sich umweltverantwortlich verhalten kann.

- Für die Bevölkerung sind die Hauptverursacher von Umweltproblemen meist Institutionen (nicht Individuen). Individuen glauben, dass Institutionen beim Umweltschutz die Führung übernehmen sollen: „Ich kann sowieso nichts machen. Warum soll ich aufs Autofahren verzichten, wenn die Industrie vielmehr CO_2 produziert als ich. Soll die Politik das doch verbieten!"

- Ein weiteres grundlegendes Problem sind ökonomische Aspekte (Verhaltenskontrolle). Menschen mögen bereit sein, einige Aspekte ihres Lebens zu verändern, andere jedoch nicht. Wenn umweltorientiertes Verhalten wenig kostet, wie etwa Mülltrennen, führt Umweltbewusstsein leichter zu entsprechendem Verhalten. Den Bus statt das Auto zu nehmen, kostet viel mehr Zeit und mag unbequemer sein, hier gibt es weniger Veränderungsbereitschaft.

- Für jedes Individuum scheint eine Verbesserung der Umwelt v.a. das Handeln der anderen zu erfordern. Dem oder der Einzelnen scheint nur ein geringer Beitrag möglich, ja, sie können sogar die Chance sehen, sich um die Kosten zu drücken (Trittbrettfahrer). „Sollen doch meine Nachbarn mit dem Bus fahren, die haben nicht so weit in die Arbeit. Für mich ist das viel aufwendiger."

- Die Konformitätsbereitschaft des Individuums in Hinblick auf das soziale Bezugssystem und die soziale Einbettung kann gering sein, der normative Einfluss auf das Individuum ist dann nur schwach. Individuen können entscheiden, sich gar nicht so verhalten zu wollen, wie andere es gerne hätten. Die Meinung anderer kann Einzelnen egal sein, sie wollen ihr eigenes Ding machen.

- Das Verhaltensangebot kann fehlen. Wo überhaupt kein Bus fährt, stellt sich die Frage gar nicht.

Umweltorientierte Verhaltensänderungen können zu Zielkonflikten führen. Möglichst schnell und günstig nach Berlin zu kommen, gleichzeitig aber die Umwelt zu schonen, wirft die Frage „Zug oder Flug" auf. Umweltbewusst zu handeln kann zusätzliche Kosten verursachen, etwa durch Teilnahme an freiwilligen Aktionen, aber auch zusätzlichen Nutzen bringen. Durch die Teilnahme an Klimaprotesten ist es möglich, viele Freunde außerhalb der Schule zu treffen.

Externe Faktoren (etwa finanzielle Komponenten) können die Wirkung von Einstellungen begrenzen. Es stellt sich die Frage: Wie groß muss das Umweltbewusstsein sein, um die Hürde bestimmter Verhaltenskosten (z.B. Zeit oder finanzielle Verluste) zu nehmen? Setzt man externe Anreize, ist nach den Erkenntnissen der Sozialpsychologie ein Nachzieheffekt des Bewusstseins anzunehmen. Wenn eine Person in ihrer Arbeit als Marketingassistentin bzw. -assistent grüne Produkte bewirbt, obwohl sie gar kein Öko-Fan ist, entsteht Dissonanz. Einstellungsdiskrepantes Handeln erzeugt ein unangenehmes Gefühl. Erzwingt ein verhaltenssteuernder Faktor (in diesem Fall das Gehalt) ein bestimmtes Verhalten, wird sich über kurz oder lang die Einstellung verändern. Das heißt, wenn jemand lange Zeit grüne Produkte bewirbt und dafür argumentiert, ist es wahrscheinlich, dass diese Einstellung in sein Wertesystem übernommen wird. Ändert sich das Verhalten, verändern sich auch grundlegende Werthaltungen und Einstellungen, welche zukünftiges Verhalten autonom in die gewünschte Richtung lenken können.

Ist der finanzielle Anreiz im Vergleich zu den zusätzlichen Kosten des Zielverhaltens groß und berücksichtigt man vorhandenes Umweltbewusstsein nicht, kann es zu einer „Überrechtfertigung" kommen. Die intrinsische Motivation wird durch eine extrinsische Motivation ersetzt, ein Verdrängungseffekt tritt auf. Wenn ein bäuerlicher Betrieb Felder extensiv bewirtschaftet, erhält er eine Agrarförderung. Wenn die Betriebsleiterin oder der Betriebsleiter zunächst diese Art der Bewirtschaftung auch ohne Fördergelder durchführen würde, kann ein paradoxer Effekt auftreten. Werden die Fördergelder eingestellt, geht der Anreiz, die Felder weiter extensiv zu bewirtschaften, verloren, die intrinsische Motivation ist verschwunden.

Umwelteinstellungen und ihr Zusammenhang mit Umweltverhalten sind eines der Hauptforschungsgebiete der Umweltsoziologie. In der Fachsprache – im Gegensatz zur Alltagssprache – ist Umweltbewusstsein nicht mit umweltgerechtem Verhalten gleichgesetzt. Umweltgerechtes Verhalten ist ein Teil des Alltagsverhaltens. „Umweltgerecht verhält sich jemand nicht nur aus Einsicht und rationaler Entscheidung, sondern möglicherweise auch aus Knappheit an finanziellen Mitteln … oder vielleicht aus bloßer Gewohnheit. Das sind Personen mit umweltgerechtem Verhalten ohne entsprechende Einstellungen" (Kuckartz 2008, s.p.).

3.3.2   Umweltgerechtigkeit

Menschen sind von Umweltbelastungen nicht gleich stark betroffen, auch nicht innerhalb eines Landes. In den USA sind v.a. afroamerikanische und ärmere Bevölkerungsschichten von Umweltbelastungen überproportional betroffen (siehe Fallbeispiel 3.3.1).

Fallbeispiel 3.3.1: Flint als Beispiel für intragenerationelle Umweltungerechtigkeit
(verändert nach Eligon 2016; Katner et al. 2015; Kuhn 2016)

Flint, eine Kleinstadt in Michigan, 95 km nordwestlich von Detroit, prosperierte bis vor wenigen Jahrzehnten. Nachdem die Automobilindustrie ihre Produktion verlagerte, blieben hohe Arbeitslosenraten sowie Armut. Die Bevölkerungszahl der Stadt ist seither drastisch gesunken: Wer kann, zieht weg. In der Stadt wohnen mehrheitlich Afroamerikanerinnen und Afroamerikaner.

Die Stadt ist hochverschuldet, weshalb vom Gouverneur ein Notfallfinanzverwalter, Michael Brown, eingesetzt wurde – was nur bei Orten mit afroamerikanischer Bevölkerung zu geschehen scheint, wie es später als Vorwurf formuliert wurde. Im April 2014 traf Brown eine folgenschwere Entscheidung: Um Geld zu sparen, sollte Wasser nicht mehr aus Detroit, sondern aus dem regionalen Huron-See bezogen werden. Da noch keine Pipeline existierte, wurde übergangsweise Wasser aus dem Flint River gewonnen.

Bereits nach wenigen Tagen klagten die Bewohnerinnen und Bewohner über Hautausschläge, Übelkeit und Müdigkeit. Trotz Nachfragens gab es keine Reaktion der Verwaltung. Monate später kam der Verdacht auf, dass das Wasser Blei enthalten könnte. Michigans Umweltbehörden wiegelten ab. Eine Rückkehr zum Wasser aus Detroit lehnte man aus Geldmangel ab. Stattdessen wurde eine Kommission zur Verbesserung der Wasserqualität eingesetzt. Diese verkündete kurz darauf, dass die Untersuchung keine Auffälligkeiten gezeigt habe. Später stellte sich heraus, dass die Tests nicht sachgemäß durchgeführt worden waren. Ein Mitarbeiter der Umweltbundesbehörde EPA (Environmental Protection Agency) warnte in einem internen Bericht vor Problemen mit dem Trinkwasser. Dieser Bericht wurde ignoriert.

Eine in Flint praktizierende Ärztin stellte erhöhte Bleiwerte im Blut einiger Kinder fest, es kam zu Haarausfall und Ausschlägen. Mehr als eineinhalb Jahre lang tranken die Bewohnerinnen und Bewohner bleiverseuchtes Wasser, bis Wissenschaftlerinnen und Wissenschaftler flächendeckend einen zu hohen Bleigehalt feststellten und mit diesen Erkenntnissen an die Öffentlichkeit gingen. Erst das veranlasste den Gouverneur dazu, Wasser wieder aus Detroit zu beziehen. Die Langzeitfolgen für die 100.000 Bewohnerinnen und Bewohner sind unklar.

Was war geschehen? Das Wasser des Flint River griff die alten Bleirohre der Stadt an. Da man auf die Beigabe von Chemikalien, die dies verhindert hätten, verzichtete – die Maßnahme hätte 100 Dollar pro Tag gekostet – wurde Blei freigesetzt. Hätten die Behörden früher reagiert, wenn Flint „weiß" und „reich" wäre? Die Betroffenen sind mehrheitlich Afroamerikanerinnen und Afroamerikaner, Flint ist ein klassischer Fall von *Environmental Injustice* oder gar von *Environmental Racism*.

Die soziale Ungleichverteilung von Umweltbelastungen ist bereits seit den 1970er-Jahren ein Thema. Es hat seinen Ursprung nicht in der Wissenschaft, sondern in der US-amerikanischen Bürgerrechtsbewegung (Elvers 2007). Seit Jahrzehnten kämpfen in den USA ethnische Minoritäten und Arme gegen eine systematisch höhere Umweltbelastung. Es geht um Umweltgerechtigkeit (Environmental Justice), die soziale bzw. sozialräumliche Ungleichverteilung von Umweltbelastungen wird kritisiert. Man unterscheidet zwischen intragenerationeller Gerechtigkeit (innerhalb einer Generation, wie etwa im Fall Flint) und intergenerationeller Umweltgerechtigkeit (zwischen zwei oder mehreren Generationen) (Glotzbach und Baumgartner 2012). SDG 10 (Ungleichheit innerhalb von und zwischen Staaten verringern) und die Schülerinnen- und Schülerproteste *Fridays for Future* um Greta Thunberg (2019) fordern sowohl intragenerationelle Umweltgerechtigkeit („Unsere Zivilisation wird für das Wohl einer sehr kleinen Gruppe von Menschen geopfert, damit letztere immer mehr Geld erwirtschaften können.") als auch intergenerationelle Umweltgerechtigkeit („Ihr sagt, dass ihr eure Kinder über alles liebt. Und trotzdem stehlt ihr ihnen ihre Zukunft, direkt vor ihren Augen."). Das Thema Gerechtigkeit und die Verantwortung für Umweltbelastungen ist immer auch eine ethische Frage (siehe dazu Beitrag 3.1).

3.3.3 Gesellschaftliche Resonanz

Bis in die 1960er- und 1970er-Jahre fand das Thema Natur und Umwelt in der Öffentlichkeit, aber auch in der Soziologie, kaum Beachtung. Erst mit der Entstehung von Umweltbewegungen und öffentlichen Debatten über ökologische Probleme begannen Soziologinnen und Soziologen sich mit Umweltthemen zu beschäftigen. Im Zentrum der Analysen stehen folgende Themen (Diekmann und Preisendörfer 2001):

- ökologische Folgen und Nebenfolgen von Handlungen individueller Akteurinnen und Akteure (Personen) und korporativer Akteure (Firmen, Verbände, Organisationen),
- Bedingungen, die dazu führen, dass Veränderungen in der Umwelt der Menschen als ökologisches Problem erkannt werden,
- gesellschaftliche Reaktionen auf ökologische Probleme (Proteste, Umweltbewegung, nationale und internationale Umweltpolitik).

Die Art der gesellschaftlichen Reaktion auf Umweltveränderungen wird im Wesentlichen beeinflusst von: (1) der Stärke und Relevanz der Umweltveränderung, (2) den gesellschaftlichen Wahrnehmungs- und Bewertungsmustern der Umweltveränderung und (3) der Verwundbarkeit und Sensibilität sozialer Systeme sowie der gesellschaftlichen Reaktions- und Anpassungsmöglichkeiten. Die soziale Relevanz eines Ereignisses hängt nicht allein von seiner Stärke ab. Tatsache ist, dass (nach Brand und Reusswig 2007)

- sich viele ökologische Probleme der alltäglichen Wahrnehmbarkeit entziehen, so auch der anthropogene Klimawandel,
- die Komplexität der verursachenden Prozesse hoch ist,
- sich Probleme mit hoher individueller Betroffenheit leicht politisieren lassen und
- Massenmedien die öffentliche Meinung stark beeinflussen.

In der Vergangenheit wurden Veränderungen in der öffentlichen Debatte und in weiterer Folge in der Politik und in der politischen Landschaft durch Umweltbewegungen erreicht. Beispielhaft für Österreich sind das Verbot von Atomkraft als Errungenschaft der Anti-Atomkraft-Bewegung und der Proteste gegen das AKW Zwentendorf 1978 sowie die Gründung der Grünen Partei als Folge der Proteste gegen das Donaukraftwerk Hainburg 1984. Auch in der Klimawandeldebatte zeigt sich ein ähnliches Bild. Die ökologischen Folgen und Nebenfolgen unseres Lebenswandels auf das Klima sind weitgehend bekannt (siehe Beitrag 4.2). Die Reaktionen darauf können bei den gesellschaftlichen Akteurinnen und Akteuren unterschiedlich ausfallen. Die internationale Politik hat mit dem Kyoto-Protokoll im Jahr 1997 einen wichtigen Schritt zur Reduktion der Treibhausgase gesetzt. Infolge wurden Emissionshandelssysteme etabliert und weitere Übereinkommen (wie Paris 2015) beschlossen. Auch die nationale Politik reagiert beispielsweise mit Strategieplänen zur Anpassung an den Klimawandel. Die Grundlagen für Anpassungsstrategien liefert die Wissenschaft. Gesellschaftlicher Protest spiegelt sich in internationalen Netzwerken wie z.B. dem Climate Action Network (CAN) wider.

Fallbeispiel 3.3.2: Greta Thunberg – eine Heldin?

Neue Impulse erhielt der zivilgesellschaftliche Protest mit der von Greta Thunberg initiierten Bewegung „Fridays for Future". Ihr Aktionismus „Klimaschutzprotest statt Schule am Freitag" hat 2018 große Aufmerksamkeit erfahren und gipfelte am 15. März 2019 im weltweiten Klimastreik von Schülerinnen und Schülern. Greta Thunberg wurde für viele junge Menschen weltweit zum Vorbild und zur Heldin und löste eine starke Mobilisierungswelle aus. Umweltbewegungen und zivilgesellschaftlicher ökologischer Protest sind ein wichtiger Schritt zur Veränderung von Verhalten und von Strukturen. Welche politischen und gesellschaftlichen Veränderungen die derzeitigen Proteste langfristig auslösen werden, wird erst die Zukunft zeigen.

3.3.4 Arbeitsfelder der Umweltsoziologie

Umweltsoziologie befasst sich mit dem Verhältnis von Mensch und Gesellschaft zu Natur und Umwelt. Brand (1997) unterscheidet drei Perspektiven:

- *Beobachterperspektive*: Die Umwelt wird als gesellschaftliches Diskurs- und Konfliktfeld gesehen. Diese klassische soziologische Perspektive richtet den beobachtenden Blick auf die Gesellschaft. Sie zeigt verschiedene Blickwinkel von Akteurinnen und Akteuren sowie Konfliktebenen. Naturalistische Deutungen (wie ökologische Grenzen) werden kulturellen Konstruktionen und Bedeutungen gegenübergestellt. Gefragt wird, wie sich Umweltbewegungen und ihre Aktionsformen analysieren lassen (siehe Abschnitt 3.3.3), ob Umweltbewusstsein ein Wohlstandsphänomen ist oder inwieweit Umweltbewusstsein das Alltagsverhalten beeinflusst (siehe Abschnitt 3.3.1).

- *Problembezogene Perspektive*: Betrachtet werden gesellschaftliche Ursachen von Umweltschäden und praktische Interventionsmöglichkeiten. Gefragt wird etwa, ob nachhaltige Entwicklung möglich ist und wie man in Gesellschaften entsprechend eingreifen kann.

- *Reflexive Perspektive*: Welchen Beitrag kann die Umweltsoziologie zur Lösung von Umweltproblemen leisten? Gefragt wird, wie Soziologie und Gesellschaftstheorien mit der Natur umgehen, oder welche erkenntnistheoretischen Grundmodelle sich dafür eignen, die Gesellschaft als Verursacher von Umweltschäden abzubilden.

Wenn die Gesellschaft in ihrer natürlichen Umwelt Störungen auslöst, die ihren Weiterbestand gefährden können, dann bedarf es sozialwissenschaftlicher Kompetenz, um

- das störende gesellschaftliche Verhalten zu beobachten und seine Ursachen zu erkennen (gesellschaftliche Selbstbeobachtung),

- geeignete Interventionsmöglichkeiten zu erkennen und

- dies verschiedenen Akteurinnen und Akteuren bewusst zu machen, durch Aufklärung, Bildung, Beratung und Entwicklung.

Mit der Analyse von Einflussfaktoren subjektiven Umweltbewusstseins und Umweltverhaltens, mit Studien zur Umweltgerechtigkeit und der gesellschaftlichen Wahrnehmung sowie der Resonanz von Umweltproblemen leistet die Umweltsoziologie ebenso wie andere Disziplinen im UBRM einen Erklärungs- und Lösungsbeitrag zu den Phänomenen und Herausforderungen unserer Zeit. Um Umweltprobleme lösen zu können bzw. sie erst gar nicht entstehen zu lassen, braucht es die Zusammenarbeit verschiedener wissenschaftlicher Disziplinen (*Interdisziplinarität*) und die Zusammenarbeit der Wissenschaftlerinnen und Wissenschaftler mit Akteurinnen und Akteuren in den verschiedenen gesellschaftlichen Subsystemen (*Transdisziplinarität*), etwa mit Kommunen, umweltpolitischen Einrichtungen, NGOs, Institutionen des Bildungssystems und der Industrie.

Literatur

Brand, K.-W. (Hrsg.) (1997): Nachhaltige Entwicklung. Eine Herausforderung an die Soziologie. Opladen: Leske&Budrich.

Brand, K. W. und Reusswig, F. (2007): Umwelt. In: Joas, H., Hrsg., Lehrbuch der Soziologie. Frankfurt, New York: Campus Verlag. 653–672.

Diekmann, A. und Preisendörfer, A. (2001): Umweltsoziologie. Eine Einführung. Reinbek bei Hamburg: Rowohlt Taschenbuch Verlag GmbH.

Eligon, J. (2016): A question of environmental racism in Flint. New York Times. Available at: https://www.nytimes.com/2016/01/22/us/a-question-of-environmental-racism-in-flint.html [accessed 8.4.2019].

Elvers, H.-D. (2007): Umweltgerechtigkeit als Forschungsparadigma der Soziologie. Soziologie, 36, 1, 21–44.

Glotzbach, S. and Baumgartner, S. (2012): The relationship between intragenerational and intergenerational ecological justice. Environmental Values, 21, 3, 331–355. https://www.jstor.org/stable/23240649.

Katner, A., Pieper, K. J., Lambrinidou, Y., Brown, K., Hu, C. Y., Mielke, H. W., and Edwards, M. A. (2016): Weaknesses in federal drinking water regulations and public health policies that impede lead poisoning prevention and environmental justice. Environmental Justice, 9, 4, 109–117. https://doi.org/10.1089/env.2016.0012.

Kuckartz, U. (2008): Umweltbewusstsein und Umweltverhalten. Bonn: Bundeszentrale für politische Bildung bpb. Heft 287. Verfügbar in: https://www.bpb.de/izpb/8968/umweltpolitik [Abfrage am 8.4.2019]

Kuhn, J. (2016): Verseuchtes Wasser – Flint im US-Bundesstaat Michigan: 100000 Menschen vergiftet. Die Süddeutsche. Verfügbar in: https://www.sueddeutsche.de/panorama/verseuchtes-wasser-flint-im-us-bundesstaat-michigan-menschen-vergiftet-1.2827781 [Abfrage am 8.4.2019]

Thunberg, G. (2019): Greta Thunberg COP24 statement. Available at: https://youtu.be/e68HieO-J5E [accessed 8.4.2019]

Vogel, S. (1999): Umweltbewußtsein und Landwirtschaft. Theoretische Überlegungen und empirische Befunde. Weikersheim: Margraf Verlag.

3.4 Umweltgeschichte und Erdzukunft

Martin Schmid und Verena Winiwarter
Institut für Soziale Ökologie,
Department für Wirtschafts- und Sozialwissenschaften (WiSo)
martin.schmid@boku.ac.at, verena.winiwarter@boku.ac.at

3.4.1 Langfristige Perspektiven für eine nachhaltige Welt

Umweltgeschichte untersucht die Vergangenheit um der Zukunft willen. Sie befasst sich einerseits mit der Rekonstruktion von Umweltbedingungen in der Vergangenheit: Wie sah eine Landschaft einmal aus? Wie wurde sie genutzt? Wo verlief früher ein Fluss? Was für ein Wald war das vor 200 Jahren? Sie muss sich dafür andererseits mit der Rekonstruktion der Wahrnehmung und Interpretation dieser vergangenen Umwelten durch die damals lebenden Menschen beschäftigen. Wie haben Menschen etwa Berge wahrgenommen, als Bedrohung oder als Freizeitareal, und wann und warum hat sich das geändert? Kurz gesagt befasst sich Umweltgeschichte mit den Wechselbeziehungen zwischen Menschen und dem Rest der Natur – weil Menschen selbst Natur sind, ihr aber zugleich gegenüberstehen, in Natur eingreifen, sie verändern müssen, um leben zu können. Umweltgeschichte ist ein interdisziplinäres Fach, das Zugänge aus den Kultur-, Sozial-, Natur- und Ingenieurwissenschaften miteinander verbindet (Winiwarter und Knoll 2007).

Die globalen Herausforderungen, wie sie zuletzt in der UN-Agenda 2030, den SDGs, formuliert worden sind, haben eine Geschichte. Was waren die Triebkräfte, die Probleme wie globale Ungleichheiten (SDG 10) oder nichtnachhaltige Produktions- und Konsummuster (SDG 12) hervorgebracht haben, um deren Lösung heute mit solchen Initiativen gerungen wird? Wann und wie ist diese – menschheitsgeschichtlich außerordentliche – Situation entstanden?

Auch die Nachhaltigkeitsdebatte selbst hat eine Geschichte, in der Aufmerksamkeit verschieden verteilt ist, in der manche Interessensgruppen eine Stimme bekommen haben und sich Gehör verschaffen konnten und andere außen vor gelassen wurden. Die Nachhaltigkeitsdebatte hat sich mit jedem Meilenstein verändert: von der ersten Konferenz der Vereinten Nationen zum Thema Umwelt 1972 in Stockholm, über den Brundtland-Bericht mit seiner bis heute nachwirkenden Nachhaltigkeitsdefinition von 1987, die „Rio-Konferenz" 1992 und die „Millennium Development Goals" von 2000 bis zu den heute die Debatte dominierenden SDGs. Immer noch geht es um Entwicklung, wie 1987: "Sustainable development is development that meets the needs of the present without compromising the ability of future generations to meet their own needs" (WCED 1987, S. 43). Mit einem Abstand von bald fünf Jahrzehnten muss man konstatieren: Die meisten Maßnahmen, die zu nachhaltiger Entwicklung führen sollten, blieben halbherzige Kurskorrekturen in kleinem Maßstab. Auch deshalb ist der Begriff „Nachhaltigkeit" in die Krise geraten, nach seiner recht steilen Karriere in den öffentlichen Debatten ab den 1970er-Jahren.

Umso bemerkenswerter war 2011 die Publikation des Jahresgutachtens des Wissenschaftlichen Beirats der Bundesregierung Globale Umweltveränderungen (WBGU) in Deutschland, das erstmals in dieser Deutlichkeit von der Notwendigkeit einer „Großen Transformation" sprach. Der WBGU sieht die Transformation zu einer nachhaltigen, klimaverträglichen Gesellschaft als offenen Suchprozess. Zwar ließen sich Nachhaltigkeitsziele benennen, eine genaue Beschreibung eines anzustrebenden Endzustands von Wirtschaft und Gesellschaft sei aber nicht möglich (WBGU 2011). Der WBGU diagnostizierte also, dass wir zwar das Ziel kennen, aber nicht den Weg oder die mit dem Ziel verbundenen, konkreten gesellschaftlichen Veränderungen.

Als historische Spezialisierung der Sozialen Ökologie (Haberl et al. 2016) kann Umweltgeschichte dazu beitragen, sich in diesen großen Fragen zu orientieren. Wer umwelthistorisch informiert ist, denkt anders über die Bedingung der Möglichkeit einer nachhaltigen Entwicklung nach. Nicht zuletzt lehrt der Blick in die Vergangenheit, dass wir uns keine zu simplen und linearen Vorstellungen machen sollten – von Gesellschaft und Natur und davon, wie das eine auf das andere wirkt. Solche grundsätzlichen Einsichten sind wichtig, um die Rolle als Expertin oder Experte verantwortungsvoll wahrnehmen und zur Lösung drängender Nachhaltigkeitsprobleme in der beruflichen Praxis beitragen zu können.

3.4.2   Gesellschaftlicher Wandel ist Wandel des Umgangs mit Natur

Seit Menschen vor etwa 10.000 Jahren zunächst im „fruchtbaren Halbmond" sesshaft wurden, waren die meisten von ihnen als Viehzüchter, Ackerbauern oder Fischer tätig. Das blieb bis in die 1890er-Jahre so, um 1900 waren in Europa immer noch mehr als die Hälfte der Menschen Bauern, derzeit sind es je nach Zählung 2 bis 5%. Wie war dies möglich? Menschliche und tierische Arbeitskraft wurden durch fossile Energie ersetzt, mit umfassenden Wirkungen auf den ländlichen Raum und die ländliche Gesellschaft (Winiwarter 2013) (vgl. Beitrag 5.1).

Das hatte eine umfassende, auch den menschlichen Körper selbst erfassende Transformation zur Folge. Körpergröße und Lebenserwartung sind gestiegen. Wir können Geburten einleiten und oft den Tod hinauszögern, damit wandeln sich auch Familienstrukturen und soziale Bedürfnisse. Die Menschheit hat, indem sie eine gesellschaftliche Transformation durchgemacht hat, ihr Verhältnis zur inneren und äußeren Natur tiefgreifend gewandelt (Winiwarter 2013). Die Wiener Schule der Sozialen Ökologie hat diese Transformationen mithilfe von langen Zeitreihen des „gesellschaftlichen Stoffwechsels" empirisch fassbar gemacht. Mit Material- und Energieflussanalysen kann sichtbar gemacht werden, dass die fossilenergiebasierte Gesellschaft menschheitsgeschichtlich einmalig ist (vgl. Abbildung 3.4.1). Eine solche Gesellschaft kann nicht stabil sein, weil sie auf fossilen und damit endlichen Ressourcen basiert und weil die Emissionen aus der Nutzung dieser Energiequellen die Aufnahmefähigkeit natürlicher Kohlenstoffsenken wie der Atmosphäre längst übersteigt. Weltweit hat sich seit 1900 die Entnahme von Wasser annähernd verachtfacht, die von Materialien wie Biomasse, Erzen und Mineralien stieg um den Faktor 12 und fast im selben Ausmaß die gesellschaftlich genutzte Primärenergie. Die CO_2-Emissionen aus der Verbrennung fossiler Brennstoffe und aus der Zementproduktion stiegen gar um den Faktor 18. Mit Ende der fossilen Ressourcen wird auch diese Dynamik der Ressourcennutzung an ein Ende kommen, und damit wird sich die Gesellschaft selbst tiefgreifend wandeln. Dieser ebenso wünschenswerte wie unvermeidbare Wandlungsprozess wird mit dem Begriff nachhaltige Entwicklung zu fassen und in Programme wie den SDGs umzusetzen versucht.

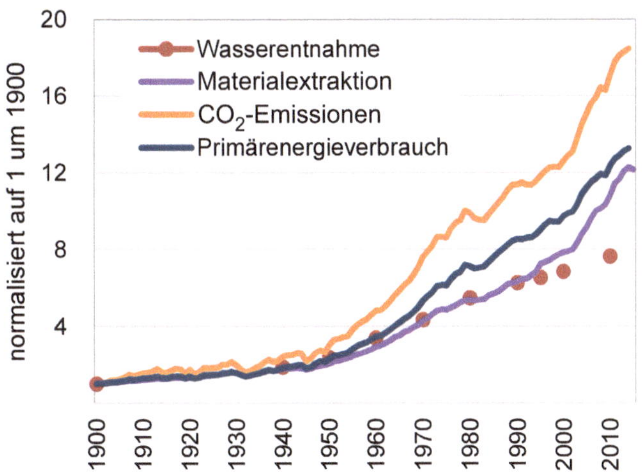

Abbildung 3.4.1: *Das 20. Jahrhundert als – fossilenergiegetriebener – Sonderfall der Menschheitsgeschichte (Boden et al. 2017; Krausmann et al. 2009, 2018; Shiklomanov 2000)*

Historische Vergleiche erlauben es, heutige Systemzustände besser zu verstehen. Die wesentlichen Treiber des Wandels seit der industriellen Revolution sind neben Bevölkerungswachstum – und der damit einhergehenden Urbanisierung – Technologie und Politik, die ja auch für die Rahmenbedingungen wirtschaftlichen Handelns sorgt.

Alle diese gesellschaftlichen Prozesse hängen von der Verfügbarkeit von Energie ab (vgl. McNeill 2003).

Seit der industriellen Revolution sind immer wieder kritische Stimmen laut geworden, die davor warnten, die Umwelt weiter zu zerstören. Seit den 1970er-Jahren machte das Wort Umweltschutz Karriere, und Umwelt wurde zur Politikmaterie, nicht nur für „grüne" Parteien, sondern für alle politischen Akteurinnen und Akteure. Seitdem gehört Umweltwissen zur Allgemeinbildung – heute vermutlich mit Schwerpunkt auf Treibhausgase und Klimawandel, früher orientiert an Schmutzskandalen wie dem Dioxinunfall von Seveso, der Reaktorkatastrophe von Tschernobyl oder dem Vogelsterben der 1960er-Jahre durch Dichlordiphenyltrichlorethan, besser bekannt als DDT (Winiwarter 2013). Die Reflexion der Wechselwirkungen zwischen Menschen und Natur ist ein wichtiger Teil des Orientierungswissens für alle Expertinnen und Experten, die in Prozessen nachhaltiger Entwicklung arbeiten.

3.4.3   Erfolg und Risiko

Wann immer Menschen in natürliche Systeme absichtsvoll eingreifen (wir nennen dies „kolonisierende Eingriffe"), kommt es, neben den erwünschten oder zumindest vorhergesehenen Folgen, auch zu unbeabsichtigten Wirkungen (Sieferle und Müller-Herold 1996). Mithilfe des Konzepts der „Risikospirale" wird dieser Zusammenhang fassbar (vgl. Abbildung 3.4.2). Das Wichtigste daran ist die Kombination von Erfolg und Nebenwirkung. Menschen bewältigen ein Risiko erfolgreich. Sie sind dadurch in ihrem Tun bestärkt. Die Nebenwirkungen überraschen sie dann. Wenn Umwelthistorikerinnen und Umwelthistoriker ihre Fallstudien präsentieren, dann ist damit das Ziel verbunden, allen, die heute auf Natur einwirken, vor Augen zu führen, dass Nebenwirkungen typisch und normal sind und keine Ausnahme darstellen. Dies soll zu einer vorsorgenden Innovationskultur beitragen.

Abbildung 3.4.2 veranschaulicht diese Risikospirale am Beispiel der neolithischen Revolution, die u.a. folgende Gesellschafts-Natur-Interaktionen angetrieben haben dürfte: Durch Bevölkerungswachstum und eventuell auch durch Klimaänderung kommt es zu Nahrungsengpässen bei Jägern und Sammlerinnen. (1) Die Menschen werden sesshaft, beginnen den Boden zu bebauen und Vieh zu halten. (2) Dadurch werden sie von der lokalen Witterung abhängig. Speicher sollen Missernten ausgleichen. Die zunehmende Arbeit wird von einer dichteren Bevölkerung geleistet. Speicher sind anfällig für Schädlinge und laden zu Raubzügen ein. (3) Spezialisten für Schädlingsbekämpfung oder den Schutz der Siedlungen müssen zusätzlich ernährt werden. Anbauflächenausweitung kann zu Konflikten führen. (4 & 5) Wissen wird nötig, um effizient zu produzieren. Ein Teil der Bevölkerung produziert nicht mehr, sondern

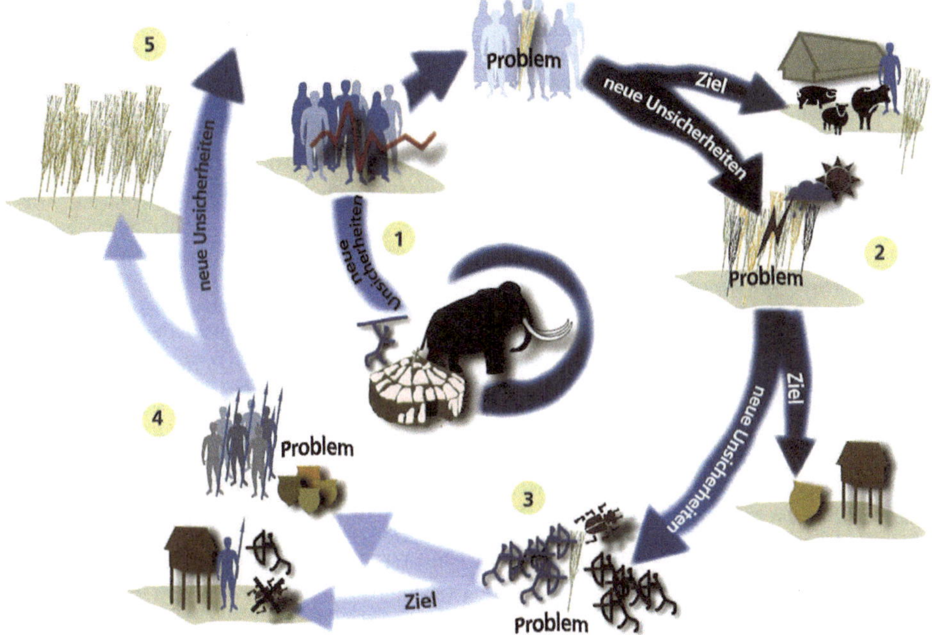

Abbildung 3.4.2: Die Risikospirale am Beispiel der neolithischen Revolution
(Winiwarter 2005, S. 147; Graphik: Martin Ober, RGZM)

schreibt und muss von den anderen erhalten werden. Die landwirtschaftliche Produktion muss gesteigert werden, was zu Problemen wie Erosion und Erschöpfung des Bodens, in späteren Jahrhunderten auch zu Überdüngung und Vergiftung des Grundwassers führt. Die Risikospirale dreht sich immer weiter.

Fast ebenso alt ist die Risikospirale der künstlichen Bewässerung. In trockenen Gebieten mit fruchtbaren Böden schien Bewässerung gut für die Nahrungssicherheit zu sein. Bereits im alten Mesopotamien wurden Bewässerungssysteme angelegt. Der Nachteil? Flusswasser, das auf die Felder geleitet wird, enthält viel mehr gelöste Salze als Regenwasser. Spült man den bewässerten Boden nicht regelmäßig, lagert sich mehr und mehr Salz ab. Der Boden wird unfruchtbar. Bis heute sind die Böden in Mesopotamien durch diesen Eingriff vor 5.000 Jahren viel weniger fruchtbar, als sie es zunächst waren. Dieser Effekt wurde bereits vor 60 Jahren beschrieben (Jacobsen und Adams 1958).

Die Ausbeutung überseeischer Kolonien hat das frühneuzeitliche Europa reich gemacht, auch die Niederlande. Infolge der Konfessionskriege des 17. Jahrhunderts wurden sie zur dichtest besiedelten Zone Europas. Fruchtbares Ackerland wurde dringend gebraucht. Eine Strategie, die in dieser feuchten Gegend schon um das Jahr 1000 nachweisbar ist, wurde daher intensiviert. Moore wurden trockengelegt, ein Eingriff, mit dessen Nebenwirkung das Land bis heute kämpft. Torfmoore bestehen aus nur wenig zersetztem Pflanzenmaterial, das unter Luftabschluss erhalten bleibt, solange der Moorboden mit Wasser gefüllt ist. Leitet man das Wasser ab, zersetzen auf Sauerstoff angewiesene Mikroorganismen die Pflanzenreste. Dadurch wurde der Boden fruchtbarer. Das hatte aber auch Nebenwirkungen, weil das zersetzte Material viel weniger Platz braucht. Die trockengelegten Torfmoore sanken in sich zusammen, das Land sackte ab und war zunehmend von Überflutung bedroht (TeBrake 2002; Van Dam 2001).

Diese Nebenwirkung führte zur nächsten Intervention. Die Niederländer bauten Deiche, um das neue Ackerland vor Sturmfluten zu schützen. Deichgenossenschaften warteten diese Infrastrukturen. Das klappte hervorragend und beförderte wohl auch die Demokratie im Land. Doch die Absenkung ging hinter den Deichen weiter. In vielen Gegenden sank das Land bis zum Grundwasserspiegel. Wollte man eine sekundäre Vernässung verhindern, musste das Wasser abgepumpt werden, um Ackerland und Weiden zu erhalten. Auch hier erwiesen sich die Niederländer als kreativ im Umgang mit den Nebenwirkungen ihrer Innovationen. Die Windmühlen, für die Holland berühmt ist, pumpen das Wasser ab. Pumpt man aber das Süßwasser in einem küstennahen Gebiet ständig ab, dringt irgendwann Salzwasser über den Untergrund ein. In den Niederlanden ist das an einigen Stellen bereits passiert. Die ersten Entwässerungsgräben wurden um 1200 angelegt. Seit mehr als 800 Jahren ist man also in den Niederlanden mit der Beherrschung der Nebenwirkungen eines einzigen Eingriffs, der Trockenlegung der Moore, beschäftigt (TeBrake 2002; Van Dam 2001).

Solche „Risikospiralen" findet man an vielen Orten und in vielen Zusammenhängen. Flussregulierungen schützen einen Ort vor Hochwasser, weil sie es woandershin verlagern. Staudämme verändern nicht nur den Grundwasserspiegel, anders als man gedacht hätte, sondern auch den Feststofftransport in den Flüssen. Nach den Ölpreisschocks 1973 und 1979 sahen viele Regierungen Kernkraftwerke als eine Möglichkeit, die gefährliche Abhängigkeit von fossilen Brennstoffen zu vermindern. Allerdings ist bis heute das Problem der Endlagerung radioaktiver Abfälle aus solchen Kraftwerken ungelöst (Winiwarter 2013).

Die Zeit der industriellen Revolution hat Umwelthistorikerinnen und -historiker stark beschäftigt, weil hier die Nebenwirkungen menschlicher Handlungen auf die Natur besonders auffällig wurden. Die heutige industrielle Lebensweise ist durch Güter gekennzeichnet, bei deren Herstellung und Gebrauch es zur Verschmutzung von Boden, Wasser und Luft kommt. Während der ersten Phase der Industrialisierung wurden die Produktionszentren verschmutzt. Das Wort Smog (*smoke* & *fog*) wurde zur Beschreibung der dicken Londoner Luft kreiert, die durch Abgase von Produktionsbetrieben entstand (Brimblecombe 1987). Seit der Transformation zur Konsumgesellschaft in den 1950er-Jahren führt nicht nur die Produktion, sondern auch der

Gebrauch von Gütern zu weit gestreuter Verschmutzung. Auch diese Entwicklung lässt sich als Risikospirale erzählen (Winiwarter 2013). Doch es geht nicht nur um Güter.

In den Industriestaaten dominiert der tertiäre Sektor die Ökonomie. Die Wertschöpfung stammt zu einem Gutteil aus Dienstleistungen. Im Tourismusland Österreich drehen sich auch dienstleistungsgetriebene Risikospiralen, allen voran jene des Wintertourismus. Sie wurde zu Beginn der 1950er-Jahre, als fossile Energie im Verhältnis zu anderen Gütern relativ billiger wurde, durch das größte Wiederaufbauprogramm der Geschichte, den Marshallplan, in Gang gesetzt. Österreich förderte damit im Einklang mit dem Geberland USA den Bau von Skiliften und anderen Wintersporteinrichtungen. Billige Kredite lockten Investorinnen und Investoren, die die Herausforderungen der alpinen Natur oft unterschätzten. Bau- und Erhaltungskosten überstiegen die geplanten Summen deutlich. In den 1970er-Jahren gab es in Österreich keinen einzigen Skiliftbetrieb, der schwarze Zahlen geschrieben hätte. Viele waren stark verschuldet. Schon des Zinsendienstes wegen mussten sie jährlich ihre Umsätze und Gewinne steigern. Wachstum war alternativlos, aber nur möglich auf Kosten anderer Destinationen. Ein erbitterter Konkurrenzkampf führte zunächst v.a. zur Steigerung der Geschwindigkeiten und der Transportkapazitäten der Lifte. Die Konkurrenzfähigkeit wurde mit massiven Investitionen erkauft. Die Schuldenspirale drehte sich weiter. Die Pisten wurden voller und voller, weil mehr Personen je Zeiteinheit an den Bergstationen ausstiegen. Eine Ausweitung der Pistenflächen war nur begrenzt möglich, aus naturräumlichen wie gesellschaftlichen Gründen. Also ging man an die Ausweitung der Zeit, in der die Pisten befahrbar waren. Der Rasenskilauf im Sommer scheiterte schnell. Flutlichtanlagen machten die Nacht zum Tag, waren aber nur beschränkt ausbaufähig. Pistenraupen stellten problemlos schnell befahrbare Oberflächen her. Das Schneemanagement wurde von Jahr zu Jahr perfekter. Die Schneekanone machte die Wintersportorte unabhängiger vom Wetter, denn Schneemangel konnte ein Gebiet voller teurer, fremdfinanzierter Infrastruktur schnell in den Ruin treiben. Schnee wurde zur teuren Ware. Um mit ihr sparsamer umzugehen, wurden die Pisten von Senken und Hügeln befreit, um den Preis höherer Erosion im Sommer. Die Pistenbegrünung ist inzwischen entsprechend perfektioniert, mit Folgen für lokale Tier- und Pflanzenwelten. Kunstschnee braucht Wasser, das im Sommer in Speicherteichen gesammelt wird und daher der lokalen Landschaft entzogen wird – mit unabsehbaren Langzeitfolgen für die Ökosysteme, die gerade in den Alpen durch den Klimawandel bereits unter Stress stehen. In den teuersten Skiorten werden inzwischen Kühlschlangen im Boden verlegt, um die kostbare weiße Pracht möglichst lange zu erhalten. Jeder Schritt, vom Ausbau der Skilifte, um der Abwanderung und der Armut zu begegnen, bis hin zur Piste mit Outdoorkühlschrank war eine erfolgreiche Intervention in natürliche Systeme. Jeder Schritt hatte Nebenwirkungen, die wiederum Eingriffe erforderten. Ein Ende ist nicht abzusehen. Vom

Carver, der enge Schwünge platzsparend erlaubt und damit Pisten entlastet, zur Verwendung von Bakterien als Kristallisationskeime für sparsamere Schneeherstellung, die dann auch bei Temperaturen über dem Gefrierpunkt möglich wird, bis zur GPS-präzisionsgesteuerten Pistenraupe reichen die Intensivierungsbemühungen der letzten Jahre. Mit weiteren Nebenwirkungen ist zu rechnen (Groß 2019).

3.4.4 Lernen von vorindustriellen Ökonomien

Der britische Wirtschaftshistoriker E. A. Wrigley (1988) hat die vorindustrielle Welt eine *wood economy*, eine Holzwirtschaft, genannt. Alle gesellschaftlichen Bereiche, so auch die Kriegsführung, waren auf Land angewiesen. Daher lassen sich Dynamiken einer auf nachwachsenden Rohstoffen basierenden Ökonomie an der Geschichte gut studieren (siehe Fallbeispiel 3.4.1).

Fallbeispiel 3.4.1: Venedig und die Eichen (Appuhn 2009)

Kriegs- wie Handelsschiffe wurden aus Eichenholz gebaut, weil es hart und tanninreich und gegen Meerwasser und Fäulnis daher weit beständiger ist als andere Holzarten. Allerdings wachsen Eichen langsam. Mächtige Stadtstaaten an den Küsten des heutigen Italien kämpften jahrhundertelang um die Vorherrschaft im Mittelmeerraum. Amalfi, Pisa, Genua und Venedig betrieben Flottenbauwerkstätten, die große Mengen Eichenholz benötigten. Im Jahr 1476 erließ der venezianische Senat sechs Regeln für die Nutzung seiner kommunalen Wälder auf der *terra ferma*, dem zu Venedig gehörenden Festland. Um die Versorgung mit den unverzichtbaren Eichen zu sichern, verbot der Senat die Waldweide, die Ernte von Feuerholz und das Legen von Feuern, um das Unterholz zu entfernen. Mehr als zweihundert Jahre später und nach weiteren Verschärfungen der Regulierung – sogar das Sammeln von Totholz wurde schließlich verboten – kamen die Beamten der Signoria zum Schluss, dass nicht mehr, sondern weniger Eichen wuchsen. Sie beschuldigten die Bauern, die Wälder entgegen den Verboten doch genutzt zu haben. Das Gegenteil war der Fall. Solange die Bauern bei der Nutzung des Waldes als Weide oder zur Feuerholzsammlung Unterholz und Bäume von geringerer Qualität entfernt hatten, gab es mehr Platz für einzelne Eichen, die dann zu den gesuchten großen Bäumen heranwachsen konnten. Hielten sie sich an die Verbote, wuchsen weniger Eichen.

Doch auch die Venezianer selbst spielten für den Eichenwald eine Rolle, die sie nicht erkannten. Solange die Schiffsbauer genug Eichen verbrauchten, war der Eichenertrag noch einigermaßen akzeptabel; sobald der Bedarf nachließ, verblieben Unterholz und dünne Stämme, die bei der Eichenernte mit entfernt wurden, im Wald und erstickten den Nachwuchs junger Eichen, die zu Bäumen für den Schiffsbau hätten heranwachsen können. Je sparsamer die Venezianer waren, umso schlechter sah es mit dem Nachwuchs aus.

Ohne die Ökologie des Eichenwaldes zu berücksichtigen, kann die Entwicklung der Erträge aus den venezianischen Wäldern nicht verstanden werden. Das Ökosystem Wald spielt eine zentrale Rolle. Die Bedingungen, unter denen Eichen besonders gut oder besonders schlecht wachsen, waren den Beamten in der Zentrale nicht bekannt. Die Ansichten der lokalen Bevölkerung, die sehr wohl verstand, dass Eichenwald einer regelmäßigen Entnahme von konkurrierenden Arten bedurfte, sogar die schriftlichen Vorschläge jener Beamten, die mit dem Eichenwald vertraut waren und der Signoria gut durchdachte Pläne vorlegten, wie durch mehr Entnahme von Feuerholz der Mangel daran behoben und das Eichenwachstum befördert werden könnte, wurden allesamt abgetan.

Die im Fallbeispiel 3.4.1 geschilderten venezianischen Ordnungsversuche des 15. Jahrhunderts lassen sich gut in Beziehung setzen zu aktuellen Fragen wie der Herstellung von Kohlenstoffsenken durch Aufforstung zur Erreichung der Kyoto-Ziele (Winiwarter 2013) oder den Visionen, Afrika mit Wald zu überziehen. Lokales Wissen wird häufig abgewertet, während in den Machzentralen weitab vom Geschehen auf glänzendes Papier gedruckte Pläne vorliegen, die lokale – ökologische wie soziale – Verhältnisse ignorieren und schon deshalb scheitern müssen. Oft liegt ihnen eine technokratische Vision zugrunde, die die Steuerbarkeit und Veränderbarkeit von Natur überschätzt, die Komplexität im Zweifel eher unterschätzt. Das Orientierungswissen der Umweltgeschichte ist hier korrigierend und daher besonders kostbar.

3.4.5 Wahrnehmung wandelt sich

Während man 1940 mit einem Futterhäuschen namens „Kontraspatz" noch Sperlinge von der Winterfütterung auszuschließen suchte, wurde der Hausspatz 2002 zum „Vogel des Jahres". Während zwischen 1940 und 1945 in Berlin die radioaktive Zahncreme Doramad produziert wurde, die strahlend weiße Zähne und Bakterienabtötung versprach, untersucht man heute besorgt die Effekte geringer radioaktiver Belastungen. Während heute viele Menschen bei geöffnetem Fenster schlafen, plagte den späteren amerikanischen Präsidenten John Adams 1776 die Vorstellung, dass Nachtluft gefährlich sei, und er bestand darauf, nur bei geschlossenem Fenster zu schlafen (Baldwin 2003). Während früher Kurorte mit ozonreicher Luft warben, gibt es heute Warnsysteme, die gefährdete Personen davon abhalten sollen, bei hoher Ozonkonzentration aus dem Haus zu gehen (Winiwarter 2013).

Geänderte Wirtschaftsweisen geben oft den Ausschlag für einen Bewertungswandel. Im frühneuzeitlichen England war der Misthaufen Teil der Verlassenschaftsabhandlung einer Person. Die Nährstoffe wurden in Geld bewertet (King 1992). In manchen Gegenden Asiens lassen sich Bäuerinnen und Bauern bis heute stolz vor ihrem Misthaufen photographieren – ein großer Misthaufen steht für Reichtum, weil Nährstoffe in der Landwirtschaft entscheidend sind. Mit der Verfügbarkeit von synthetischem Dünger und der räumlichen Segregation von Viehzucht und Ackerbau wurde in den Industrieländern ein Bewertungswandel eingeleitet. Gülle ist heute ein Umweltproblem, kein Aktivposten einer Verlassenschaft (Winiwarter 2013).

Die Wahrnehmung von Naturphänomenen ist nicht ohne Grund einem Wandel unterworfen. Mal beeinflussen geänderte Vorstellungen der Gesundheit und des menschlichen Körpers die Wahrnehmung, mal liegt es – wie im Fall der Nachtluft – am Zusammenwirken von technischen Innovationen, geänderten Lebensgewohnheiten und an einer neuen Theorie der Ansteckung. Wenn Umwelthistorikerinnen und

-historiker dem Wahrnehmungswandel nachgehen, erforschen sie Zusammenhänge zwischen Technik, Wirtschaft, Wissenschaft und Natur (Winiwarter 2013).

Umweltgeschichte zeigt den Wandel von Bewertungen. Sehr wahrscheinlich werden sich auch heutige Bewertungen ändern. Was aktuell als gut gilt, mag in einem Jahrzehnt schockierend sein. Was wir heute für schlecht halten, könnte künftig positiv bewertet werden. Wir sollten also nicht allzu sicher sein, recht zu haben (Winiwarter 2013). Darin liegt eine Leistung umwelthistorischer Arbeit: Sie ruft zur Bescheidenheit auf, zu einem Auftreten als Expertin oder Experte, der/dem die prinzipielle Unsicherheit und Vorläufigkeit selbst der besten wissenschaftlichen Studie bewusst ist.

3.4.6 Späte Lehren aus frühen Warnungen

Die Europäische Umweltagentur (EEA) veröffentlichte in den Jahren 2001 und 2013 zwei bemerkenswerte Berichte. Darin werden Fälle von Umweltverschmutzung und anderen Umweltschäden vorgestellt, bei denen aus sehr frühen Warnungen erst sehr spät Lehren gezogen wurden. Die Beispiele reichen von DDT über Quecksilber bis hin zu Tabak und Beryllium, das in der Rüstungsindustrie eine wichtige Rolle spielt. Eines sei kurz herausgegriffen, das feuerfeste Wundermaterial Asbest (siehe Fallbeispiel 3.4.2).

Fallbeispiel 3.4.2: Asbest als Beispiel für späte Lehren aus frühen Warnungen (EEA 2001)

Feuer war eine der häufigsten Todesursachen in einer zunehmend urbanisierten Welt, in der immer mehr Menschen in brennbaren Gebäuden lebten und Zeit in öffentlichen Einrichtungen verbrachten. Der Großbrand von 1903 in Chicago, bei dem im Iroquois Theatre 602 Besucher verbrannten, Feuer in Hotels, Textilfabriken, Schulen und Gefängnissen mit jeweils mehreren Hundert Toten erforderten eine gesellschaftliche Reaktion. Eine Lösung fand man in der Technologie: Das feuerfeste Material Asbest wurde zur Standardlösung. Wie so viele technische Entwicklungen wurde auch die Verwendung von Asbest im Zweiten Weltkrieg beschleunigt. Der Brandschutz von Schiffen war ein Schwerpunkt im Schiffbau. Das amerikanische Verteidigungsministerium stufte Ende 1939 die Mineralfaser als „kritisches Material" ein. Gesundheitliche Probleme traten zuerst in den Asbestfabriken auf, die englische Arbeiterin Nellie Kershaw (1891–1924) erlangte traurige Berühmtheit als erstes durch Autopsie bestätigtes Opfer der Lungenkrankheit Asbestose. Die Untersuchung ihres Falles führte erst in den 1930er-Jahren zu arbeitsrechtlichen Regelungen, doch hatte es bereits in den 1890er-Jahren Warnungen gegeben. Die Fabrikinspektorin Lucy Deane Streatfield war eine der Ersten, die die Symptome genau beschrieb, mit der Härte und Struktur der feinen Fasern in Beziehung setzte und damit im Grunde den heutigen Wissensstand vorwegnahm. Ihre Warnungen verhallten ungehört. Auch das französische Gewerbeaufsichtsamt meldete bereits Anfang des 20. Jahrhunderts 50 Todesfälle durch Lungenerkrankungen bei weiblichen Asbest-Textilarbeitern (Auribault 1906). Doch Asbest wurde und wird weiterhin abgebaut und verwendet. Zwar haben mehr als 50 Länder, darunter das Vereinigte Königreich, Australien und alle Mitgliedsstaaten der Europäischen Union, die Verwendung von Asbest verboten, aber die USA importieren und verwenden weiterhin Asbest, ohne Pläne für strengere Vorschriften zu haben. Asbestprobleme treten immer dann auf, wenn verbauter Asbest an die Oberfläche gelangt. Der mit Asbest hergestellte Eternit ist nach wie vor auf Dächern zu finden, in Bremsbelägen, Kupplungen,

> Vinylfliesen und einigen Zementrohren. Dies, obwohl völlig zweifelsfrei feststeht, dass Asbest genotoxisch und krebserregend ist, dass eine Krebsart, das Pleuramesotheliom, ausschließlich durch Asbest entsteht. Wieso ist es möglich, ein so gefährliches Material weiterhin abzubauen und zu verwenden? Das liegt an den langen Latenzzeiten. Asbestose wird erst nach 10 –30 Jahren symptomatisch. Das Mesotheliom tritt erst nach etwa 40 Jahren auf. Das heißt, dass die gesundheitlichen Schäden durch Asbest in den nächsten Jahrzehnten ansteigen werden. Ein Asbestverbot in den Niederlanden schon im Jahre 1965 statt erst 1993 hätte 34.000 Todesfälle verhindert.

Gerade für Umweltbelastungen, die sich erst nach langer Latenzzeit bemerkbar machen, ist das Lernen aus frühen Erfahrungen entscheidend. Darin liegt ein konkreter Beitrag der Umweltgeschichte zu SDG 3 (Gesundheit), aber auch SDG 12 (verantwortliche Produktion) und SDG 5 (Gendergerechtigkeit) sind angesprochen.

3.4.7   Altlasten und Ewigkeitskosten

Wer das Wort „Altlasten" hört, denkt vielleicht an Endlager für abgebrannte Brennstäbe von Atomkraftwerken. Doch der Begriff umfasst alle Überreste von industriellen Aktivitäten, die im Boden verblieben sind und eine mögliche Gefahr etwa für das Grundwasser darstellen. Besonders aufwendig ist der Umgang mit Bergbauvermächtnissen. Eine große Altlast ist der ehemalige Kohlebergbau im dicht besiedelten deutschen Ruhrgebiet. Fast die Hälfte des Ruhrgebiets liegt heute etliche Meter unter dem Grundwasserspiegel. Mehr als 100 Pumpwerke müssen dauerhaft laufen. Das Wasser wird in die eingedeichte Emscher gepumpt. Solange das Ruhrgebiet bewohnbar bleiben soll, ist das Abpumpen großer Wassermengen und die Sicherung von Stollenanlagen auf „ewig" nötig. Dafür sind zu derzeitigen Kostensätzen 220 Mio. Euro pro Jahr als „Ewigkeitskosten" zu budgetieren (RAG 2016). Doch das ist nur eine der vielen Altlasten, die die Optionen künftiger Generationen einschränken.

Die meisten Altlasten entstanden ab der Industrialisierung des 19. Jahrhunderts, vermehrt seit der „Großen Beschleunigung" (Great Acceleration) nach dem Zweiten Weltkrieg mit dem Umstieg auf Erdöl und Erdgas als Schlüsselenergieträger. Das dafür nötige globale Energieversorgungssystem ist das größte jemals errichtete technische Infrastrukturnetzwerk (Seto et al. 2016). Es überzieht die gesamte Erde, umfasst u.a. Förderstellen *offshore* und *onshore*, Pipelines, Raffinerien, Kraftwerke und Tankstellen. All das sind (potenzielle) Altlasten, die auf lange Zeit überwacht und gesichert werden müssen. Viele nukleare Altlasten gehen auf das Wettrüsten im „Kalten Krieg" zwischen den damaligen Supermächten USA und UdSSR zurück. Uranabbaustätten, Atomwaffenfabriken und Bombenversuchsgelände sind über die ganze Welt verstreut, in den Wüsten Nordamerikas ebenso wie in den Steppen Zentralasiens oder auf Inseln im Pazifik. Dazu kommen deutlich ältere Altlasten v.a. aus dem Bergbau, die oft durch europäischen Kolonialismus entstanden. In Huancavelica in Peru etwa beutete die spanische Kolonialmacht in der frühen Neuzeit Menschen und Natur aus, um an das Quecksilber zu kommen, das sie für die Silberproduktion brauchte. Heute, fast fünfhundert Jahre später, ist Huancavelica eines der am stärksten mit Quecksilber verseuchten städtischen Gebiete der Welt, mit entsprechend negativen gesundheitlichen Folgen für die lokale Bevölkerung (Winiwarter und Bork 2014, S. 78f.).

Altlasten aus der Vergangenheit, ob aus der jungen oder ferneren, schränken die Möglichkeiten nachhaltiger Entwicklung ein, bekommen aber wenig Aufmerksamkeit in der aktuellen Debatte. Kein SDG adressiert sie gezielt. Umweltgeschichte bringt sie zurück ins Bewusstsein und macht darauf aufmerksam, dass auch heutige Entscheidungen noch Zehntausende Jahre oder länger – man denke etwa an die Klimakatastrophe oder die Versauerung der Ozeane – Auswirkungen haben werden.

3.4.8 Schlussbemerkung

Umweltgeschichte ermöglicht Lernen aus Distanz. Indem sie den historischen Wandel von Wahrnehmung analysiert, relativiert sie zugleich den Wahrheitsanspruch heutiger Wahrnehmungen. Verantwortungsvolle Expertise – auch im Umwelt- und Nachhaltigkeitsbereich – beruht auf der Einsicht, dass jedes Wissen prinzipiell unsicher, unvollständig und vorläufig ist. Umweltgeschichte trägt damit zur Entwicklung einer wichtigen Kompetenz in einer Gesellschaft bei, die sich mit einer Flut von Informationen ebenso konfrontiert sieht wie mit *fake news* und *alternative facts*. Diese wichtige Kompetenz heißt Informationskritik.

Umweltgeschichte macht die langfristigen und nebenwirkungsreichen Folgen gesellschaftlicher Eingriffe in Ökosysteme sichtbar. Wie am Eichenwald der Venezianer zu sehen, kann Ressourcennutzung nur dann langfristig erfolgreich sein, wenn sie auf einem umfassenden Verständnis der Eigendynamik der Ökosysteme basiert. Umweltgeschichte erinnert an Altlasten und Ewigkeitskosten als wesentliche, zu wenig beachtete Rahmenbedingungen nachhaltiger Entwicklung. Sie zeigt, dass auch erfolgreiche Lösungen von Nachhaltigkeitsproblemen in der Vergangenheit immer mit Nebenwirkungen einhergingen, die wieder Handlungsdruck erzeugten („Risikospiralen"). Wer das verstanden hat, denkt anders über das Verhältnis zwischen Innovation und Vorsorgeprinzip nach.

Indem Umweltgeschichte als historische Ausprägung der Sozialen Ökologie die Entwicklung und die Muster des Energie- und Materialverbrauchs untersucht, macht sie klar, in welch menschheitsgeschichtlich außerordentlicher und instabiler Situation hochentwickelte Gesellschaften, wie die unsere nach der Industrialisierung des 19. und 20. Jahrhunderts, stecken (Haberl et al. 2016). Energiesysteme sind eine folgenreiche Facette des Umgangs einer Gesellschaft mit Natur. Der Wandel des Energiesystems zu erneuerbaren Energieträgern wird, das lehrt die Geschichte vergangener Energietransitionen, mit einem umfassenden gesellschaftlichen Wandel – einer sozialökologischen Transformation – einhergehen.

Die Umwelteffekte menschlicher Eingriffe treten manchmal schleichend und mitunter sehr schnell ein. Späte Lehren aus frühen Warnungen, wie sie etwa in der Geschichte der Nutzung von Asbest sichtbar wurden, zeigen, wie lange gesellschaftliche Lernprozesse dauern können. Die Folgen menschlicher Eingriffe in die Natur sind in allen Umweltsystemen – Boden, Wasser, Luft und Landschaft – präsent, und alle Lebewesen können davon betroffen sein. Wir vermögen ausgestorbene Tiere nicht wieder lebendig zu machen, aber wir können verhindern, dass weitere aussterben. Wir vermögen die Natur früherer Zeiten nicht wiederherzustellen, können aber für ihre und damit unsere Zukunft Vorsorge tragen. Dafür müssen wir über frühere Nutzungen und den Zustand vergangener Umwelten Bescheid wissen. Umweltgeschichte ist eine Wissenschaft von der Vergangenheit, aber für die Zukunft (Winiwarter 2013).

Literatur

Auribault, M. (1906): Note sur l'hygiène et la sécurité des ouvriers dans les filateurs et tissages d'amiante. Bulletin d'Inspection du Travaille, 14, 120–132.

Appuhn, K. (2009): A Forest on the Sea: Environmental Expertise in Renaissance Venice. Baltimore: Johns Hopkins University Press.

Baldwin, P. C. (2003): How night air became good air 1776–1930. Environmental History, 8, 3, 412–429. https://doi.org/10.2307/3986202.

Boden, T. A., Marland, G., and Andres, R. J. (2017): Global, Regional, and National Fossil-Fuel CO2 Emissions. Carbon Dioxide Information Analysis Center (CDIAC). Oak Ridge, Tenn., USA: Oak Ridge National Laboratory, U.S. Department of Energy. https://doi.org/10.3334/CDIAC/00001_V2013.

Brimblecombe, P. (1987): The Big Smoke. A History of Air Pollution in London since Medieval Times. London: Routledge.

EEA (European Environment Agency) (2013): Late Lessons from Early Warnings: Science, Precaution, Innovation. Luxembourg: Publications Office of the European Union. Available at: https://www.eea.europa.eu/publications/late-lessons-2 [accessed 11.3.2019].

Groß, R. (2019): Die Beschleunigung der Berge. Eine Umweltgeschichte des Wintertourismus in Vorarlberg/Österreich (1920–2010). Köln, Weimar, Wien: Böhlau.

Haberl, H., Krausmann, F., Fischer-Kowalski, M., and Winiwarter, V. (eds.) (2016): Social Ecology. Society-Nature Relations across Time and Space. Springer.

Jacobsen, T. and Adams, R. M. (1958): Salt and silt in ancient Mesopotamian agriculture: Progressive changes in soil salinity and sedimentation contributed to the breakup pf past civilizations. Science, 128, 3335, 1251–1258. https://doi.org/10.1126/science.128.3334.1251.

King, W. (1992): How high is too high? Disposing of dung in seventeenth-century prescot. Sixteenth Century Journal, 23, 3, 443–457. https://doi.org/10.2307/2542488.

Krausmann, F., Gingrich, S., Eisenmenger, N., Erb, K. H., Haberl, H., and Fischer-Kowalski, M. (2009): Growth in global materials use, GDP and population during the 20th century. Ecological Economics, 68, 2696–2705. https://doi.org/10.1016/j.ecolecon.2009.05.007.

Krausmann, F., Lauk, C., Haas, W., and Wiedenhofer, D. (2018): From resource extraction to outflows of wastes and emissions: The socioeconomic metabolism of the global economy, 1900–2015. Global Environmental Change, 52, 131–140. https://doi.org/10.1016/j.gloenvcha.2018.07.0 03.

McNeill, J. R. (2003): Blue Planet: Die Geschichte der Umwelt im 20. Jahrhundert. Frankfurt a. M.: Campus.

RAG (Ruhrkohle Aktiengesellschaft) (2016): Aufgaben für die Ewigkeit: Grubenwasserhaltung, Poldermaßnahmen und Grundwassermanagement im Ruhrgebiet. Verfügbar in: https://www.rag.de/verantwortung/handlungsfelder/ewigkeitsaufgaben/ [Abfrage am 11.3.2019].

Seto, K. C., Davis, S. J., Mitchell R. B., Stokes, E. C., Unruh, G., and Ürge-Vorsatz, D. (2016): Carbon lock-in: Types, causes, and policy implications. Annual Review of Environment and Resources, 41, 425–452. https://doi.org/10.1146/annurev-environ-110615-085934.

Shiklomanov, I. A. (2000): Appraisal and assessment of world water resources. Water International, 25, 1, 11–32. https://doi.org/10.1080/02508060008686794.

Sieferle, R. P. und Müller-Herold, U. (1996): Überfluß und Überleben: Risiko, Ruin und Luxus in primitiven Gesellschaften. GAIA Ecological Perspectives for Science and Society, 5, 3-4, 135–143. https://doi.org/10.14512/gaia.5.3-4.5.

TeBrake, W. H. (2002): Taming the waterwolf. Hydraulic engineering and water management in the Netherlands during the Middle Ages. Technology and Culture, 43, 3, 475–499. https://www.jstor.org/stable/25147956.

Van Dam, P. J. E. M. (2001): Sinking peat bogs. Environmental change in Holland, 1350–1550. Environmental History, 6, 1, 32–45. https://www.jstor.org/stable/3985230.

WBGU (Wissenschaftlicher Beirat der Bundesregierung Globale Umweltfragen) (2011): Factsheet Nr. 4: Transformation zur Nachhaltigkeit. Verfügbar in: https://www.wbgu.de/factsheets/factsheet-42011/ [Abfrage am 11.3.2019].

WCED (World Commission on Environment and Development) (1987): Our Common Future. Oxford: Oxford University Press.

Winiwarter, V. (2005): Niemand ist eine Insel – einführende Bemerkungen zur Umweltgeschichte. In: Daim, F. und Neubauer, W., Hrsg., Zeitreise Heldenberg – Geheimnisvolle Kreisgräben. Niederösterreichische Landesausstellung 2005 (= Katalog des Niederösterreichischen Landesmuseums, Neue Folge Nr. 459). Horn, Wien: Verlag Berger, 146–149.

Winiwarter, V. (2013): Umweltgeschichte: eine Einführung. In: Beier, R., Ecker, A., Edel, K., Ennagi, A., Paireder, B. und Suschnig. H.-M., Hrsg., Umweltgeschichte. historisch-politische bildung. Themendossiers zur Didaktik von Geschichte, Sozialkunde und Politischer Bildung. N° 5. Wien: Fachdidaktikzentrum für Geschichte, Sozialkunde und Politische Bildung der Universität Wien, 9–16. Verfügbar in: https://geschichte.uni-graz.at/de/geschichtsdidaktik/publikationen/ [Abfrage am 20.7.2019].

Winiwarter, V. und Bork, H.-R. (2014): Geschichte unserer Umwelt. Sechzig Reisen durch die Zeit. Darmstadt: Primus.

Winiwarter, V. und Knoll, M. (2007): Umweltgeschichte: Eine Einführung. Wien, Köln, Weimar: Böhlau UTB.

Wrigley, E. A. (1988): Continuity, Chance and Change. The Character of the Industrial Revolution. Cambridge: Cambridge University Press.

4 Ökosysteme, Landnutzung und Biodiversität

4.1 Ökosysteme und planetare Grenzen

Johann Zaller
Institut für Zoologie,
Department für Integrative Biologie und Biodiversitätsforschung (DIB)
johann.zaller@boku.ac.at

4.1.1 Grundlegendes zu Ökosystemen

Ökosysteme setzen sich aus belebten (biotischen) und unbelebten (abiotischen) Komponenten zusammen, die über Ökosystemprozesse miteinander verbunden sind. Hier stehen also Organismen (Pflanzen, Tiere, Mikroorganismen) in Wechselbeziehung mit ihrer Umwelt. Die Wechselbeziehungen zwischen den verschiedenen Komponenten können sich gegenseitig positiv oder negativ beeinflussen (Smith und Smith 2009). Grundsätzlich wird zwischen natürlichen Ökosystemen (z.B. tropische Regenwälder, boreale Wälder, Hochgebirge, Wüsten) und menschlich geprägten Ökosystemen (z.B. Agroökosysteme, Ökosystem Stadt) unterschieden. Global gesehen treten starke Wechselbeziehungen zwischen verschiedenen Ökosystemen auf. Alle Ökosysteme der Biosphäre sind daher mehr oder weniger menschlich beeinflusst.

Die räumliche Abgrenzung von Ökosystemen ist nicht immer leicht. Es kann grundsätzlich zwischen aquatischen (Lebensgemeinschaften im Wasser) und terrestrischen Ökosystemen (Lebensgemeinschaften an Land) unterschieden werden, jedoch gibt es, sowohl regional als auch global gesehen, Wechselbeziehungen zwischen diesen Typen. Beispielsweise ist ein aquatisches Ökosystem (z.B. ein Teich) von einem terrestrischen Ökosystem umgeben. Im Teich lebende Organismen (z.B. Amphibien, Libellen) nutzen auch die Umgebung oder werden durch Nährstoffeinträge aus den umgebenden Landökosystemen beeinflusst.

Auch die zeitliche Abgrenzung eines Ökosystems ist nicht immer eindeutig, da Ökosysteme ständig auf biologische und klimatische Einflüsse reagieren. Ökosystemprozesse sind teilweise sehr träge, und Auswirkungen können erst mit großer zeitlicher Verzögerung sichtbar werden. Beispielsweise wirken sich Sturmereignisse, die ganze Waldbestände vernichtet haben, jahrzehntelang auf Ökosystemprozesse in diesen Wäldern aus. Daraus folgt, dass die Untersuchung von Schädlingskalamitäten oder des Wasserkreislaufs in einem Wald durch vorangegangene Ereignisse beeinflusst sein kann.

© Der/die Herausgeber bzw. der/die Autor(en) 2020
E. Schmid und T. Pröll (Hrsg.), *Umwelt- und Bioressourcenmanagement für eine nachhaltige Zukunftsgestaltung*, https://doi.org/10.1007/978-3-662-60435-9_4

Ein Ökosystem wird mithilfe von Naturgesetzen beschrieben, die Aussagen über Stoff- und Energieflüsse machen. Die Energiebilanz eines Ökosystems hängt dabei wesentlich von der sogenannten Primärproduktion durch Pflanzen ab. In aquatischen Ökosystemen limitieren Licht und Nährstoffe die Primärproduktion, in terrestrischen Ökosystemen wirken sich besonders Temperatur und Wasserverfügbarkeit auf die Primärproduktion aus. Intakte Ökosysteme sind durch ausgeglichene Kreisläufe von Wasser, Kohlenstoff und Nährstoffen gekennzeichnet. Das Funktionieren der Ökosysteme ist wesentlich von klimatischen Faktoren abhängig, andererseits sind Ökosysteme über Wasser- und Kohlenstoffkreisläufe aber auch wesentliche Komponenten des regionalen und globalen Klimasystems.

Ökosysteme werden durch menschliche Aktivitäten direkt (durch Bergbau, Straßenbau, Landwirtschaft) oder indirekt (durch Treibhausgase, Kontamination mit Chemikalien, Plastik, Nanopartikeln, Lichtverschmutzung, Lärmverschmutzung, Freisetzung gentechnisch veränderter Organismen) beeinflusst. Da für die komplexen Interaktionen innerhalb eines Ökosystems viele physikalische, chemische und biologische Prozesse eine Rolle spielen, müssen in ökologische Studien verschiedene Wissenschaftsgebiete miteinbezogen werden (z.B. Pflanzenwissenschaften, Zoologie, Mikrobiologie, Chemie, Klimatologie, und sollen auch sozioökonomische Aspekte berücksichtigt werden, die Sozial- und Wirtschaftswissenschaften).

4.1.2 Ökosysteme und nachhaltige Entwicklung

Mit der Publikation des Club of Rome zu den Grenzen des Wachstums (Meadows et al. 1972) ist vielen Menschen klar geworden, dass die Ressourcen unseres Planeten nicht unbegrenzt zur Verfügung stehen. Obwohl daraufhin zahlreiche politische Rahmenbedingungen geschaffen wurden, hat sich das vorherrschende kapitalistische Wirtschaftssystem erst sehr wenig auf die Begrenztheit der natürlichen Ressourcen eingestellt (Meadows und Randers 2013). Ein wichtiger Aspekt, der bei der Betrachtung der Grenzen des Wachstums fehlte, war die Berücksichtigung der Auswirkungen der menschlichen Aktivitäten auf die Biodiversität und die verschiedenen Funktionen eines Ökosystems. Diese zu evaluieren war der Auftrag des sogenannten Millennium Ecosystem Assessments (MA) (2005), wo über 1.300 Wissenschaftlerinnen und Wissenschaftler aus 95 Ländern Informationen zum Zustand und zu den Entwicklungstrends der Ökosysteme auf der Erde zusammengetragen haben. In dem Bericht werden der Zustand und die Entwicklung der Ökosysteme in den letzten 50 Jahren dargestellt und Szenarien für mögliche Entwicklungen bis zum Jahr 2050 diskutiert. Ein Fokus liegt dabei insbesondere auf sogenannten Ökosystemdienstleistungen und deren Einfluss auf das menschliche Wohlbefinden. Unter Ökosystemdienstleistungen versteht man Güter und Leistungen, die dem Menschen durch Ökosysteme bereitgestellt werden, beispielsweise Holz, Nahrung, saubere Luft und Trinkwasser, oder die Regulationsleistung bei Klima und Naturgefahren (Beck et al. 2006). Das besorgniserregende Hauptresultat des MA war, dass sich 60% oder 15 von 24 untersuchten Ökosystemdienstleistungen in einem Zustand fortgeschrittener und anhaltender Zerstörung befinden.

Mit der Agenda 2030 der Vereinten Nationen (UN 2015) greift man die Problematik für Ökosysteme anhand mehrerer SDGs direkt und indirekt auf. Aquatische Ökosysteme bzw. deren Interaktionen mit benachbarten terrestrischen Ökosystemen werden im SDG 6 (Verfügbarkeit und nachhaltige Bewirtschaftung von Wasser und Sanitärversorgung für alle gewährleisten) und im SDG 14 (Ozeane, Meere und Meeresressourcen im Sinne nachhaltiger Entwicklung erhalten und nachhaltig nutzen) angesprochen. Stark von Menschen geprägte urbane Ökosysteme behandelt SDG 11 (Städte und Siedlungen inklusiv, sicher, widerstandsfähig und nachhaltig gestalten), während SDG 13 (umgehend Maßnahmen zur Bekämpfung des Klimawandels und seiner Auswirkungen ergreifen) im Grunde das Zusammenspiel aller Ökosysteme auf der Erde betrifft. In erster Linie auf terrestrische Ökosysteme fokussiert SDG 15 (Landökosysteme schützen, wiederherstellen und ihre nachhaltige Nutzung fördern).

Während die SDGs international von den Staaten ratifizierte Zielsetzungen für die nachhaltige Entwicklung darstellen, liefert das „Konzept der planetaren Grenzen" Informationen über den derzeitigen Stand unserer Ressourcennutzung und möglicher Nutzungsspielräume bei Verfolgung der SDGs. Dieses Konzept ist ein wichtiges Instrument bei der Transformation unserer Gesellschaft in Richtung nachhaltigerer Ressourcennutzung. Es zählt daher zu den grundlegenden Kompetenzen, die im UBRM-Studium vermittelt werden sollen, und ist Grundlage mehrerer Lehrveranstaltungen.

4.1.3 Das Konzept der planetaren Grenzen

Das Konzept der planetaren Grenzen ist eine Weiterentwicklung der Grenzen des Wachstums, kombiniert mit den Erkenntnissen des im vorangegangenen Abschnitt beschriebenen MA. Im Prinzip handelt es sich dabei um eine wissenschaftlich fundierte Analyse des Risikos menschlicher Aktivitäten für das Funktionieren aquatischer und terrestrischer Ökosysteme und deren Interaktionen im Klimasystem. Die definierten planetaren Grenzen sollen die ökologischen Belastungsgrenzen unseres Planeten aufzeigen und einen „sicheren Handlungsspielraum" für menschliche Aktivitäten auf der Erde festlegen (Rockström et al. 2009). Im Jahr 2015 wurde eine aktualisierte und erweiterte Analyse des Konzepts veröffentlicht (Steffen et al. 2015). Bestimmte

Schwellenwerte dürfen dabei nicht über- oder unterschritten werden, um die Resilienz der Erde (d.h. deren Fähigkeit, Störungen auszugleichen) nicht zu gefährden und einen für Menschen bewohnbaren Lebensraum sicherzustellen.

Bis dato wurden planetare Grenzen für neun Themenbereiche definiert, deren Einhaltung unabdingbar für den Fortbestand der menschlichen Spezies sind. Diese planetaren Grenzen werden in mehrere Stufen kategorisiert und mit entsprechenden Farbcodes versehen:

- *Grüner Bereich – sicherer Handlungsspielraum*: Nach derzeitigem Wissensstand besteht nur eine sehr geringe Wahrscheinlichkeit, dass die Widerstandsfähigkeit des Erdsystems überlastet wird.

- *Gelber Bereich – Zone der Unsicherheit*: Dabei können entweder die Grenzwerte aufgrund der komplexen Zusammenhänge nicht exakt bestimmt werden, oder es besteht noch Zeit zum Gegensteuern. Mitberücksichtigt wird hier auch die Trägheit bestimmter Erdsystemprozesse (z.B. des Klimasystems).

- *Roter Bereich – Hochrisikozone*: Hier besteht eine hohe Wahrscheinlichkeit für die Beeinträchtigung des Erdsystems.

- *Grauer Bereich – keine Einschätzung*: Wegen fehlender Daten ist keine Beurteilung möglich.

Von den definierten Teilbereichen werden zwei als fundamental wichtig für das Erdsystem angesehen: der Klimawandel und die Integrität der Biosphäre. Das Klimasystem bildet die Voraussetzung dafür, dass unsere Erde hinsichtlich Temperatur und Strahlung für Menschen bewohnbar bleibt. Die Biosphäre ist einerseits Teil des Klimasystems, reguliert anderseits aber auch Material- und Nährstoffkreisläufe und beherbergt Biodiversität.

Für zwei Bereiche, die „Integrität der Biosphäre" (genetische Diversität) und „biogeochemische Kreisläufe" (Phosphor und Stickstoff), sind die planetaren Grenzen bereits überschritten (rote Zone). In der Zone der Unsicherheit werden die Landnutzungsänderungen und der Klimawandel gelistet (gelbe Zone). Für die Bereiche „atmosphärische Aerosolbelastung", „Einbringung neuartiger Entitäten" und „Zustand der funktionellen Diversität" in Ökosystemen ist wegen ungenügender Daten keine Einschätzung möglich (graue Zone). Lediglich in den Dimensionen „Versauerung der Ozeane", „Süßwasserverbrauch" und „stratosphärischer Ozonabbau" sind die planetaren Grenzen noch nicht überschritten (grüne Zone).

Tabelle 4.1.1 gibt einen Überblick über die identifizierten Kontrollvariablen der planetaren Grenzen und die Parameter zu deren Formulierung.

Tabelle 4.1.1: *Plantare Grenzen, deren Messgrößen und Grenzwerte* (nach Steffen et al. 2015)

Planetare Grenze		Messgröße	Grenzwert	Aktueller Wert
1 Klimawandel		CO_2-Konzentration in der Atmosphäre (ppm) oder Strahlungsantrieb (W m^{-2})	Max. 350 ppm Max. +1,0 W m^{-2}	405 ppm 3,06 W m^{-2}
2 Versauerung der Ozeane		Globale Aragonit-Sättigung im Oberflächenwasser (Omega-Einheiten)	Min. 2,75 (80% des vorindustriellen Wertes)	3,03 (88% des vorindustriellen Wertes)
3 Stratosphärischer Ozonabbau		Stratosphärische O_3-Konzentration (Dobson units)	Min. 275 DU	220–450 DU
4 Atmosphärische Aerosolbelastung		Aerosol-Optische Dicke (ohne Einheit)	Kein globaler Grenzwert definiert; Südasien: max. 0,25	Südasien: 0,3–0,4
5 Biogeochemische Kreisläufe	Phosphorkreislauf	*Global*: P-Eintrag in Ozeane (Tg Jahr^{-1})	Max. 11 Tg Jahr^{-1}	22 Tg Jahr^{-1}
		Regional: P-Eintrag in Süßwassersysteme (Tg Jahr^{-1})	Max. 6,2 Tg Jahr^{-1}	14 Tg Jahr^{-1}
	Stickstoffkreislauf	Industrielle und beabsichtigte biolog. Bindung von Stickstoff (Tg Jahr^{-1})	Max. 62 Tg Jahr^{-1}	150–180 Tg Jahr^{-1}
6 Süßwasserverbrauch		Globaler Verbrauch von Oberflächen- und Grundwasser (km^3 Jahr^{-1})	Max. 4.000 km^3 Jahr^{-1}	2.600 km^3 Jahr^{-1}
7 Landnutzungsänderung		Anteil der ursprünglichen Waldfläche	Min. 75%	62%
8 Integrität der Biosphäre	Genetische Diversität	Aussterberate (E/MSY)	Max. 10 E/MSY	100–1000 E/MSY
	Funktionelle Diversität	Biodiversitäts-Intaktheits-Index (BII)	Min. 90 %	84 % für das südliche Afrika
9 Einbringung neuartiger Entitäten		Bisher keine Kontrollvariable oder ein Grenzwert definiert		

Farben bezeichnen den Zustand der jeweiligen Parameter: Grün – sicherer Handlungsspielraum, Gelb – Unsicherheit, Rot – Grenze bereits überschritten. Die planetarische Grenze selbst liegt am Schnittpunkt der grünen und gelben Zone. Angaben in Teragramm pro Jahr (Tg Jahr^{-1}), Watt pro Quadratmeter (W m^{-2}), part per million (ppm), Anzahl der Arten, die in einer Million Species-Jahren aussterben (E/MSY; ein Species-Jahr ist ein Jahr, multipliziert mit der Zahl der aktuell in diesem Jahr lebenden Arten)

Die Bedeutung von Grenzwerten und Messgrößen wird im Anschluss kurz erläutert.

4.1.3.1 Klimawandel

Das Klimasystem umfasst im Wesentlichen die Energiebilanz zwischen der Sonne und dem Erdsystem. Die planetare Grenze „Klimawandel" zielt darauf ab, das Risiko klimatisch induzierter und potenziell irreversibler Änderungen des Erdsystems zu minimieren. Die Grenzsetzung berücksichtigt Störungen in regionalen Klimasystemen oder Einflüsse auf wichtige Klimadynamikmuster (z.B. Meeresströmungen, Anstieg des Meeresspiegels). Dabei werden zwei Grenzen definiert: die atmosphärische CO_2-Konzentration (die maßgeblich für den Treibhauseffekt ist) und der globale Strahlungsantrieb (dazu zählen jene Faktoren, die die Strahlungsbilanz der Erde beeinflussen, z.B. Treibhausgase, Aerosole, Wolken, Strahlungsreflexionen von der Erdoberfläche).

Status: Sowohl der atmosphärische CO_2-Gehalt, als auch der Strahlungsantrieb haben die planetaren Grenzen bereits überschritten.

4.1.3.2 Versauerung der Ozeane

Die Versauerung der Ozeane ist eng an den Klimawandel gekoppelt, da die Ozeane sowohl durch direkte Lösung von atmosphärischem CO_2 im Wasser als auch durch Aufnahme von Kohlenstoff durch Wasserorganismen als Kohlenstoffsenke dienen. Eine Zunahme des CO_2-Gehalts in den Ozeanen führt zu einer Versauerung des Meerwassers. Dadurch löst sich das Kalziumkarbonat aus den Schalen und/oder Skelettstrukturen zahlreicher Meeresorganismen (z.B. Korallen oder Weichtiere), wodurch marine Organismen und ihr Beitrag für das Erdsystem verloren gehen.

Status: Die Versauerung der Ozeane ist noch in der sicheren Zone, aber bereits nahe an der planetaren Grenze.

4.1.3.3 Stratosphärischer Ozonabbau

Ozon in der Stratosphäre (ca. 40 km dicke Zone oberhalb der erdnahen Wetterschicht) schützt uns vor der schädlichen ultravioletten Strahlung der Sonne. Menschengemachte Substanzen (v.a. Fluorchlorkohlenwasserstoffe, FCKWs) und natürliche Phänomene (polare, sehr kalte Stratosphärenwolken) führen zu einem Ozonabbau. Die Stärke der Ozonschicht wird in DU (Dobson units) gemessen – 100 DU entsprechen einer Ozonschichtdicke von 1 mm bei Standardtemperatur und Standardluftdruck. Bei einem Wert von unter 220 DU wird von einem „Ozonloch" gesprochen.

Status: Durch das Verbot von FCKW-Gasen in einem völkerrechtlich verbindlichen Vertrag des Umweltrechts (Montreal-Protokoll) erholt sich die Ozonschicht seit 1989 stetig. Dies ist ein wichtiges Beispiel dafür, dass nach einer einstmaligen regionalen Überschreitung am Südpol durch menschliche Bemühungen eine Rückkehr in den sicheren Handlungsspielraum möglich ist.

4.1.3.4 Atmosphärische Aerosolbelastung

Aerosole, d.h. flüssige oder feste Schwebeteilchen in der Atmosphäre (z.B. Schwefeldioxid, Rauchpartikel, Meersalz, Pollen), können sowohl Auswirkungen auf das Klimasystem als auch auf die menschliche Gesundheit haben. Aerosole beeinflussen die Wolkenbildung und den Treibhauseffekt, sind jedoch auch Ursache für die Entstehung sauren Regens. Auch sind sie häufig nicht regional gebunden, sondern werden über große Entfernungen von der Entstehungs- zur Wirkungsstätte weitergeleitet. Als Parameter zur Messung der Aerosolbelastung wird die Aerosol-Optische Dicke (AOD) verwendet, die die Abschwächung der Sonnenstrahlung beim Durchlaufen der Atmosphäre durch Partikel angibt.

Status: Es gibt regional starke Belastungen, aber eine planetare Grenze kann aufgrund der spezifischen Auswirkungen nicht ermittelt werden.

4.1.3.5 Biogeochemische Kreisläufe

Die Elemente Phosphor und Stickstoff sind weltweit als Dünger in der Landwirtschaft und in industriellen Prozessen in Verwendung. Beim Phosphor wird der Eintrag in die Weltmeere als hauptsächliches Kriterium für die Definition einer planetaren Grenze gesetzt. Mit ihr soll die Wahrscheinlichkeit für das Auftreten einer Sauerstoffverarmung der Ozeane und damit eines Massenaussterbens von Meereslebewesen verringert werden. Der Stickstoffkreislauf wird durch zahlreiche anthropogene Prozesse beeinflusst. Atmosphärischer Stickstoff wird sowohl bei der Herstellung synthetischer Stickstoffdünger als auch durch den Anbau von Leguminosen gebunden. Durch die Verbrennung von fossilen Brennstoffen und von Biomasse gelangt Stickstoff in die Atmosphäre. Wichtige Komponenten im Stickstoffkreislauf sind auch Lachgas (N_2O), das als starkes Treibhausgas natürlicherweise aus Böden in die Atmosphäre freigesetzt wird, und Nitrat (NO_3^-), das in Dünger enthalten ist und in Gewässer oder ins Grundwasser ausgewaschen wird und dort zur Überdüngung (Eutrophierung) und zu Problemen für die menschliche Gesundheit führen kann.

Status: Phosphor- und Stickstoffkreisläufe befinden sich in der Hochrisikozone, da die definierten planetaren Grenzen bereits um das Doppelte überschritten wurden.

4.1.3.6 Wasserverbrauch

Der Wasserhaushalt ist zentral für die Biodiversität und die Funktion von Ökosystemen, beeinflusst die Ernährungssicherheit für die Menschen und ist essenziell im globalen Klimasystem. Dabei wird differenziert zwischen im Boden gespeichertem Wasser (sogenanntem grünem Wasser) sowie Oberflächen- und Grundwasser (sogenanntem blauem Wasser). Beide Arten von Wasser sind über den Wasserkreislauf eng verknüpft. Die planetaren Grenzen zum Frischwasserverbrauch wurden so gesetzt, dass für den Erhalt der Bodenfeuchtigkeit und die Aufnahme von Niederschlag ausreichend grünes Wasser vorhanden ist, gleichzeitig zum Erhalt der aquatischen Ökosysteme aber auch genügend blaues Wasser.

Status: Trotz temporärer und regionaler Überschreitungen dieser Grenzen wird derzeit ein Überschreiten der planetaren Grenze nicht erwartet.

4.1.3.7   Landnutzungsänderung

Diese Grenze bezieht sich auf den weltweiten Anteil der waldbedeckten Fläche in tropischen, gemäßigten und kaltgemäßigten Klimazonen. Wälder haben eine wichtige Rolle im Energie- und Wasserhaushalt der Erde und beeinflussen damit das Klimasystem, z.B. durch Verdunstungseffekte tropischer Regenwälder oder Rückstrahleffekte borealer Nadelwälder (Nadelwälder in kaltgemäßigten Klimazonen). Der Fokus liegt auf Landnutzungsänderungen, die nicht nur regionale Auswirkungen haben, sondern auch überregional oder sogar global das Klima verändern. Konkret wird die Grenze bei 85% Bedeckungsanteil für tropische und boreale Wälder sowie bei 50% Bedeckungsanteil für Wälder in gemäßigten Breiten gesetzt. Zusätzlich zu den regionalen Grenzen wird der globale Mittelwert der Waldarten als Grenze herangezogen und mit 75% festgelegt (als Anteil der vorindustriellen globalen Waldfläche).

Status: Der globale Waldbedeckungsgrad liegt bei 62% und hat damit den definierten planetaren Grenzwert überschritten (Zone der Unsicherheit).

4.1.3.8   Integrität der Biosphäre

Die Integrität der Biosphäre wird wesentlich durch die Biodiversität bestimmt. Große Änderungen in der biologischen Vielfalt können schwerwiegende Einflüsse auf die Erdsystemfunktionen haben. Die Biodiversität wird unterteilt in genetische und funktionelle Diversität. Genetische Diversität umfasst die Vielfalt des gesamten Genpools. Je mehr genetisch verschiedene Arten vorhanden sind, desto höher ist die Chance für Lebewesen, sich an abrupte oder graduelle abiotische Änderungen anzupassen. Funktionelle Diversität umfasst die Vielfalt und den Umfang der funktionellen Eigenschaften von Organismen in einem Ökosystem (z.B. Verhältnis von Primärproduzenten, Konsumenten, Destruenten) und beschreibt damit die Funktionsfähigkeit der Biosphäre. Als Basis für die Grenzziehungen dient die Situation vor Beginn der industriellen Revolution im späten 18. Jahrhundert.

Status: Während sich die genetische Diversität bereits in der Hochrisikozone befindet, können die Folgen für die Funktion der Ökosysteme inklusive möglicher Kipppunkte nicht beurteilt werden.

4.1.3.9   Einbringung neuartiger Entitäten

Diese planetare Grenze fasst unterschiedliche Einflussfaktoren zu einer sehr heterogenen Gruppe zusammen. Dazu zählen von Menschen künstlich hergestellte Substanzen, aber auch natürliche Elemente, die durch menschliche Aktivitäten weiter verbreitet werden. Beispiele dafür sind radioaktive Elemente, Schwermetalle, Nanomaterialien, Mikroplastik, organische und anorganische Chemikalien sowie auch gentechnisch veränderte Organismen. All diesen Entitäten wird das Potenzial zugeschrieben, weltweit geophysische oder biologische Effekte zu beeinflussen, die menschliche Gesundheit zu gefährden und im Wechselspiel mit anderen planetaren Grenzen zu stehen. Aufgenommen wurden hier vorwiegend Substanzen und/oder Lebewesen, die große Beständigkeit (Persistenz) aufweisen, sehr mobil sind, global leicht verbreitet werden können und dadurch Ökosysteme in verschiedenen Regionen beeinflussen.

Status: Es gibt weltweit keine systematischen Erhebungen zum Ausmaß und zur Verbreitung dieser Substanzen. Deshalb kann keine seriöse Einschätzung etwaiger planetarer Grenzen gemacht werden.

4.1.4   Basis für politische und gesellschaftliche Transformation

Das Konzept der planetaren Grenzen zeigt zahlreiche Handlungsoptionen auf, ohne konkrete Maßnahmen zur politischen Umsetzung zu definieren. Es bezog sich ursprünglich ausschließlich auf globale Maßstäbe und berücksichtigte nicht, dass einige Prozesse eine große zeitliche und räumliche Heterogenität aufweisen. Das aktualisierte Konzept bezieht nun auch regionale Auswirkungen ein und ermöglicht damit die Beurteilung auf gesellschaftlich adäquaten Einheiten (z.B. Gemeinden, Regionen, Länder).

Im Gegensatz zu den SDGs beschränkt sich das Konzept der planetaren Grenzen auf rein naturwissenschaftliche Einschätzungen, ohne sozioökonomische oder politische Empfehlungen zu formulieren. Auch rein soziologische oder historische Entwicklungen finden wenig Berücksichtigung, was wahrscheinlich der Komplexität dieser Interaktionen geschuldet ist. Dennoch kann das Rahmenwerk einen wertvollen Beitrag dazu leisten, Entscheidungsträgerinnen und -trägern Optionen für eine ökologisch nachhaltige gesellschaftliche Entwicklung aufzuzeigen.

Die aufgezählten planetaren Grenzen können dabei nicht isoliert voneinander betrachtet werden. Am Beispiel der chemischen Verschmutzung sollen Interaktionen mit anderen Kontrollvariablen der planetaren Grenzen illustriert werden (siehe Fallbeispiel 4.1.1).

Fallbeispiel 4.1.1 zeigt auf, dass politische Entscheidungsträgerinnen und -träger durchaus auf wissenschaftliche Befunde in Zusammenhang mit den planetaren Grenzen reagiert haben. Bei den Zwei-Grad-Klimaschutzbemühungen des Pariser Klimaabkommens wurde die Einhaltung planetarer Grenzen von der internationalen Klimapolitik bereits als Ziel übernommen. Auch das Hauptgutachten des Wissenschaftlichen Beirats der Deutschen Bundesregierung Globale Umweltveränderungen (WBGU) basiert im Wesentlichen auf dem Konzept der planetaren Grenzen.

Fallbeispiel 4.1.1: Ökosystemare Zusammenhänge am Beispiel Pestizide
(u.a. nach Zaller 2018)

In unserer Umwelt sind wir mit einer Vielzahl von synthetischen, also von Menschen hergestellten Chemikalien konfrontiert. Eine Sonderrolle nehmen dabei die Pflanzenschutzmittel (Pestizide) ein. Sie werden in der konventionellen Landwirtschaft verwendet und in einem Ausmaß wie keine andere Stoffgruppe offen in die Umwelt ausgebracht. Pestizide, zu denen Herbizide, Bakterizide, Fungizide, Insektizide, Akarizide oder andere Untergruppen gehören, werden zwar in erster Linie gegen landwirtschaftliche Schaderreger eingesetzt, beeinflussen unbeabsichtigt aber auch sogenannte Nichtzielorganismen, die in Agroökosystemen oder in deren Nachbarschaft leben.

Je nach Anwendungstechnik (Feldspritze, Flugzeug, Helikopter) können Pestizide auch in benachbarte Areale abdriften oder ausgeschwemmt werden. Die Exposition der Umwelt gegenüber Pflanzenschutzmitteln und ihren Wirkstoffen ist somit nicht nur auf die tatsächlich behandelte Fläche begrenzt, sondern betrifft letztendlich die gesamte Biosphäre. Neben diesen räumlichen Aspekten sind auch zeitliche zu berücksichtigen. Viele Pestizide werden nämlich nicht sofort abgebaut, sondern verbleiben zum Teil längerfristig in der Umwelt, sodass regelmäßig Rückstände von Pestiziden in Böden oder Gewässern gefunden werden, deren Anwendung bereits seit Jahrzehnten verboten wurde. Zu den umstrittensten derzeit verwendeten Pestiziden gehören Insektizide mit der Wirkstoffgruppe der Neonikotinoide und Herbizide mit dem Wirkstoff Glyphosat. Neonikotinoide sind systemische Insektizide, die überwiegend zur Saatgutbeizung eingesetzt werden. Da das Saatgut im Boden abgelegt wird, wurde lange keine Gefahr für Honigbienen und andere Insektenbestäuber gesehen. Inzwischen konnte jedoch ein Zusammenhang mit der massiven Schädigung von Honigbienen hergestellt werden. Bei der Aussaat von mit Neonikotinoiden gebeiztem Saatgut wurde pestizidhaltiger Staub kilometerweit verbreitet, was die Bienenvölker im Umkreis vernichtet hat (Pistorius et al. 2009). Mittlerweile haben zahlreiche Studien auch andere nichtletale Auswirkungen auf Wildbienen, Bodenorganismen und aquatische Insekten belegt. Neonikotinoide werden auch für den Rückgang an Feldvögeln verantwortlich gemacht, da Insekten eine wichtige Nahrungsquelle für Vögel darstellen und Neonikotinoide andererseits auch das Nervensystem von Vögeln beeinträchtigen (Hallmann et al. 2014). Politisch wurde seitens der Europäischen Kommission darauf reagiert und auf Basis aller vorliegenden Informationen im Mai 2018 die Anwendung von drei Neonikotinoiden im Freiland untersagt. Auch soll die Möglichkeit der Pestizidabdrift bei der Bewertung möglicher Umweltrisiken im Rahmen der Pestizidzulassung berücksichtigt werden.

Herbizide mit dem Wirkstoff Glyphosat zählen zu den am häufigsten eingesetzten Pestiziden. Die Aufwandmengen sind allein zwischen 1996 und 2014 weltweit um das 15-Fache angestiegen (Benbrook 2016). Glaubte man lange, dass der Wirkstoff spezifisch nur Pflanzen beeinträchtigt, mehren sich mittlerweile Befunde über vielfältige Auswirkungen auf Nichtzielorganismen (von aquatischen Algen und Bodenorganismen über Mikroorganismen im Darm von Honigbienen oder im Pansen von Rindern bis hin zu chronischen Krankheiten beim Menschen). Durch den Einsatz von Pestiziden werden blühende Beikräuter auf dem Feld vernichtet und so vielen Insekten Nahrung und Lebensraum entzogen, was zu einem Rückgang an Insekten führt (Sánchez-Bayo und Wyckhuys 2019). Der Rückgang an Insekten und pflanzlicher Biodiversität schlägt sich letztlich auch im Rückgang an Feldvögeln nieder (Hallmann et al. 2017). Dass die Organismen, die mit Pestiziden kontrolliert werden sollen, resistent gegenüber den eingesetzten Wirkstoffen werden können, ist ein weiteres Beispiel für die wechselseitige Beeinflussung zwischen der Integrität der Biosphäre und der Einbringung neuartiger Entitäten. Eine adäquate politische Reaktion auf diese Befunde steht noch aus.

Die Beispiele zeigen, dass die Wechselwirkungen zwischen der Einbringung neuartiger Entitäten und der Integrität der Biosphäre nicht nur rein naturwissenschaftlich abgehandelt werden können. Nur ein transdisziplinärer Ansatz kann der Komplexität dieser Wechselwirkungen gerecht werden.

Wertvoll ist das Konzept auch, weil es Lücken in unserer Einschätzung menschlichen Handelns aufzeigt. Analysiert man einige der planetaren Grenzen näher, zeigt sich, dass eine kritische und wissenschaftliche Reflexion bereits begangener Fehler ausblieb, bevor neue Technologien etabliert wurden. Die Beispiele der neuartigen Entitäten und der atmosphärischen Aerosolbelastung legen nahe, die Ausbringung dieser Substanzen durch die Menschheit als Experimente auf globalem Maßstab zu betrachten, ohne dass eine Kontrollvariante vorgesehen wäre oder dass deren Ausgang auch nur annähernd abgeschätzt werden kann. Würde ein derartiger Forschungsansatz zur Förderung eingereicht werden, würde man ihn ziemlich sicher wegen unwissenschaftlicher Vorgangsweise und unverantwortlichen Handelns ablehnen.

Weil wissenschaftliche Erkenntnis nie einen Anspruch auf Vollständigkeit erheben kann, ist die verstärkte Beachtung des Vorsorgeprinzips geboten, d.h. die Vermeidung und Verringerung ökologisch bedenklicher Belastungen, auch dann, wenn die Wissensbasis noch unvollständig ist. Das UBRM-Studium sensibilisiert für diese komplexen Zusammenhänge, u.a. auch aufgrund der sehr breiten und transdisziplinären Struktur.

Literatur

Beck, S., Born, W., Dziock, S., Görg, C., Hansjürgens, B., Henle, K., Jax, K., Köck, W., Neßhöver, C., Rauschmayer, F., Ring, I., Schimdt-Loske, K., Unnerstall, H. und Wittmer, H. (2006): Die Relevanz des Millennium Ecosystem Assessment für Deutschland. Leipzig: UFZ – Umweltforschungszentrum Leipzig-Halle. Verfügbar in: https://www.ufz.de/index.php?de=36795#2006 [Abfrage am 20.7.2019].

Benbrook, C. M. (2016): Trends in glyphosate herbicide use in the United States and globally. Environmental Sciences Europe, 28, 1–15. https://doi.org/10.1186/s12302-016-0070-0.

Hallmann, C. A., Foppen, R. P. B., van Turnhout, C. A. M., de Kroon, H., and Jongejans, E. (2014): Declines in insectivorous birds are associated with high neonicotinoid concentrations. Nature, 511, 341–343. https://doi.org/10.1038/nature13531.

Hallmann, C. A., Sorg, M., Jongejans, E., Siepel, H., Hofland, N., Schwan, H., Stenmans, W., Müller, A., Sumser, H., Hörren, T., Goulson, D., and de Kroon, H. (2017): More than 75 percent decline over 27 years in total flying insect biomass in protected areas. PLOS ONE, 12, 10, e0185809. https://doi.org/10.1371/journal.pone.0185809

Meadows, D. L. and Randers, J. (2013): Limits to Growth: The 30 Year Update. London: Chelsea Green Publishing.

Meadows, D. H., Meadows, D. L., Randers, and Behrens W. W. III (1972): The Limits to Growth. Washington, DC: Potomac Associates Universe Books.

MA (Millennium Ecosystem Assessment) (2005): Ecosystems and Human Well-Being: Current State and Trends. Washington, DC, USA: Island Press. Available at: http://www.millenniumassessment.org/ [accessed 20.7.2019].

Pistorius, J., Bischoff, G. und Heimbach, U. (2009): Bienenvergiftung durch Wirkstoffabrieb von Saatgutbehandlungsmitteln während der Maisaussaat im Frühjahr 2008. Journal für Kulturpflanzen, 61, 1, 9–14.

Rockström, J., Steffen, W., Noone, K., Persson, Å., Chapin, F. S. III, Lambin, E., Lenton, T. M., Scheffer, M., Folke, C., Schellnhuber, H., Nykvist, B., De Wit, C. A., Hughes, T., van der Leeuw, S., Rodhe, H., Sörlin, S., Snyder, P. K., Costanza, R., Svedin, U., Falkenmark, M., Karlberg, L., Corell, R. W., Fabry, V. J., Hansen, J., Walker, B., Liverman, D., Richardson, K., Crutzen, P., and Foley, J. (2009):

Planetary boundaries: Exploring the safe operating space for humanity. Ecology and Society, 14, 2, 32. http://www.ecologyandsociety.org/vol14/iss2/art32/.

Sánchez-Bayo F. and Wyckhuys, K. A. G. (2019): Worldwide decline of the entomofauna: A review of its drivers. Biological Conservation, 232, 8–27. https://doi.org/10.1016/j.biocon.2019.01.020.

Smith, T. M. und Smith, R. L. (2009): Ökologie. 6. Auflage. München: Pearson Studium.

Steffen, W., Richardson, K., Rockström, J., Cornell, S. E., Fetzer, I., Bennett, E. M., Biggs, R., Carpenter, S. R., de Vries, W., de Wit, C. A., Folke, C., Gerten, D., Heinke, J., Mace, G. M., Persson, L. M., Ramanathan, V., Reyers, B., and Sörlin, S. (2015): Planetary boundaries: Guiding human development on a changing planet. Science, 347, 6223. https://doi.org/10.1126/science.1259855.

UN (United Nations) (2015): Transforming our World: The 2030 Agenda for Sustainable Development. A/RES/70/1. New York. Available at: https://sustainabledevelopment.un.org/post2015/transformingourworld/publication [accessed 6.5.2019].

Zaller, J. G. (2018): Unser täglich Gift. Pestizide – die unterschätzte Gefahr. Wien: Deuticke Verlag.

4.2 Klimawandel und atmosphärische Prozesse

Harald Rieder, Herbert Formayer und Josef Eitzinger
Institut für Meteorologie,
Department für Wasser-Atmosphäre-Umwelt (WAU)
harald.rieder@boku.ac.at, herbert.formayer@boku.ac.at, josef.eitzinger@boku.ac.at

4.2.1 Begriffsklärung: Wetter und Klima

Menschen interessieren sich seit jeher für das aktuelle und zukünftige Wetter, da dieses in die Planung vieler beruflicher und privater Aktivitäten einfließt. Unter Wetter versteht man in der Meteorologie den Zustand der Atmosphäre zu einer bestimmten Zeit an einem bestimmten Ort. Betrachtet man das mittlere Verhalten von Wetterphänomenen sowie statistische Abweichungen davon auf unterschiedlichen Zeitskalen, so spricht man von Klima. Der Zustand der Atmosphäre (und somit auch das Klima eines Planeten) ist maßgeblich durch ihre chemische Zusammensetzung sowie astronomische Faktoren (z.B. Sonnennähe) bestimmt. Bedingt durch die Periodizität astronomischer Abläufe, durch Kontinentalverschiebungen und Vulkanausbrüche hat sich das Klima unseres Planeten Erde stets gewandelt und zwischen Warm- und Kaltzeiten bewegt. In der jüngeren Vergangenheit ist der anthropogene Einfluss als entscheidender Faktor hinzugekommen. Er beeinflusst den Energiehaushalt und somit das Klima maßgeblich (durch Landnutzungsänderungen, aber v.a. durch die Verbrennung fossiler Energieträger und die damit verbundenen Treibhausgasemissionen).

4.2.2 Chemische Zusammensetzung der Erdatmosphäre

Die chemische Zusammensetzung der Erdatmosphäre unterscheidet sich maßgeblich von jener anderer Planeten unseres Sonnensystems. Die Hauptkomponenten der trockenen Erdatmosphäre sind Stickstoff (N_2, 78,1%), Sauerstoff (O_2, 20,9%) und Argon (Ar, 0,93%) (Kraus 2004). Der verbleibende Rest (0,07%) erscheint zunächst unbedeutend. Viele dieser sogenannten Spurengase sind jedoch für den Energiehaushalt, die Vertikalstruktur der Atmosphäre und die Luftchemie von größter Bedeutung. Kohlendioxid (CO_2, ca. 0,04%) beispielsweise ist ein potentes Treibhausgas, d.h., es steuert gemeinsam mit anderen Spurengasen (Methan [CH_4], Ozon [O_3], Wasserdampf [H_2O] etc.) durch Absorption thermischer Strahlung die Energiebilanz unseres Planeten (Kraus 2004). Dieser natürliche Treibhauseffekt hält die Temperatur im globalen Mittel bei durchschnittlich ca. +15 °C. Ohne ihn wäre es mit durchschnittlich ca. −18 °C wesentlich kälter (Ahrens 2001). Spurengase sind somit von besonderer Bedeutung für das Aufrechterhalten von klimatischen Bedingungen, unter denen sich das Leben auf der Erde in gewohnter Weise entfalten kann.

Ein weiteres bedeutendes Spurengas ist der atmosphärische Wasserdampf, dessen Konzentration räumlich und zeitlich stark variieren kann. In den warmen, bodennahen Luftschichten der Tropen kann sie bis zu 4% erreichen, in den kalten Polarregionen beträgt sie nur einen Bruchteil eines Prozents (Ahrens 2001). Während die meisten atmosphärischen Gase unsichtbar sind, manifestieren sich die Kondensationsprodukte des Wasserdampfs in Form von Wolken. Die Zugbahnen der Wolken veranschaulichen atmosphärische Bewegungen (Kraus 2004).

Bei atmosphärischen Spurengasen unterscheidet man zwischen variablen und permanenten Gasen. CH_4 und CO_2 zählen zu den permanenten, global gut gemischten Treibhausgasen. Wasserdampf, O_3 oder Stickoxide (NO_x) sind raum-zeitlich variabel. Ihre Konzentration hängt maßgeblich von den atmosphärischen Bedingungen sowie vom Vorliegen natürlicher oder anthropogener Quellen oder Senken ab.

Die chemische Zusammensetzung der Atmosphäre bestimmt auch ihren vertikalen Aufbau. Die Meteorologie und Klimatologie betrachtet zumeist den Bereich zwischen der Erdoberfläche und einer Höhe von ca. 11 km, die sogenannte Troposphäre. In dieser Atmosphärenschicht läuft das globale Wettergeschehen ab. Mit zunehmender Höhe sinkt die Temperatur in der Troposphäre stetig und erreicht ihr Minimum an der sogenannten Tropopause. Unter den dort herrschenden Bedingungen kondensiert der Wasserdampf fast vollständig. Dies erklärt die *trockenen Bedingungen* in der Stratosphäre, die über der Troposphäre anschließt. Aufgrund der Absorption von ultravioletter Strahlung durch die Ozonschicht steigt die Temperatur in der Stratosphäre mit zunehmender Höhe an. Die seit den 1980er-Jahren beobachtete Ausbildung des antarktischen Ozonlochs, bedingt durch die anthropogene Emission von Fluorchlorkohlenwasserstoffen (FCKWs), verdeutlicht anschaulich den Einfluss des Menschen auf die Zusammensetzung der Atmosphäre und zeigt, welch große Umweltveränderungen durch geringe Mengen an Spurengasen ausgelöst werden können.

4.2.3   Strahlungs- und Energiehaushalt

Physikalisch bedeutet der Ausstoß von Treibhausgasen durch menschliche Aktivität v.a. eine Veränderung der atmosphärischen Konzentration der Gase (sowie der Konzentration im ozeanischen Speicher) und somit eine Veränderung im Strahlungs- und Energiehaushalt (Wild et al. 2015). Welcher Anteil der einfallenden, direkten und diffusen (gestreuten) solaren Strahlung an der Erdoberfläche reflektiert wird, hängt maßgeblich von den Oberflächeneigenschaften ab. Der Reflexionsgrad einer Oberfläche wird als „Albedo" bezeichnet. Diese Größe wirkt klimadifferenzierend, d.h., Regionen mit unterschiedlicher Albedo erwärmen sich bei gleichem Strahlungsangebot unterschiedlich (Chmielewski et al. 1998). Erdoberfläche und Erdatmosphäre emittieren entsprechend ihrer Temperatur im langwelligen Bereich des elektromagnetischen Spektrums. CO_2 sowie eine Reihe anderer Spurengase absorbieren genau in diesem Wellenlängenbereich selektiv: Ein Großteil der emittierten thermischen Strahlung wird absorbiert, während die einfallende solare Strahlung im kürzeren Wellenlängenbereich ungehindert zur Oberfläche vordringen kann.

Die Summe der eingehenden und ausgehenden Strahlungsflüsse bildet die Strahlungsbilanz. Die auf Atmosphäre und Erdoberfläche eingehenden und die von ihnen ausgehenden Strahlungsflüsse sind nicht gleich groß. Die Strahlungsbilanz ist daher nicht ausgeglichen. Ausgeglichen wird sie über turbulente (fühlbare bzw. latente) Wärmeflüsse. Der fühlbare Wärmestrom hängt von der Temperaturdifferenz zwischen Erdoberfläche und Atmosphäre sowie von der Windgeschwindigkeit ab. Der latente Wärmestrom beschreibt den Energiefluss, welcher bei der Kondensation von Wasserdampf entsteht (Ahrens 2001). Beide sind in Richtung Atmosphäre gerichtet. Der latente Wärmestrom illustriert auch die enge Verzahnung des Energie- und Wasserhaushalts unseres Planeten. Der sich aus dem Saldo der Strahlungsbilanz und aus fühlbarer bzw. latenter Wärme ergebende Bodenwärmestrom wirkt als Puffer und modifiziert so die Energieflüsse (Chmielewski et al. 1998).

4.2.4 Klima im Wandel

Der Mensch hat über die letzten Jahrhunderte durch sein Handeln zunehmend in den Energiehaushalt der Erde eingegriffen. Eine wesentliche Rolle spielen v.a. Veränderungen der Albedo durch Landnutzung sowie Emissionen durch die Verbrennung fossiler Rohstoffe. Der Weltklimarat (IPCC) hält in seinem fünften Sachstandsbericht (IPCC 2013) viele bedeutende Fakten zum Einfluss des Menschen auf das Klimasystem fest. Zu den bedeutendsten Aussagen zählt, dass die Erwärmung des Klimasystems unzweifelhaft festgestellt werden kann, sowie die Tatsache, dass viele der seit den 1950er-Jahren beobachteten Veränderungen zuvor über Jahrzehnte bis Jahrtausende nicht aufgetreten sind. Jedes der letzten drei Jahrzehnte (1980–2009) war an der Erdoberfläche sukzessive wärmer als alle vorangegangenen Jahrzehnte seit 1850. Der Bericht zeigt einen klaren Zusammenhang zwischen Klimaveränderungen einerseits und der Emission und Konzentration von Treibhausgasen andererseits auf. Der Beitrag des Menschen ist in Bezug zu historischen Veränderungen zu sehen.

Auf geologischen Zeitskalen (Millionen von Jahren) kam es immer wieder zu klimatischen Schwankungen. Auslöser für kurzzeitige Schwankungen sind v.a. Veränderungen in der Sonnenaktivität sowie Vulkanausbrüche, während auf langen Zeitskalen Kontinentalverschiebungen und Veränderungen der Erdumlaufbahn dominieren (Chmielewski et al. 1998). Derzeit befinden wir uns in einem Eiszeitalter, d.h., große

Flächen der Erde (~10%) sind permanent mit Eis oder Schnee bedeckt. Während eines Eiszeitalters ist das Klimasystem besonders empfindlich und schwankt zwischen Kaltzeiten (Glaziale) und Warmzeiten (Interglaziale). Bereits geringe Schwankungen des Energieeintrages, die z.B. durch Veränderungen der Erdbahngeometrie, die sogenannten Milankovitch-Zyklen (Milankovitch 1941), ausgelöst werden, führen zu starken Schwankungen der globalen Mitteltemperatur (Malberg 2007).

Die derzeitige Warmzeit (Holozän) begann vor ca. 11.000 Jahren. Seither ist das Klima der Erde relativ konstant geblieben. Die globale Mitteltemperatur schwankte in diesem Zeitraum um weniger als ein Grad. Aufgrund der Milankovitch-Zyklen wurde das Klimaoptimum vor 7.000 bis 4.000 Jahren erreicht. Derzeit bewegen wir uns langsam auf eine neue Kaltzeit zu. In einigen Tausend Jahren könnte wieder eine massive Vereisung und eine starke Abkühlung einsetzen.

4.2.5 Anthropogener Klimawandel und Klimafolgen

Der Mensch greift seit Beginn der industriellen Revolution im 18. Jahrhundert massiv in das Klimageschehen ein (Freisetzung von Treibhausgasen, v.a. CO_2, durch die Verbrennung fossiler Brennstoffe). Der Strahlungseintrag durch menschliche Aktivitäten ist verglichen mit der Zeit vor der industriellen Revolution um ca. 2,5 W/m^2 gestiegen (IPCC 2013).

Laut dem Sonderbericht zum 1,5-Grad-Ziel des Weltklimarates (IPCC 2018) liegt die globale Mitteltemperatur bereits ein Grad über dem vorindustriellen Niveau. Besonders die rasche Erwärmung in den letzten Jahrzehnten kann nur durch menschliche Aktivitäten erklärt werden. In Europa und den USA ist es inzwischen gelungen, CO_2-Emissionen einigermaßen zu stabilisieren. Die starke wirtschaftliche Entwicklung in Asien und in anderen Entwicklungs- und Schwellenländern, auch bedingt durch die westliche Nachfrage nach Gütern, lässt die globalen Treibhausgasemissionen jedoch weiter ansteigen. Aufgrund der starken Auswirkungen der menschlichen Aktivitäten auf das Klima spricht man heute bereits vom Anthropozän, also vom Erdzeitalter, das von menschlichen Aktivitäten geprägt wird (Crutzen 2002).

Der Weltklimarat bezieht sich in seinen Abschätzungen zukünftiger Veränderungen im Klimasystem auf die sogenannten repräsentativen Konzentrationspfade (Representative Concentration Pathways, RCPs). Die RCPs beschreiben vier unterschiedliche Pfade bezüglich der Entwicklung von Emissionen und Konzentrationen von Treibhausgasen sowie von Luftschadstoffemissionen und Landnutzung bis ins Jahr 2100 (IPCC 2013). Die RCPs spannen sich von einem strengen Minderungsszenario (RCP2.6) bis zu einem Szenario mit sehr hohen Emissionen (RCP8.5). Für alle Emissionsszenarien wird ein Temperaturanstieg an der Erdoberfläche im Verlauf des 21. Jahrhunderts projiziert. Des Weiteren wird angenommen, dass Hitzewellen wahrscheinlich häufiger auftreten und länger andauern werden.

Durch den anthropogenen Klimawandel wird neben der Temperatur auch eine Reihe anderer meteorologischer Variablen maßgeblich beeinflusst. Verbunden mit den potenziellen Auswirkungen auf die Landwirtschaft sind v.a. Veränderungen in den Niederschlagsverhältnissen von großer Bedeutung. Viele Studien zeigen, dass sich Veränderungen in einzelnen Klimavariablen regional sehr unterschiedlich auswirken. Neben Änderungen in den mittleren Verhältnissen ist v.a. mit häufiger auftretenden und stärkeren Extremereignissen zu rechnen (IPCC 2013). Bezüglich der auftretenden Temperaturwerte sind vermehrt warme und weniger kalte Extreme zu erwarten. Da eine wärmere Atmosphäre mehr Wasserdampf aufnehmen kann, ist mit intensiveren Niederschlägen zu rechnen.

Im Allgemeinen ist der langfristige Klimawandel im alltäglichen Leben nicht wahrnehmbar. Es gibt jährliche Schwankungen sowie das Aufeinanderfolgen von einigen zu nassen oder zu trockenen bzw. zu kühlen oder zu warmen Saisonen. In Österreich beträgt der Unterschied der saisonalen Mitteltemperatur zwischen einem sehr kalten und einem sehr heißen Sommer ca. 5 °C (im Winter ca. 9 °C) (Datenbasis: SPARTACUS, ZAMG (Hiebl und Frei 2016)). Der beobachtete Anstieg der saisonalen Mitteltemperatur durch den Klimawandel reicht von 0,2 bis 0,4 °C pro Jahrzehnt und liegt somit unter der Wahrnehmungsgrenze. Die jährlichen Niederschlagsschwankungen an einem Ort sind noch größer, d.h., Veränderungen durch den Klimawandel sind noch weniger direkt spürbar.

Trotz Klimawandel wird es auch in Zukunft immer wieder kühle oder verregnete Sommer geben bzw. langanhaltende kalte Winter mit Temperaturen unter −10 °C. Auch mehrere Jahre hintereinander mit ungewöhnlich kühlen Temperaturen in einer Jahreszeit sind möglich, da die natürlichen dekadischen Schwankungen in unseren Breiten in einer Größenordnung liegen, welche den Klimawandel von mehreren Jahrzehnten kompensieren kann. Dennoch schreitet der globale Klimawandel stetig voran. Die reale Witterung ist immer eine Überlagerung von natürlichen Schwankungen, dem globalen Klima und dessen Wandel. So wie dekadische Schwankungen den Klimawandel teilweise kompensieren können, führen sie bei einer positiven Überlagerung zu weiteren Extremereignissen und potenziell auch zu Ausprägungen der Witterung, die bisher nicht zu beobachten waren.

In Österreich manifestiert sich der Klimawandel bisher primär in einem Temperaturanstieg. Seit dem Höhepunkt der „Kleinen Eiszeit" in der zweiten Hälfte des 19. Jahrhunderts stieg die Jahresmitteltemperatur um mehr als 2 °C an. Die zunehmende Erwärmung in der ersten Hälfte des 20. Jahrhunderts hatte überwiegend natürliche

Ursachen und wurde teilweise auch als Rückkehr zur Normalität nach der „Kleinen Eiszeit" betrachtet. Die deutliche Erwärmung in den letzten vier Jahrzehnten kann jedoch nur durch den menschlichen Eingriff ins Klimasystem erklärt werden. Derzeit ist die Erwärmung besonders stark im Frühjahr und Sommer zu spüren, wo in den letzten 40 Jahren eine saisonale Temperaturzunahme um ca. 2 °C (siehe Abbildung 4.2.1) beobachtet wurde. Dies hat große Auswirkungen auf die Land- und Forstwirtschaft sowie auf alpine Gletscher.

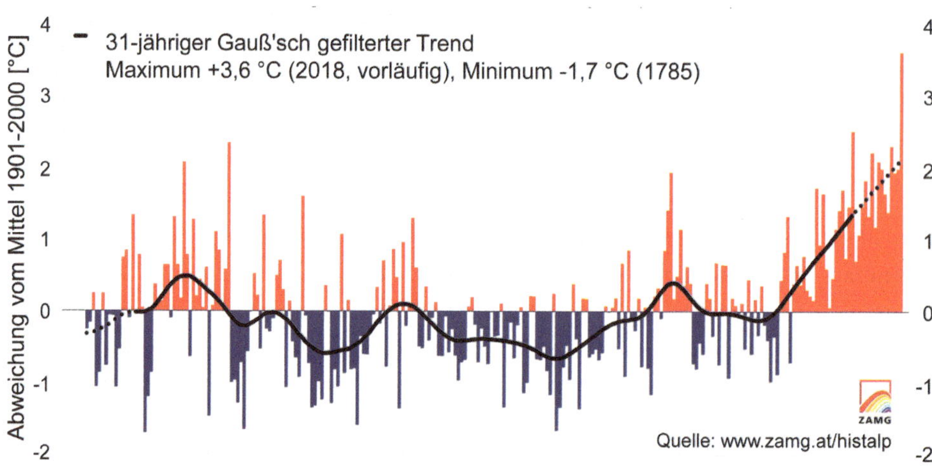

Abbildung 4.2.1: *Historische Temperaturentwicklung in den Sommerhalbjahren (April bis September) in Österreich* (Datenquelle: HISTALP, ZAMG (Chimani et al. 2013))

Hohe Temperaturen und lang anhaltende Schönwetterperioden wirken sich besonders negativ auf die Massenbilanz von alpinen Gletschern aus. Gletscher brauchen einige Zeit, um sich an ein neues thermisches Gleichgewicht anzupassen. Das heißt, der Rückgang von großen Alpengletschern wird in den nächsten Jahrzehnten weitergehen, selbst wenn es gelingt, die Erwärmung zu stoppen.

Der Rückgang wirkt sich nicht nur ästhetisch auf das Gipfelpanorama des Hochgebirges aus, Gletscher spielen auch eine wichtige ausgleichende Rolle beim Abflussverhalten alpiner Flüsse im Hochsommer und während Hitzewellen. Sie verhindern besonders niedrige Wasserstände in Flüssen und die Überhitzung des Wassers. In Europa hängt die Trinkwasserversorgung von mehr als 100 Millionen Menschen von der Wasserführung der gletscherbeeinflussten Flüsse Rhein, Rhone, Po und Donau ab. Dies macht die Tragweite des alpinen Gletscherrückganges ersichtlich.

Nicht nur der hochalpine Raum ist von der Erwärmung betroffen. In den letzten Jahrzehnten rückte das Thema der Hitzebelastung, v.a. in Städten, auch in Mitteleuropa immer mehr ins Blickfeld der Öffentlichkeit. Der Hitzesommer 2003 zeigte die Verwundbarkeit Europas durch ausgedehnte Hitzeperioden (bis zu 70.000 Hitzetote) (Robine et al. 2006), wobei der Schwerpunkt der Hitzewelle in Frankreich, Norditalien und der Schweiz lag. In Österreich führt die Agentur für Gesundheit und Ernährungssicherheit die offizielle Berechnung der nationalen Übersterblichkeit durch Hitze mit einer europaweit standardisierten Methodik durch (AGES 2019). In den letzten Jahren schwankte diese zwischen keinem (2016) und mehr als 1.000 Toten (2015).

In Städten ist die Hitzebelastung besonders hoch. Dies liegt weniger an den Temperaturen tagsüber (siehe Abbildung 4.2.2), sondern an der geringen Abkühlung in der Nacht. Die Temperaturunterschiede zwischen Stadtgebiet und Umland betragen am Tag bis zu 1 °C und in der Nacht 5 °C und mehr. In der Wiener Innenstadt wurden während einer Hitzewelle in der Nacht Temperaturen bis zu 25 °C gemessen. Unter solchen Bedingungen erholt sich der menschliche Organismus in der Nacht kaum von der Überhitzung. Nächtliches Lüften kühlt die Wohnräume nicht ausreichend.

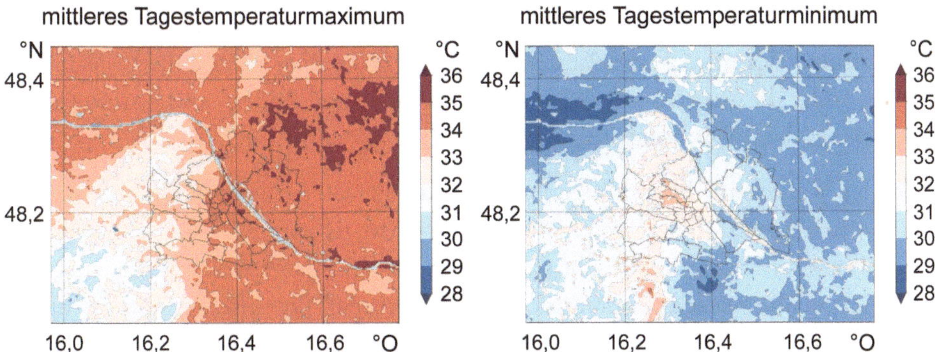

Abbildung 4.2.2: *Mittleres Tagesmaximum* (links) *und Tagesminimum* (rechts) *der Temperatur im Großraum Wien, während einer fünftägigen Hitzewelle im August 2015* (Weihs et al. 2019)

Modellsimulationen zeigen eine deutliche Zunahme der Hitzebelastung in den nächsten Jahrzehnten (APCC 2014). Auch die zunehmende Urbanisierung führt zu Veränderungen. Der Bevölkerungsanteil in der Stadt nimmt zu, wodurch immer mehr Menschen von städtischen Wärmeinseln betroffen sind. Auch dehnen sich die Städte durch Zuzug weiter aus. Die Bebauung wird verdichtet, was den städtischen Wärmeinseleffekt noch verstärkt. Um die Lebensqualität in Städten in Zukunft auch im Sommer sicherstellen zu können, bedarf es einer konsequenten Raum- und Stadtplanung (welche die Überhitzungsproblematik berücksichtigt) sowie eines wirksamen Klimaschutzes (welcher die Ziele des Pariser Klimaschutzabkommens berücksichtigt).

Das Klima hat auch weitreichende Auswirkungen auf das Zusammenspiel der verschiedenen Ökosystemfunktionen, auf Ökosystemdienstleistungen (siehe dazu auch Beiträge

4.3 und 4.4) und folglich auch auf die landwirtschaftlichen Produktionsbedingungen und -risiken (APCC 2014). Die Veränderung des Klimas hat vielfältige Auswirkungen auf physikalische, biophysikalische und physiologische Prozesse und auf ihr Zusammenspiel im Ökosystem. Erhöht sich die Temperatur unterhalb des jeweiligen Temperaturoptimums eines spezifischen Prozesses, wird dieser beschleunigt (z.B. Photosynthese, Atmung, Phänologie von Pflanzen und Insekten), steigt die Temperatur über das Optimum, verlangsamt sich dieser bis hin zum Stillstand (Absterben). Dies hat direkte Auswirkungen auf die Leistungsfähigkeit, Konkurrenzfähigkeit oder Produktivität von Bodenmikroorganismen, Pflanzen und Tieren und stellt den Pflanzenbau vor die Notwendigkeit von Anpassungsmaßnahmen (Eitzinger et al. 2009).

Aufgrund der ganzjährigen Erwärmung steigt auch das Verdunstungspotenzial. Dies verstärkt, neben Niederschlagsabnahmen im Sommer, den Trend zu mehr Trockenheit. Simulationen von verschiedenen Klimamodellen zeigen jedoch unterschiedliche Veränderungen in den saisonalen Niederschlagsverteilungen. Die Veränderungen können zu temporären Versorgungsdefiziten bei bestimmten Vegetationen oder Pflanzenarten führen. Wärmere Temperaturen verlängern in unseren Breiten die Vegetationsperiode, d.h., die Vegetation benötigt mehr Wasser, und Boden- und Grundwasserreserven werden mehr beansprucht.

Wie viel Wasser eine Pflanze braucht, hängt direkt von der gebildeten Trockenbiomasse pro Flächen- und Zeiteinheit ab. Wassermangel ist direkt ertragslimitierend. Der Transpirationskoeffizient gibt das Verhältnis von Pflanzenverdunstung zu gebildeter Trockenbiomasse an, woraus sich der Wasserbedarf für einen bestimmten Ertrag ableiten lässt. Landwirtschaftliche Nutzpflanzen benötigen pro kg gebildeter Trockenbiomasse ca. 300–600 l Wasser. Eine gleichmäßige Niederschlagsverteilung während der Wachstumsperiode ist entscheidend, um eine optimale Versorgung zu gewährleisten. Stärkere Verdunstung, mehr Starkniederschläge und Hitzewellen führen bei durchschnittlich abnehmenden oder gleichbleibenden Niederschlagsmitteln zu stärkeren und längeren Trockenperioden. Dies kann den zusätzlichen Wasserbedarf, der durch Bewässerung abgedeckt werden muss, erhöhen. Abbildung 4.2.3 zeigt den erhöhten blauen Wasserfußabdruck (also jenen Wasseranteil, der mittels Bewässerung bereitgestellt werden muss, um einen optimalen Ertrag zu erhalten) verschiedener Nutzpflanzen im Osten Österreichs.

Im agrarischen Bereich gibt es viele Möglichkeiten, sich an Klimaänderungen anzupassen – insbesondere an sich ändernde wetterbedingte abiotische Stressfaktoren für Nutztiere und -pflanzen. Im landwirtschaftlichen Pflanzenbau sind dies neben der Züchtung und Auswahl adaptierter Sorten (die etwa genetische Stresstoleranz, großes Wurzelvolumen oder gute Wassernutzungseffizienz aufweisen) produktionstechnische

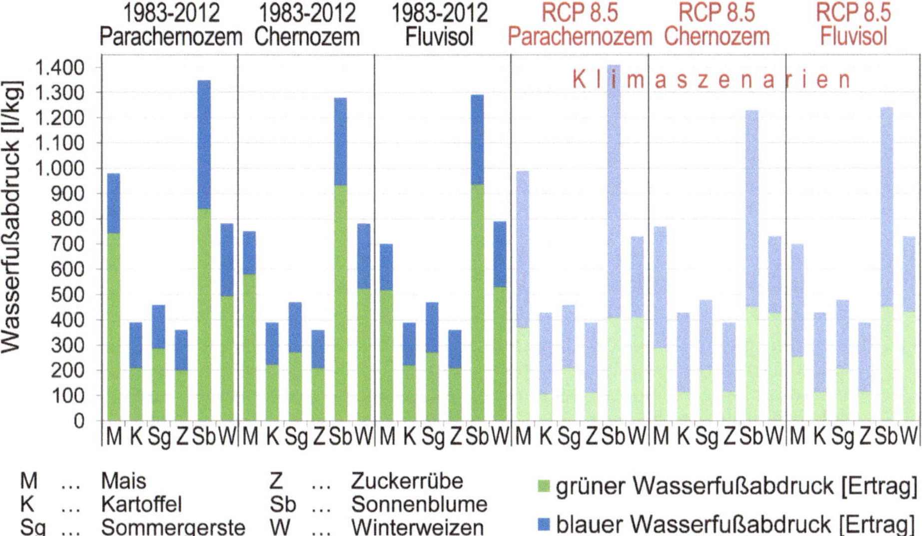

Abbildung 4.2.3: *Simulation des grünen und blauen Wasserfußabdrucks verschiedener Nutzpflanzen auf unterschiedlichen Böden bei gegenwärtigem Klima und anhand von Klimaszenarien im Marchfeld, Österreich* (nach Eitzinger 2019)

Maßnahmen. Die Bewässerung verschiedener Vegetationsarten bzw. Nutzpflanzenbestände zur Ertragssicherung ist bei fortschreitendem Klimawandel dennoch abzusehen. Hierfür bedarf es zusätzlicher Bewässerungsmöglichkeiten, um natürlich vorkommende Wasserreservoirs zu schützen.

Literatur

AGES (Österreichische Agentur für Gesundheit und Ernährungssicherheit GmbH) (2019): Hitze-Mortalitätsmonitoring. Verfügbar in: https://www.ages.at/themen/umwelt/informationen-zu-hitze/hitze-mortalitaetsmonitoring/ [Abfrage am 15.4.1019].

Ahrens, C. D. (2001): Essentials of Meteorology: An Invitation to the Atmosphere. Pacific Grove, CA: Brooks Cole.

APCC (Austrian Panel on Climate Change) (2014): Österreichischer Sachstandsbericht Klimawandel 2014 (AAR14). Wien: Verlag der Österreichischen Akademie der Wissenschaften. Verfügbar in: http://austriaca.at/7699-2 [Abfrage am 16.4.2019].

Chimani, B., Matulla, C., Böhm, R., and Hofstätter, M. (2013): A new high resolution absolute temperature grid for the Greater Alpine Region back to 1780. International Journal of Climatology, 33, 9, 2129–2141. https://doi.org/10.1002/joc.3574.

Chmielewski, F.-M., Hupfer P., Kuttler W. und Pethe, H. (1998): Witterung und Klima: Eine Einführung in die Meteorologie und Klimatologie. Hupfer, P. und Kuttler, W. (Hrsg.), Stuttgart, Leipzig: Teubner.

Crutzen, P. (2002): Geology of mankind. Nature, 415, 23. https://doi.org/10.1038/415023a.

Eitzinger, J. (2019): Wasser. Eine wichtige Ressource der Landwirtschaft. zoll+, Österreichische Schriftenreihe für Landschaft und Freiraum, 34, 1, 24–27.

Eitzinger, J., Kersebaum, K. C. und Formayer, H. (2009): Landwirtschaft im Klimawandel – Auswirkungen und Anpassungsstrategien für die Land- und Forstwirtschaft in Mitteleuropa. Clenze, Deutschland: Agrimedia.

Hiebl, J. and Frei, C. (2016): Daily temperature grids for Austria since 1961 – concept, creation and applicability. Theoretical and Applied Climatology, 124, 1, 161–178. https://doi.org/10.1007/s00704-015-1411-4.

IPCC (Intergovernmental Panel on Climate Change) (2013): Summary for policymakers. In: Stocker, T. F., Qin, D., Plattner, G. K., Tignor, M., Allen, S. K., Boschung, J., Nauels, A., Xia, Y., Bex, V., and Midgley, P. M., eds., Climate Change 2013: The Physical Science Basis. Contribution of Working Group I to the Fifth Assessment Report of the Intergovernmental Panel on Climate Change. Cambridge, UK, New York, NY: Cambridge University Press, 3–29. Available at: https://www.ipcc.ch/report/ar5/wg1/ [accessed 16.4.2019].

IPCC (Intergovernmental Panel on Climate Change) (2018): Global warming of 1.5 °C. An IPCC Special Report on the impacts of global warming of 1.5 °C above pre-industrial levels and related global greenhouse gas emission pathways, in the context of strengthening the global response to the threat of climate change, sustainable development, and efforts to eradicate poverty [V. Masson-Delmotte, P. Zhai, H. O. Portner, D. Roberts, J. Skea, P.R. Shukla, A. Pirani, W. Moufouma-Okia, C. Pean, R. Pidcock, S. Connors, J. B. R. Matthews, Y. Chen, X. Zhou, M. I. Gomis, E. Lonnoy, T. Maycock, M. Tignor, T. Waterfield (eds.)]. Available at: https://www.ipcc.ch/sr15/ [accessed 16.4.2019].

Kraus, H. (2004): Die Atmosphäre der Erde: Eine Einführung in die Meteorologie. Berlin, Heidelberg: Springer.

Malberg, H. (2007): Meteorologie und Klimatologie: Eine Einführung. Berlin, Heidelberg: Springer.

Milankovitch, M. M. (1941): Kanon der Erdbestrahlung und seine Anwendung auf des Eiszeitenproblem. Royal Serbian Academy special publications, 132, Section of Mathematical and Natural Sciences, 33. Beograd: Königlich Serbische Akademie. Reprinted in English: Canon of Insolation and the Ice-Age Problem. Zavod za udzbenikb i nastavna sredstva, Beograd (1998).

Robine, J. M., Cheung, S. L., Le Roy, S., Van Oyen, H., and Herrmann, F. R. (2006): Report on excess mortality in Europe in Summer 2003. EU Community Action Programme for Public Health, Grant Agreement 2005114.

Weihs, P., Trimmel, H., Oswald, S., Revesz, M., Nadeem, I., Hasel, K., and Formayer, H. (2019): URBANIA – Influence of the development of outlying districts and urban growth on the urban heat island of the city of Vienna in the context of climate change. Final report of the research project within the 8th call of ACRP.

Wild, M., Folini, D., Hakuba, M.Z., Schär, C., Seneviratne, S. I., Kato, S., Rutan, D., Ammann, C., Wood, E. F., and König-Langlo, G. (2015): The energy balance over land and oceans: an assessment based on direct observations and CMIP5 climate models. Climate Dynamics, 44, 11–12, 3393–3429. https://doi.org/10.1007/s00382-014-2430-z.

4.3 Landnutzung im globalen Wandel

Martin Schönhart
Institut für Nachhaltige Wirtschaftsentwicklung,
Department für Wirtschafts- und Sozialwissenschaften (WiSo)
martin.schoenhart@boku.ac.at

4.3.1 Einführung

Die günstigen klimatischen Bedingungen zu Beginn des Holozäns vor rund 12.000 Jahren verringerten die Risiken einer ortsgebundenen Lebensweise und landwirtschaftlichen Produktion. Die daraus folgende *neolithische Revolution* erstreckte sich über Jahrtausende und voneinander unabhängig an verschiedenen Orten der Welt. Mit ihr begann der Mensch, *Land systematisch zu nutzen* – d.h. die Erdoberfläche zu bewirtschaften. Die technologiebedingt steigende Arbeitsproduktivität der landwirtschaftlichen Landnutzung erlaubte längerfristig die Entwicklung arbeitsteiliger Volkswirtschaften mit komplexen, hoch ausdifferenzierten Gesellschaftsstrukturen, wie wir sie heute kennen.

Solange menschliche Gesellschaften aus Jägern und Sammlern bestanden, waren die „ökosystemaren" Folgen zwar beträchtlich, blieben aber örtlich beschränkt. Mit der systematischen Landnutzung entwickelte sich der Mensch zu einem globalen Einflussfaktor auf das *System Erde*. Die Menschheit, ihre Gesellschaft und Wirtschaftssysteme sind Teil dieses Systems Erde, genauso wie die Ökosysteme, das Klimasystem, die interagierenden ökologischen, physikalischen und chemischen Prozesse und die planetaren Kreisläufe (z.B. Wasser, Kohlenstoff, Nährstoffe) (IGBP 2019).

Das System Erde unterliegt permanenten Veränderungen – dem *globalen Wandel*. Bekannte Beispiele sind der Klimawandel, die Veränderungen der Artenvielfalt oder das Bevölkerungswachstum. Globaler Wandel inkludiert Phänomene, die unmittelbar global wirken, etwa der Klimawandel, und Phänomene auf lokaler Ebene, die durch ihr gleichzeitiges Auftreten an vielen Orten global bedeutsam sind, etwa die Urbanisierung (IGBP 2019). Menschliche Aktivitäten sind zu einem erheblichen Teil für das Ausmaß und die Geschwindigkeit des globalen Wandels verantwortlich, besonders seit Beginn der *industriellen Revolution* ab ca. 1750. Die sogenannte *Great Acceleration* beschreibt die Beschleunigung der menschlichen Aktivitäten sowie deren Folgen für den globalen Wandel seit den 1950er-Jahren. Beispiele sind steigende Treibhausgasemissionen, das Bevölkerungswachstum, der Einsatz synthetischer Betriebsmittel in der Landwirtschaft und die Umwandlung vormals unberührter Wälder in Ackerland. In Wissenschaft und Gesellschaft etabliert sich die Zuschreibung, dass diese weitreichenden Aktivitäten zu einem neuen Erdzeitalter geführt haben, dem *Anthropozän* (Begriffe und Prozesse siehe Steffen et al. 2004, 2018; Doucet et al. 2019; Future Earth 2019).

4.3.2 Funktionen von Land

Landnutzung dient der Befriedigung menschlicher Bedürfnisse (siehe FAO und UNEP 1999). Land ist eine *Produktionsgrundlage* für erneuerbare Güter (z.B. Nahrungs- und Futtermittel, biogene Rohstoffe und Energieträger) und für Dienstleistungen (z.B. Attraktivität einer landwirtschaftlichen Kulturlandschaft, Schutz vor Naturgefahren) und dient als Lebensraum für Tiere, Pflanzen und Menschen. Letztere nutzen Land als *Wohn-, Freizeit-, Industrie- oder Infrastrukturfläche*. Selbst die Einrichtung eines Naturschutzgebietes durch die Verhängung eines Bewirtschaftungsverbotes (z.B. in der Kernzone eines Nationalparks) lässt sich als Landnutzung interpretieren.

Der Boden als integraler Bestandteil von Land und die terrestrische Vegetation beeinflussen die *globalen Kreisläufe* von Wasser, Kohlenstoff und Nährstoffen maßgeblich. Beispielsweise werden Kohlenstoff und Stickstoff zwischen Boden, Vegetation, Gewässern und Luft ausgetauscht. Im Kohlenstoffkreislauf bauen Pflanzen aus Sonnenenergie, Wasser, Nährstoffen und Kohlendioxid (CO_2), das aus der Luft stammt, Biomasse auf (Prozess der Photosynthese). Biomasse ist Nahrung für Tiere und Menschen, Energieträger und industrieller Rohstoff. Neben der Pflanzenatmung wird auch durch die Nutzung der Biomasse der gebundene Kohlenstoff wieder freigesetzt. Ungenutzte, abgestorbene Pflanzenteile bilden die Streu- und Humusschicht des Bodens, in der große Mengen an organischem Kohlenstoff gespeichert sind. Höhere CO_2-Konzentrationen und Temperaturen der Atmosphäre fördern das Biomassewachstum der Vegetation, wodurch mehr CO_2 gebunden wird – ein Beispiel für die Fähigkeit zur Selbstregulation des Systems Erde. Damit erfüllt Land mit seiner Vegetation und dem Boden eine Senkenfunktion für Kohlenstoff. Die Vegetation speicherte seit 1750 in etwa 160 +/- 90 Pg[1] zusätzlichen Kohlenstoff, was rund 40% der Treibhausgasemissionen durch fossile Energieträger und durch die Zementproduktion entspricht (Ciais et al. 2013). Dieser Kreislauf wirkt auch in die entgegengesetzte Richtung: Landnutzung kann die Kohlenstoffgehalte des Bodens und der Vegetation verringern, etwa durch Bodenbearbeitung, die mikrobielle Prozesse beschleunigt und CO_2 freisetzt, oder durch die Nutzung bislang ungenutzter Ökosysteme (z.B. Rodung naturbelassener Wälder). Dadurch wurden seit 1750 rund 180 +/- 80 Pg Kohlenstoff freigesetzt. Seit 1750 kam es zu einem geringen Nettoabfluss an Kohlenstoff aus terrestrischen Ökosystemen in die Atmosphäre von rund 30 +/- 45 Pg (Ciais et al. 2013), was zum menschlich verursachten Klimawandel beiträgt.

---

[1] 1 Petagramm (Pg) = 1 Gigatonne (Gt) = 10^9 Tonnen (t)

Land ist auch eine Quelle für *nichterneuerbare Ressourcen*. An der Oberfläche oder in tieferen Schichten lagern Sande, Gesteine, Erze oder fossile Energieträger. Die Endlichkeit dieser Ressourcen belegen regelmäßige Medienberichte über lokale Knappheiten an Sand als Industrierohstoff und Baumaterial. Wenngleich flächenmäßig nachrangig, führt der Abbau nichterneuerbarer Ressourcen lokal zu erheblichen Umweltbeeinträchtigungen.

Vor dem Hintergrund der erwarteten zukünftigen gesellschaftlichen Nachfrage nach unterschiedlichen Funktionen dient Land auch als *Investitions- und Spekulationsgut*. Mark Twain wird die Aussage zugeschrieben: „Kaufen Sie Land. Es wird nicht mehr hergestellt." Land und damit nutzbarer Boden ist nicht nur physisch begrenzt. Eine unsachgemäße Nutzung (z.B. unzureichende Nährstoffversorgung, fehlende Bodenbedeckung), Umweltverschmutzung (z.B. Emissionen der Industrie und des Verkehrs) und natürliche Prozesse (z.B. Extremwetterereignisse) können zu Degradationsprozessen (z.B. Erosion durch Wasser und Wind, Versalzung, Akkumulation von Schadstoffen und Schwermetallen) außerhalb der natürlichen Regenerationsfähigkeit der Böden führen.

Land dient auch als *Senke* für industrielle Abfälle und Haushaltsmüll. *Retentionsflächen* sind eine Maßnahme des Hochwasserschutzes zur kurzfristigen Speicherung von Wasser und Ablagerung von Sedimenten. Letztlich ist Land auch eine *Informationsgrundlage* zur Erforschung der Erd- und Kulturgeschichte. Neue Methoden (z.B. Fernerkundung, Isotopenanalysen) und globale Datenbänke mit langen Zeitreihen erlauben die Rekonstruktion der historischen Landnutzung über Jahrtausende hinweg. Daraus lassen sich Schlussfolgerungen zu ökosystemaren Zusammenhängen ableiten. Historische Landnutzungsdaten sind auch eine unverzichtbare Grundlage der globalen Klimamodellierung.

Eine spezielle Ausprägung der Landnutzung kann gleichzeitig mehrere Funktionen erfüllen. Man spricht in diesem Fall von *Synergien* bzw. von Multifunktionalität. So können beispielsweise die Produktion von erneuerbaren Gütern und Dienstleistungen, die Speicherung von Kohlenstoff und die Bereitstellung von Retentionsflächen zeitgleich erfolgen. Durch Weidehaltung von Milchkühen auf Grünland in Bergregionen werden Nahrungsmittel erzeugt. Eine Dienstleistung dieser Nutzung ist die auch touristisch verwertbare Attraktivität der Kulturlandschaft. Die Kohlenstoffgehalte der Weideflächen liegen in der Regel über jenen einer ackerbaulichen Nutzung. Zudem können Weideflächen auch als Retentionsflächen bei Hochwässern dienen.

Im Gegensatz zu Synergien liegen bei *Nutzungskonflikten* Konkurrenzbeziehungen zwischen verschiedenen Funktionen vor. Beispielsweise schließen der Abbau nichterneuerbarer Ressourcen (z.B. Erze und Kohle) oder die Errichtung von Infrastruktur die Produktion von erneuerbaren Gütern aus. Im Folgenden werden die Wechselwirkungen zwischen Landnutzung und ausgewählten Phänomenen des globalen Wandels dargestellt.

4.3.3 Landnutzung und globaler Wandel

4.3.3.1 Bevölkerungsentwicklung und Ernährung

Landnutzung und Bevölkerungsentwicklung stehen in einem engen funktionalen Zusammenhang und weisen viele Wechselwirkungen auf. Die Bevölkerung kann – unter der Annahme eines gleichbleibenden Konsumniveaus je Person – nur wachsen, wenn mehr Land genutzt wird (Extensivierung) oder die Produktivität je Flächeneinheit erhöht wird (Intensivierung). Eine Ausdehnung der Landnutzung, sei es für die Produktion erneuerbarer Güter und Dienstleistungen oder den Abbau nicht erneuerbarer Ressourcen, ist möglich, solange bislang ungenutzte Flächenreserven verfügbar sind. Die Möglichkeiten zur Intensivierung bestehender Landnutzungen hängen von der Verfügbarkeit an Betriebsmitteln (z.B. Wasser zur Bewässerung, Pestizide, Düngemittel), Technologien (z.B. Bewässerungsverfahren, Konservierungs- und Lagerungstechnologien) und den Managementfertigkeiten (z.B. Wissen um den zeitgerechten Einsatz von Düngemitteln) der Landnutzerinnen und Landnutzer ab. Ein historisch bedeutsames Beispiel der Intensivierung war die *grüne Revolution* ab Mitte des 20. Jahrhunderts, vorwiegend in Ländern Asiens. Sie führte zu beachtlichen Ertragssteigerungen ackerbaulicher Kulturen durch den Einsatz von ertragreicheren Sorten, Düngemitteln, Pestiziden und von Bewässerung.

Eine wachsende und wohlhabendere Bevölkerung benötigt nicht nur mehr Güter und Dienstleistungen, sondern stellt auch konkurrierende Landnutzungsansprüche, z.B. an ein attraktives Landschaftsbild, den Schutz der Artenvielfalt, sauberes Trinkwasser oder den Schutz vor Naturgefahren. Diese Ansprüche sind Inhalt gesellschaftlicher Debatten und politischer Ausverhandlungsprozesse auf lokaler, nationaler und internationaler Ebene. Eine wachsende Bevölkerung erhöht aber auch das Angebot an Arbeitskräften und kann die Chancen auf technologische Innovationen steigern, beides mit unmittelbaren Folgen für die Landnutzung.

Zwei konkurrierende Theorien beschreiben die Zusammenhänge zwischen dem Bevölkerungswachstum und dem Bedarf an Gütern der Landnutzung, vorrangig an Nahrungsmitteln. Thomas Malthus, ein englischer Gelehrter des 18. Jahrhunderts, ging aufgrund der Biologie des Menschen von einem exponentiellen Bevölkerungswachstum aus, wohingegen seiner Beobachtung nach die Nahrungsmittelproduktion allenfalls linear wuchs, sofern landwirtschaftlich nutzbare Flächenreserven verfügbar waren. Eine Intensivierung der Landnutzung ist nach Malthus' Theorie nur bedingt möglich und würde zur Degradation des Bodens führen. Diese Zusammenhänge hätten längerfristig Konflikte und Hungersnöte auslösen müssen, wodurch sich die Bevölkerungszahl verringern und der Prozess des Wachstums von Neuem beginnen würde.

Ester Boserup, eine dänische Agrarökonomin des 20. Jahrhunderts, entwickelte auf Grundlage ihrer empirischen Forschungsarbeit eine dazu in Gegensatz stehende Theorie. Eine wachsende Bevölkerung erhöht den Druck auf Ressourcen, darunter Land zur Produktion von Nahrungsmitteln. Die sich verschärfende Knappheit stimuliert die Innovationskraft der Menschen und ihren Willen, die Landnutzung zu intensivieren. So können mit denselben Flächenressourcen immer mehr Menschen ernährt werden, was nicht zwangsläufig zur Degradation des Bodens führen muss.

Während Malthus' Theorie zu seiner Zeit plausibel erscheinen musste und auch heute noch vereinzelte Prozesse auf regionaler Ebene zu erklären vermag, kann sie das rasante Bevölkerungswachstum seit der industriellen Revolution, speziell im 20. Jahrhundert, und die massiv steigende landwirtschaftliche Produktion nicht erklären. Malthus unterschätzte die Innovationsfähigkeit der Gesellschaft. Seit 1900 wuchs die Weltbevölkerung von knapp 2 Mrd. auf heute rund 7 Mrd. Menschen. Die Produktion von Kalorien vervielfachte sich. Real, d.h. inflationsbereinigt, sanken die Preise für Agrargüter im 20. Jahrhundert pro Jahr durchschnittlich um 1% (Fuglie und Wang 2012). Während der Anteil der Verbrauchsausgaben für Nahrungsmittel österreichischer Konsumentinnen und Konsumenten 1954 noch bei 45% lag, sank dieser bis 2014 auf 13% (Statistik Austria 2018). Trotzdem hungern heute weltweit rund 800 Mio. Menschen – nach Jahren sinkender Zahlen wieder mit steigender Tendenz.

4.3.3.2 Klimawandel

Landnutzung und Klimawandel beeinflussen einander. Landnutzung, besonders die land- und forstwirtschaftliche Produktion, ist von klimatischen Rahmenbedingungen abhängig. Der Klimawandel erfordert daher Anpassungsmaßnahmen und eröffnet neue Chancen. Andererseits ist die Landnutzung auch eine Verursacherin des Klimawandels mit Potenzialen zur Verringerung klimaschädlicher Aktivitäten.

Die land- und forstwirtschaftliche Produktion ist von Wetter und Klima (Beitrag 4.2) abhängig. Das regionale Klima erklärt das Vorkommen bestimmter land- und forstwirtschaftlicher Pflanzenarten und Tiere in einer Region (z.B. wärmeliebende Weinstöcke in Südost- und Ostösterreich) und deren unterschiedliche Ertragspotenziale. Das Wetter der jeweiligen Saison erklärt zu einem erheblichen Teil die erzielten Erträge. Die technologischen Möglichkeiten zur Beeinflussung des standörtlichen Mikroklimas für Kulturpflanzen sind beschränkt und kapitalintensiv (z.B. Folientunnel, Gewächshäuser, Bewässerung), verlängern aber die Vegetationsperiode – bis hin zur ganzjährigen Produktion von Gemüse in Glashäusern –, erhöhen die Ertragspotenziale und verringern das Ertragsrisiko.

Klimawandel beeinflusst die Landwirtschaft in vielfacher Weise. Steigende Temperaturen verlängern die Vegetationsperiode, erhöhen den Hitzestress bei Pflanzen und Tieren sowie die Evapotranspiration, d.h. die Verdunstung von Wasser aus Boden und Pflanzen. Selbst bei gleichbleibenden Niederschlägen erhöhen sich dadurch die Wahrscheinlichkeit für Wasserstress bei Kulturpflanzen sowie der Wasserbedarf in der Tierhaltung. Veränderte Niederschlagsmengen und -verteilungen können diesen Effekt mildern oder verstärken. Häufigere und intensivere Starkniederschlagsereignisse erhöhen das Risiko für Bodenerosion und Nährstoffauswaschung. Der Klimawandel kann die Verbreitungsgebiete und Lebenszyklen von Tier- und Pflanzenkrankheiten verändern. Ein wesentlicher indirekter Vorteil des Klimawandels in der pflanzenbaulichen Produktion ist der Düngungseffekt durch CO_2. Pflanzen benötigen CO_2 zum Aufbau von Biomasse im Zuge der Photosynthese. Ein höherer atmosphärischer Gehalt an CO_2 erhöht bis zu einem gewissen Grad die Produktivität von Kulturpflanzen. In Glashäusern wird deshalb in der Produktion von z.B. Tomaten, Melanzani und Paprika der CO_2-Gehalt der Luft künstlich erhöht.

Die Land- und Forstwirtschaft kann mit Anpassungsmaßnahmen auf Klimaveränderungen reagieren, um negative Folgen, etwa Gefahren für die Produktionsgrundlage Boden, zu mildern und vorteilhafte Änderungen, z.B. verlängerte Vegetationsperioden, zu nutzen. Beispiele für Anpassungsmaßnahmen sind veränderte Fruchtfolgen, hitzetolerante Sorten, neue Anbaugebiete für Kulturpflanzen in höheren Lagen und Breitengraden, angepasste Bodenbearbeitungsverfahren zum Schutz vor Erosion, Bewässerungstechnologien, Kühlanlagen in der Tierhaltung oder Versicherungen gegen Ernteausfälle.

Emissionen aus der Landnutzung tragen zum Klimawandel bei. Bedeutende Emissionsquellen insbesondere für Methan (CH_4) und Lachgas (N_2O) sind die Haltung von Wiederkäuern, die Nassreisproduktion und die Lagerung und Ausbringung von Wirtschafts- und Mineraldünger. Der Betrieb landwirtschaftlicher Maschinen und Gebäude (z.B. Glashäuser) verursacht CO_2-Emissionen durch die Verbrennung fossiler Energieträger. Die Umwandlung unberührter Ökosysteme (z.B. tropischer Regenwälder) in landwirtschaftliche Nutzflächen setzt einen Teil des in der Biomasse und dem Boden gespeicherten Kohlenstoffs frei (siehe Beschreibung des Kohlenstoffkreislaufs in Abschnitt 4.3.2 und Fallbeispiel 4.3.1). Bis in die 1970er-Jahre waren die kumulierten Emissionen des Landnutzungswandels größer als jene aus der Freisetzung fossiler Energieträger (Ciais et al. 2013).

Fallbeispiel 4.3.1: Indirekte Landnutzungsänderungen

Der Effekt der indirekten Landnutzungsänderungen (indirect land use change, ILUC) beschreibt regionale und globale Veränderungen, die durch die Vernetzung über internationale Märkte entstehen (Searchinger et al. 2008). Landnutzungsänderungen sind eine Folge veränderter Rahmenbedingungen (z.B. steigende Marktpreise, Einführung einer Politik zur Förderung von Agrotreibstoffen). Durch die höhere Profitabilität ändern Landwirtinnen und Landwirte ihr Produktionsverhalten. Sie dehnen z.B. die Maisanbauflächen zur Erzeugung von Ethanol aus (direkte Landnutzungsänderung). Großflächig umgesetzt verringert sich die Erntemenge der zuvor auf diesen Flächen angebauten Ackerkulturen (z.B. Getreide für die Tierernährung). Dadurch steigen die Preise mit möglichen Folgen für die Ernährungssicherheit. Die höheren Preise können dazu führen, dass die verdrängte Kultur andernorts angebaut wird, etwa auf bisher ungenutzten bewaldeten Flächen oder vormals degradierten und durch die höhere Profitabilität wieder restaurierten Böden. Auch die Intensivierung der Produktion auf bestehenden Ackerflächen wäre denkbar (indirekte Landnutzungsänderungen).

Hertel et al. (2010) quantifizieren mit einem agrarökonomischen Modell die Landnutzungsfolgen der politisch gelenkten Ausdehnung des Maisanbaus zur Produktion von Ethanol in den USA mit + 50,15 Gl (Gigalitern) von 2001 bis 2015. Dies entspräche einem zusätzlichen Landbedarf von rund 15 Mio. ha. Die zusätzliche Nachfrage nach Land erhöht die Preise für agrarische Betriebsmittel, Produktionsfaktoren und agrarische Güter. Die Folgen sind eine verringerte Nachfrage nach Nahrungsmitteln und industriellen Rohstoffen sowie eine Intensivierung der bestehenden Produktion. Die Reststoffe der Ethanolproduktion können als Futtermittel verwendet werden und ersetzen ackerbauliche Kulturen. In Summe reduziert sich der zusätzliche Landbedarf durch die neue Politik von 15 Mio. ha auf rund 3 Mio. ha. Berücksichtigt man, dass die zusätzlich benötigte Fläche eine geringere Produktivität aufweist als die bestehende – das beste Agrarland wird bereits bewirtschaftet, Flächenreserven sind in der Regel von geringerer Qualität –, so ergibt sich ein zusätzlicher Landbedarf von rund 4 Mio. ha mit zahlreichen direkten und indirekten Landnutzungsänderungen.

Indirekte Landnutzungseffekte können nur durch begleitende, vorwiegend politische Maßnahmen auf der Konsum- und Produktionsseite verringert werden. Auf jeden Fall müssen die Maßnahmen den globalen Kontext berücksichtigen und alle Landnutzungssektoren umfassen. Eine so umfangreiche politische Strategie müsste klare Prioritäten in der Nutzung von Land für die Produktion von Lebensmitteln, Futtermitteln, biogenen Roh- und Kraftstoffen und anderen Funktionen setzen.

Das Prinzip der indirekten Landnutzungsänderungen ist anerkannt. Die konkrete Höhe der Effekte ist jedoch schwierig zu ermitteln, einzelfallabhängig und politisch umstritten. Dennoch führen gut gemeinte Politiken zur Förderung alternativer Kraftstoffe mitunter zu höheren Treibhausgasemissionen als fossile Alternativen. Daher fordert die EU für die Beimischung von Agrotreibstoffen (10% Beimischungsverpflichtung bis 2020) einen Nachweis über die indirekten Landnutzungsänderungen (siehe EU COM 2019).

4.3.3.3   Abiotische und biotische Umweltwirkungen

Stickstoff (N) und Phosphor (P) sind zwei Hauptnährstoffe für Pflanzen. Sie kommen in unterschiedlichen chemischen Formen in den Böden, der Biomasse, der Luft, in Sedimenten und in Gewässern vor. In natürlichen Ökosystemen werden sowohl P als auch N durch Gesteinsverwitterung freigesetzt. Während sich zusätzlicher pflanzenverfügbarer P im Wesentlichen auf die Gesteinsverwitterung beschränkt, ist N in seiner unreaktiven Form N_2 der Hauptbestandteil unserer Luft. Leguminosen, also Pflanzen, die in Symbiose mit Mikroorganismen leben, ausgewählte Mikroorganismen (biologische Fixierung) und Blitze verwandeln atmosphärischen N_2 in pflanzenverfügbare Formen. In natürlichen Ökosystemen werden P und N durch Bodenerosion ausgetragen und in aquatischen Ökosystemen angereichert. N wird zusätzlich im Boden und oberflächlich ausgeschwemmt oder in tiefere Schichten bis ins Grundwasser verlagert. Durch den Prozess der Denitrifikation wird reaktiver N zu N_2 (mitunter auch N_2O) umgewandelt.

Mit der Landnutzung verändern Menschen die globalen Nährstoffkreisläufe. Sie führen lokal Nährstoffe zu und entziehen diese durch die Abfuhr von Ernteprodukten und die Bodenbearbeitung wieder. Frühe Düngemaßnahmen waren die Nutzung organischer Düngemittel aus Lagerstätten, die gezielte Ausbringung tierischer und menschlicher Exkremente sowie der Anbau von Leguminosen. Letztere binden heute in etwa so viel N wie die verbleibende biologische Fixierung (Ciais et al. 2013). Die Verbrennung fossiler Energieträger setzt reaktiven N frei, den Niederschläge (d.h. Deposition) in die Biosphäre einbringen. Die massivsten Auswirkungen auf den N-Kreislauf hat jedoch das im frühen 20. Jahrhundert entwickelte Haber-Bosch-Verfahren. Hierbei wird N_2 im industriellen Maßstab gebunden und als mineralischer N-Dünger pflanzenverfügbar gemacht. Die dadurch gebundenen Mengen entsprechen in etwa der Summe der biologischen Fixierung der Land- und Forstwirtschaft und jener natürlicher Ökosysteme. Heute ernährt sich rund die Hälfte der Menschen von Nahrungsmitteln, die mit N aus dem Haber-Bosch-Verfahren erzeugt werden (Erisman et al. 2008).

Der reichlich verfügbare reaktive N und punktuell auch die hohen P-Gehalte der Böden durch Düngung verändern terrestrische und aquatische Ökosysteme. N_2O ist ein potentes Treibhausgas. N-Emissionen, allen voran NO_x aus der Verbrennung fossiler Energieträger und Ammoniak aus der Landwirtschaft beeinträchtigen die menschliche Gesundheit. Die jährlichen gesellschaftlichen Kosten in der EU durch N aus verschiedenen Quellen werden auf 70 bis 320 Mrd. € geschätzt (Sutton et al. 2011).

Global betrachtet ist die landwirtschaftliche Landnutzung mit rund zwei Drittel des Gesamtverbrauchs der größte Wasserverbraucher (OECD 2012) und greift damit in den natürlichen Wasserkreislauf ein. Der überwiegende Anteil entfällt auf die Bewässerung von Ackerkulturen durch die Nutzung erneuerbarer ober- und unterirdischer Quellen, aber auch nichterneuerbarer fossiler Grundwässer. Damit kann die natürliche Funktionsfähigkeit aquatischer Ökosysteme eingeschränkt werden. Es entsteht eine Konkurrenz zu alternativen Nutzungen, etwa zur Energieerzeugung und zum industriellen und privaten Verbrauch.

Wissenschaftlerinnen und Wissenschaftler sprechen heute vom sechsten globalen Massensterben von Tier- und Pflanzenarten (siehe auch Beitrag 4.4). Eine Ursache dafür ist die Landnutzung, die in vielfacher Weise die Biodiversität beeinflusst. Sie entfernt Arten (z.B. durch Rodung eines Waldes oder Einsatz von Pestiziden) und bringt neue in ein Ökosystem ein (z.B. eine Ackerkultur). Die Landnutzung verändert biogeochemische Prozesse, darunter die Nährstoff- und Wasserkreisläufe. Durch Düngung werden beispielsweise nährstoffbedürftige Arten gefördert, wodurch jene mit geringerem Nährstoffbedarf benachteiligt werden. Eingriffe in Böden und Vegetation, z.B. durch Pflugbewirtschaftung, Mahd von Gras oder das Entfernen von Landschaftselementen (z.B. Streuobst) verändern das Nahrungsangebot und die Habitate für die Reproduktion. Große Infrastruktureinrichtungen zerschneiden Lebensräume und können die Migration von Tieren unterbinden. Über die zahlreichen Verflechtungen der Arten etwa in Nahrungsnetzen können Eingriffe unerwartete Konsequenzen mit sich bringen (siehe Baudron und Giller 2014). Landnutzung kann jedoch auch zur Artenvielfalt beitragen, weil sie neue Lebensräume schafft. Arten wandern oder passen sich im Zuge der Evolution an die Landnutzung an. Dadurch entstanden über Jahrtausende seminatürliche Lebensräume, etwa die extensiven Wiesen der österreichischen Kulturlandschaft. Sie beherbergen eine Vielzahl an spezialisierten Tier- und Pflanzenarten, die an eine offene Kulturlandschaft gebunden sind. Ohne regelmäßige Mahd würden die Standorte verwalden und die Arten verschwinden. Eine Intensivierung, z.B. durch Düngung und häufigere Mahd, würde die Standorte zwar offenhalten, führt in der Regel aber auch zu geringeren Artenzahlen (vgl. Zechmeister et al. 2003; Beispiele für artenreiche Wiesen finden sich im Biosphärenpark Wienerwald 2019; siehe auch Beitrag 4.4).

Mit dem Verlust intakter Ökosysteme durch die Landnutzung können Leistungen verloren gehen, von denen die Gesellschaft profitiert. Diese werden mit dem Konzept der Ökosystemleistungen beschrieben. In der Landwirtschaft sind die Bestäubungsleistung von Insekten und die Kontrolle von Schädlingen durch natürliche Räuber besonders relevant. Ausgewogene Landnutzungsentscheidungen berücksichtigen die Ökosystemleistungen unterschiedlicher Landnutzungssysteme und den gesellschaftlichen Bedarf. Abschnitt 4.3.4 beschäftigt sich mit Mechanismen, diese ausgewogenen Landnutzungsentscheidungen durchzusetzen.

4.3.4 Steuerungsmöglichkeiten der Landnutzung

Die Landnutzung resultiert aus individuellen und kollektiven Entscheidungen mit großen Auswirkungen auf das System Erde. Den Entscheidungsprozessen liegen verschiedene biophysikalische und sozioökonomische Faktoren zugrunde. Zu Ersteren zählen u.a.

das standörtliche Klima, die Hangneigung und Bodenqualität, zu Zweiteren u.a. Marktpreise für Betriebsmittel und Produkte, Gesetze, individuelle und soziale Normen oder die Verfügbarkeit von Technologien, Arbeitskräften und Kapital. Für Entscheidungen relevant sind nicht nur aktuelle Rahmenbedingungen, sondern auch Erwartungen über zukünftige Entwicklungen, besonders wenn es um langfristige Investitionen geht.

Gesellschaftliche Ansprüche an die Landnutzung und daraus resultierende Ökosystemleistungen können über vielfältige Instrumente verwirklicht werden. In funktionierenden Märkten entscheidet neben den Produktionskosten die Zahlungsbereitschaft der Konsumentinnen und Konsumenten über Angebotsmengen und Herstellungsmethoden.

Gesetze legen fest, welche Betriebsmittel in welchen Mengen und Anwendungszeiträumen erlaubt sind (siehe z.B. die Debatte über den Einsatz von Neonicotinoiden und Glyphosat im Pflanzenschutz). Sie bestimmen die Nutzung von Land durch Bebauungspläne, die Ausweisung von Schutzzonen (z.B. Hochwasser) und Naturschutzgebieten. In Österreich ist Wald gesetzlich geschützt und darf nur in Ausnahmefällen gerodet und in andere Formen der Landnutzung umgewandelt werden. Diese normativen Instrumente werden durch ökonomische ergänzt, darunter Steuern auf umweltschädliches Verhalten (z.B. Besteuerung von Grundverbrauch, Mineraldüngern und Pestiziden) oder Subventionen zur Förderung von umweltfreundlichem Verhalten (siehe Fallbeispiel 4.3.2 sowie Beiträge 2.1 und 6.1).

Fallbeispiel 4.3.2: **Österreichisches Agrarumweltprogramm** *(BMNT 2019)*

Das „Österreichische Programm zur Förderung einer umweltgerechten, extensiven und den natürlichen Lebensraum schützenden Landwirtschaft" (ÖPUL) ist Bestandteil der Politik zur Entwicklung ländlicher Räume. Die Ziele des ÖPUL sind u.a.:

- Wiederherstellung, Erhaltung und Verbesserung der biologischen Vielfalt,
- Verbesserung der Wasserwirtschaft,
- Verhinderung der Bodenerosion und Verbesserung der Bodenbewirtschaftung,
- Verringerung der aus der Landwirtschaft stammenden Treibhausgas- und Ammoniakemissionen,
- Förderung der Kohlenstoffspeicherung und -bindung in der Land- und Forstwirtschaft.

Über das ÖPUL erhalten Bäuerinnen und Bauern Prämien, wenn sie sich über einen mehrjährigen Zeitraum zu bestimmten Landnutzungen verpflichten. Typische Maßnahmen sind die Reduktion oder der gänzliche Verzicht auf synthetische Betriebsmittel (z.B. mineralischer N-Dünger, Pestizide), die Beschränkung der Tierproduktion oder die Wahl bestimmter Fruchtfolgen (z.B. Zwischenfrüchte zur Minderung der Bodenerosion). Im Jahr 2017 beliefen sich die ÖPUL-Zahlungen auf rund 440 Mio. €. Es nahmen 83% aller im EU-Fördersystem registrierten Betriebe (INEKOS) teil. Das entspricht 82% der landwirtschaftlich genutzten Fläche dieser Betriebe (weiterführende Informationen: BMNT 2018).

Längerfristig entscheiden die privaten und öffentlichen Investitionen in Infrastruktur, Bildung und Technologieentwicklung über die Ausprägungen und Auswirkungen der

Landnutzung. Da Technologien eine lange Vorlaufzeit bis zur Marktreife aufweisen und einmal getätigte Investitionen lange wirksam sind, müssen solche Entscheidungen gut durchdacht sein. Unser auf fossilen Energieträgern beruhendes Wirtschaftssystem zeigt die Pfadabhängigkeit, also die Verstärkung von Effekten eines einmal eingeschlagenen Wegs, deutlich. Investitionen in Straßen beschleunigen beispielsweise die Rodung tropischer Regenwälder (Laurance und Arrea 2017). Der Bau großer Bewässerungsinfrastruktur (z.B. Staudämme) entscheidet über die Möglichkeit und Kosten der Bewässerung landwirtschaftlicher Kulturen. Auch unter dem Gesichtspunkt der Anpassung an den Klimawandel ist die Verfügbarkeit zukünftiger Technologien entscheidend, z.B. angepasste Sorten bei Ackerkulturen, deren Züchtung Jahre in Anspruch nehmen kann (vgl. Abschnitt 4.3.3.2).

4.3.5 Zusammenfassung und Ausblick

Landnutzung steht in vielfachen Wechselbeziehungen zu anderen Phänomenen des globalen Wandels. Wissenschaftlerinnen und Wissenschaftler versuchen, über die Definition von globalen Grenzen für Teilaspekte des Systems Erde (Planetary Boundaries) jenen Bereich festzulegen, innerhalb dessen dauerhaftes menschliches Leben auf der Erde möglich ist (Steffen et al. 2015; siehe auch Beitrag 4.1). Teilaspekte davon – nur die für die Thematik Landnutzung wichtigsten konnten in diesem Beitrag diskutiert werden – beinhalten den Klimawandel, die Einführung neuer Arten in fremde Ökosysteme (Neobiota), die Zerstörung des Ozonlochs, den atmosphärischen Gehalt an Aerosolen, die Versauerung der Ozeane, die biochemischen Zyklen für P und N, den Verbrauch an Frischwasser, die Landbedeckung und die Integrität der Biosphäre. Aus den Ausführungen dieses Beitrags wird deutlich, dass die Landnutzung in nahezu alle Teilaspekte hineinwirkt. Die lokalen bis globalen Ausprägungen der Landnutzung entscheiden über den Zustand und die zukünftige Entwicklung des Systems Erde.

Dem Konsumverhalten der Menschen kommt dabei eine entscheidende Rolle zu. Bis zur Mitte des 21. Jahrhunderts könnte die Weltbevölkerung von derzeit rund 7 Mrd. auf über 9 Mrd. Menschen wachsen. Aufgrund des steigenden Wohlstands wird ein Mehrbedarf an Nahrungsmitteln von bis zu 100% erwartet (Tilman et al. 2011). Da bereits heute planetare Grenzen überschritten werden und sich die globalen Produktionsbedingungen durch den Klimawandel eher verschlechtern dürften, erscheinen nachhaltigere Formen der Landnutzung in Verbindung mit einem veränderten Konsumverhalten unausweichlich. Das betrifft insbesondere den Verbrauch an Flächen für Siedlungen, Infrastruktur und wirtschaftliche Aktivitäten, den Abbau nichterneuerbarer Ressourcen und die Nachfrage nach land- und forstwirtschaftlichen Gütern, darunter tierische Produkte mit ihrem charakteristisch hohen Ressourcenbedarf.

Literatur

Baudron, F. and Giller, K. E. (2014): Agriculture and nature: Trouble and strife? Biological Conservation, 170, 232–245. https://doi.org/10.1016/j.biocon.2013.12.009.

BMNT (Bundesministerium für Nachhaltigkeit und Tourismus) (2019): ÖPUL. Das österreichische Agrar-Umweltprogramm. Verfügbar in: https://www.bmnt.gv.at/land/laendl_entwicklung/oepul.html [Abfrage am 9.4.2019].

Ciais, P., Sabine, C., Bala, G., Bopp, L., Brovkin, V., Canadell, J., Chhabra, A., DeFries, R., Galloway, J., Heimann, M., Jones, C., Le Quéré, C., Myneni, R. B., Piao, S., and Thornton, P. (2013): Carbon and other biogeochemical cycles. In: Stocker, T. F., Qin, D., Plattner, G.-K., Tignor, M., Allen, S.K., Boschung, J., Nauels, A., Xia, Y., Bex, V., and Midgley, P. M., eds., Climate Change 2013: The Physical Science Basis. Contribution of Working Group I to the Fifth Assessment Report of the Intergovernmental Panel on Climate Change. Cambridge, UK, New York, NY, USA: Cambridge University Press, 465–570.

Erisman, J. W., Sutton, M. A., Galloway, J., Klimont, Z., and Winiwarter, W. (2008): How a century of ammonia synthesis changed the world. Nature Geoscience, 1, 636–639. https://doi.org/10.1038/ngeo325.

EU COM (European Commission) (2019): Sustainability criteria. Available at: https://ec.europa.eu/energy/en/topics/renewable-energy/biofuels/sustainability-criteria [accessed 9.4.2019].

FAO and UNEP (Food and Agriculture Organization of the United Nations; United Nations Environment Programme) (1999): The Future of Our Land. Facing the Challenge. Rome.

Fuglie, K. O. and Wang, S. L. (2012): New evidence points to robust but uneven productivity growth in global agriculture. Amber Waves, 10, 1–6. https://doi.org/10.1177/0974910112469266.

Hertel, T. W., Golub, A. A., Jones, A. D., O'Hare, M., Plevin, R. J., and Kammen, D. M. (2010): Effects of US maize ethanol on global land use and greenhouse gas emissions: Estimating market-mediated responses. BioScience, 60, 3, 223–231. https://doi.org/10.1525/bio.2010.60.3.8.

IGBP (International Geosphere-Biosphere Programme) (2019): Earth system definitions. Available at: http://www.igbp.net/globalchange/earthsystemdefinitions.4.d8b4c3c12bf3be638a80001040.html [accessed 9.4.2019].

Laurance, W. F. and Arrea, I. B. (2017): Roads to riches or ruin? Science, 358, 6362, 442–444. https://doi.org/10.1126/science.aao0312.

OECD (Organisation for Economic Co-operation and Development) (2012): OECD Environmental Outlook to 2050. Paris: OECD Publishing. https://dx.doi.org/10.1787/9789264122246-en.

Searchinger, T., Heimlich, R., Houghton, R. A., Dong, F., Elobeid, A., Fabiosa, J., Tokgoz, S., Hayes, D., and Yu, T.-H. (2008): Use of U.S. croplands for biofuels increases greenhouse gases through emissions from land-use change. Science, 319, 1238–1240. https://doi.org/10.1126/science.1151861.

Statistik Austria (2018): Konsumerhebung 2014/15. Verfügbar in: https://www.statistik.at/web_de/statistiken/menschen_und_gesellschaft/soziales/verbrauchsausgaben/konsumerhebung_2014_2015/index.html [Abfrage am 9.4.2019].

Steffen, W., Sanderson, A., Tyson, P., Jäger, J., Matson, P. A., Moore III, B., Oldfield, F., Richardson, K., Schellnhuber, H. J., Turner II, B. L., and Wasson, R. J. (2004): Global Change and the Earth System. A Planet Under Pressure. Berlin et al.: Springer.

Steffen, W., Richardson, K., Rockström, J., Cornell, S. E., Fetzer, I., Bennett, E. M., Biggs, R., Carpenter, S. R., Vries, W. de, Wit, C. A. de, Folke, C., Gerten, D., Heinke, J., Mace, G. M., Persson, L. M., Ramanathan, V., Reyers, B., and Sörlin, S. (2015): Planetary boundaries: Guiding human development on a changing planet. Science, 347, 1–10. https://doi.org/10.1126/science.1259855.

Steffen, W., Rockström, J., Richardson, K., Lenton, T. M., Folke, C., Liverman, D., Summerhayes, C. P., Barnosky, A. D., Cornell, S. E., Crucifix, M., Donges, J. F., Fetzer, I., Lade, S. J., Scheffer,

M., Winkelmann, R., and Schellnhuber, H. J. (2018): Trajectories of the earth system in the Anthropocene. Proceedings of the National Academy of Sciences of the United States of America (PNAS), 115, 33, 8252–8259. https://doi.org/10.1073/pnas.1810141115.

Sutton, M. A., Oenema, O., Erisman, J. W., Leip, A., van Grinsven, H., and Winiwarter, W. (2011): Too much of a good thing. Nature, 472, 159–161. https://doi.org/10.1038/472159a.

Tilman, D., Balzer, C., Hill, J., and Befort, B. L. (2011): Global food demand and the sustainable intensification of agriculture. Proceedings of the National Academy of Sciences of the United States of America (PNAS), 108, 50, 20260–20264. https://doi.org/10.1073/pnas.1116437108.

Zechmeister, H. G., Schmitzberger, I., Steurer, B., Peterseil, J., and Wrbka, T. (2003): The influence of land-use practices and economics on plant species richness in meadows. Biological Conservation, 114, 2, 165–177. https://doi.org/10.1016/S0006-3207(03)00020-X.

Weiterführende Literatur

Biosphärenpark Wienerwald (Biosphärenpark Wienerwald Management GmbH) (2019): Webseite des Biosphärenparks Wienerwald. Verfügbar in: https://www.bpww.at/ [Abfrage am 25.6.2019].

BMNT (Bundesministerium für Nachhaltigkeit und Tourismus) (2018): Grüner Bericht 2018. Bericht über die Situation der österreichischen Land- und Forstwirtschaft. Wien. Verfügbar in: https://gruenerbericht.at/ [Abfrage am 25.6.2019].

Doucet, A.-M., Gaffney, O., Haeggman, M., Moberg, F., Pharand-Deschênes, F., and Simonsen S. (2019): Welcome to the Anthropocene. Website. Available at: http://www.anthropocene.info/ [accessed 25.6.2019].

FAO (Food and Agriculture Organization of the United Nations) (2019): Website of the FAO. Available at: http://www.fao.org/home/en/ [accessed 25.6.2019]

Future Earth (2019): Future Earth Partnership. Website. Available at: http://futureearth.org/ [accessed 25.6.2019].

Pingali, P. L. (2012): Green revolution: impacts, limits, and the path ahead. Proceedings of the National Academy of Sciences of the United States of America (PNAS), 109, 31, 12302–12308. https://doi.org/10.1073/pnas.0912953109.

4.4   Biodiversitätskrise und Ökosystemdienstleistungen

Harald Meimberg
Institut für Integrative Naturschutzforschung,
Department für Integrative Biologie und Biodiversitätsforschung (DIBB)
meimberg@boku.ac.at

4.4.1   Was versteht man unter Biodiversität?

Die Erde ist der einzige Planet, von dem wir sicher sind, dass er Leben hervorgebracht hat. Er ist in geeigneter Entfernung zur Sonne, um die Existenz von flüssigem Wasser zu erlauben, kann eine Atmosphäre halten und zeigt verschiedene andere Eigenschaften, die wir für die Entwicklung von Leben als notwendig erachten. Auch wenn neuere astronomische Forschungen viele ähnlich geeignete Planten vermuten lassen, ist alles uns bisher bekannte Leben von der Erde. Menschen sind ein Teil davon und zusammen mit allen anderen derzeit existierenden Organismen das Ergebnis einer 2 Mrd. Jahre andauernden Entwicklung. Die Evolution, die biologische Grundlage für diese Entwicklung, führte nach derzeitigem Wissensstand zu einer weiteren Aufspaltung in an unterschiedliche Bedingungen angepasste Formen. Diese Formen bezeichnen wir in der Regel als Arten und sehen sie meist als kleinste ökologische Einheit an.

Das Leben selbst war ein wesentlicher Faktor für die Geologie unseres Planeten. Organismen veränderten die Erde und ihre Lebensbedingungen eingehend. Damit erscheint der derzeitige Zustand der Erde als Ergebnis einer Einheit aus geologischer Entwicklung und biologischer Evolution. Dies ist der Kern der Gaia-Hypothese, die erstmals vor ca. 50 Jahren von J. Lovelock und L. Margulis vorgeschlagen wurde (vgl. Lovelock 1995; Schneider und Boston 1991). Die Hypothese wird häufig als philosophisches Konzept angesehen, welches die Einheit von Natur und Erde unterstreicht. Sie beruht jedoch auf gut gesicherten naturwissenschaftlichen Befunden: Viele durch Organismen geprägte Prozesse verändern über lange Zeiträume die geologischen Gegebenheiten (z.B. bei der Humusbildung). Eines der wichtigsten Beispiele in diesem Zusammenhang ist die Entstehung der Atmosphäre mit ihrem Sauerstoffgehalt. Diese ist heute weitgehend als Ergebnis biogener Prozesse akzeptiert. Der langsame Übergang von einer reduzierenden (sauerstoffarmen) zu einer oxidierenden (sauerstoffreichen) Atmosphäre, zunächst durch den Stoffwechsel von bakteriellen Mikroorganismen und später durch die Photosynthese der Pflanzen, zeigt die Interaktion zwischen Evolution und Geologie besonders deutlich. Die kontinuierliche Sauerstoffzunahme in der Atmosphäre veränderte nicht nur deren Zusammensetzung, sondern führte auch zu einer Oxidation oberflächennaher Mineralien (z.B. zur Entstehung von Eisenerzlagern). Die von Organismen veränderten Bedingungen auf der Erde machten wiederum neue Anpassungen erforderlich. Organismen sind also nicht nur als Reaktion auf die Geologie der Erde entstanden, vielmehr beeinflussen sich beide Aspekte wechselseitig. Sie sind daher sehr wahrscheinlich auch für den Erhalt der derzeitigen Lebensbedingungen verantwortlich und unabdingbar.

Grundlage für die biologische Vielfalt (die Biodiversität) ist die Evolution. Sie erlaubt als Prozess die graduelle Anpassung an die jeweiligen Bedingungen und ermöglicht es, vorhandene Energie immer effektiver zu nutzen. Nach dem Prinzip der Ressourcenteilung teilen sich Arten, die miteinander in Konkurrenz stehen, vorhandene Umweltressourcen so auf, dass jede Art eine ökologische Nische besetzt. Dadurch kann ein größeres Spektrum an Ressourcen genutzt werden, was die Zahl der Arten kontinuierlich ansteigen lässt. Unterbrochen wurde diese Entwicklung von verschiedenen, durch Katastrophen ausgelöste Aussterbeereignisse. Dies führte zur heutigen Ausstattung der Erde mit Arten, Populationen und Individuen. Diese bezeichnen wir allgemein als Biodiversität.

In der Regel wird Biodiversität als die Anzahl von Arten und ihre relative Häufigkeit in einem bestimmten Gebiet betrachtet. Noss (1990) entwickelte eine grundlegende Charakterisierung der Biodiversität und definierte drei Aspekte: (1) Zusammensetzung (Wie ist eine Population, eine Art, eine Artengruppe, ein Ökosystem etc. zusammen-

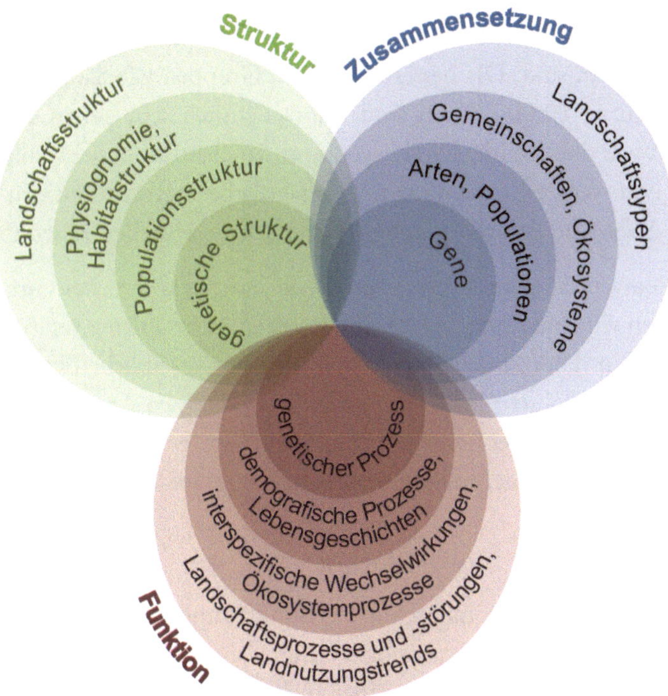

Abbildung 4.4.1:   Die drei Aspekte der Biodiversität (Zusammensetzung, Struktur und Funktion) in den verschiedenen Betrachtungsebenen *(nach Noss 1990, verändert)*

gesetzt?), (2) Funktion (unterschiedliche ökologische Rollen und Prozesse, die Organismen einnehmen bzw. verursachen können) und (3) Struktur (Unterschiede, die nicht innerhalb von Einheiten, sondern zwischen den Einheiten bestehen). Diese drei Aspekte können auf unterschiedlichen Ebenen betrachtet werden: beispielsweise innerhalb einer Art (Diversität der Individuen oder Genotypen) oder innerhalb von Gesellschaften (z.B. Diversität der Arten in einer Artengruppe). Mehrere Gesellschaften bilden wiederum ein Ökosystem, verschiedene Ökosysteme formen Großlebensräume, sogenannte Biome. Abbildung 4.4.1 zeigt die drei Aspekte der Biodiversität in den unterschiedlichen Ebenen.

4.4.2 Artenzahlen

Derzeit sind ca. 1,5 Mio. Arten beschrieben, d.h., sie wurden von Expertinnen und Experten als homogene Gruppe erkannt und von anderen, ähnlichen Gruppen abgegrenzt. Eine Art wird meist als Gruppe von Individuen definiert, die sich nur untereinander fortpflanzen können, aber nicht mit Angehörigen anderer Gruppen (biologisches Artkonzept). Regelmäßig werden neue Arten entdeckt, und es stellt sich die Frage, wie viele Arten es tatsächlich gibt. Derzeit gehen wir von ca. 8 Mio. Arten aus, davon ungefähr 1 Mio. Pflanzen und Pilze (Mora et al. 2011; Stork 2018), wovon ca. 18% beschrieben sind. Die besser bekannten Gruppen wie Säugetiere oder Vögel mit ca. 4.400 bzw. 10.000 Arten sind wahrscheinlich sehr genau erfasst. Andere Artengruppen wie die Zweiflügler (Fliegen und Mücken) sind viel weniger detailliert beschrieben. Nur wenige Expertinnen und Experten befassen sich mit den kleinen, unscheinbaren Arten, die sich morphologisch nur schwer einteilen lassen (Stork 2018).

Da wir die Biodiversität eines Areales meist als die dort vorkommende Anzahl der Arten darstellen, sehen wir eine Änderung der Biodiversität meist als eine veränderte Artenzusammensetzung an. Dies ist allerdings vereinfachend. Wesentliche ökologische Effekte sind auch von der absoluten Individuenanzahl der einzelnen Arten und vom Verhältnis dieser Zahlen zueinander bestimmt. All diese Faktoren führen dazu, dass Systeme mit hoher Biodiversität andere Eigenschaften haben als solche mit geringer Diversität.

4.4.3 Rückgang der Biodiversität

Biodiversität wird durch die menschliche Landnutzung maßgeblich beeinträchtigt. Dies kann auf verschiedene Weise erfolgen: durch direkte Nutzung von Organismen oder deren Entnahme aus der Natur, aber auch durch Beeinflussung der Lebensumstände von Lebewesen, beispielsweise weil der Mensch mit anderen Arten um Ressourcen konkurriert oder weil er deren Lebensräume in nutzbare Produktionsflächen umwandelt. Hierbei verringert sich nicht nur die für die Organismen verfügbare Fläche, es nimmt auch die Lebensraumqualität ab. Landbewirtschaftung spielt hierbei eine wesentliche Rolle. Regionen, die schon lange intensiv landwirtschaftlich genutzt werden, unterscheiden sich stark von der vom Menschen unbeeinflussten Natur. In diesem Zusammenhang unterscheidet man zwischen natürlicher bzw. primärer Vegetation (ohne menschlichen Einfluss) und potenzieller Vegetation (Entwicklung unter den derzeitigen Bedingungen ohne weiteren Einfluss des Menschen).

Durch lang andauernde, extensive Nutzung sind andererseits viele Ökosysteme entstanden, die besonders wertvoll für die Biodiversität sind. Dazu zählen z.B. Magerrasen, Streuwiesen oder Almwiesen, die durch Nährstoffaustrag aufgrund menschlicher Aktivität entstanden sind und heute hohe Naturschutzpriorität haben. Diese sekundären Lebensräume werden derzeit zunehmend in intensive Produktionsflächen umgewandelt oder gar nicht mehr durch den Menschen genutzt. In beiden Fällen kommt es zu einer Reduktion der Biodiversität in diesen Agroökosystemen. Durch die Bearbeitung des Bodens und durch Düngung sind solche Biotope weitgehend verschwunden. Jene Bereiche der Erde, die nicht im Fokus menschlicher Nutzung stehen, werden immer weniger (Watson et al. 2016). Selbst Flächen, die nicht direkt genutzt werden, sind durch Einflüsse aus der Umgebung zunehmend als natürlicher Lebensraum ungeeignet. Die Abnahme von Individuen- und Artenzahlen lässt sich also durch den Flächenverbrauch sowie die Beeinträchtigung und die direkte Entnahme von Organismen erklären.

4.4.4 Die Biodiversitätskrise

Die Abnahme der Individuenzahlen, auch wenn sie noch nicht zum globalen Aussterben einer Art geführt hat, bedeutet eine wesentliche Veränderung in der Zusammensetzung der Artengemeinschaften. Die einzelnen Erdzeitalter sind durch solche Veränderungen charakterisiert, sodass sich eine bestimmte Abfolge dieser Zusammensetzung ergibt. Ein bekanntes Beispiel ist der Übergang von der Kreide zum Tertiär, bei dem 75% der Arten und ca. 40% der Gattungen verschwanden. Als Grund dieses Ereignisses, bei dem auch die Dinosaurier ausstarben, wird ein Meteoriteneinschlag angenommen. Ähnliche Katastrophen scheinen bei jedem Wechsel von einem Erdzeitalter zu einem anderen eine Rolle zu spielen (Barnosky et al. 2011). Eine starke Änderung der Artenzahl ist auch gegenwärtig zu erwarten, weshalb 2008 bei der Geological Society of London die Anerkennung des aktuellen Zeitabschnittes als Beginn eines neuen Zeitalters (Anthropozän) beantragt wurde. Dass es zu einer solchen Anerkennung kommt, ist wahrscheinlich, da die derzeitigen menschlichen Aktivitäten eine sehr starke Veränderung in der Artenzusammensetzung erwarten lassen (Steffen et al. 2011).

Fallbeispiel 4.4.1: Populationsentwicklung der Nashörner

Derzeit leben auf der Erde fünf Nashornarten (zwei in Afrika und drei in Asien). Während der vergangenen Eis- und Zwischeneiszeiten gab es noch einige andere Nashornarten in den gemäßigten Breiten. Diese sind allerdings mit dem Verschwinden der sogenannten eiszeitlichen Megafauna ausgestorben, eventuell unter Beteiligung des Menschen. Die heutigen Nashornarten haben eine tropische bis subtropische Verbreitung mit Ausläufern in warmgemäßigten Regionen (z.B. Nordafrika). Die Arten sind bis zu einem gewissen Grad ökologisch getrennt. In Afrika ist z.B. das Spitzmaulnashorn ein Selektierer (d.h. seine Nahrung ist arm an Pflanzenfasern, aber reich an leicht verdaulichen Nährstoffen), während das Breitmaulnashorn ein typischer Weidegänger ist.

Nashörner wurden durch die kommerzialisierte Jagd stark dezimiert. Sie waren während des Kolonialismus bevorzugtes Ziel von Großwildjägern. Außerdem wird das Kollagen, aus dem das Horn besteht, als Bestandteil traditioneller Medizin sowie als Rohstoff für verschiedene Artefakte gehandelt. Dieser Handel brach auch nach der Unterschutzstellung der Arten nicht ab und wird heute durch Wilderei und einen illegalen Schwarzmarkt aufrechterhalten. Dies führte zu einer sehr starken Abnahme der Individuenzahlen.

Besonders gut dokumentiert ist die Populationsentwicklung der afrikanischen Arten (Emslie 2012a, b). Ende des 19. Jahrhunderts war das Spitzmaulnashorn in Afrika südlich der Sahara verbreitet (mit geschätzten 1 Mio. Individuen), es wurde jedoch bis in die 1960er-Jahre auf wenige 1.000 Individuen dezimiert (Moodley et al. 2017). Die Abnahme kann nur zum Teil mit der zunehmenden Flächennutzung durch den Menschen erklärt werden. In vielen geschützten oder wenig genutzten Arealen wurden Nashörner ebenfalls zurückgedrängt. Heute existieren ca. 5.000 Individuen hauptsächlich in afrikanischen Nationalparks in voneinander getrennten Gebieten. Durch gezielte Managementmaßnahmen wird derzeit versucht, die Population des Spitzmaulnashorns wieder zu vergrößern (Black Rhino Expansion Program).

Zwischenzeitlich war ein ähnliches Programm bei der anderen afrikanischen Art, dem Breitmaulnashorn, sehr erfolgreich. Das Breitmaulnashorn hat seinen Verbreitungsschwerpunkt im südlichen Afrika. Vor Beginn der systematischen Bejagung betrug die Populationsgröße geschätzte 300.000 Tiere. Anfang des 20. Jahrhunderts lebten nur noch wenige 100 Individuen in einigen geschützten Arealen und in privaten Farmen in Südafrika. Bis zum Jahr 2000 konnte die Population auf ca. 20.000 Individuen erhöht werden. In einem Translokationsprogramm wurden die Tiere nicht nur auf von Nashörnern besiedelte Areale verteilt, sondern auch auf Gebiete, wo die Art in historischen Zeiten vorkam, aber durch Bejagung ausgerottet wurde. Dadurch wurde eine Populationsdynamik wiederhergestellt, welche neben Wachstum auch die Prozesse der Ausbreitung und Kolonisierung umfasst. So konnte eine kontinuierliche Zunahme der Population erreicht werden. Solch ein Vorgehen ist nicht selbstverständlich. Neben der unbestrittenen Schwierigkeit, große Säugetiere in neue Gebiete einzuführen, ohne dabei Konflikte mit der lokalen Bevölkerung zu erzeugen, birgt die Translokation auch das Risiko des Transports für die Tiere. Sie müssen betäubt und teilweise unter dem Hubschrauber hängend transportiert werden. Das Risiko, die Tiere dabei zu verletzen oder zu traumatisieren, ist sehr groß. Eine Managementmaßnahme, die das Einfangen aller oder eines großen Teils der verbliebenen Individuen beinhaltet, birgt daher auch die Gefahr, das Aussterben zu beschleunigen. Auch können Habitate, in welche die Nashörner eingeführt werden, heute ungeeignet sein. Dies zeigen Rückschläge im Expansionsprojekt, das derzeit für Spitzmaulnashörner durchgeführt wird. Hier sind nach der Translokation einige Tiere in den neuen Gebieten verhungert. Ungeachtet solcher Rückschläge waren bei Nashörnern Expansionsprojekte bisher sehr erfolgreich, auch wenn die Populationen heute wieder sinken. Anfang des 21. Jahrhunderts stieg der Jagddruck durch Wilderei v.a. auf das Breitmaulnashorn. Angefacht durch die Nachfrage nach Horn als medizinisches Produkt in Asien werden derzeit jährlich bis zu 1.359 Tiere dieser Art getötet (im Jahr 2015), zwischen 2007 und 2018 insgesamt 9.150 Tiere (Save the Rhino International 2018). Die Mortalitätsrate (jährlich bis zu 10%) kann nicht durch mehr Geburten ausgeglichen werden. Diese – als zweite Wildereikrise (*second poaching crisis*) bezeichnete – Entwicklung verursacht eine kontinuierliche Abnahme der Population. Derzeit leben ca. 20.000 Breitmaulnashörner.

In Asien kommen drei Nashornarten vor. Das Panzernashorn oder Indische Nashorn mit Verbreitungsschwerpunkt auf dem indischen Subkontinent ist heute auf die Ausläufer des Himalayas in Indien, Nepal und Bhutan beschränkt. Das Sumatra-Nashorn und das Java-Nashorn kamen in teilweise überlappenden Arealen in ganz Südostasien vor (vom Norden Vietnams über die Malaiische Halbinsel bis zu den Inseln des Sunda-Schelfs, Sumatra, Java und Borneo). Anfang des 20. Jahrhunderts wurde das Indische Nashorn unter Schutz gestellt, nachdem es durch Jagd auf wenige Individuen dezimiert wurde. Heute beträgt die Population ca. 3.500 Individuen (Talukdar et al. 2008). Diese Zunahme wurde ähnlich wie in den oben genannten Expansionsprogrammen durch Wiederansiedlung in zwischenzeitlich verlorenen Arealen erreicht. Beim Sumatra-Nashorn und beim Java-Nashorn gelang dies nicht. Geschätzte 230 (evtl. auch nur mehr 87) Sumatra-Nashörner (Pusparini et al. 2015) leben verstreut in wenigen Gebieten (van Strien et al. 2008). Vom Java-Nashorn haben im National Park Ujung Kulon an der Westküste Javas nur 62 Tiere überlebt (Setiawan et al. 2017). Historisch war die Art v.a. aus Java bekannt. Im 18. Jahrhundert noch als Schädling für die Plantagenwirtschaft beschrieben, lassen Abschusszahlen von Expeditionsberichten darauf schließen, dass die Art auf Java zu den häufig auftretenden großen Säugetierarten zählte. Der Rückgang an Nashörnern auf Java wurde bereits vor dem Anstieg der menschlichen Population dokumentiert. Ab Mitte des 20. Jahrhunderts kam es nur noch im heutigen Nationalpark vor (Sody 1959). Auf einer Halbinsel gelegen, ist der Park nur schwer zugänglich und dadurch der Jagddruck geringer. Seit der Unterschutzstellung des Gebietes in den 1960er-Jahren ist die Populationsgröße konstant geblieben. Bis 2009 existierte eine zweite, wahrscheinlich schon seit längerer Zeit sehr kleine Restpopulation in Nordvietnam. Das letzte Individuum wurde durch Wilderer mit einem Schuss verletzt. Ein paar Jahre später wurde das Tier mit einem Steckschuss im Oberschenkelknochen gefunden, an dem es kurz nach der Verletzung verendete. Bei diesem Individuum handelte es sich um das letzte bekannte Exemplar außerhalb Javas (Brook et al. 2014). Das Java-Nashorn ist nun mit 62 Individuen akut vom Aussterben bedroht. Ein Expansionsprogramm kann hier nicht durchgeführt werden, da die Population nicht wächst und eine Translokation die wenigen verbliebenen Individuen zu stark gefährden würde.

4.4.5 Anthropozänkonzept

Die Nashornarten sind ein typisches Beispiel für die Bestandsentwicklung der Arten und Verwandtschaftsgruppen von Großsäugern. Weitere Beispiele sind der Amerikanische Bison und der Europäische Wisent (auch Europäischer Bison), deren aus wenigen Individuen bestehenden Restpopulationen sich langsam erholen. Große Raubkatzen wurden dezimiert, wie der Tiger, der von ca. 200.000 auf derzeit 3.500 Individuen zurückgegangen ist. Die verschiedenen Arten der Pferdeartigen sind außerhalb Afrikas in der Wildnis zwischenzeitlich ausgestorben und haben nur aufgrund von Zucht- und Wiederansiedlungsprogrammen überlebt. Auch wenn viele der Arten nach unseren Definitionen nicht unmittelbar vom Aussterben bedroht sind, stellen die niedrigen Individuenzahlen der heutigen Populationen einen wesentlichen Unterschied zu einem Zustand ohne den Einfluss des modernen Menschen dar. Je kleiner eine Population, desto geringer ist die Wahrscheinlichkeit, dass ihre Mitglieder fossile Überreste hinterlassen, die in entfernter Zukunft gefunden werden könnten. Derzeit werden die ursprünglichen Arten im Fossilhorizont durch die Überreste jener Arten, deren Existenz wir erlauben und zu unserem eigenen Nutzen befördern, ersetzt. Die Biomasse von Broilern (für die Fleischproduktion gezüchtete Hühner) ist z.B. größer als jene aller landlebenden, nicht domestizierten Wirbeltiere. Zukünftige Betrachterinnen und Betrachter derzeit entstehender Fossilschichten könnten ein relativ plötzliches Auftreten fossiler Überreste von Hühnern und ein gleichzeitiges Verschwinden der meisten anderen Arten erkennen (Bennett et al. 2018). Diese durch den Artenrückgang gekennzeichnete Veränderung dient der Definition des Anthropozäns, das als neues Zeitalter das bisherige, seit der letzten Eiszeit bestehende Erdzeitalter (das Holozän) ablöst.

Der zu erwartende Artenrückgang, der mit diesem Übergang einhergeht, wird wahrscheinlich ähnlich hoch sein wie jener bei den bisherigen Massenaussterbeereignissen der Erdgeschichte. Bislang fanden fünf solcher Ereignisse mit einer Reduktion der Artenzahlen um mindestens 75% statt. Mit je 75% eher klein waren die Ereignisse am Übergang Kreide – Tertiär vor 60 Mio. Jahren und am Übergang Devon – Carbon vor 400 Mio. Jahren, gefolgt von ca. 80% an der Grenze des Trias – Jura vor 200 Mio. Jahren und 86 % am Übergang Ordovizium – Silur vor 450 Mio. Jahren.

Das größte Ereignis der Erdgeschichte fand vor 300 Mio. Jahren am Ende des Perms im Übergang zum Trias statt, als geschätzt 96% der Arten verschwanden (Barnosky et al. 2011). Bisherige Aussterbeereignisse waren wahrscheinlich durch einen Rückgang der Artenzahlen im Verlauf von mehreren Hunderttausend oder Millionen Jahren gekennzeichnet. Die derzeitige Entwicklung machte sich bereits nach zwei bis drei Generationen des Menschen bemerkbar. Die hohe Aussterberate im Anthropozän ergibt sich, wenn wir die Anzahl der derzeit bedrohten Arten betrachten und der Mensch weiterhin die Auswirkungen seines Handelns ignoriert. Der Mensch scheint somit eine sehr „effektive Katastrophe" darzustellen, die geeignet ist, das sechste Massenaussterben der Erdgeschichte zu verursachen. Dies stellt die derzeitige Biodiversitätskrise dar.

Die Biodiversitätskrise besteht also im Rückgang der Artenzahlen auf globaler Ebene, aber auch im Aussterben einzelner Populationen und im Verschwinden ihrer Funktionen auf lokaler Ebene. In den letzten Jahren wurde ein starker Rückgang der Biomasse oder der Individuenzahl ganzer Organismengruppen beschrieben, z.B. bei Insekten (Sánchez-Bayo und Wyckhuys 2019), Vögeln (z.B. Inger et al. 2015) und Säugetieren (Ripple et al. 2019). Besonderes Aufsehen erregte die sogenannte *Krefelder Studie* (Hallmann et al. 2017), die in unter Schutz gestellten Gebieten in den letzten 30 Jahren einen Rückgang der Insektenbiomasse um 75% zeigte. Das Wirtschaften des Menschen führt zu einer starken Reduktion natürlicher Populationen auf Flächen, die unter

Nutzung stehen, aber auch in vom Menschen nur wenig beeinflussten Gegenden. Dies deutet auf einen systematischen Einfluss hin, der bisher noch nicht oder nicht genügend berücksichtigt wurde. So ist nach neueren Ergebnissen in den letzten Jahren auch die Anzahl an Vögeln stark zurückgegangen, allen Naturschutzbemühungen zum Trotz (z.B. EBCC 2018; Newton 2004). Da v.a. Arten des Offenlandes betroffen sind, ist es sehr wahrscheinlich, dass es sich hierbei um einen direkten Effekt der Landwirtschaft handelt.

4.4.6   Wozu brauchen wir Biodiversität?

Nun stellt sich die Frage, ob und wozu die Menschheit Biodiversität braucht. Wir sind zwar von anderen Organismen abhängig, aber nicht notwendigerweise von allen. Während wir den Nutzen von Bienen sofort einsehen, da sie als Bestäuber eine Funktion haben, von der wir direkt profitieren, erschließt sich der Nutzen der Wiederbesiedlung Mitteleuropas durch den Wolf nicht so ohne Weiteres. Die Rückkehr des Wolfes erschwert die landwirtschaftliche Produktion, die nach der Ausrottung des Wolfes entwickelt wurde. Diese muss nun an Bedingungen angepasst werden, die zwar schon einmal existierten, uns heute aber als neu erscheinen.

Da der Mensch das Ergebnis der biologischen Evolution ist, könnte auch sein ökologischer Einfluss als natürlich definiert werden. Diese Argumentation wird gerne verwendet, um den Menschen und seine Ökonomie als Teil der Umwelt darzustellen. Damit wäre die derzeitige Biodiversitätskrise, ebenso wie frühere Massenaussterbeereignisse, ein natürlicher Vorgang. Dies ist aber zu stark vereinfachend. So wären andere ökologische Vorgänge wie beispielsweise katastrophale Populationseinbrüche in der menschlichen Bevölkerung auch als natürlich zu akzeptieren, was wir selbstverständlich nicht tun. Nach dieser Argumentation sind auch Maßnahmen, die der Mensch zur Abwendung der Biodiversitätskrise ergreift, Teil der Evolution bzw. Natur. Die Krise ist daher kein notwendiger Aspekt der natürlichen Entwicklung, sondern ein mögliches Ergebnis des menschlichen Verhaltens.

Zwei wesentliche Argumente können den Schutz von Biodiversität begründen. Diese sind zum einen naturphilosophisch charakterisiert, indem das Recht von Organismen auf Existenz anerkannt wird (als Existenzwert oder intrinsischer Wert) (Batavia und Nelson 2017). Zum anderen gibt es einen ökonomisch charakterisierten Wert von Organismen, der durch einen Vorteil für den Menschen entsteht (Nutzwert). Während der intrinsische Wert auf einem Existenzrecht beruht bzw. sich ohne Beurteilung durch den Menschen ergibt, ist der Nutzwert das Ergebnis einer Verwendung des Organismus zur Erstellung eines Produktes einschließlich der Umwandlung des Organismus in ein solches. Eine Organismengruppe, die einen direkten oder potenziellen Nutzwert hat, wird wahrscheinlich noch eine Weile erhalten werden, sodass die zukünftige Nutzung möglich bleibt. Der Wert einer potenziellen Nutzung durch heute lebende oder zukünftige Generationen wird auch als Optionswert bezeichnet. Darüber hinaus gibt es einen Wert, der sich aus der Vermeidung irreversibler Entscheidungen und Auswirkungen ergibt und v.a. in Hinblick auf das zukünftige Wissen (über eine potenzielle, heute noch nicht bekannte Nutzung) von Bedeutung ist. Dieser sogenannte Quasi-optionswert ist für den Biodiversitätsschutz von großer Bedeutung, da wir z.B. für die Herstellung von Medikamenten viele pflanzliche und tierische Substanzen verwenden bzw. synthetisch auf deren Grundlage herstellen. Viele chemische Substanzen und genetische Prozesse in einer Vielzahl von Organismen sind noch nicht bekannt, können aber für die Entwicklung neuer Medikamente wichtig sein. Biodiversitätsschutz hat somit einen hohen Nutzwert für die Menschheit (siehe Beitrag 3.1).

4.4.7 Ökosystemdienstleistungen

Der intrinsische Wert der Biodiversität ist schwer zu bemessen, und ein ökonomisch begründeter Nutzwert, der sich ausschließlich auf den Gebrauch einer Ressource und damit auch auf den Verbrauch bezieht, kann für die Beschreibung der Abhängigkeit des Menschen von der belebten Umwelt irreführend sein. Das Konzept der Ökosystem-dienstleistung (ÖSD) versucht dies zu verdeutlichen. Es hat sich mittlerweile als Wertesystem zur Beurteilung natürlicher Ressourcen etabliert. Damit ÖSD ihre ökologische Rolle zum Wohle der Menschheit erfüllen können, ist es in der Regel erforderlich, die kontinuierliche Existenz der Biodiversität zu sichern. Dies kann als ökonomischer Faktor berücksichtigt werden.

Das ÖSD-Konzept wurde Anfang der 1980er-Jahre im Zusammenhang mit der Diskussion, wie Biodiversität und ihr Erhalt bewertet werden könnten, vorgeschlagen. Eine der frühen Studien (Ehrlich und Mooney 1983) wird als eine der wichtigsten Arbeiten im Bereich der Naturschutzbiologie angesehen (Bradshaw et al. 2011). Von „ÖSD" zu sprechen, wurde ursprünglich als Metapher verstanden, um den Nutzen der Natur darzustellen und diesen im Zusammenhang mit dem Naturschutz besser argumentieren zu können. Erst in späteren Arbeiten wurde die tatsächliche monetäre Bewertung der ÖSD vorgeschlagen. Die Arbeit von Constanza et al. (1997) hatte dabei großen Einfluss und wird heute meist mit dem Ursprung des ÖSD-Konzeptes in Verbindung gebracht. Die Autoren kategorisierten die Leistungen der Biosphäre und belegten sie mit einem monetären Wert. Dieser betrug damals weltweit insgesamt 33 Billiarden Dollar pro Jahr.

Die wesentliche Argumentation dieser Arbeiten ist, dass der Nutzen der Natur für den Menschen ökonomisch bewertet werden muss, um die Natur schützen zu können. Dies kann beispielsweise durch die Schaffung eines Marktes geschehen (wie z.B. bei CO_2-Derivaten). Spätestens mit der Veröffentlichung des *Millennium Ecosystem Assessment* (MA) (2005) wurde das ÖSD-Konzept das grundlegende Paradigma zur Bewertung von Umweltauswirkungen sowie von Naturschutzmaßnahmen und -zielen. Dies spiegelt sich auch in späteren Berichten wie dem TEEB-Report (TEEB 2009) sowie der CBD, der *Convention on Biological Diversity,* wider (EASAC 2009; vgl. auch Grunewald und Bastian 2013; Luck et al. 2009). Als besonders ansprechend wird vonseiten des Umweltmanagements die Möglichkeit gesehen, die Belange des Naturschutzes und der Gesellschaft zu vereinigen und gemeinsame Ziele zu formulieren (z.B. Kareiva und Marvier 2012). Da Ökosysteme im Wesentlichen auf den Interaktionen der Organismen und damit der Biodiversität beruhen, wird der Erhalt der Biodiversität als gewährleistet angesehen, wenn die ÖSD erhalten werden (Goldman und Tallis 2009).

Man unterscheidet grundsätzlich zwischen versorgenden, regulierenden und kulturellen ÖSD (Grunewald und Bastian 2013, S. 49), wobei das MA (2005) noch unterstützende ÖSD anführt (nach Constanza et al. 1997) (siehe Abbildung 4.4.2):

- Zu den versorgenden ÖSD (provisioning ecosystem services, ökonomische Dienstleistungen) zählen Ressourcen, die von Ökosystemen produziert werden (z.B. Nahrungsmittel, Rohstoffe, sonstige erneuerbare Naturressourcen). Man unterscheidet zwischen Produkten, die angebaut bzw. gezüchtet werden, und jenen, die direkt aus der Natur stammen (z.B. Fisch, Wildfrüchte, Wildkräuter).

- Regulierende ÖSD (regulating ecosystem services, ökologische Dienstleistungen) sind Prozesse, die z.B. das Klima steuern, die Wasserqualität positiv beeinflussen oder Schädlinge in Schach halten. Da die Leistungen indirekt erfolgen, werden sie oft zu wenig beachtet – es sei denn, die Dienstleistungen fallen aus. Sie bilden die Grundlage für die Existenz des Menschen. Damit der Mensch diese Leistungen in Anspruch nehmen kann, muss die Erhaltung und Funktionsfähigkeit der Ökosysteme gewährleistet sein.

- Kulturelle ÖSD (cultural ecosystem services) sind nichtmaterielle Leistungen und Beiträge der Ökosysteme, die z.B. ästhetischen Genuss, Erholung oder spirituelle Erfahrungen ermöglichen. Diese ÖSD werden leicht übersehen, da sie monetär nur schwer bewertet werden können.

- Unterstützende ÖSD (supporting services) sind grundlegende ökologische Vorgänge, von denen der Mensch abhängig ist (z.B. der Nahrungskreislauf, die Primärbzw. Sekundärproduktion, die Bereitstellung von Lebensräumen) (MA 2005). Diese Kategorie wird je nach Anwenderin oder Anwender als eigenständige Dienstleistung angeführt oder auch den anderen ÖSD zugeordnet.

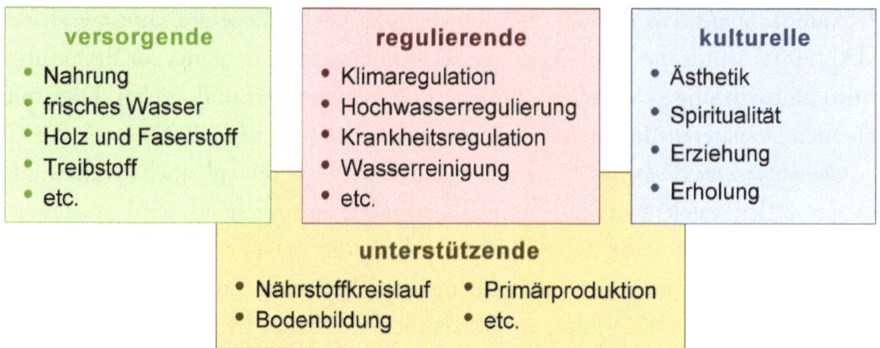

Abbildung 4.4.2: Schematische Darstellung der Kategorien von Ökosystemdienstleistungen (nach MA 2005, verändert)

Ein wesentlicher Punkt des ÖSD-Konzeptes ist, dass verschiedene Aspekte der Leistungen durch sozioökonomische Faktoren (z.B. Bildungsgrad, Beruf, Einkommen) ersetzt werden könnten (MA 2005). Dies veranschaulichen die Vorschläge zum Umgang mit dem Anstieg des CO_2-Gehaltes in der Atmosphäre. Durch regulierende ÖSD sorgt die Biosphäre – über den Einbau von Kohlenstoff in Biomasse mittels Photosynthese – für einen stabilen bzw. leicht sinkenden CO_2-Gehalt in der Atmosphäre. Das durch Verbrennung fossiler Kohlenstofflagerstätten entstehende CO_2 könnte zumindest teilweise in Biomasse gespeichert werden (z.B. durch das Ausweiten von Waldflächen). Alternativ dazu könnte durch technische Lösungen CO_2 aus der Atmosphäre abgeschieden und anschließend gelagert werden. Der ökologische Prozess, der den Kohlenstoffgehalt über Einbau in Biomasse senkt, würde so durch einen technologischen Prozess ersetzt.

4.4.8 Kritik am Ökosystemdienstleistungsparadigma

Die Annahme, dass ÖSD durch ökonomische und technische Möglichkeiten ersetzbar sind, bildet den Kern der Kritik an diesem Konzept. Die Substituierbarkeit sowie die monetäre Bewertung der ÖSD lässt die ursprüngliche Formulierung des Modells als Metapher zur Veranschaulichung natürlicher Vorgänge eigentlich nicht zu.

Ökologische Leistungen zu bepreisen, kann nach Silvertown (2015) als moralische Entscheidung angesehen werden. Wie in dieser Arbeit ausgeführt, sind wir sehr zufrieden damit, manchen Dingen oder Leistungen keinen Preis zu geben, sondern sie als nichtbewertbar zu akzeptieren. Dies trifft beispielsweise auf menschliche Organe sowie auf andere grundlegende Bedürfnisse des Menschen zu. Solche Faktoren monetär zu bewerten, würde eine ethische *Entwertung* darstellen, da der monetäre Wert einer unveräußerlichen Leistung nicht bezifferbar ist.

ÖSD werden häufig auf die ökologische Rolle der einzelnen Mitglieder eines Ökosystems bezogen und nicht auf die Gesamtheit des Systems. So können verschiedene Arten von Organismen ähnliche Funktionen haben und dann innerhalb des Systems funktionell oder ökologisch redundant erscheinen. Diese Redundanz ist positiv, da eine Leistung dann von verschiedenen Elementen unterstützt wird und damit gegenüber Einflüssen stabiler ist. Darauf beruht das Konzept der Resilienz von Ökosystemen (siehe Beitrag 4.1). Die Annahme von Redundanz erweckt jedoch den Anschein, dass manche Elemente in einem Ökosystem nicht nötig wären. Tatsächlich wird in einer auf ÖSD beruhenden Risikoabschätzung das Verschwinden einer Art, die eine einzigartige ökologische Rolle innehat, schwerwiegender beurteilt als das Verschwinden einer Art, die funktionell redundant erscheint. Dies mag kurzfristig plausibel erscheinen, ist aber Ausdruck eines eher naiven Verständnisses von Ökologie. In einem Ökosystem finden Arten aufgrund von aktuell herrschenden Bedingungen zusammen. Mit sich ändernden Bedingungen kann auch die ökologische Redundanz variieren. Es ist daher schwierig abzuschätzen, welche Elemente notwendig sind, um eine Leistung langfristig erhalten zu können.

Die Reduktion eines ökologischen Mechanismus auf eine ÖSD für den Menschen stellt immer eine Vereinfachung dar. Der Wert einer ökologischen Leistung kann nur verstanden werden, wenn alle möglichen Leistungen und deren zukünftige Entwicklungen bekannt sind. Wenn die ökologischen Zusammenhänge nicht bekannt sind, wird auch die Leistung nicht unbedingt als solche erkannt. Der ökologische Mechanismus wäre dann in seiner Wichtigkeit für den Menschen unterbewertet. So werden erst in neuerer Zeit stabilisierende Effekte von Großsäugern auf den Nährstoffhaushalt des Bodens diskutiert (z.B. Doughty et al. 2016) oder die ökologische Rolle der großen Bartenwale untersucht (Roman et al. 2014). Diese neuen Entwicklungen zeigen, dass die Beurteilung, welche ökologischen Dienstleistungen wir erwarten, noch nicht abgeschlossen ist. Dadurch entsteht eine sehr hohe Unsicherheit bei der Bewertung und Anwendung der ÖSD.

Literatur

Barnosky, A. D., Matzke, N., Tomiya, S., Wogan, G. O. U., Swartz, B., Quental, T. B., Marshall, C., McGuire, J. L., Lindsey, E. L., Maguire, K. C., Mersey, B., and Ferrer, E. A. (2011): Has the earth' s sixth mass extinction already arrived? Nature, 471, 51–57. https://doi.org/10.1038/nature09678.

Batavia, C. and Nelson, M. P. (2017): For goodness sake! What is intrinsic value and why should we care? Biological Conservation, 209, 366–376. https://doi.org/10.1016/j.biocon.2017.03.003.

Bennett, C. E., Thomas, R., Williams, M., Zalasiewicz, J., Edgeworth, M., Miller, H., Coles, B., Foster, A., Burton, E. J., and Marume, U. (2018): The broiler chicken as a signal of a human reconfigured biosphere. Royal Society Open Science, 5. https://doi.org/10.1098/rsos.180325.

Bradshaw C. J. A., Sodhi N. S., Laurance W. F., and Brook B. W. (2011): Twenty landmark papers in biodiversity conservation. In: Pavlinov, I., ed., Research in Biodiversity - Models and Applications. Rijeka, Shanghai: Intech, 97–112. https://doi.org/10.5772/23984.

Brook, S. M., Dudley, N., Mahood, S. P., Polet, G., Williams, A. C., Duckworth, J. W., Van Ngoca, T., and Long B. (2014): Lessons learned from the loss of a flagship: the extinction of the Javan rhinoceros *Rhinoceros sondaicus annamiticus* from Vietnam. Biological Conservation, 174, 21–29. https://doi.org/10.1016/j.biocon.2014.03.014.

Constanza, R., d'Arge, R., de Groot, R., Farber, S., Grasso, M., Hannon, B., Limburg, K., Naeem, S., O'Neill, R. V., Paruelo, J., Raskin, R. G., Sutton, P., and van den Belt, M. (1997): The value of the world's ecosystem services and natural capital. Nature, 387, 253–260. https://doi.org/10.1038/387253a0.

Doughty, C. E., Roman, J., Faurby, S., Wolf, A., Haque, A., Bakker, E. S., Malhi, Y., Dunning, J. B., and Svenning, J. C. (2016): Global nutrient transport in a world of giants. Proceedings of the National Academy of Sciences of the United States of America, 113, 4, 868–873. https://doi.org/10.1073/pnas.1502549112.

EASAC (European Academies Science Advisory Council) (2009): Ecosystem services and biodiversity in Europe. EASAC policy report 09. London: The Royal Society. Available at: https://easac.eu/publications/details/ecosystems-services-and-biodiversity-in-europe/ [accessed 15.5.2019].

EBCC (European Bird Census Council) (2018): Website of the European Bird Census Council. Available at: https://www.ebcc.info [accessed 15.5.2019].

Ehrlich, P. R. and Mooney, H. A. (1983): Extinction, substitution, and ecosystem services. BioScience, 33, 4, 248–254. https://doi.org/10.2307/1309037.

Emslie, R. (2012a): Ceratotherium simum. The IUCN Red List of Threatened Species. e.T4185A16980466. http://dx.doi.org/10.2305/IUCN.UK.2012.RLTS.T4185A16980466.en.

Emslie, R. (2012b): Diceros bicornis. The IUCN Red List of Threatened Species. e.T6557A16980917. http://dx.doi.org/10.2305/IUCN.UK.2012.RLTS.T6557A16980917.en.

Goldman, R. and Tallis, H. (2009): A critical analysis of ecosystem services as a tool in conservation projects. Annals of the New York Academy of Sciences, 1162, 63–78. https://doi.org/10.1111/j.1749-6632.2009.04151.x.

Grunewald, K. und Bastian, O. (Hrsg.) (2013): Ökosystemdienstleistungen. Konzept, Methoden und Fallbeispiele. Berlin, Heidelberg: Springer. https://doi.org/10.1007/978-3-8274-2987-2.

Hallmann, C. A., Sorg, M., Jongejans, E., Siepel, H., Hofland, N., Schwan, H., Stenman, W., Müller, A., Sumser, H., Hörren, T., Goulson, D., and de Kroon, H. (2017): More than 75 percent decline over 27 years in total flying insect biomass in protected areas. PLOS ONE, 12, 10, e0185809. https://doi.org/10.1371/journal.pone.0185809.

Inger, R., Gregory, R., Duffy, J. P., Stott, I., Voříšek, P., and Gaston, K. J. (2015): Common European birds are declining rapidly while less abundant species' numbers are rising. Ecology Letters, 18, 28–36. https://doi.org/10.1111/ele.12387.

Kareiva, P. and Marvier, M. (2012): What is conservation science? BioScience, 62, 962–969. https://doi.org/10.1525/bio.2012.62.11.5.

Lovelock, J. (1995): The Ages of Gaia. A Biography of Our Living Earth. Second edition. New York, London: Oxford University Press.

Luck, G. W., Harrington, R., Harrison, P. A., Kremen, C., Berry, P. M., Bugter, R., Dawson T. P., de Bello, F., Diaz, S., Feld, C. K., Haslett, J. R., Hering, D., Kontogianni, A., Lavorel, S., Rounsevell, M., Samways, M. J., Sandin, L., Settele, J., Sykes, M. T., van den Hove, S., Vandewalle, M., and Zobel, M. (2009): Quantifying the contribution of organisms to the provision of ecosystem services. BioScience, 59, 3, 223–235. https://doi.org/10.1525/bio.2009.59.3.7.

MA (Millennium Ecosystem Assessment) (2005): Ecosystems and Human Well-Being: Synthesis. Washington, DC, USA: Island Press. Available at: http://www.millenniumassessment.org/ [accessed 20.7.2019].

Moodley, Y., Russo, I. R. M., Dalton, D. L., Kotzé, A., Muya, S., Haubensak, P., Bálint, B., Munimanda, G. K., Deimel, C., Setzer, A., Dicks, K., Herzig-Straschil, B., Kalthoff, D. C., Siegismund, H. R., Robovský, J., O'Donoghue, P., and Bruford, M. W. (2017): Extinctions, genetic erosion and conservation options for the black rhinoceros (Diceros bicornis). Scientific Reports, 7, 41417. https://doi.org/10.1038/srep41417.

Mora, C., Tittensor, D. P., Adl, S., Simpson, A. G. B., and Worm, B. (2011): How many species are there on earth and in the ocean? PLOS Biology, 9, 8, e1001127. https://doi.org/10.1371/journal.pbio.1001127.

Newton, I. (2004): The recent declines of farmland bird populations in Britain: an appraisal of causal factors and conservation actions. IBIS, 146, 579–600. https://doi.org/10.1111/j.1474-919X.2004.00375.x.

Noss, R. F. (1990): Indicators for monitoring biodiversity: A hierarchical approach. Conservation Biology, 4, 4, 355–364. https://doi.org/10.1111/j.1523-1739.1990.tb00309.x.

Pusparini, W., Sievert, P. R., Fuller, T. K., Randhir, T. O., and Andayani, N. (2015): Rhinos in the parks: An island-wide survey of the last wild population of the Sumatran Rhinoceros. PLOS ONE, 10, 9, e0139982. https://doi.org/10.1371/journal.pone.0136643.

Ripple, W. J., Wolf, C., Newsome, T. M., Betts, M. G., Ceballos, G., Courchamp, F., Hayward, M. W., Van Valkenburgh, B., Wallach, A. D., and Worm, B. (2019): Are we eating the world's megafauna to extinction? Conservation Letters, 12, 3, e12627. https://doi.org/10.1111/conl.12627.

Roman, J., Estes, J. A., Morissette, L., Smith, C., Costa, D., McCarthy, J., Nation, J. B. Nicol, S., Pershing, A., and Smetacek, V. (2014): Whales as marine ecosystem engineers. Frontiers in Ecology and the Environment, 12, 7, 377–385. https://doi.org/10.1890/130220.

Sánchez-Bayo, F. and Wyckhuys, K. A. G. (2019): Worldwide decline of the entomofauna: A review of its drivers. Biological Conservation, 232, 8–27. https://doi.org/10.1016/j.biocon.2019.01.020.

Save the Rhino International (2018): Rhino info. Poaching statistics. Available at: https://www.savetherhino.org/rhino-info/poaching-stats/ [accessed 11.4.2019].

Schneider, S. H. and Boston, P. J. (eds.) (1991): Scientists on Gaia. London: MIT Press.

Setiawan, R., Gerber, B. D., Rahmat, U. M., Daryan, D., Firdaus, A. Y., Haryono, M., Khairani, K. O., Kurniawan, Y., Long, B., Lyet, A., Muhiban, M., Mahmud, R., Muhtarom, A., Purastuti, E., Ramono, W. S., Subrata, D., and Sunarto, S. (2017): Preventing global extinction of the Javan rhino. Tsunami risk and future conservation direction. Conservation Letters, 11, e12366. https://doi.org/10.1111/conl.12366.

Silvertown, J. (2015): Have ecosystem services been oversold ? Trends in Ecology & Evolution, 30, 11, 641–648. https://doi.org/10.1016/j.tree.2015.08.007.

Sody, H. J. V. (1959): Das javanische Nashorn Rhinoceros sondaicus. Zeitschrift für Säugetierkunde, 24, 3–4.

Steffen, W., Grinevald, J., Crutzen, P., and McNeill, J. (2011): The Anthropocene: conceptual and historical perspectives. Philosophical Transactions of the Royal Society A. Mathematical, Physical and Engineering Sciences, 369, 842–867. https://doi.org/10.1098/rsta.2010.0327.

Stork, N. E. (2018): How many species of insects and other terrestrial arthropods are there on earth? Annual Reviews of Entomology, 63, 31–45. https://doi.org/10.1146/annurev-ento-020117-043348.

Talukdar, B. K., Emslie, R., Bist, S. S., Choudhury, A., Ellis, S., Bonal, B. S., Malakar, M. C., Talukdar, B. N., and Barua, M. (2008): Rhinoceros unicornis. The IUCN Red List of Threatened Species. e.T19496A8928657.   http://dx.doi.org/10.2305/IUCN.UK.2008.RLTS.T19496A8928657.en [accessed 20 May 2019].

TEEB (2009): The Economics of Ecosystems and Biodiversity (TEEB). Climate Issues Update. Available at: http://www.teebweb.org/publication/climate-issues-update/ [accessed 15.5.2019].

van Strien, N. J., Manullang, B., Sectionov Isnan, W., Khan, M. K. M., Sumardja, E., Ellis, S., Han, K. H., Boeadi Payne, J., and Bradley Martin, E. (2008): Dicerorhinus sumatrensis. The IUCN Red List of Threatened Species. e.T6553A12787457. http://dx.doi.org/10.2305/IUCN.UK.2008.RLTS.T6553A12787457.en [accessed 20 May 2019].

Watson, J. E. M., Shanahan, D. F., Di Marco, M., Allan, J., Laurance, W. F., Sanderson, E. W., Mackey, B., and Venter, O. (2016): Catastrophic declines in wilderness areas undermine global environment targets. Current Biology, 26, 2929–2934. https://doi.org/10.1016/j.cub.2016.08.049.

4.5 Raumplanung für eine nachhaltige Entwicklung

Gernot Stöglehner
Institut für Raumplanung, Umweltplanung und Bodenordnung,
Department für Raum, Landschaft und Infrastruktur (RALI)
gernot.stoeglehner@boku.ac.at

4.5.1 Aufgaben und Funktionen der Raumplanung

Raumplanung wird seit der Sesshaftwerdung der Menschen betrieben, um den Raum und seine Ressourcen nutzbar zu machen. Anfänge von Raumplanung können z.B. in der Gestaltung von Siedlungen (Reicher 2014) oder in der Nutzbarmachung landwirtschaftlicher Flächen z.B. durch die Dreifelderwirtschaft (Krausmann 1998; Schwackhöfer 1988) erkannt werden. Dabei wurden in jeder Epoche planerische Erwägungen angestellt, z.B. die planmäßige Gestaltung römischer Legionslager nach bestimmten Gestaltungsprinzipien (Schirmacher 1988) oder die Planung mittelalterlicher Städte um einen Marktplatz und von der Umgebung durch Stadtmauern klar getrennt, um militärischen Schutz zu gewährleisten. Auch Feuersicherheit und Hygiene spielten eine wichtige Rolle in der Planung (vgl. z.B. Hägermann 2005; Reicher 2014).

Der zunehmende gesellschaftliche Fortschritt macht auch die Aufgaben komplexer. Dabei gilt es, eine Vielzahl von Nutzungsansprüchen an den Raum zu berücksichtigen, wie z.B. Wohnen, betriebliche Nutzungen im produzierenden Gewerbe, in der Industrie, im Handel und den Dienstleistungen, öffentliche Einrichtungen, Freizeit- und Erholungsnutzungen, die landwirtschaftliche Nutzung, aber auch den Schutz von Lebensräumen für wildlebende Tiere und Pflanzen. Zeitgemäße Raumplanung, wie sie heute betrieben wird, hat sich ab der zweiten Hälfte der 1960er-Jahre entwickelt. Bis in die Mitte der 1970er-Jahre haben alle Bundesländer die Erstfassungen ihrer Raumplanungs- bzw. Raumordnungsgesetze[1] erlassen, auf deren Basis Raumplanung heute betrieben wird. Das Oberösterreichische Raumordnungsgesetz, das hier als Beispiel dienen soll, umreißt die Aufgaben so: „Raumordnung im Sinne dieses Landesgesetzes bedeutet, den Gesamtraum und seine Teilräume vorausschauend planmäßig zu gestalten und die bestmögliche Nutzung und Sicherung des Lebensraumes im Interesse des Gemeinwohles zu gewährleisten; dabei sind die abschätzbaren wirtschaftlichen, sozialen und kulturellen Bedürfnisse der Bevölkerung, die freie Entfaltung der Persönlichkeit in der Gemeinschaft sowie der Schutz der natürlichen Umwelt als Lebensgrundlage des Menschen zu beachten" (§1 Abs. 2 Oö. ROG 1994).

---

[1] Während im wissenschaftlichen Diskurs verschiedene definitorische Abgrenzungen von Raumplanung und Raumordnung anzutreffen sind, werden die Begriffe in der Planungspraxis üblicherweise synonym verwendet. In diesem Beitrag wird der Einfachheit halber im Folgenden nur noch der Begriff Raumplanung verwendet, wobei Raumordnung im Sinne der Synonymität mit gemeint ist.

Raumplanung übt sowohl Ordnungs- als auch Entwicklungsfunktionen aus (Mäding 2009). In der *Ordnungsfunktion* werden wesentliche Schutzansprüche zum Ausdruck gebracht, um sensible und störende Landnutzungen voneinander zu trennen. Die Ordnungsfunktion kann z.B. dadurch umgesetzt werden, dass Wohnnutzungen nicht direkt neben Industrieanlagen angesiedelt werden oder dass Landschaftsräume, die für den Erhalt der Biodiversität, für die Agrarproduktion oder die landschaftsgebundene Erholungsnutzung bedeutend sind, von Bebauung und Infrastruktureinrichtungen[2] freigehalten werden. Bei der *Entwicklungsfunktion* geht es darum, Optionen für zukünftige Raumnutzungen zu eröffnen: So wird z.B. Raum für wirtschaftliche Entwicklung geschaffen, wenn Bauland für Industrie und Gewerbe ausgewiesen und durch technische Infrastruktur erschlossen wird. Durch verschiedene Maßnahmen können Flächen für die Nutzbarmachung von Umweltressourcen freigehalten werden, seien dies z.B. Vorrangzonen für die Windenergienutzung oder für die landwirtschaftliche Nutzung.

Im Folgenden wird gezeigt, welchen Herausforderungen Raumplanung gegenübersteht, mit welchen Planungsprinzipien nachhaltige Raumentwicklung unterstützt werden kann, welche Raumplanungsinstrumente zur Verfügung stehen und welche Bedeutung Raumplanung für die Gestaltung der Energie- und Ressourcenwende sowie für die Bioökonomie entfalten kann.

Dabei ist zu berücksichtigen, dass Raumplanung selbst ein komplexes Geflecht aus rechtlichen Rahmenbedingungen – den Raumplanungs- bzw. Raumordnungsgesetzen – und den darin verankerten Planungsinstrumenten ist. Sie koordiniert verschiedene öffentliche und private Interessen im Raum. Entscheidungen werden von Planerinnen und Planern auf Basis fachlicher Grundlagen und entsprechender Planungsmethoden vorbereitet, in demokratisch legitimierten Gremien getroffen und von verschiedenen Akteurinnen und Akteuren bzw. Planungsbetroffenen beeinflusst. Daher ist Raumplanung eine Querschnittsmaterie, die naturräumliche, soziale, kulturelle und ökonomische Aspekte der Raumnutzung zu berücksichtigen hat.[3] Planungsprozesse werden so gestaltet, dass ein Mindestmaß an Öffentlichkeitsbeteiligung im Sinne von Informations- und Stellungnahmerechten gewährleistet ist. Vielfach werden aber auch Entscheidungen, die Einfluss auf die Raumentwicklung haben, außerhalb des Raumplanungssystems getroffen, z.B. im Förderwesen, in der Agrar-, Wirtschafts- und Energiepolitik. Aber auch Lebensstile und Wirtschaftsweisen beeinflussen die

---

[2] Infrastruktur umfasst die Einrichtungen des Raumes, die dessen Nutzung ermöglichen. Es wird zwischen technischer Infrastruktur (z.B. Straßen, Eisenbahnen, Flughäfen, Häfen, Wasserversorgung, Abwasserentsorgung, Energieversorgung, Kommunikationsreinrichtungen) und sozialer Infrastruktur (z.B. Schulen, Kinderbetreuungseinrichtungen, Universitäten, medizinische Versorgung, Alten- und Pflegeheime, Polizei, Rettung und Feuerwehr) unterschieden (vgl. z.B. Zapf 2005).

[3] Vergleiche dazu die Darstellung der Aufgaben der Raumordnung im Oberösterreichischen Raumordnungsgesetz.

räumliche Entwicklung und die damit verbundene Aneignung von Ressourcen (Stöglehner et al. 2014).

4.5.2 Herausforderungen für eine nachhaltige räumliche Entwicklung

Österreich steht in Bezug auf das Bruttoinlandsprodukt (BIP) pro Kopf weltweit an 14. Stelle (Stand 2018, IMF 2019). Bevölkerung und Wirtschaft wachsen weiter, wobei eine Entkopplung von Wirtschaftswachstum, Energie- und Ressourcenverbrauch bis dato über längere Zeiträume nicht stattgefunden hat (Lutter und Giljum 2009). Seit 1990 ist die Bevölkerung in Österreich von ca. 7,64 Mio. auf fast 8,86 Mio. Menschen (2019) angestiegen (Statistik Austria 2019a), das BIP pro Kopf ist von ca. 17.700 Euro auf ca. 42.000 Euro (2018) gewachsen (WKO 2019). Die Zahl der Privat-Pkw hat sich im gleichen Zeitraum von ca. 3 Mio. auf ca. 5 Mio. erhöht (Statistik Austria 2019b). Die Anzahl der Hauptwohnsitzwohnungen ist seit 1990 um ca. 1 Mio. gestiegen, was einem Wachstum von ca. 34% entspricht (Statistik Austria 2019a). Seit 1995 hat ein Boom bei der Errichtung von Einkaufszentren eingesetzt, der dazu führt, dass die Verkaufsflächenausstattung mit 1,66 m^2 pro Kopf (Stand 2017) einen der höchsten Werte in Europa erreicht hat (GfK 2018). Nicht zuletzt ist dieser Bauboom mit einem erheblichen Infrastrukturaufwand verbunden. Die Straßenlänge pro Kopf (Stand 2016) ist in Österreich mit rund 16,2 m um mehr als 50% höher als jene in Deutschland (ca. 10,7 m pro Kopf) und fast doppelt so hoch wie in der Schweiz (ca. 8,6 m pro Kopf) (BMVI 2018, S. 101; Eurostat 2019a, b).

Viele dieser Entwicklungen sind aus Sicht von Wachstum und Wohlstandsmehrung gewünscht. Es entstehen jedoch auch zahlreiche Probleme und Herausforderungen im Rahmen einer nachhaltigen räumlichen Entwicklung in Bezug auf die Umwelt. So steigt die Flächeninanspruchnahme von Boden für Bauland und Infrastruktur kontinuierlich an, auch wenn in den letzten Jahren die Zuwächse zurückgegangen sind. Laut Umweltbundesamt (2019a) sind in Österreich derzeit 266 m^2 Fläche pro Person versiegelt, d.h. durch Gebäude, Straßen etc. fest verschlossen, sodass der Wasserhaushalt unterbrochen und die biologisch produktive Bodenfunktion zerstört ist. Im Vergleich dazu stehen jeder Österreicherin/jedem Österreicher ca. 45 m^2 Wohnraum zur Verfügung, also ein Sechstel der versiegelten Fläche pro Person (Statistik Austria 2019c).

Damit verbunden ist nicht nur ein Verlust an biologisch produktiver Fläche durch Versiegelung. Durch die Standortwahl für Bauland und Infrastruktur kommt es auch zu einer Zerschneidung von Landschaftsräumen. Darunter leidet zunächst die Biodiversität (Essl et al. 2018). Das Landschaftsbild wird überprägt und vielfach negativ beeinflusst. Nicht zuletzt werden Optionen für die Umsetzung der Energie-

und Ressourcenwende im Sinne einer Bioökonomie sowie in Bezug auf Klimaschutz und Klimawandelanpassung eingeschränkt. So sind z.B. im Verkehr (nationaler Flugverkehr eingeschlossen) die Treibhausgasemissionen zwischen 1990 und 2017 um 71,8% gestiegen (Umweltbundesamt 2019b). Dies liegt nicht nur daran, dass auf den Straßen mehr und größere Autos unterwegs sind. Ungünstige Siedlungsstrukturen, die durch die Trennung von Wohnen, Arbeiten, Erholen, Einkaufen etc. weite Wege verursachen, tragen ebenso zu mehr Verkehr und Emissionen bei. Gleichzeitig konnten die Treibhausgasemissionen bei Gebäuden trotz starker Neubautätigkeit um 35,1% reduziert werden (Umweltbundesamt 2019b).

In den derzeitigen Raumstrukturen sind wesentliche Raumfunktionen wie Wohnen, Arbeiten, Einkaufen, Bilden, Erholen durch zunehmend größer werdende Distanzen voneinander getrennt. Dies führt zu mehr Mobilität, aber auch zu einem schwieriger zu bewältigenden Alltag, in dem Arbeiten, die Betreuung von Kindern oder älteren Familienangehörigen sowie das Versorgen miteinander vereinbart werden müssen. Die Lebensqualität sinkt, und öffentliche Investitionen in neue Infrastruktur steigen. So sind z.B. die öffentlichen Investitionen in die Erschließung für Straßen, Kanal, Wasser etc. bei Einfamilienhäusern ca. zehnmal so hoch wie bei drei- bis fünfgeschossigen Mehrfamilienhäusern (Dallhammer 2016). Vielfach kann z.B. in dispersen Raum- und Siedlungsstrukturen mit geringer Dichte an Bevölkerung und Arbeitsplätzen kein effizienter öffentlicher Verkehr angeboten werden.

Diese Schlaglichter auf die räumliche Entwicklung, die keinen Anspruch auf Vollständigkeit erheben, zeigen, dass aus einer umfassenden Nachhaltigkeitsperspektive zurzeit viel Fehlsteuerung stattfindet. Gerade die derzeit drängenden Umweltprobleme wie Klimawandel, Flächeninanspruchnahme und Biodiversitätsverluste, aber auch Perspektiven der Energie- und Ressourcenwende können wesentliche Anreize bieten, die in Abschnitt 4.5.3 dargestellten Planungsprinzipien für eine nachhaltige Raumentwicklung umzusetzen.

4.5.3 *Planungsprinzipien für eine nachhaltige Raumentwicklung*

Die oben skizzierten räumlichen Entwicklungen sind nicht nur in Österreich, sondern weltweit sichtbar, wenngleich sie hierzulande zum Teil besonders stark ausgeprägt sind. Das Problembewusstsein dafür hat sich sowohl in der Fachwelt als auch in der interessierten Öffentlichkeit bereits seit dem ersten Bericht des Club of Rome „Die Grenzen des Wachstums" (Meadows et al. 1972) in den 1970er-Jahren gebildet. Speziell ab den 1980er- und 1990er-Jahren wurden Leitbilder für eine nachhaltige Raumplanung entwickelt. Leitbilder werden in der Planung dazu verwendet, Zielvorstellungen auszudrücken (Fürst und Scholles 2008). Leitbilder mit starkem Nachhaltigkeitsbezug weisen viele Gemeinsamkeiten auf, sodass nur relativ wenige Gestaltungsprinzipien für eine nachhaltige räumliche Entwicklung umzusetzen wären (Jabareen 2006): kompakte Siedlungsentwicklung, die sich an Funktionsmischung[4], Dichte[5], Nähe und kurzen Wegen für eine nachhaltige Mobilität (Zufußgehen, Radfahren, öffentlicher Verkehr), Durchgrünung der Städte und Siedlungen sowie passiver Solarenergienutzung orientieren. Dazu kommen die regionale Organisation von Zentren und Orten unterschiedlicher Ausstattung mit Gütern und Dienstleistungen entlang von Entwicklungsachsen mit leistungsfähigem öffentlichem Verkehr.

Darüber hinaus besteht – ausgehend von der Agenda 21 (UN 1992) – in den Planungstheorien Konsens darüber, dass Planungsprozesse auf eine Art und Weise zu organisieren sind, die es möglichst vielen Bevölkerungsgruppen erlaubt, ihre Ideen und Interessen einzubringen. Gemäß „kommunikativer Planung" (Healey 1992), die eng mit dem Nachhaltigkeitsdiskurs (Lawrence 2000) verknüpft ist, soll die Prozessgestaltung auf Kommunikation, Konsens und Kooperation basieren und soziale Lernprozesse zwischen Planerinnen und Planern, Entscheidungsträgerinnen und -trägern sowie der beteiligten Öffentlichkeit in Gang setzen. In den Planungsprozessen soll die Wertebene, also die zu verfolgenden Planungsziele, verhandelt und ein gemeinsames Verständnis der Planungsaufgabe auf Sachebene erzielt werden. Eine Folgenabschätzung von angestrebten Planungsmaßnahmen soll zeigen, ob die angedachten Ziele und Maßnahmen zum Erfolg führen oder ungewollte negative Wirkungen zeitigen, die ein Überdenken und Adaptieren der Planungsziele und -maßnahmen notwendig machen (vgl. Stöglehner 2010).

4.5.4 *Planungsinstrumente der Raumplanung in Österreich*

Der Raumplanung stehen auf Basis der Raumplanungsgesetze eine Reihe von Planungsinstrumenten zur Verfügung, die auf Landesebene, regionaler Ebene (als Teilraum eines Landes) oder auf Gemeindeebene wirken. Die Landes- und Regionalebene werden als überörtliche Raumplanung bezeichnet, die Gemeindeebene als örtliche Raumplanung. Die Raumplanung ist über die in den Raumplanungsgesetzen formulierten Planungsziele bestimmt, d.h., alle Maßnahmen müssen in den verschiedenen Planungsebenen räumlich konkretisiert werden und in den Begründungsketten auf die Planungsziele rückführbar sein. Die Pläne und Programme stehen in einer Hierarchie zueinander, die der Reihenfolge der Nennung im Text entspricht. Das heißt, Pläne einer niedrigeren Hierarchieebene dürfen Plänen einer höheren Ebenen nicht widersprechen. Die Festlegungen werden entlang der Hierarchie von oben nach unten konkreter.

---

[4] Das ist eine Mischung der Nutzungen Wohnen, Arbeiten, Versorgen, Einkaufen, Bilden, Erholen etc. in engem räumlichem Kontext.

[5] Das ist eine dem jeweiligen räumlichen Kontext angemessene Dichte an Einwohnerinnen und Einwohnern, Arbeitsplätzen, Versorgungseinrichtungen etc.

In der **überörtlichen Raumplanung** stehen im Wesentlichen drei Arten von Plänen – die vielfach auch als Programme bezeichnet werden[6] – zur Verfügung:

- *Landesraumordnungs- oder -entwicklungsprogramme* präzisieren die Planungsziele für das gesamte Landesgebiet auf einer allgemeinen Ebene (z.B. Festlegung zentraler Orte und räumlicher Entwicklungsachsen für Wohnen, Betriebe etc.).

- *Überörtliche Sachprogramme* werden für das gesamte Landesgebiet oder für Regionen erstellt und behandeln einen konkreten Sachbereich, der in der Verantwortung der Planungsbehörden liegt (z.B. Ausweisung von Vorrangzonen, die für die Energiewende von Bedeutung sind, etwa Eignungs- und/oder Ausschlussflächen für die Windenergienutzung in mehreren Bundesländern).

- *Regionale Raumordnungsprogramme* treffen räumliche Festlegungen für Gebiete, die mehrere Gemeinden umfassen. Diese schließen die gesamte Bandbreite planerischen Handelns ein, wobei die hier bestehenden Möglichkeiten insbesondere für das UBRM bedeutend sein können (z.B. Ausweisung von Grünräumen mit überörtlicher Bedeutung für den Kulturlandschafts- und Biodiversitätsschutz, den Schutz landwirtschaftlicher Flächen sowie für Erholung und Tourismus).

Die überörtliche Raumplanung hat in den Bundesländern unterschiedliche Bedeutung. Nicht alle Bundesländer verfügen über ein Landesraumordnungsprogramm. Die Regionalplanung ist nicht überall gleich stark ausgeprägt. Sie ist flächendeckend in der Steiermark bzw. beinahe flächendeckend in Salzburg vorhanden (StLREG 2018; LEP SBG 2003).

Die **örtliche Raumplanung** ist von den Gemeinden umzusetzen. Dafür stehen ihnen in den Bundesländern im Allgemeinen – wie in der überörtlichen Raumplanung – drei Arten von Plänen zur Verfügung (allerdings in wesentlich größerer Detailschärfe):

- Das *örtliche Entwicklungskonzept* behandelt die längerfristigen räumlichen Entwicklungsperspektiven der Gemeinden jenseits von 10 Jahren. Es werden die Bedarfsfragen für Bauland geklärt, die wesentlichen Entwicklungsmöglichkeiten festgelegt und diese mit dem Infrastrukturausbau koordiniert. Auf örtlicher Ebene werden die wesentlichen Festlegungen dafür getroffen, welche Flächen als Grünraum dienen und daher von Bauland und Infrastrukturmaßnahmen freigehalten werden sollen. Dies betrifft einerseits Flächen mit Vorrang für die landwirtschaftliche Nutzung oder Bereiche, die für das Landschaftsbild wichtig sind bzw. wertvolle Lebensräume für wildlebende Tiere und Pflanzen bieten, aber auch Freizeit- und Erholungsflächen (z.B. Spielplätze, Parks).

- Im *Flächenwidmungsplan* wird jeder Parzelle in den Kategorien Bauland, Verkehrsflächen und Grünland (in zahlreichen Unterkategorien) eine Flächenwidmung zu-

---

[6] Die Raumplanung wird in Landesgesetzen geregelt. Daher werden einzelne Plantypen in verschiedenen Bundesländern eventuell unterschiedlich bezeichnet.

gewiesen. Diese Widmungen bestimmen, welche Nutzungen in weiterer Folge zulässig sind. Wesentliche Aspekte sind einerseits spezifische Entwicklungsmöglichkeiten auf Standorten, die für die jeweilige Nutzung günstig sind, und andererseits der Schutz von sensiblen Nutzungen (z.B. der Wohn- und Erholungsnutzung vor Beeinträchtigung im Rahmen der Ordnungsfunktion).

- Im *Bebauungsplan* wird die dritte Dimension mitbedacht (z.B. Höhe bzw. Größe und Lage von Gebäuden, Lage und Größe von Freiräumen) sowie der Verlauf der Infrastruktureinrichtungen im Detail festgelegt. Die Bestimmungen können sehr detailliert sein, was z.B. für die Klimawandelanpassung notwendig ist, um Grünelemente wie Gründächer, Baumpflanzungen etc. in den Baulandflächen vorsehen zu können.

In Österreich ist von den Plänen auf örtlicher Ebene der Flächenwidmungsplan am bedeutendsten, da er für die Eigentümerinnen und Eigentümer bzw. Nutzerinnen und Nutzer von Grundstücken direkt verbindlich ist und für ganz Österreich flächendeckend vorhanden ist. Die Bundesländer handhaben örtliche Entwicklungskonzepte unterschiedlich. Nicht alle Gemeinden verfügen über ein örtliches Entwicklungskonzept, auch die Bebauungsplanung wird unterschiedlich intensiv angewendet.

In Bezug auf das UBRM können die Planungsinstrumente dazu verwendet werden, Flächen für die Gewinnung von Nahrungsmitteln, von erneuerbarer Energie und Rohstoffen zu sichern. Außerdem können Festlegungen getroffen werden, die eine reibungslose Nutzung dieser Flächen erlauben. So stellt z.B. die Ausweisung einer Vorrangzone für Windenergienutzung nicht nur ein Entwicklungspotenzial dar, damit ist de facto auch ein Bauverbot für Wohngebäude verbunden. Werden die genannten Gestaltungsprinzipien für eine nachhaltige Raumentwicklung umgesetzt, können Ortschaften kompakter gehalten werden. Auch lassen sich größere und zusammenhängende Flächen außerhalb der Orte erzielen, die als Rohstoffgewinnungsflächen für die Umsetzung der Energie- und Ressourcenwende im Sinne einer Bioökonomie zur Verfügung stehen.

4.5.5 Raumplanung und ihre Bedeutung für den Klimaschutz und die Energiewende

Die Energieraumplanung, welche sich in den letzten Jahren entwickelt hat, macht die räumlichen Aspekte von Klimaschutz und Energiewende für die Raumplanung sichtbar und bearbeitbar. Sie ist „jener integrale Bestandteil der Raumplanung, der sich mit den räumlichen Dimensionen von Energieverbrauch und Energieversorgung umfassend beschäftigt" (Stöglehner et al. 2014, S. 26).

Die räumliche Dimension des Energieverbrauchs besteht darin, Raum- und Siedlungsstrukturen energieeffizient zu gestalten (Stöglehner et al. 2014, 2016). Dadurch kann

Mobilität vermieden und der Raumwärmebedarf durch die günstigeren Oberflächen-Volumen-Verhältnisse maßvoll verdichteter Gebäude (z.B. Reihenhäuser oder Mehrfamilienhäuser) verringert werden. Energieeffiziente Raum- und Siedlungsstrukturen sind besser mit leitungsgebundenen Energiesystemen versorgbar, was unmittelbar zur räumlichen Dimension der Energieversorgung überleitet. Diese Eigenschaft ist für die Energiewende vorteilhaft, weil damit die sogenannte Sektorkopplung, d.h. die Verschaltung verschiedener Energiesubsysteme und Infrastruktursysteme, unterstützt werden kann (BMNT und BMVIT 2018). Dies dient der Integration volatiler erneuerbarer Energie (z.B. Strom aus Wind und Photovoltaik) in das Energiesystem und erhöht dessen Effizienz, weil die Nutzung von Energie über längere Zeiträume optimiert werden kann. Die Raumplanung leistet mit der Entwicklung energieeffizienter Raum- und Siedlungsstrukturen einen wesentlichen Beitrag zur Energiewende (siehe Fallbeispiel 4.5.1).

Für eine Energiewende bedarf es zusätzlicher Anlagen für die Gewinnung, Speicherung und Verteilung von erneuerbarer Energie, deren Standorte gesichert werden müssen (z.B. Freihaltung von Korridoren für Hochspannungsnetze, Ausweisung von Flächen

Fallbeispiel 4.5.1: *Energieraumplanung in der Steiermark*
(Abart-Heriszt und Stöglehner 2019)

Das Steiermärkische Raumordnungsgesetz ermöglicht es, im Zuge des Örtlichen Entwicklungskonzepts ein sogenanntes „Sachbereichskonzept Energie" zu erstellen. Datenbasis und Planungsmethodik dafür wurden im Rahmen der Forschungstätigkeiten des Instituts für Raumplanung, Umweltplanung und Bodenordnung (IRUB, BOKU) aufbereitet. Es umfasst eine steiermarkweite Datenbasis im 250m-Raster auf Gemeindeebene (1) mit Aussagen zum Energieverbrauch und zu den Treibhausgasemissionen für Wohnen, Land- und Forstwirtschaft, Industrie und Gewerbe, Dienstleistungen und Mobilität, (2) mit einer Differenzierung nach Verwendungszwecken (Raumwärme, Warmwasser, Prozessenergie, Wirtschaftsverkehr und Mobilität), (3) unter Berücksichtigung verschiedener Energieträger, (4) einschließlich der Darstellung von Einspar- und Substitutionspotenzialen von fossiler durch erneuerbare Energie sowie (5) die Abgrenzung von Standorträumen für die Fernwärmeversorgung und für klimafreundliche Mobilität. Die Daten stehen allen Gemeinden der Steiermark (u.a. im Digitalen Atlas Steiermark, siehe Land Steiermark 2019) zur Verfügung.

Wie die Daten in der örtlichen Raumplanung eingesetzt werden können, wurde in einem Leitfaden für das Sachbereichskonzept Energie und dessen Berücksichtigung im Örtlichen Entwicklungskonzept aufbereitet (Abart-Heriszt und Stöglehner 2019). Darüber hinaus wurden Ortsplanerinnen und Ortsplaner sowie Gemeindevertreterinnen und Gemeindevertreter geschult. Mithilfe weniger Veranstaltungen konnten alle in der Steiermark tätigen Raumplanungsbüros erreicht werden. Die Möglichkeiten und Handlungsnotwendigkeiten, die sich aus den Energie- und Treibhausgasbilanzen ergeben, sollen von den Gemeinden in Ziele und Maßnahmen der örtlichen Raumplanung übergeführt werden. Die Standorträume geben Hinweise darauf, wo die räumliche Entwicklung in Zukunft vorangetrieben werden soll. Sie sind mit weiteren Belangen der örtlichen Raumplanung abzustimmen. Die Ergebnisse dieser planerischen Abwägungen sollen in das Örtliche Entwicklungskonzept aufgenommen werden. Zur Unterstützung der Umsetzung wurde vom Land Steiermark ein Förderprogramm für Gemeinden aufgelegt, die Sachbereichskonzepte Energie gemäß IRUB-Leitfaden erstellen und rechtsverbindlich in das Örtliche Entwicklungskonzept integrieren.

für Kraftwerksstandorte wie Biomasseheizwerke oder Windkraftanlagen, die einen reibungslosen Betrieb der Anlagen gewährleisten). Des Weiteren können auch ausreichend Flächen für die Primärproduktion gesichert werden (z.B. die oben angesprochenen Vorrangflächen für landwirtschaftliche Produktion oder für die Windkraftnutzung).

4.5.6 Raumplanung und ihre Bedeutung für die Ressourcenwende und die Bioökonomie

Jeder Mensch verfügt über einen gewissen Ressourcengarten, das ist jene biologisch produktive Landfläche, die die Lebensgrundlage pro Kopf darstellt. Wie zahlreiche Berechnungen des ökologischen Fußabdrucks belegen, ist dieser Ressourcengarten bereits massiv überbeansprucht (Stöglehner et al. 2016). Die Energie- und Ressourcenwende im Sinne einer Bioökonomie wird diesen Druck noch weiter verschärfen (Stöglehner 2018). Bedeutende Funktionen der Raumplanung für die Bioökonomie sind daher die Sicherung agrarischer Produktionsflächen und die Orientierung des Managements von Ressourcenketten an den räumlichen Bedingungen.

Stöglehner (2018) argumentiert, dass speziell bei der Nutzung von Biomasse das Schließen von Nährstoffkreisläufen von Bedeutung ist. Biomasse weist vielfach einen hohen Wassergehalt und geringere Haltbarkeit auf. Für die stoffliche Nutzung werden Zwischenprodukte, z.B. in „grünen Bioraffinerien" (Gwehenberger et al. 2007) hergestellt, die aufgrund höherer Transportierbarkeit und Haltbarkeit zu den verarbeitenden Betrieben gebracht werden können. Die Reststoffe aus den Bioraffinerien werden noch für die Energienutzung verwendet, z.B. in Biogasanlagen. Letztlich müssen Reststoffe, üblicherweise Schlämme, als Dünger auf die Felder zurückgeführt werden. Transportdistanzen sind also ein wesentlicher Faktor und ab einer gewissen Entfernung der bestimmende Faktor für die Umweltfolgen im Lebenszyklus (Stöglehner und Narodoslawsky 2009).

Für jede technische Anlage gilt – auch in der Biomasseverarbeitung: Je größer eine Anlage ist, desto ökonomisch effizienter kann sie normalerweise betrieben werden (Skaleneffekte, „economies of scale"). Wird nun das Problem der Transportdistanzen berücksichtigt, sind geringere Entfernungen, d.h. mittlere Anlagen mit kleineren Einzugsgebieten, von Vorteil. Es ist also eine „ecology of scale" mitzuberücksichtigen. Um diese Aspekte zu verknüpfen, sind Anlagen mit mittleren Produktionskapazitäten und geringeren Einzugsradien von Vorteil (Gwehenberger et al. 2007).

Dieses Beispiel zeigt, dass für eine nachhaltige Entwicklung das Konzept einer regionalisierten Bioökonomie zu bevorzugen ist. Dabei werden Ressourcenströme durch gestreute Schwerpunktbildungen organisiert, wie sie die Raumplanung z.B. im Leitbild der dezentralen Konzentration kennt. Bei der Planung solcher Schwerpunkte sind nicht nur Transportdistanzen zwischen Feld und Weiterverarbeitung und weiter zu Zentren der industriellen Produktion zu berücksichtigen, sondern auch Standortfaktoren wie die Einspeisung von Biogas in Gasnetze, die Weiterleitung von Überschusswärme in Fernwärmenetze, der Bezug und die Abgabe von Elektrizität, die Gewinnung von Energie in Kraft-Wärme-Kopplungen etc. (vgl. Stöglehner et al. 2011). All diese Faktoren machen die Ansiedlung von Weiterverarbeitungsanlagen (z.B. Bioraffinerien) in der Nähe von Infrastrukturknoten sinnvoll, wo sie in funktionsgemischte, kompakte räumliche Strukturen mit einer gewissen Mindestdichte eingebettet werden können. Daher argumentieren Stöglehner et al. (2011, 2016), dass Kleinstädte zu Energie- und Ressourcenknoten in einer dezentralen Industriegesellschaft entwickelt werden können, von denen Impulse für den ländlichen Raum ausgehen. Sie übernehmen so wesentliche Aufgaben in der räumlichen Organisation der Energie- und Ressourcenwende.

4.5.7 Schlussbemerkung

Die Organisation des Raumes bestimmt die Möglichkeiten, die Energie- und Ressourcenwende im Sinne einer Bioökonomie zu gestalten. Durch die Raum- und Siedlungsstrukturen werden Energie- und Ressourcenverbrauch beeinflusst, gleichzeitig aber auch räumliche Voraussetzungen für die Gewinnung erneuerbarer Energieträger und Ressourcen geschaffen. Raumplanung eröffnet auch Optionen, die Maßnahmen für die Energie- und Ressourcenwende zu steuern, um Nutzungskonflikte im Raum zu vermeiden bzw. zu verringern, die bei einer Maßnahmenumsetzung hinderlich sein können. Dies betrifft sowohl die Sicherung von Ressourcenbereitstellungsflächen als auch die Positionierung von Anlagen der Ressourcenverarbeitung. In diesem Sinne lohnt es sich, die Energie- und Ressourcenwende im Kontext der Bioökonomie auch aus der raumplanerischen Perspektive zu betrachten.

Literatur

Abart-Heriszt, L. und Stöglehner, G. (2019): Das Sachbereichskonzept Energie. Ein Beitrag zum Örtlichen Entwicklungskonzept. Leitfaden. Version 2.0. Graz: Amt der Steiermärkischen Landesregierung, Abteilung 13, 15 und 17. Verfügbar in: https://www.verwaltung.steiermark.at/cms/beitrag/12663031/144381826/ [Abfrage am 27.5.2019].

BMNT und BMVIT (Bundesministerium für Nachhaltigkeit und Tourismus; Bundesministerium für Verkehr, Innovation und Technologie) (Hrsg.) (2018): #mission2030: Die österreichische Klima- und Energiestrategie. Wien. Verfügbar in: https://mission2030.info/ [Abfrage am 27.5.2019].

BMVI (Bundesministerium für Verkehr und digitale Infrastruktur) (Hrsg.) (2018): Verkehr in Zahlen 2018/2019. 47. Jahrgang. Verfügbar in: https://www.bmvi.de/SharedDocs/DE/Publikationen/G/verkehr-in-zahlen_2018-pdf.html?nn=13190 [Abfrage am 23.5.2019].

Dallhammer, E. (2016): Flächen- und kostenintensive Siedlungsentwicklung: Folgen und Lösungsansätze. In: Köck, P., Hrsg., Baulandmobilisierung und Flächenmanagement. SIR-Mitteilungen und Berichte, Band 36/2016. Salzburg: Salzburger Institut für Raumordnung & Wohnen (SIR), 19–

28. Verfügbar in: https://www.salzburg.gv.at/bauenwohnen_/Seiten/sir-pub-start_mb.aspx [Abfrage am 27.5.2019].

Essl, F., Moser, D., Mildren, A., Gattringer, I., Banko, G. und Stejskal-Tiefenbach, M. (2018): Naturschutzfachlich wertvolle Lebensräume und Baulandwidmung in Österreich: Analyse des Konfliktpotenzials. Wien: Umweltbundesamt. Verfügbar in: https://www.umweltbundesamt.at/aktuell/publikationen/publikationssuche/publikations detail/?pub_id=2275 [Abfrage am 27.5.2019].

Eurostat (2019a): Bevölkerung am 1. Januar. https://ec.europa.eu/eurostat/tgm/table.do?tab=table&init=1&plugin=1&language=de&pcode=tps00001 [Abfrage am 23.5.2019].

Eurostat (2019b): Länge der übrigen Straßen nach Straßenkategorien [road_if_roadsc]. http://appsso.eurostat.ec.europa.eu/nui/show.do?dataset=road_if_roadsc&lang=de [Abfrage am 23.5.2019].

Fürst, D. und Scholles, F. (Hrsg.) (2008): Handbuch Theorien und Methoden der Raum- und Umweltplanung. Dortmund: Rohn.

GfK (GfK Geomarketing GmbH) (ed.) (2018): European retail in 2018: GfK study on key retail indicators: 2017 review and 2018 forecast. Bruchsal. Available at: https://geodaten.gfk.com/en/landingpages/download-european-retail-study/ [accessed 27.5.2019].

Gwehenberger, G., Narodoslawsky, M., Liebmann, B., and Friedl, A. (2007): Ecology of scale versus economy of scale of bioethanol production. Biofuels, Bioproducts & Biorefining, 1, 4, 264–269. https://doi.org/10.1002/bbb.35.

Hägermann, D. (Hrsg.) (2005): Das Mittelalter: Die Welt der Bauern, Bürger, Ritter und Mönche. Wien: Tosa-Verlag.

Healey, P. (1992): Planning through debate: The communicative turn in planning theory. The Town Planning Review, 63, 2, 143–162. https://www.jstor.org/stable/40113141.

IMF (2019): International Monetary Fund. World Economic Outlook (April 2019) – GDP per capita, current prices. https://www.imf.org/external/datamapper/NGDPDPC@WEO/OEMDC/ADVEC/WEOWORLD [Abfrage am 27.5.2019].

Jabareen, Y. R. (2006): Sustainable urban forms: Their typologies, models and concepts. Journal of Planning Education and Research, 26, 1, 38–52. https://doi.org/10.1177/0739456X05285119.

Krausmann, F. (1998): Von der Erhaltung der Bodenfruchtbarkeit zur Steigerung der Erträge. In: Dirlinger, H., Fliegenschnee, M., Krausmann, F., Liska, G. und Schmidt, M. A. (Hrsg.): Bodenfruchtbarkeit und Schädlinge im Kontext von Agrargesellschaften. Social Ecology Working Paper 51. Wien: IFF, Abteilung Soziale Ökologie. 5–26. Verfügbar in: https://boku.ac.at/wiso/sec/publikationen/social-ecology-working-papers [Abfrage am 27.5.2019].

Land Steiermark (Amt der Steiermärkischen Landesregierung) (2019): Digitaler Atlas der Steiermark. Verfügbar in: http://www.landesentwicklung.steiermark.at/cms/ziel/141979637/DE/ [Abfrage am 20.7.2019].

Lawrence, D. P. (2000): Planning theories and environmental impact assessment. Environmental Impact Assessment Review, 20, 6, 607–625. https://doi.org/10.1016/S0195-9255(00)00036-6.

LEP SBG (2003): Verordnung der Salzburger Landesregierung vom 30. September 2003 zur Verbindlicherklärung des Landesentwicklungsprogramms. LGBl. Nr. 94/2003.

Lutter, S. und Giljum, S. (2009): Ökologische Wachstumsgrenzen: Die Notwendigkeit eines Systemwechsels im Umgang mit natürlichen Ressourcen. Wissenschaft & Umwelt Interdisziplinär, 13, 12–21.

Mäding, H. (2009): Raumplanung in der sozialen Marktwirtschaft. Freiburger Diskussionspapiere zur Ordnungsökonomik No. 09/7. Freiburg i.Br.: Albert-Ludwigs-Universität, Freiburg, Institut für Allgemeine Wirtschaftsforschung, Abteilung für Wirtschaftspolitik. Verfügbar in: http://hdl.handle.net/10419/36469 [Abfrage am 27.5.2019].

Meadows, D. H., Zahn, E., Milling, P. und Heck, H.-D. (1972): Die Grenzen des Wachstums: Bericht des Club of Rome zur Lage der Menschheit. Stuttgart: Deutsche Verlagsanstalt.

Oö. ROG (1994): Landesgesetz vom 6. Oktober 1993 über die Raumordnung im Land Oberösterreich (Oö. Raumordnungsgesetz 1994). LGBl. Nr. 114/1993 i.d.F. LGBl. Nr. 69/2015.

Reicher, C. (2014): Städtebauliches Entwerfen. Wiesbaden: Springer Fachmedien Wiesbaden.

Schirmacher, E. (1988): Stadtvorstellungen: Die Gestalt der mittelalterlichen Städte – Erhaltung und planendes Handeln. Zürich, München: Artemis-Verlag.

Schwackhöfer, W. (1988): Raumordnung und Landwirtschaft in Österreich: Regional coordination and agriculture in Austria. Wien: Österreichischer Agrarverlag.

Statistik Austria (Hrsg.) (2019a): Abfrage der Wohnungen mit Hauptwohnsitzangabe. STATcube. Statistische Datenbank. Verfügbar in: http://statcube.at/statistik.at/ext/statcube/jsf/tableView/tableView.xhtml [Abfrage am 24.5.2019].

Statistik Austria (Hrsg.) (2019b): Pkw, Lkw und Zweiräder – Bestand 1960 bis 2018: Absolut und Anteile. Verfügbar in: https://www.statistik.at/web_de/statistiken/energie_umwelt_innovation_mobilitaet/verkehr/strasse/kraftfahrzeuge_-_bestand/index.html [Abfrage am 24.5.2019].

Statistik Austria (Hrsg.) (2019c): Wohnungsgröße von Hauptwohnsitzwohnungen nach Bundesland (Zeitreihe). Verfügbar in: https://www.statistik.at/web_de/statistiken/menschen_und_gesellschaft/wohnen/wohnsituation/index.html [Abfrage am 24.5.2019].

StLREG (2018): Gesetz vom 14. November 2017, mit dem das Gesetz zur Landes- und Regionalentwicklung in der Steiermark (Steiermärkisches Landes- und Regionalentwicklungsgesetz 2018) erlassen wird. LGBl. Nr. 117/2017.

Stoeglehner, G. (2010): Enhancing SEA effectiveness: lessons learnt from Austrian experiences in spatial planning. Impact Assessment and Project Appraisal, 28, 3, 217–231. https://doi.org/10.3152/146155110X12772982841168.

Stoeglehner, G. (2018): Spatial dimensions of a regionalized bioeconomy. Influence of the bioeconomy on spatial development of territories, Kiew, Sept 14-15, 2018. In: Ministry of Education and Science of Ukraine, National University of Life and Environmental Sciences of Ukraine, eds., Influence of the Bioeconomy on Spatial Development of Territories. 18–19.

Stoeglehner, G and Narodoslawsky, M. (2009): How sustainable are biofuels? Answers and further questions arising from an ecological footprint perspective. Bioressource Technology, 100, 3825–3830. https://doi.org/10.1016/j.biortech.2009.01.059.

Stöglehner, G., Niemetz, N., and Kettl, K.-H. (2011): Spatial dimensions of sustainable energy systems: new visions for integrated spatial and energy planning. Energy, Sustainability and Society, 1, 1–9. https://doi.org/10.1186/2192-0567-1-2.

Stöglehner, G., Erker, S. und Neugebauer, G. (2014): Energieraumplanung. Materialienband. In Zusammenarbeit mit der ÖREK-Partnerschaft "Energieraumplanung". Schriftenreihe der Österreichischen Raumordnungskonferenz (ÖROK), Band 192, Wien: ÖROK.

Stoeglehner, G., Neugebauer, G., Erker, S., and Narodoslawsky, M. (2016): Integrated Spatial and Energy Planning: Supporting Climate Protection and the Energy Turn with Means of Spatial Planning. Springer.

Umweltbundesamt (Hrsg.) (2019a): Flächeninanspruchnahme in Österreich 2018. Wien. Verfügbar in: https://www.umweltbundesamt.at/umweltsituation/raumordnung/rp_flaecheninanspruchnahme/ [Abfrage am 24.5.2019].

Umweltbundesamt (Hrsg.) (2019b): Treibhausgas-Bilanz 2017: Daten, Trends & Ausblick. Wien. Verfügbar in: https://www.umweltbundesamt.at/news_190129/ [Abfrage am 24.5.2019].

UN (United Nations) (Hrsg.) (1992): Agenda 21: Konferenz der Vereinten Nationen für Umwelt und Entwicklung. Rio de Janeiro. Verfügbar in: https://www.un.org/Depts/german/conf/agenda21/agenda_21.pdf [Abfrage am 24.5.2019].

WKO (Wirtschaftskammer Österreich) (2019): WKO Statistik, BIP pro Kopf. Verfügbar in: https://www.wko.at/service/zahlen-daten-fakten/BIP.html [Abfrage am 16.5.2019].

Zapf, K. (2005): Soziale Infrastruktur. In: Akademie für Raumforschung und Landesplanung (ARL), Hrsg., Handwörterbuch der Raumordnung. Ritter, Ernst-Hasso (Red.L.), Hannover. 1025–1031.

5 Umweltrelevante Systeme und Technologien

5.1 Energiewirtschaft und Energietechnik

Magdalena Wolf und Tobias Pröll
Institut für Verfahrens- und Energietechnik,
Department für Materialwissenschaften und Prozesstechnik (MAP)
magdalena.wolf@boku.ac.at, tobias.proell@boku.ac.at

5.1.1 Energie und Zivilisation

5.1.1.1 Der Energiebegriff

Die Energie ist eine grundlegende physikalische Größe, die in allen bekannten Betrachtungsebenen auftritt und deren Einheit das Joule[1] (1 J) ist. Das Wort Energie kommt aus dem Griechischen und bedeutet „innen wirken", in diesem Sinne die Eigenschaft eines Systems (Körper, Stoff, Mechanismus), aus sich heraus eine bestimmte Wirkung zu entfalten. Beispiele dafür sind gespannte Federn, aufgeladene Batterien, chemisch gebundene Energie in Brennstoffen oder die bei der Kernfusion in Sternen, wie unserer Sonne, freigesetzte nukleare Energie. Die Energie hat grundlegende Bedeutung in biologischen Systemen (Energiezufuhr mit Nahrung) und in unserer Zivilisation (Energienutzung).

5.1.1.2 Energienutzung in der Menschheitsgeschichte

Neben der Energiezufuhr über die Nahrungskette hat die Menschheit vor rund 500.000 Jahren begonnen, das Feuer kontrolliert zu nutzen. Dabei wird chemische Brennstoffenergie durch Reaktion mit Luftsauerstoff als Wärme freigesetzt, die aufgrund der hohen Reaktionstemperaturen teilweise als sichtbares Licht abgestrahlt wird. Durch die Verwendung von Feuer stieg der Lebensstandard der Menschen (künstliches Licht, Wärme), und es eröffneten sich neue technologische Möglichkeiten (Bearbeitung von Holz, Stein, Metallverarbeitung). Bis heute geht die zivilisatorische Entwicklung der Menschheit einher mit dem verstärkten Einsatz von Energie. Wind- und Wasserkraft werden seit Jahrhunderten für Mühlen und Bewässerungsanlagen genutzt. Wer über Energie verfügt, kann meist besser leben. Heute sorgt in den industrialisierten Ländern die Energiewirtschaft dafür, dass Energie bedarfsgerecht bereitsteht. Dabei existieren parallele Systeme wie Stromnetz, Erdgasnetz, Tankstellen, Festbrennstoff-

---

[1] 1 Kilojoule (kJ) = 10^3 J, 1 Megajoule (MJ) = 10^6 J, 1 Petajoule (PJ) = 10^{15} J, 1 Exajoule (EJ) = 10^{18} J; 3,6 MJ = 1 Kilowattstunde (kWh); 3,6 PJ = 1 TWh (Terawattstunde)

© Der/die Herausgeber bzw. der/die Autor(en) 2020
E. Schmid und T. Pröll (Hrsg.), *Umwelt- und Bioressourcenmanagement für eine nachhaltige Zukunftsgestaltung*, https://doi.org/10.1007/978-3-662-60435-9_5

händler und Fernwärmesysteme. Die technische Energienutzung bewirkt Arbeitserleichterung und Produktivitätssteigerung und führt zu Wohlstand bei den Nutzungsberechtigten. Diese haben deshalb ein Interesse daran, den Zugang zu Energie aufrechtzuerhalten und auszubauen. Aus diesem Zusammenspiel resultieren immer wieder Konflikte. Unsere Vorschläge zur Bewältigung globaler Krisen müssen deshalb stets die große Bedeutung der Energieverfügbarkeit für die individuelle und gesellschaftliche Entwicklung berücksichtigen.

5.1.1.3   Energie und Wohlstand am Beispiel Österreichs

Der Energiebedarf einer Volkswirtschaft kann durch den Bruttoinlandsverbrauch (BIV) ausgedrückt werden. Dieser wird meist in Energieeinheiten pro Kalenderjahr angegeben und ist wie folgt definiert:

> Bruttoinlandsverbrauch (BIV) = inländische Erzeugung + Importe – Exporte + Lagerentnahmen – Einlagerung

Abbildung 5.1.1 zeigt die Energiebilanz Österreichs 2017. Es sind hier nur die Lagerstandsveränderungen dargestellt, die für das Jahr 2017 einer Nettoeinlagerung entsprechen. Der BIV Österreichs beträgt rund 1.440 PJ oder 400 TWh pro Jahr. Wichtig ist, dass diese Energiebilanz alle Energieträger (Kohle, Erdöl, Erdgas, Biomasse, elektrische Energie, Nutzwärme) inkludiert. Wasserkraft, Windkraft und Solarenergie werden in Form von primär erzeugter elektrischer Energie oder Wärme berücksichtigt. Energielagerung erfolgt in Festbrennstofflagern, in Mineralöltanks und in unterirdischen Kavernenspeichern für Erdgas.

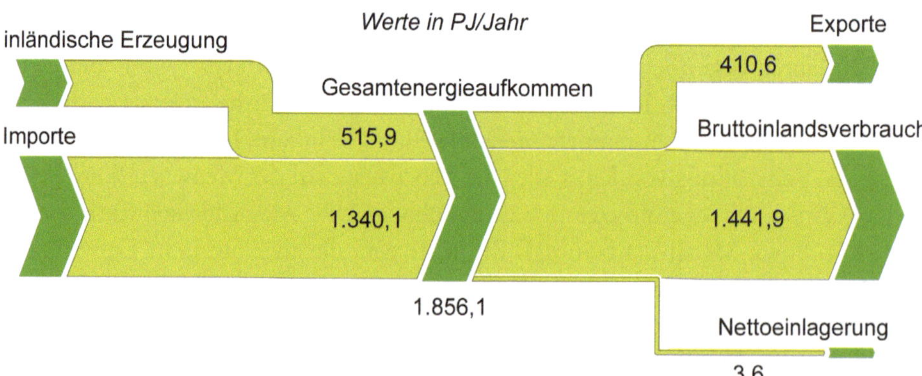

Abbildung 5.1.1: Volkswirtschaftliche Energiebilanz Österreichs für das Jahr 2017 *(Datenquelle: Statistik Austria 2019)*

In Abbildung 5.1.2 wird die Entwicklung des österreichischen BIV seit 1970 der Entwicklung der Wirtschaftsleistung (Bruttoinlandsprodukt BIP, kaufkraftbereinigt) gegenübergestellt. Es zeigt sich (beide Ordinatenachsen sind von null weg skaliert), dass der Energieverbrauch im betrachteten Zeitraum annähernd proportional zur Wirtschaftsleistung zugenommen hat. Ähnliches lässt sich auch für andere Staaten und Zeitabschnitte beobachten.

Der Energieverbrauch bezogen auf die Wirtschaftsleistung beträgt zuletzt mit 1.440 PJ und 380 Mrd. € rund 3,8 MJ/€ oder 1,05 kWh/€, was die *Energieintensität* der Volkswirtschaft beschreibt. Der Kehrwert dieser Zahl beträgt 0,95 €/kWh und drückt aus, wie viel unsere Volkswirtschaft insgesamt pro eingesetzter Energieeinheit erwirtschaftet (*Energieproduktivität*).

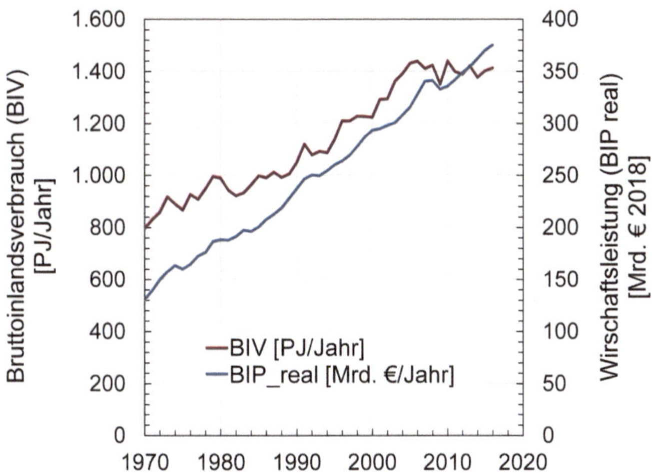

Abbildung 5.1.2: **Entwicklung von Energieverbrauch und Wirtschaftsleistung in Österreich** (Datenquelle: Statistik Austria 2019)

Wirtschaftliche Entwicklung und Energiebedarf sind grundsätzlich eng miteinander verknüpft. Speziell in den Schwellen- und Entwicklungsländern wird deshalb der Energiebedarf auch in Zukunft stark ansteigen.

5.1.1.4   Energieversorgung und Klimawandel

Die Energieversorgung wird derzeit global von Kohle, Öl und Gas dominiert, während Erneuerbare in Summe nur etwa 13% des derzeitigen gesamten Verbrauchs ausmachen. Der Weltenergieverbrauch in Exajoule (EJ) ist nach Energieträgern in Abbildung 5.1.3 veranschaulicht. Diese enthält die Prognose für das „Current Policy Scenario", in dem keine besonderen Anstrengungen unternommen werden, den Energieverbrauch zu reduzieren oder auf Erneuerbare umzusteigen.

Das bei der Verbrennung fossiler Brennstoffe freigesetzte Kohlendioxid (CO_2) ist hauptverantwortlich für den vom Menschen verursachten Klimawandel. Bisher ist die mittlere globale Temperatur seit Beginn der Industrialisierung (Bezugsjahr 1880) um rund 1 °C gestiegen, in Österreich sogar um 2 °C (APCC 2014, S. 28).

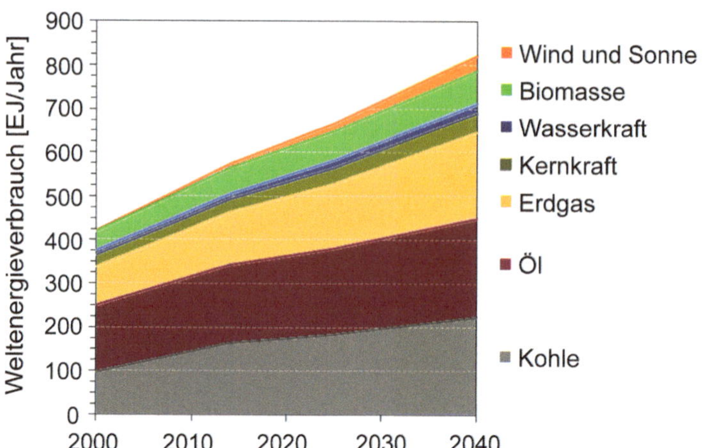

Abbildung 5.1.3:   Weltenergieverbrauch nach Energieträgern basierend auf dem „Current Policy Scenario" (Datenquelle: IEA 2016)

Der vom Menschen verursachte CO_2-Ausstoß ist nach Kaya und Yokobori (1997) das Produkt von vier Faktoren:

$$CO_2 = POP \cdot \frac{BIP}{POP} \cdot \frac{Energie}{BIP} \cdot \frac{CO_2}{Energie} \qquad (5.1.1)$$

Darin steht CO_2 für den CO_2-Ausstoß in Masseneinheiten, *POP* für die Bevölkerungszahl, *BIP/POP* für die Wirtschaftsleistung pro Kopf, *Energie/BIP* für die Energieintensität der Volkswirtschaft (vgl. Abbildung 5.1.2) und *CO_2/Energie* für die CO_2-Intensität des Energiemix. Nachdem wir global sowohl ein Bevölkerungswachstum als auch einen steigenden wirtschaftlichen Wohlstand erwarten, nehmen die ersten beiden Faktoren in Gleichung 5.1.1 zu. Um die globalen CO_2-Emissionen einzuschränken, müssten die letzten beiden Faktoren den Anstieg der ersten beiden überkompensieren. Das heißt (a) Effizienzsteigerung (3. Faktor) und (b) die Dekarbonisierung der Energieversorgung (4. Faktor).

Das Zusammenspiel von Energiewirtschaft und technischen Lösungen zur effizienten und möglichst CO_2-neutralen Bereitstellung von Energie (Energietechnik) ist bei der Gestaltung einer nachhaltigen Zukunft von großer Bedeutung.

5.1.1.5   Wege zu einem zukunftsfähigen Energiesystem

Übergangsprozesse zu einer CO_2-neutralen Energieversorgung werden oft mithilfe volkswirtschaftlicher Modellrechnungen bewertet, in denen die möglichen technischen

Lösungen mit Kosten verknüpft sind. Anschließend wird eine Gesamtlösung gesucht, die ein gesetztes Ziel wie die Begrenzung der atmosphärischen CO_2-Konzentration auf 450 v-ppm, das sind 450 Millionstel Volumsanteile, oder die Begrenzung der Temperaturerhöhung um 2 °C erreicht und zudem die Gesamtkosten zur Zielerreichung minimiert. Dabei setzt sich üblicherweise nicht eine einzelne Maßnahme durch, sondern das Optimum wird durch Maßnahmenpakete erreicht (Abbildung 5.1.4). Diese volkswirtschaftlichen Modellrechnungen berechnen auch die Kosten pro Tonne vermiedenem CO_2-Ausstoß im Zeitablauf. Es zeigt sich, dass diese beträchtlich ansteigen können, sobald relevante Emissionsreduktionen angestrebt werden (Kriegler et al. 2014).

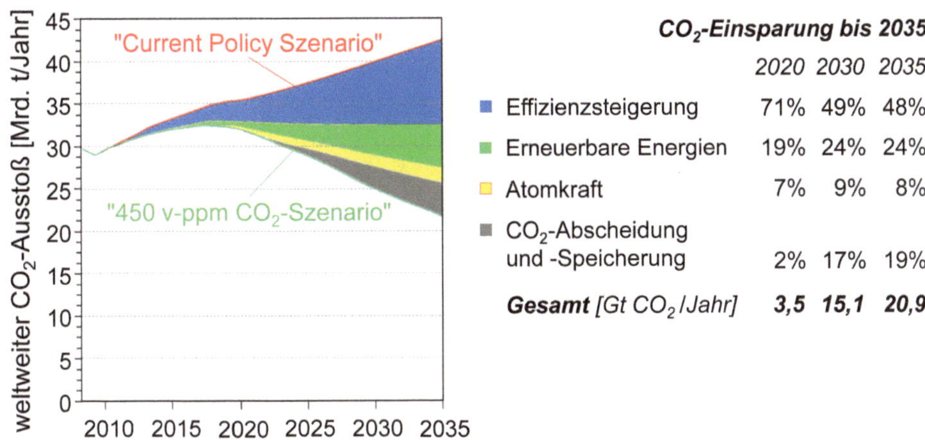

Abbildung 5.1.4: Maßnahmenmix zur Erreichung des 450 v-ppm CO₂-Szenarios (Datenquelle: IEA 2010)

5.1.2 Physikalische Grundlagen der Energietechnik

5.1.2.1 Bedeutung der Energietechnik

Bei der Gestaltung eines nachhaltigen Energiesystems ist das Wissen um die zur Verfügung stehenden technologischen Möglichkeiten von großem Nutzen. Dieses Wissen geht vom Verständnis der physikalischen Grundlagen der Energietechnik aus. Im Folgenden versuchen wir, ausgewählte Erscheinungsformen der Energie physikalisch zu beschreiben und einfache Bewertungskriterien für Energieumwandlungsketten vorzustellen sowie diese anhand von praktischen Beispielen zu erläutern.

5.1.2.2 Arbeit und Leistung

Zentrale Grundlage energietechnischer Überlegungen ist Klarheit über die physikalischen Begriffe Arbeit und Leistung. Arbeit W (englisch: *work*) wird in der SI[2]-Einheit

---

[2] Internationales Einheitensystem oder SI (französisch: *Système international d'unités*)

Joule (1 J) gemessen und entspricht einer Energiemenge. Demgegenüber ist die Leistung P (englisch: *power*) die in einer Zeiteinheit geleistete Arbeit oder der Energieumsatz pro Zeiteinheit:

$$P = \frac{dW}{dt} \tag{5.1.2}$$

Die SI-Einheit der Leistung ist Joule pro Sekunde oder Watt (1 W = 1 J/s). Umgekehrt lässt sich für die Arbeit, die in einem bestimmten Zeitintervall verrichtet wurde, schreiben:

$$W_{12} = \int_{t_1}^{t_2} P(t) \cdot dt \tag{5.1.3}$$

Wird die Leistung als Funktion der Zeit in einem Diagramm dargestellt, ergibt sich die in einem bestimmten Zeitabschnitt verrichtete Arbeit als Fläche unter der Kurve. Ein Beispiel dafür ist der elektrische Energieverbrauch eines Haushaltes: Je nachdem, welche Verbraucher gerade aktiv sind, schwankt die bezogene Leistung über die Zeit. Die insgesamt verbrauchte elektrische Energie (Arbeit) ergibt sich durch Integration über die Zeit gemäß Gleichung 5.1.3. Vom Energieversorger wird dann der sogenannte „Arbeitspreis" in Geldeinheiten pro Energieeinheit verrechnet. Wichtige Gebrauchseinheiten für die Energie sind, neben dem Vielfachen von Joule, die Wattstunde (1 Wh) und deren Vielfache.

5.1.2.3 Energie in mechanischen Systemen

In mechanischen Systemen ist die Arbeit definiert als Kraft mal Weg, wobei es sich um das Skalarprodukt zweier Vektoren handelt:

$$W_{12} = \int_1^2 \vec{F}(\vec{x}) \cdot d\vec{x} \tag{5.1.4}$$

Arbeit in diesem Sinn wird beispielsweise verrichtet, wenn eine Masse im Schwerkraftfeld vertikal bewegt wird, wenn eine Feder gespannt wird, oder auch, wenn ein Gegenstand entgegen einer Reibungskraft über eine raue Oberfläche gezogen wird.

Da die Geschwindigkeit die Zeitableitung des Ortsvektors ist,

$$\vec{v} = \frac{d\vec{x}}{dt}, \tag{5.1.5}$$

folgt mit Gleichung 5.1.2 für die Leistung in mechanischen Systemen:

$$P = \vec{F} \cdot \vec{v} \tag{5.1.6}$$

Wird eine Masse beschleunigt oder gebremst, wirkt der Geschwindigkeitsänderung die Trägheitskraft entgegen. Die Beschleunigungs- oder Bremskraft ist:

$$\vec{F}_a = m \cdot \frac{d\vec{v}}{dt} \tag{5.1.7}$$

Aus den Gleichungen 5.1.3, 5.1.6 und 5.1.7 folgt die Beschleunigungsarbeit:

$$W_{12} = \int_{t_1}^{t_2} m \cdot \frac{d\vec{v}}{dt} \cdot \vec{v} \cdot dt = m \cdot \int_{v1}^{v2} \vec{v} \cdot d\vec{v} = \frac{1}{2} \cdot m \cdot (v_2^2 - v_1^2) \qquad (5.1.8)$$

Die kinetische Energie der bewegten Masse entspricht der Beschleunigungsarbeit aus einem Ruhezustand ($v_1 = 0$) auf eine Geschwindigkeit v:

$$E_{kin} = W_{12}\big|_0^v = \frac{1}{2} \cdot m \cdot v^2 \qquad (5.1.9)$$

Die Masse kann beim Abbremsen Arbeit verrichten, und die kinetische Energie kann dadurch prinzipiell zurückgewonnen werden. In der praktischen Energietechnik sind mechanische Systeme zur Leistungsübertragung meist rotierende Anordnungen (Turbine, Welle etc.). Betrachten wir eine Masse, die um ein ruhendes Zentrum rotiert gemäß Abbildung 5.1.5a, dann gilt zwischen Tangentialgeschwindigkeit v_t und Winkelgeschwindigkeit ω in Radiant pro Sekunde:

$$v_t = R \cdot \omega \qquad (5.1.10)$$

Da bei einer vollen Umdrehung ein Winkel von 2π überstrichen wird, gilt folgender Zusammenhang zwischen Winkelgeschwindigkeit, Frequenz f [Hz] und Drehzahl n [1/min]:

$$\omega = 2 \cdot \pi \cdot f = \frac{2 \cdot \pi}{60} \cdot n \qquad (5.1.11)$$

Aus Gleichung 5.1.6 wird, übertragen auf das rotierende System

$$P = F_t \cdot v_t = F_t \cdot R \cdot \omega, \qquad (5.1.12)$$

wobei F_t eine tangential wirkende Kraft ist, welche die Drehbewegung beschleunigen kann. Wird das Drehmoment als

$$M = F_t \cdot R \qquad (5.1.13)$$

definiert, folgt die Leistung im rotierenden System:

$$P = M \cdot \omega \qquad (5.1.14)$$

Die in einer rotierenden Welle zwischen Turbine und Generator, aber auch zwischen Getriebe und Antriebsrädern eines Kraftfahrzeugs, übertragene Leistung entspricht demnach dem Produkt aus Drehmoment und Winkelgeschwindigkeit.

Gleichung 5.1.10 in Gleichung 5.1.9 eingesetzt, ergibt die kinetische Energie der rotierenden Masse zu

$$E_{rot} = \frac{1}{2} \cdot m \cdot v_t^2 = \frac{1}{2} \cdot m \cdot R^2 \cdot \omega^2 = \frac{1}{2} \cdot I \cdot \omega^2, \qquad (5.1.15)$$

wobei $m \cdot R^2$ im Massenträgheitsmoment I [kg·m^2] zusammengefasst wird. Für am Umfang angeordnete Massen gilt $I = m \cdot R^2$. Liegt die Drehmasse über verschiedene Abstände vom Zentrum verteilt vor, ist jedes Massenelement mit dem jeweiligen Radius zum Quadrat zu gewichten. Für eine zylindrische Scheibe mit Radius R, konstanter Dicke h und konstanter Dichte ρ, wie in Abbildung 5.1.5b illustriert, ergibt sich:

$$I_{Scheibe} = \rho \cdot \int_V r^2 \cdot dV = \rho \cdot \int_{r=0}^{R} r^2 \cdot 2 \cdot \pi \cdot r \cdot h \cdot dr =$$

$$= 2 \cdot \pi \cdot h \cdot \rho \cdot \int_{r=0}^{R} r^3 \cdot dr = \frac{2 \cdot \pi \cdot h \cdot \rho \cdot R^4}{4} = \frac{1}{2} \cdot m \cdot R^2 \tag{5.1.16}$$

Kinetische Energie kann, gemäß dieser Zusammenhänge, in Schwungrädern gespeichert werden. In der Energietechnik sind rotierende Schwungmassen zur kurzzeitigen Energiespeicherung wichtig, z.B. zur Erreichung eines Gleichlaufs bei Kolbenmaschinen.

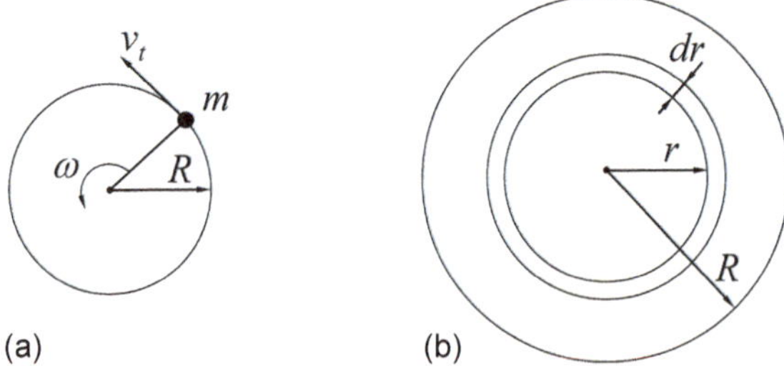

Abbildung 5.1.5:   (a) Rotierende Masse und (b) Integration über den Radius zur Bestimmung der Drehmasse einer zylindrischen Scheibe

5.1.2.4   Energie in elektrischen Systemen

Materie ist aus elektrisch geladenen Elementarteilchen aufgebaut: Negativ geladene Elektronen umgeben die positiv geladenen Atomkerne. In elektrischen Leitern wie Metallen ist ein Teil der Elektronen beweglich und kann zu benachbarten Atomen wandern. Wird nun in einem Leiter ein Elektronenüberschuss erzeugt und in einem anderen ein Elektronenmangel, spricht man von einer elektrischen Potenzialdifferenz zwischen diesen Polen oder einer elektrischen Spannung U. Einheit der Spannung ist das Volt (1 V). Werden die beiden Pole über einen elektrischen Leiter verbunden, dann bewegen sich die Ladungsträger, und es fließt elektrischer Strom I. Einheit des Stroms ist das Ampere (1 A). Für die elektrische Leistung ergibt sich in Analogie zur Mechanik (vgl. Gleichungen 5.1.6 und 5.1.14):

$$P = U \cdot I \tag{5.1.17}$$

Die elektrische Arbeit, die einer Energiemenge entspricht, ergibt sich durch Integration der Leistung über die Zeit, gemäß Gleichung 5.1.3.

Werden zwei leitende Platten parallel zueinander so angeordnet, dass keine leitende Verbindung entsteht, und wird eine Spannung angelegt, bildet sich ein elektrostatisches Feld zwischen den Platten aus (Abbildung 5.1.6a). Die Platten ziehen sich an. In diesem Feld wird Energie gespeichert. Wird die Spannungsquelle entfernt, bleiben die Platten geladen. Man spricht von einem Kondensator. Das Verhalten von Strom und Spannung am Kondensator bei Lade- und Entladevorgängen wird von folgendem Zusammenhang beschrieben:

$$I(t) = C \cdot \frac{dU}{dt} \tag{5.1.18}$$

Dabei ist C die Kapazität in Farad (1 F = 1 A·s/V). Die Gleichungen 5.1.17 und 5.1.18 sind mathematisch analog zu den Gleichungen 5.1.6 und 5.1.7. Für die im Kondensator gespeicherte Energie folgt analog zur kinetischen Energie:

$$W_C = \frac{1}{2} \cdot C \cdot U^2 \tag{5.1.19}$$

Wird ein Leiter von einem Strom durchflossen, bildet sich rund um diesen ein konzentrisches Magnetfeld aus. Wird der Leiter zu einer Spule gewickelt, überlagern sich die magnetischen Feldlinien (Abbildung 5.1.6b). Der Aufbau des Magnetfeldes ist mit Arbeit im physikalischen Sinn verbunden.

Das Verhalten von Strom und Spannung an der Spule wird von folgendem Zusammenhang beschrieben:

$$U(t) = L \cdot \frac{dI}{dt} \tag{5.1.20}$$

Dabei bezeichnet L die Induktivität in Henry (1 H = 1 V·s/A). Aus Gleichung 5.1.20 folgt mit Gleichung 5.1.17 die im Magnetfeld gespeicherte Energie:

$$W_L = \frac{1}{2} \cdot L \cdot I^2 \tag{5.1.21}$$

Kondensatoren und Spulen dienen in der Elektronik zur kurzfristigen Energiespeicherung z.B. bei Oszillatoren. Als Speicher in der Energietechnik sind elektrische und magnetische Felder wegen der geringen Energiedichte nicht relevant.

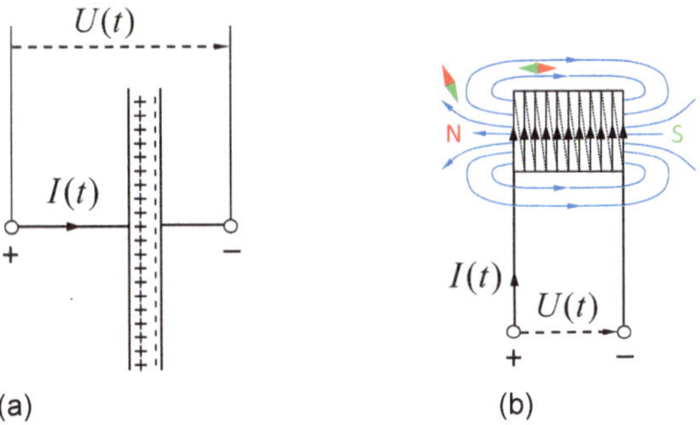

Abbildung 5.1.6: (a) Kondensator (Kapazität C) und (b) Spule (Induktivität L)

5.1.2.5 Energie in thermischen Systemen

Materie ist aus Elementarteilchen (Atomen bzw. Molekülen) aufgebaut. Diese befinden sich ständig in Bewegung, wobei sie sich in Fluiden (d.h. in Gasen und Flüssigkeiten) frei bewegen und in Feststoffen lediglich am gleichen Ort schwingen. Alle Stoffe beinhalten demnach die kinetische Bewegungsenergie der Elementarteilchen. Die Messgröße für die Bewegungs- bzw. Schwingungsintensität der Elementarteilchen ist die Temperatur T, gemessen in der SI-Einheit Kelvin (1 K). Über die Temperatur lassen sich interessante Beobachtungen zur Bewegungsenergie der Elementarteilchen, auch als thermische Energie bezeichnet, machen:

1. In einem vollständig wärmeisolierten Behälter bleibt die Temperatur konstant. Die Bewegung der Elementarteilchen nimmt nicht ab.

2. Bringt man Objekte unterschiedlicher Temperatur zusammen, erfolgt eine Übertragung der thermischen Energie vom wärmeren auf den kälteren Körper. Der wärmere Körper kühlt dabei ab, der kältere erwärmt sich, bis die Temperatur ausgeglichen ist.

Vorgänge, bei denen eine Temperaturdifferenz zur Übertragung thermischer Energie führt, werden als Wärmeübertragungsvorgänge bezeichnet. In Feststoffen und in ruhenden Fluiden kann die Wärmeleitung infolge eines Temperaturgradienten (= Temperaturänderung pro Längeneinheit) durch das Fourier'sche Wärmeleitungsgesetz beschrieben werden:

$$\dot{Q}_x = -A \cdot \lambda \cdot \frac{dT}{dx} \tag{5.1.22}$$

Dabei ist $\dot{Q}_x$ der Wärmestrom in x-Richtung in Watt, A die Fläche des betrachteten Querschnitts (normal auf die x-Achse), und λ ist die Stoffeigenschaft der Wärmeleitfähigkeit in W/(m·K). Der Wärmestrom entspricht einer Leistung, für die die über einen bestimmten Zeitraum übertragene Wärmemenge Q gilt, analog zu Gleichung 5.1.3:

$$Q_{12} = \int_{t_1}^{t_2} \dot{Q}(t) \cdot dt \tag{5.1.23}$$

Wärme ist eine aufgrund eines Temperaturunterschiedes transportierte thermische Energie. Die in einem Stoff in einem bestimmten Zustand enthaltene thermische Energie wird durch die Enthalpie H beschrieben. Wird einem Stoff bei konstantem Druck Wärme zu- oder abgeführt, so ändert sich seine Enthalpie um den Wert der Wärmemenge (Definition der Enthalpie):

$$H_2 - H_1 = Q_{12} \qquad (\, p = const. \,) \tag{5.1.24}$$

Die Enthalpie berechnet man, relativ zu einem Bezugspunkt (z.B. 1 bar, 298,15 K), für einen Stoff in einem bestimmten Zustand als Funktion anderer Größen (z.B. Druck und Temperatur) eindeutig über die sogenannte kalorische Zustandsgleichung, in die Materialeigenschaften einfließen. In vielen praktisch bedeutsamen Fällen (für Feststoffe, Flüssigkeiten unterhalb des Siedepunktes und für als Idealgas betrachtbare Gase) kann die Druckabhängigkeit der Enthalpie vernachlässigt werden, und die kalorische Zustandsgleichung vereinfacht sich:

$$H(T) = m \cdot \int_{T_0}^{T} c_p(T) \cdot dT \approx m \cdot \overline{c}_p \cdot (T - T_0) \qquad (5.1.25)$$

Dabei ist m die Masse [kg], c_p [J/(kg·K)] die spezifische isobare Wärmekapazität des Stoffs, allgemein eine Funktion der Temperatur, und T_0 eine festzulegende Bezugstemperatur. Liegen die betrachteten Temperaturen hinreichend nahe zusammen, kann mit einer mittleren Wärmekapazität $\overline{c}_p$ gearbeitet werden.

In der Energietechnik wird thermische Energie in Form von Enthalpie in Rohrleitungen transportiert (Zentralheizung, Fernwärme). Wasser eignet sich aufgrund seiner hohen spezifischen Wärmekapazität hervorragend als Wärmeträgermedium. Versorgte Wärmeverbraucher entnehmen dem System Wärmeleistung, indem der Wärmeträger abgekühlt wird. Die entnommene Wärmeleistung entspricht dabei dem Produkt aus Massenstrom, spezifischer Wärmekapazität und der Differenz aus Vorlauf- (VL) und Rücklauftemperatur (RL) des Wärmeträgers:

$$\dot{Q}_{Nutz} = \dot{m} \cdot \overline{c}_p \cdot (T_{VL} - T_{RL}) \qquad (5.1.26)$$

5.1.2.6   Energie in chemischen Systemen

Materie ist aus Atomen zusammengesetzt, diese können chemische Bindungen eingehen, was letztlich zur Ausgestaltung der Stoffe (Moleküle, Kristalle, Ionen in Lösung) führt. Bei chemischen Vorgängen (Reaktionen) bleiben die Atomkerne stets unverändert, die Interaktion passiert auf Ebene der Elektronenhülle. Zwischen den Elementarteilchen wirken Kräfte (z.B. elektrische Anziehung und Abstoßung). Wenn sich Atome also im Zuge einer chemischen Reaktion neu anordnen, verändern sich dabei die Abstände innerhalb der Hülle, und diese Veränderung entspricht physikalisch einer Arbeit (Bewegungen in einem Kraftfeld gemäß Gleichung 5.1.4). Bei chemischen Reaktionen muss diese Energieänderung stets ausgeglichen werden. Die für eine bestimmte chemische Reaktion benötigte Energie wird, wegen der Annahme, dass die Reaktion bei konstantem Druck abläuft, als deren Reaktionsenthalpie ΔH_R bezeichnet. Wird für eine chemische Reaktion Wärme benötigt, ist ΔH_R positiv, und man spricht von einer endothermen Reaktion. Wird bei der Reaktion Wärme freigesetzt, ist ΔH_R negativ, und man spricht von einer exothermen Reaktion. Die Reaktionsenthalpie ist im Ausmaß der thermischen Enthalpieunterschiede zwischen Ausgangsstoffen und Produkten von Temperatur und Druck abhängig. Um Vergleichbarkeit zu schaffen, werden Reaktionsenthalpien daher meist auf den Standardzustand (1 bar = 100 kPa, 25 °C = 298,15 K) bezogen angegeben.

Fallbeispiel 5.1.1: Verbrennung von Methan *(Datenquelle: NIST 2019)*

> Die Verbrennung, eine Oxidation mit molekularem Sauerstoff (O_2), ist eine in der Energietechnik wichtige Reaktion. Wir betrachten die Oxidation von Methan (CH_4) mit Luftsauerstoff. Erdgas besteht in Wien zu mehr als 98 vol% aus Methan. Die chemische Reaktionsgleichung der Verbrennung lautet:
>
> $$CH_4 + 2\,O_2 \rightarrow CO_2 + 2\,H_2O(g) \qquad \Delta H_R\,(1\ \text{bar},\ 298{,}15\ \text{K}) = -\,802{,}56\ \text{kJ/mol}$$
>
> Bei der Verbrennung von Methan werden pro Mol CH_4 802,56 kJ an thermischer Energie freigesetzt. Ein Mol eines Gases nimmt gemäß idealer Gasgleichung bei Normalbedingungen (101.325 Pa, 273,15 K) ein Volumen von 22,41 Litern ein. Pro Normalkubikmeter Methan werden demnach 35.800 kJ thermische Energie freigesetzt, was umgerechnet rund 10 kWh entspricht.

Die Reaktionsenthalpie von Verbrennungsreaktionen bei Standardbedingungen (1 bar, 298,15 K) wird, bezogen auf die Menge des eingesetzten Brennstoffes, als Heizwert des Brennstoffes bezeichnet. Dabei wird angenommen, dass das im Abgas enthaltene Wasser gasförmig vorliegt.

> Heizwert = Reaktionsenthalpie der Verbrennungsreaktion

In der Energietechnik ist der Heizwert eine wichtige Bezugsgröße für Wirkungsgrade. Er wird pro kg oder Volumen eines Brennstoffes angegeben (Tabelle 5.1.1).

Die chemische Reaktionsenthalpie exothermer Reaktionen wird meistens als thermische Enthalpie freigesetzt. Eine Ausnahme bilden elektrochemische Reaktionen: Mithilfe einer elektrochemischen Zelle kann ein großer Teil der Reaktionsenthalpie direkt als elektrische Energie abgeführt werden. Solche Systeme gewinnen in der Energietechnik immer mehr an Bedeutung (Batteriespeicher, Brennstoffzellen).

Tabelle 5.1.1: Heizwerte gebräuchlicher Brennstoffe *(Datenquelle: Gammel 2019)*

Brennstoff	Heizwert	Einheit
Steinkohle	ca. 30	MJ/kg
Holz (lufttrocken)	ca. 15	MJ/kg
Ethanol	21,2	MJ/l
Benzin	ca. 30,5	MJ/l
Diesel, Heizöl Extra Leicht	ca. 35,5	MJ/l
Methan	35,8	MJ/Nm^3
Wasserstoff	10,8	MJ/Nm^3

5.1.3 Grundlagen der Energieumwandlung

5.1.3.1 Energieerhaltungssatz

In Abschnitt 5.1.2 wurde die Energie in einigen ihrer Erscheinungsformen (mechanische, elektrische, thermische, chemische) vorgestellt. In der Natur lässt sich nun Folgendes beobachten: In einem nach außen hin abgeschlossenen System (isolierter Behälter, durch den keine Energieströme dringen können) bleibt die Gesamtenergie konstant.

> Im abgeschlossenen System bleibt die Gesamtenergie erhalten.

Der Ausdruck „Gesamtenergie" deutet bereits an, dass es zu Umwandlungen von einer Erscheinungsform in eine andere kommen kann. So könnte innerhalb des abgeschlossenen Systems eine Batterie entladen werden, um mittels eines Elektromotors ein Schwungrad zu beschleunigen, oder eine (andere) chemische Reaktion ablaufen, wodurch die Temperatur ansteigt. Die Gesamtenergie innerhalb des Systems bleibt dabei stets erhalten, solange keine Energie von außen zugeführt oder nach außen abgeführt wird.

5.1.3.2 Konservative und dissipative Kraftfelder

Wird eine Masse im Schwerkraftfeld gehoben oder eine elastische Feder gespannt, so wird Arbeit im Sinne von Gleichung 5.1.4 verrichtet, die aber bei Zurückbewegung im jeweiligen Kraftfeld wieder zurückgewonnen werden kann. In diesen Fällen wird die Verschiebearbeit als potenzielle Energie gespeichert. Die Kraftfelder im Fall der Schwerkraft und der elastischen Feder sind sogenannte Potenzialfelder, auch konservative Kraftfelder genannt, weil die mechanische Energie konserviert wird, d.h. als solche erhalten bleibt. Ein solches Verhalten setzt voraus, dass die Bewegung ohne Reibungsverluste erfolgt, was bei makro- und mikrokosmischen Systemen (Himmelskörper, Elementarteilchen) gut erfüllt ist.

Wird ein Körper, auf den die Schwerkraft von oben wirkt, über eine horizontale, raue Oberfläche gezogen, wirkt der Bewegung die Reibungskraft entgegen. Hier wird ebenfalls im Sinne von Gleichung 5.1.4 Arbeit verrichtet, wobei diese aber nicht als potenzielle Energie gespeichert wird, sondern durch die Reibung werden die Elementarteilchen an der Reibungsfläche zu verstärkter Schwingung angeregt, die Temperatur steigt lokal an, und die geleistete Arbeit wird in thermische Energie umgewandelt. Man spricht hier von einem dissipativen Kraftfeld.

In technischen Systemen sind die Potenzialfelder stets von Reibung und Widerstand überlagert, trotzdem bleibt die Gesamtenergie erhalten. Bei dissipativen Vorgängen erfolgt eine Umwandlung mechanischer oder elektrischer Energie in thermische Energie, die nicht mehr zurück in mechanische oder elektrische Energie verwandelt werden kann. Aus physikalischer Sicht sind Systeme mit geringerer Dissipation stets effizienter.

> Ein effizientes Energiesystem vermeidet Dissipation.

5.1.3.3 Der Energieerhaltungssatz für Fließprozesse

In der Energietechnik und allgemeiner auch in der Prozesstechnik geht es um die Betrachtung von Bereitstellungsketten für Nutzenergie bzw. stoffliche Produkte. Solche Prozessketten lassen sich als kontinuierliche, stationäre Fließprozesse darstellen, die in einzelne Prozessschritte zerlegt werden können (Abbildung 5.1.7).

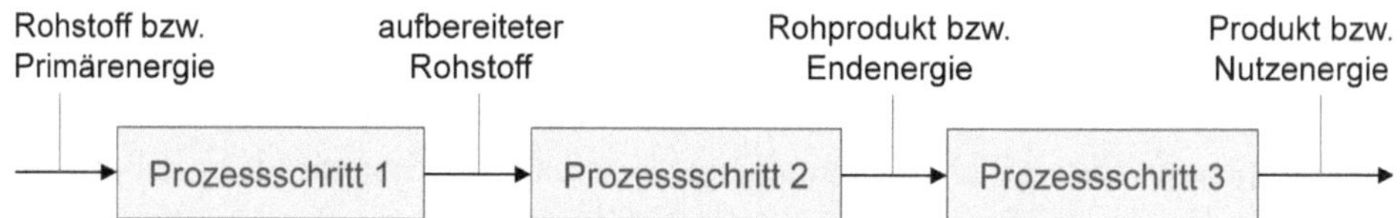

Abbildung 5.1.7: Prinzip einer Bereitstellungskette für Produkte oder Nutzenergie

Jeder Block in Abbildung 5.1.7 könnte wiederum in einzelne Zwischenschritte unterteilt werden, bis die Beschreibung auf Basis von Prozesseinheiten (Unit Operations, kleinste sinnvoll mögliche Bilanzräume entlang der Kette) erfolgt. Für jeden durchströmten Bilanzraum lässt sich gemäß Abbildung 5.1.8 die Energieerhaltungsgleichung als Leistungsbilanz in Watt anschreiben:

$$\dot{m} \cdot \left[\left(h_2 + \frac{v_2^2}{2} + g \cdot z_2 \right) - \left(h_1 + \frac{v_1^2}{2} + g \cdot z_1 \right) \right] = \dot{Q} + P \tag{5.1.27}$$

Dabei steht $\dot{m}$ für den Massenstrom [kg/s], h für die spezifische Enthalpie (chemisch und thermisch) [J/kg], v für die Geschwindigkeit [m/s], g für die Erdbeschleunigung (9,81 m/s²) und z für die geodätische Höhe [m]. Die die Bilanzgrenze überschreitenden Energieströme $\dot{Q}$ und P [W] sind bei Leistungszufuhr positiv, bei Leistungsabfuhr negativ. Die Klammerausdrücke fassen jeweils Enthalpie, kinetische und potenzielle Energie pro Masseneinheit des Stoffstroms zusammen.

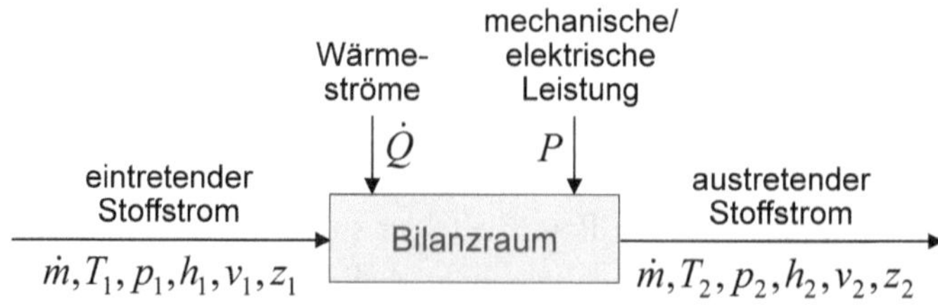

Abbildung 5.1.8: Energieerhaltung in einem stationären Fließprozess

Gleichung 5.1.27 ist sehr allgemein und gilt für alle als kontinuierlich beschreibbaren Prozesse der Energietechnik. Es lassen sich damit beispielsweise Wasserkraftwerke berechnen, aber auch Wärmeüberträger, Pumpen, Kompressoren und chemische Reaktoren wie Brennkammern. In vielen Fällen sind die kinetische und die potenzielle Energie im Schwerkraftfeld vernachlässigbar gegenüber den Enthalpieänderungen und werden nicht angeschrieben.

5.1.3.4 Wirkungsgradbegriff

Obwohl die Gesamtenergie in jedem Prozessschritt erhalten bleibt, kommt es entlang der Bereitstellungskette zu einer Abnahme der technisch bzw. wirtschaftlich nutzbaren Energie. Es ist daher zweckmäßig, nutzbare und nichtnutzbare Energiekomponenten zu unterscheiden. Dies führt zur Definition des Wirkungsgrades als Nutzen, bezogen auf den Einsatz bzw. den Aufwand.

Wirkungsgrad = Nutzen / Aufwand

Nutzen und Aufwand weisen dabei die gleiche physikalische Einheit auf (bei energetischen Wirkungsgraden stationärer Fließprozesse die einer Leistung, d.h. Watt). Damit ist der Wirkungsgrad eine dimensionslose Zahl, die grundsätzlich zwischen 0 und 1 liegt und oft in Prozent angegeben wird. Sind die Einheiten von Nutzen und Aufwand unterschiedlich, ergeben sich dimensionsbehaftete Kennzahlen, die nicht als Wirkungsgrad bezeichnet werden sollten.

Wirkungsgrade sind gut geeignet, die Effizienz von Prozessalternativen zu vergleichen, die vom gleichen Energieträger bzw. der gleichen Energiequelle ausgehen, um einen bestimmten Nutzen zu erreichen. Stehen unterschiedliche Energiequellen zur Verfügung, ist ein Vergleich auf Basis der Wirkungsgrade meist nicht aussagekräftig.

5.1.3.5 Energieeffizienz von Bereitstellungsketten

Die Bereitstellung von Nutzenergie erfolgt über Bereitstellungsketten (siehe Abbildung 5.1.7). Der Wirkungsgrad der gesamten Prozesskette ergibt sich durch Multiplikation der Wirkungsgrade der einzelnen Prozessschritte (siehe Fallbeispiel 5.1.2). Ähnliche Schätzungen wie in Fallbeispiel 5.1.2 lassen sich für Kraftwerke, Wärmebereitstellungs- oder Kühlsysteme durchführen.

Energietechnikerinnen und Energietechniker bedienen sich zur Effizienzbewertung von Bereitstellungsketten, neben den Wirkungsgraden, auch komplexerer Definitionen, die die prinzipiellen Grenzen der Umwandelbarkeit von Energieformen berücksichtigen. So können Ansatzpunkte für relevante Effizienzsteigerungen zielsicher identi-

Fallbeispiel 5.1.2: Bereitstellung von Antriebsleistung für Kraftfahrzeuge aus dem Stromnetz

Kraftfahrzeuge könnten zukünftig elektrisch angetrieben werden. Derzeit werden Systeme mit Batteriespeichern (Battery Electric Vehicles, BEV) und Systeme auf Wasserstoffbrennstoffzellenbasis (Fuel Cell Electric Vehicles, FCEV) diskutiert, wobei der Wasserstoff durch Elektrolyse mit erneuerbar produzierter elektrischer Energie hergestellt werden soll. Wir vergleichen die beiden Antriebsysteme auf Basis der Wirkungsgrade. Als Nutzen wird die mechanische Leistung an der Antriebswelle der Räder definiert. Als Aufwand wird die elektrische Leistungsaufnahme zur Batterieladung bzw. zur Wasserstoffherstellung herangezogen. Damit ist die in Abschnitt 5.1.3.4 erwähnte Bedingung, dass auf die gleiche Energiequelle Bezug genommen wird, erfüllt. Die folgenden Zusammenstellungen sind grobe Vereinfachungen. Es fehlen wesentliche Verlustquellen wie Energietransport, Gleich- und Wechselrichter, deren Berücksichtigung die Gesamteffizienz beider Systeme weiter verringern würde.

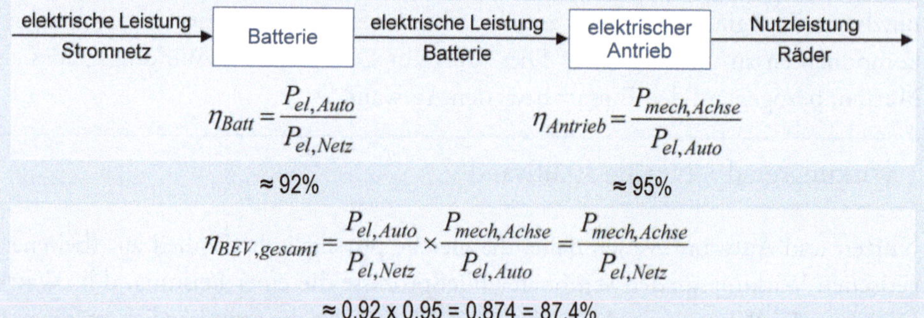

$$\eta_{Batt} = \frac{P_{el,Auto}}{P_{el,Netz}} \qquad \eta_{Antrieb} = \frac{P_{mech,Achse}}{P_{el,Auto}}$$

$$\approx 92\% \qquad\qquad \approx 95\%$$

$$\eta_{BEV,gesamt} = \frac{P_{el,Auto}}{P_{el,Netz}} \times \frac{P_{mech,Achse}}{P_{el,Auto}} = \frac{P_{mech,Achse}}{P_{el,Netz}}$$

$$\approx 0{,}92 \times 0{,}95 = 0{,}874 = 87{,}4\%$$

Abbildung 5.1.9:   Elektroauto mit Batteriespeicher (BEV)

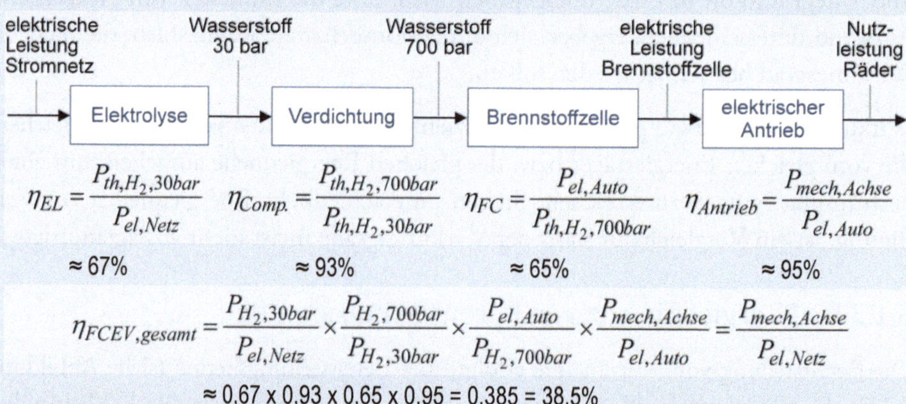

$$\eta_{EL} = \frac{P_{th,H_2,30bar}}{P_{el,Netz}} \quad \eta_{Comp.} = \frac{P_{th,H_2,700bar}}{P_{th,H_2,30bar}} \quad \eta_{FC} = \frac{P_{el,Auto}}{P_{th,H_2,700bar}} \quad \eta_{Antrieb} = \frac{P_{mech,Achse}}{P_{el,Auto}}$$

$$\approx 67\% \qquad\qquad \approx 93\% \qquad\qquad \approx 65\% \qquad\qquad \approx 95\%$$

$$\eta_{FCEV,gesamt} = \frac{P_{H_2,30bar}}{P_{el,Netz}} \times \frac{P_{H_2,700bar}}{P_{H_2,30bar}} \times \frac{P_{el,Auto}}{P_{H_2,700bar}} \times \frac{P_{mech,Achse}}{P_{el,Auto}} = \frac{P_{mech,Achse}}{P_{el,Netz}}$$

$$\approx 0{,}67 \times 0{,}93 \times 0{,}65 \times 0{,}95 = 0{,}385 = 38{,}5\%$$

Abbildung 5.1.10: Brennstoffzellenauto mit Elektrolysewasserstoff (FCEV)

Auf Basis des Wirkungsgradvergleiches ist das BEV wesentlich effizienter als das FCEV. In der Praxis müssen aber noch weitere Aspekte berücksichtigt werden. Chemische Energiespeicher wie Wasserstoff kommen für lange Speicherperioden infrage, wenn es z.B. um saisonalen Überschussausgleich geht. Der geringere Wirkungsgrad der Gesamtkette könnte in Kauf genommen werden, wenn ein echter Überschuss an erneuerbarer elektrischer Leistung vorhanden ist und die vorhandenen Batteriespeicher bereits geladen sind. Weitere Aspekte ergeben sich aus dem Lebenszyklus der Fahrzeuge im Zusammenhang mit der angestrebten Reichweite einer Batterieladung bzw. Tankfüllung.

fiziert werden. In weiterer Folge sind ökonomische Überlegungen und Ressourcenüberlegungen abseits der reinen Energiebereitstellungskette (Ökobilanzierung oder Lebenszyklusbetrachtung) anzustellen, um technologische Möglichkeiten bewerten zu können.

5.1.4 Zusammenfassung

Die technische Bereitstellung von Nutzenergie ist ein zentrales Erfordernis zivilisatorischer Entwicklung. Energie schafft Arbeitserleichterung und Wohlstand. Der Energiebedarf einer Volkswirtschaft wird durch den Bruttoinlandsverbrauch beschrieben. Das globale Energiesystem basiert zum überwiegenden Teil auf fossilen Energieträgern, und die Energiebereitstellung dominiert den vom Menschen verursachten Treibhausgasausstoß, der für den derzeit beobachteten Klimawandel verantwortlich ist. Um den anthropogenen Klimawandel einzudämmen, muss die Energieeffizienz drastisch erhöht und eine Dekarbonisierung der Energiebereitstellung durch Umstieg auf Erneuerbare erreicht werden.

Energie mit der Einheit Joule tritt in verschiedenen Formen auf, die teilweise ineinander umgewandelt werden können. Bei mechanischer und elektrischer Energie heißt die übertragene Energiemenge Arbeit, thermisch übertragene Energie wird als Wärme bezeichnet. Die pro Zeiteinheit übertragene Energie wird als Leistung oder als Wärmestrom bezeichnet und in der Einheit Watt gemessen. In praktischen technischen Systemen treten Reibung und/oder elektrischer Widerstand auf: Ein Teil der mechanischen oder elektrischen Energie wird dabei in thermische Energie umgewandelt und kann nicht mehr zurückverwandelt werden. Dieses Phänomen wird als Dissipation bezeichnet und verringert die Effizienz von Energieumwandlungsketten.

Einzelne Schritte einer Bereitstellungskette können als stationäre Fließprozesse modelliert werden, die stets das Energieerhaltungsgesetz in Form einer Leistungsbilanzgleichung erfüllen. Wirkungsgrade sind allgemein definiert als Nutzen dividiert durch Aufwand, wobei beides in der gleichen Einheit gemessen wird und sich ein dimensionsloser Wert ergibt, der für sinnvolle Definitionen zwischen 0 und 1 liegt. Neben der Betrachtung der Effizienz von Bereitstellungsketten sind für eine abschließende Bewertung von technologischen Alternativen auch wirtschaftliche und ökologische Aspekte zu berücksichtigen.

Literatur

APCC (Austrian Panel on Climate Change) (2014): Österreichischer Sachstandsbericht Klimawandel 2014 (AAR14). Wien: Verlag der Österreichischen Akademie der Wissenschaften. https://doi.org/10.1553/aar14s1.

Gammel (Gammel Engineering GmbH) (2019): Energie-Lexikon. Stichwort: Heizwert – Brennwert. Verfügbar in: www.gammel.de/de/lexikon/Heizwert---Brennwert/4838 [Abfrage am 5.4.2019].

IEA (The International Energy Agency) (2010): IEA World Energy Outlook 2010. Available at: webstore.iea.org/world-energy-outlook-2010 [accessed 5.4.2019].

IEA (The International Energy Agency) (2016): IEA World Energy Outlook 2016. Available at: webstore.iea.org/world-energy-outlook-2016 [accessed 5.4.2019].

Kaya, Y. and Yokobori, K. (eds.) (1997): Environment, Energy, and Economy: Strategies for Sustainability. Conference on Global Environment, Energy, and Economic Development, Tokyo, 25.-27.10.1993, Tokyo: United Nations University Press, UNUP-911.

Kriegler, E., Weyant, J. P., Blanford, G. J., Krey, V., Clarke, L., Edmonds, J., Fawcett, A., Luderer, G., Riahi, K., Richels, R., Rose, S. K., Tavoni, M., and van Vuuren, D. P. (2014): The role of technology for achieving climate policy objectives: overview of the EMF 27 study on global technology and climate policy strategies. Climatic Change, 123, 353–367, https://doi.org/10.1007/s10584-013-0953-7.

NIST (National Institute of Standards and Technology) (2019): NIST Chemistry WebBook, U.S. Department of Commerce. Available at: https://webbook.nist.gov/ [accessed 5.4.2019].

Statistik Austria (2019): Webseite der Statistik Austria. Verfügbar in: www.statistik.at [Abfrage am 5.4.2019].

5.2 Angewandte Prozesstechnik

Anita Grausam und Christoph Pfeifer
Institut für Verfahrens- und Energietechnik,
Department für Materialwissenschaften und Prozesstechnik (MAP)
anita.grausam@boku.ac.at, christoph.pfeifer@boku.ac.at

5.2.1 Definitionen und Begriffe

Die angewandte Verfahrens- oder Prozesstechnik ist eine interdisziplinäre Ingenieurwissenschaft, die in unzähligen, bekannten Industriezweigen (z.B. in der Lebensmittel- und Kosmetikproduktion, Pharmazie, Abfallbehandlung, Papier- oder Metallindustrie) sowie in der Energieerzeugung ihre Anwendung findet. Alle Produkte und Waren durchlaufen bei der Erzeugung verfahrenstechnische Prozesse. Damit sind alle Vorgänge gemeint, in denen Eigenschaften, Form oder Zusammensetzung von Rohstoffen oder Energieträgern in einem oder mehreren Verfahrensschritt(en) verändert werden. Die Verfahrenstechnik befasst sich also mit der Herstellung, Trennung oder Umwandlung von flüssigen, gasförmigen und festen Stoffen. Hierbei werden physikalische und chemische Grundgesetze mit der praktischen, technischen Umsetzung verknüpft.

Ein Hauptziel der Verfahrenstechnik ist es, Prozesse zu entwickeln und zu verbessern, um dadurch zu einer wirtschaftlichen, energieeffizienten und umweltschonenden Produktion, Mobilität oder Energieversorgung beizutragen.

Die Verfahrenstechnik umfasst ein sehr breites Spektrum an Prozessen und Verarbeitungsaufgaben. Historisch hat sich daher eine Unterteilung nach physikalischen Grundlagen in verfahrenstechnische Teilgebiete etabliert (Hauptteilgebiete siehe Abbildung 5.2.1). Weitere gebräuchliche Teilgebiete wären z.B. noch die Elektroverfahrenstechnik oder die Nanoverfahrenstechnik.

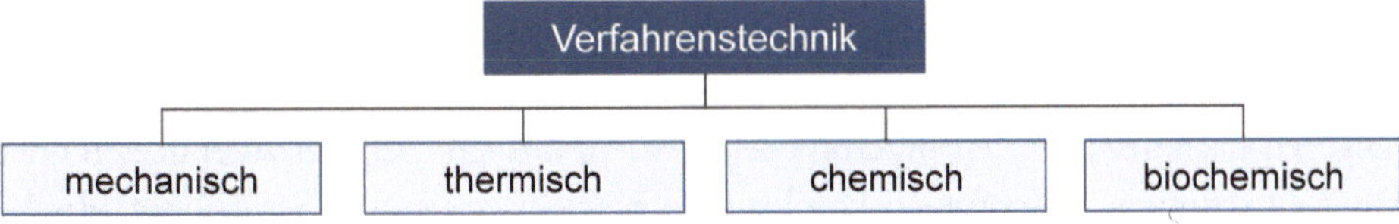

Abbildung 5.2.1: Einteilung der Verfahrenstechnik

Produkte und Produktionsprozesse

Bei der Neuentwicklung und Verbesserung von Produkten steht am Anfang oft eine Idee oder ein gewünschtes Produkt. In einer Entwicklungs- und Testphase im Labor wird die Synthese oder Herstellung eines Produktes definiert. In der Chemie bezeichnet die Synthese ein Verfahren, mit dem aus Elementen eine Verbindung oder aus einfacher gebauten Verbindungen ein komplizierter zusammengebauter Stoff hergestellt wird. Danach wird meist eine etwas größere Pilotanlage gebaut, deren Dimension durch maßstäbliche Vergrößerung (Scale-up) bestimmt wird. Schließlich wird das Verfahren nach erfolgreichen Tests in einer großtechnischen Anlage umgesetzt und im Betrieb optimiert. Abbildung 5.2.2 zeigt schematisch, welche verfahrenstechnischen Schritte in großtechnischen Produktionsprozessen vom Rohstoff bis zum gewünschten Produkt generell durchlaufen werden. Hier sind die Vor- und Nachbereitung mindestens genauso wichtig wie die eigentliche Produkterzeugung bzw. Reaktion. Oft fallen bei der Produktion neben gewünschten Produkten Neben- oder sogenannte Koppelprodukte sowie nicht verwertbare Reststoffe an, die weiterverarbeitet oder entsorgt werden müssen. Diese sollten daher so gering wie möglich gehalten werden.

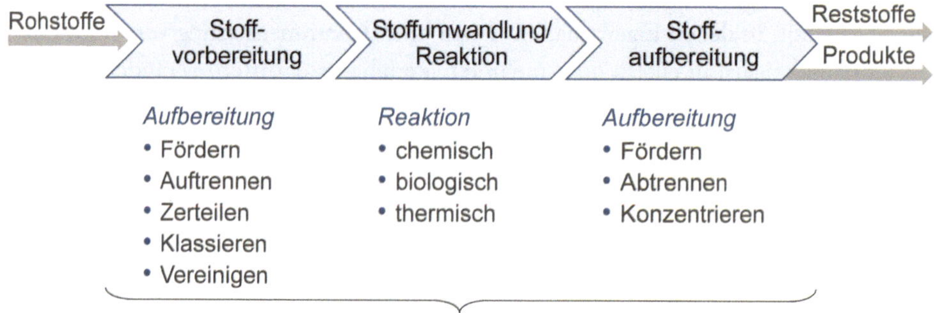

Abbildung 5.2.2: *Verfahrenstechnische Vorgänge im großtechnischen Produktionsprozess*

Betriebsweisen verfahrenstechnischer Prozesse

Man unterscheidet verschiedene Betriebsweisen, je nachdem, ob ein Prozess ohne Unterbrechung oder mit prozessbedingten Stopps läuft. Man bezeichnet den Betrieb als kontinuierlich, wenn ständig Stoffströme oder Energien zu- und abgeführt werden und es keine vorgegebenen Unterbrechungen gibt. Ein Prozess im Batchbetrieb muss hingegen nach gewisser Zeit unterbrochen werden, um z.B. Behälter zu entleeren oder Filter zu reinigen. Es gibt auch kombinierte Betriebsweisen, die Semi- oder Mischbetrieb genannt werden.

Eine andere Einteilung unterscheidet zwischen stationärem und instationärem Betrieb. Ein Prozess läuft stationär, wenn sich die Prozessparameter im Zeitablauf nicht verändern. Das heißt, der Prozess läuft stabil. Beim instationären Prozess ändern sich Prozessparameter wie Volumenströme oder Druck im Laufe der Zeit (z.B. beim Anfahren von Anlagen oder bei unerwünschten Prozesszuständen).

5.2.1.1 Verfahrenstechnische Grundoperationen

Verfahrenstechnische Grundoperationen sind einfachste physikalische Vorgänge, die Eigenschaften, Zusammensetzung oder Art von Stoffen verändern. Die Aneinanderreihung von Grundoperationen ergibt den gesamten Prozess.

Ein wesentlicher Vorgang in fast allen verfahrenstechnischen Prozessen ist das Fördern von Stoffen. Dabei kommen Grundlagen der Strömungsmechanik in Strömungs- und Fördermaschinen wie Pumpen, Verdichtern und Förderschnecken zur Anwendung. In vielen weiteren verfahrenstechnischen Grundoperationen werden Grundlagen der Mechanik, der Wärme- und Stoffübertragung, der chemischen Reaktionstechnik oder von Separationsprozessen umgesetzt.

Tabelle 5.2.1 gibt einen Überblick über die wesentlichen verfahrenstechnischen Grundoperationen und die Zuordnung zu den verfahrenstechnischen Teilgebieten.

Tabelle 5.2.1: Auswahl an verfahrenstechnischen Grundoperationen in Prozessen

Vorgang	Grundoperation	Teilgebiet
Fördern	• Pumpen, Verdichter, Förderschnecke	Mechanische Verfahrenstechnik
Trennen	• Beheizen/Kühlen • Destillieren/Rektifizieren • Extrahieren • Trocknen • Membrantechnik	Thermische Verfahrenstechnik
	• Filtrieren • Zentrifugieren/Dekantieren • Zerkleinern/Mahlen	Mechanische Verfahrenstechnik
Klassieren	• Sieben	Mechanische Verfahrenstechnik
Vereinigen	• Mischen/Rühren • Homogenisieren • Agglomerieren	Mechanische Verfahrenstechnik
Konzentrieren	• Kristallisieren	Thermische Verfahrenstechnik
Reaktion/ Umwandlung	• Reaktionstechnik • Katalyse	Chemische Verfahrenstechnik

Auf dem Weg zu einem reinen Produkt hat man es in der Verfahrenstechnik häufig mit Gemischen zu tun. Ein mehrphasiges Gemisch besteht immer aus einer kontinuierlichen Phase – dem sogenannten Dispersionsmittel – und einer darin verteilten, dispergierten Phase. Dabei können sowohl Dispersionsmittel als auch disperse Phase in allen Aggregatzuständen vorkommen. Tabelle 5.2.2 zeigt die entsprechenden Bezeichnungen.

Um Gemische mathematisch zu beschreiben, verwendet man unterschiedliche Konzentrations- und Mengenangaben. Üblicherweise wird hier in Massen-, Stoffmengen-

(Mol) oder Volumeneinheiten gerechnet. Diese Einheiten können ineinander umgerechnet und somit Stoffströme in einem Prozess einheitlich dargestellt werden.

Tabelle 5.2.2: Bezeichnung von Gemischen

Disperse Phase	Dispersionsmedium		
	Gas	Flüssigkeit	Feststoff
Gasförmig		Schaum	Schaumstoff
Flüssig	Aerosol (Nebel)	Emulsion	Poröser, flüssigkeitsgefüllter Feststoff
Fest	Aerosol (Rauch)	Suspension	Disperser Feststoff (z.B. Erz)

5.2.1.2   Mess-, Steuer- und Regelungstechnik, Digitalisierung

Um Anlagen richtig betreiben zu können, müssen wesentliche Prozessparameter wie Durchfluss, Druck, Temperatur gemessen werden. Ausgehend von Messgrößen kann der Prozess gesteuert oder geregelt werden. Von *Regelung* (bzw. einem geschlossenen Regelkreis) spricht man, wenn die Prozessgröße, die eingestellt werden soll (Regelgröße), über eine Rückkopplung den Wert der Eingangsparameter bestimmt. Überprüft man den aufgetretenen Wert der Prozessgröße nicht, spricht man von *Steuerung* bzw. einem offenen Wirkungsablauf. Mögliche Abweichungen (z.B. durch äußere Störungen hervorgerufen) wirken sich nicht auf den Steuerungsablauf aus. Anpassungen können entweder manuell oder automatisch durchgeführt werden; z.B. Erhöhung der Heizleistung, wenn die gemessene Temperatur zu niedrig ist, oder Zudrehen eines Ventils, wenn der Durchfluss zu hoch ist.

In den letzten Jahren haben sich technische Produktionsverfahren immer mehr zu halb- und vollautomatisierten Prozessen entwickelt. Dadurch hat das digitale Messen und Regeln von Prozessparametern immer mehr an Bedeutung gewonnen. Bei automatisierten Prozessen werden Prozessparameter nicht manuell von Betriebspersonal angepasst, sondern es existiert ein elektronisches Kontrollsystem, das Messwerte mit vorgegebenen Sollwerten vergleicht und automatisch in Form von Algorithmen Anpassungen einleitet. Prozessparameter werden nicht mehr nur gemessen, um den aktuellen Prozesszustand zu erfassen und zu überwachen, sondern es werden Daten auch automatisch erfasst, gespeichert und ausgewertet.

Heute werden aus den Daten oft schon Vorhersagen getroffen, die ein schnelleres, automatisiertes, effizientes und wirtschaftliches Eingreifen erlauben. Vorzeitiges Reagieren bei Prozessveränderungen, automatisierte Chemikaliennachbestellung und digitale Logistik, effizientere Anlagenwartung mit kürzeren Stehzeiten oder Fernüberwachung sind Beispiele, die zeigen, wie die Digitalisierung moderne Prozesse prägt. Die enge Verknüpfung von Prozesstechnik und Automation ist ein wesentlicher Faktor geworden.

5.2.2 Darstellung verfahrenstechnischer Prozesse

Bei der Entwicklung oder Projektierung verfahrenstechnischer Anlagen werden Abläufe und Stoffströme in *Fließbildern* dargestellt. Sie dokumentieren und veranschaulichen technische Prozesse und dienen somit als wesentliches Kommunikationsmittel (z.B. zwischen Technikerinnen und Technikern, Projektpartnerinnen und -partnern und Behörden). Es gibt drei verschiedene Fließbildformen, die sich v.a. im Detaillierungsgrad unterscheiden:

- Grundfließbild,

- Verfahrensfließbild,

- Rohrleitungs- und Instrumentierungsfließbild.

Normen vereinheitlichen und definieren die Form und den Inhalt von Fließbildern. Als wichtigstes Regelwerk ist hier die ÖNORM EN ISO 10628 (siehe Austrian Standards International 2013, 2015) zu nennen. Um alle technischen Details genau darstellen zu können, ist eine Vielzahl an Symbolen nötig. Oft werden firmenspezifische Legenden vorgegeben, um technische Lösungen eindeutig darstellen zu können. Im Folgenden werden die verschiedenen Darstellungsformen, ihre Funktion und Inhalte genauer beschrieben.

5.2.2.1 Grundfließbild

Grundfließbilder sind die einfachste Form, Prozesse darzustellen. Sie werden oft in einer frühen Konzeptphase verwendet, um die generelle Funktion des Prozesses zu skizzieren. Es können Aufgaben des Prozesses, Grundoperationen, Hauptströme (Stoffe, Energie) und Systemgrenzen definiert und dargestellt werden. Vorgänge und Teilschritte werden in Form von Rechtecken gezeichnet. Abbildung 5.2.3 zeigt ein Grundfließbild am Beispiel der Herstellung von Bioethanol.

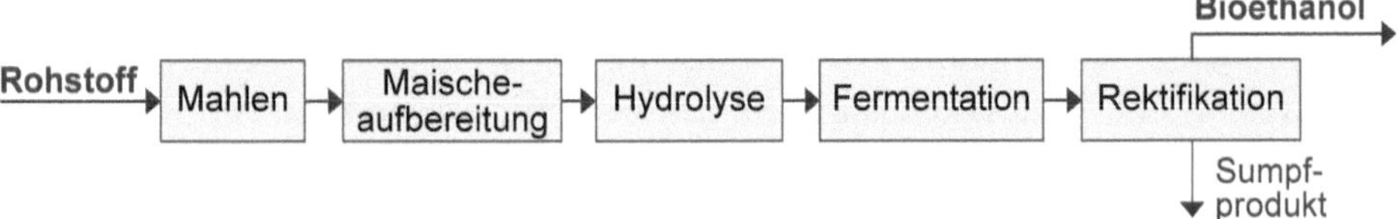

Abbildung 5.2.3: Grundfließbild am Beispiel der Herstellung von Bioethanol

5.2.2.2 Verfahrensfließbild

In einem Verfahrensfließbild werden konkrete Anlagenkomponenten, relevante Teilströme sowie Betriebs- und Regelungskonzepte dargestellt. Im Gegensatz zu Grundfließbildern verwendet man beim Verfahrensfließbild über Normen definierte Symbole anstelle von Rechtecken.

179

Abbildung 5.2.4 zeigt am Beispiel der Herstellung von Zementklinker, wie ein Verfahrensfließbild aussehen kann. Bei der Zementherstellung werden Kalkstein und Mergel direkt vom Steinbruch aufgearbeitet (zerkleinert und homogenisiert). Das daraus entstehende sogenannte Rohmehl wird im Kalzinierer getrocknet, vorgewärmt und gebrannt. Im Drehrohrofen wird die gewünschte Klinkerphase gebildet.

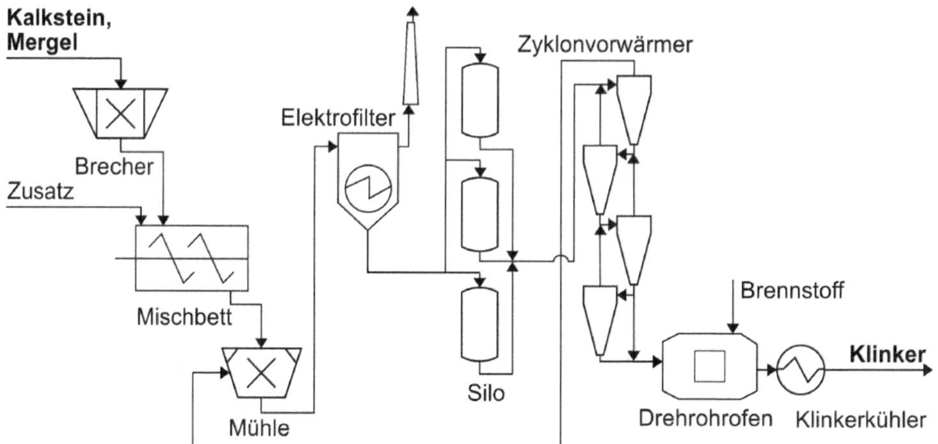

Abbildung 5.2.4:   Verfahrensfließbild am Beispiel der Herstellung von Zementklinker

5.2.2.3   Rohrleitungs- und Instrumentierungsfließbild

Am detailliertesten werden Prozesse in Rohrleitungs- und Instrumentierungsfließbildern (R&I-Fließbild) dargestellt. Sie bilden oft neben anderen Spezifikationen die Grundlage für die Auslegung, den Einkauf und den Bau von Komponenten und Anlagen(-teilen).

In einem R&I-Schema werden Apparate, Maschinen und Antriebe symbolisch dargestellt und identifiziert. Weitere kennzeichnende Größen sind die Förderrichtung, genaue Angaben und Nummerierung von Rohrleitungen inklusive Klassen-, Material-, Nennweiten- und Druckstufenangaben. Ein wesentliches Merkmal von R&I-Fließbildern ist die Angabe und Identifikation von Mess-, Steuer- und Regeleinrichtungen.

In den meisten Prozessen werden Stoffströme transportiert und auf verschiedenen Druckstufen befördert. Je nach gefördertem Medium unterscheidet man zwischen Pumpen für Flüssigkeiten und beispielsweise Gebläsen, Ventilatoren und Verdichtern für Gase (vgl. Abbildung 5.2.5).

Stoffe werden in verfahrenstechnischen Prozessen nicht nur transportiert, sondern auch in Behältern gelagert, behandelt oder verarbeitet. Neben der Lagerung können Behälter auch durch Einbauten weitere Funktionen im Prozess erfüllen (vgl. Abbildung 5.2.5).

Sowohl bei Trennaufgaben als auch bei der Herstellung von Produkten durch chemische Reaktionen kommen sogenannte Kolonnen oder Reaktoren zum Einsatz. Dies sind Behälter mit Einbauten, die den Stoffaustausch und die Reaktionen verbessern oder begünstigen (vgl. Abbildung 5.2.5).

Für einfache Trennaufgaben von Feststoffen aus Flüssigkeiten werden häufig Filter verwendet (vgl. Abbildung 5.2.5).

Wesentliche Bestandteile in verfahrenstechnischen und energietechnischen Prozessen sind das Erwärmen und Kühlen von Stoffströmen, da die Temperatur eine wesentliche thermodynamische Größe ist. Abbildung 5.2.5 zeigt die allgemeinen Symbole für Wärmeaustauscher und als konkretes Beispiel einen Rohrbündelwärmeaustauscher, bei dem eines der beiden Medien in mehreren Rohren durch den Behälter geleitet wird, der mit dem anderen Medium gefüllt bzw. durchströmt wird.

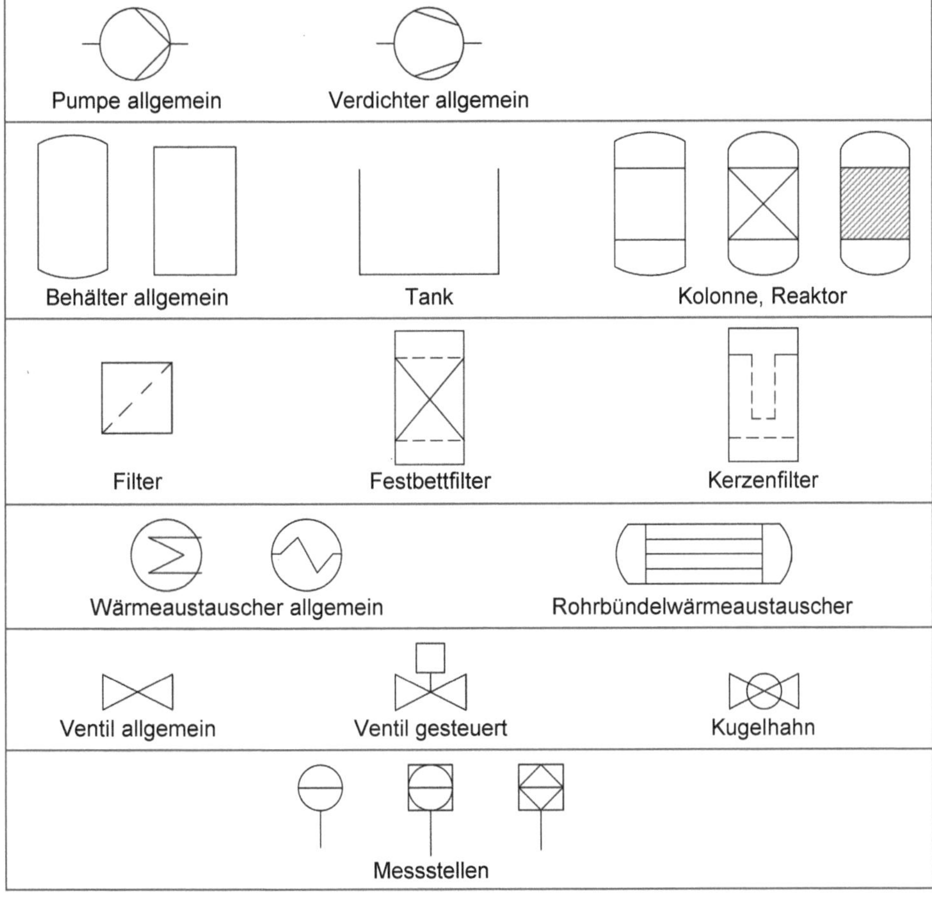

Abbildung 5.2.5: Symbole im R&I-Fließbild (beispielhaft)

In fast jedem verfahrenstechnischen Prozess werden die Prozessvariablen gemessen, gesteuert und geregelt. Speziell in modernen hochautomatisierten Prozessen spielen Mess- und Regeleinheiten eine entscheidende Rolle. Absperrorgane und allgemeine Messstellensymbole werden in R&I-Fließbildern dargestellt (vgl. Abbildung 5.2.5).

Häufig gemessene Größen sind Druck, Differenzdruck, Temperatur, Volumen- bzw. Massenstrom und Füllstand. Im R&I-Fließbild wird jede Messstelle als Kreis mit Angabe der Aufgabe sowie einer eindeutigen Nummer dargestellt. Tabelle 5.2.3 zeigt, wie die Kennzeichnung von Messstellen in den R&I-Symbolen aufgebaut ist. Jede Bezeichnung einer Mess- und Regelstelle hat als ersten Buchstaben die Bezeichnung der Messgröße, gefolgt von einer Aneinanderreihung von Ergänzungs- und Folgebuchstaben, die die Art der Messung (z.B. Differenzmessung) sowie der Anzeige, des Alarms etc. angeben.

Tabelle 5.2.3: Kennbuchstaben der Mess-, Steuer- und Regelungstechnik für das R&I-Fließbild (beispielhaft)

Größe/Funktion	Erst-	Ergänzungsbuchstabe	Folgebuchstabe
Druck (pressure)	P		
Temperatur (temperature)	T		
Volumenstrom (flow rate)	F		
Füllstand (level)	L		
Differenz (difference)		D	
Messumformer (transmitter)			T
Regelung (automatic control)			C
Anzeige (indication)			I
Aufzeichnung (recording)			R
Alarm (alarm)			A

Zur Erläuterung der Symbole werden in Fallbeispiel 5.2.1 drei Beispiele für Druck, Temperatur und Füllstandsmessungen mit unterschiedlichen Funktionen gezeigt.

Fallbeispiel 5.2.1: R&I-Symbole für Mess- und Regelstellen

Ein Druckmessumformer (P, T) mit Anzeige (I) am Messgerät und Regelungsfunktion (C) wird mit PICT dargestellt. TAT symbolisiert einen Temperaturmessumformer (T, T) ohne Anzeige mit Alarmfunktion (A). Ein Füllstandsmessumformer (L, T) mit Anzeige (I) am Gerät wird als LIT eingezeichnet. Das T am Ende steht für Messumformer (transmitter).

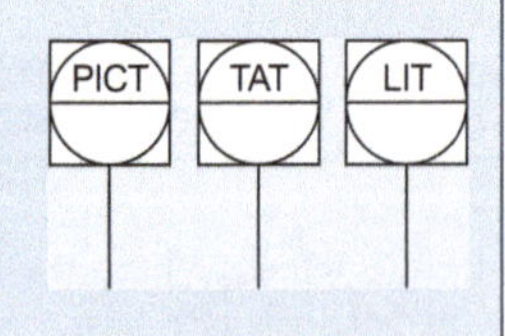

Abbildung 5.2.6 zeigt ein einfaches R&I-Fließbild eines geschlossenen atmosphärischen Tanks (B-008), dem zwei Flüssigkeiten zugeführt werden können (Flüssigkeit A bzw. B). Der Tank wird mittels Wäremeaustauscher (W-001) beheizt, das Gemisch kann mit einem Rührer (R-001) vermischt werden. Eine Kreiselpumpe (P-001) fördert das temperierte Gemisch weiter. Flüssigkeit C kann dem geförderten Gemisch direkt zudosiert werden.

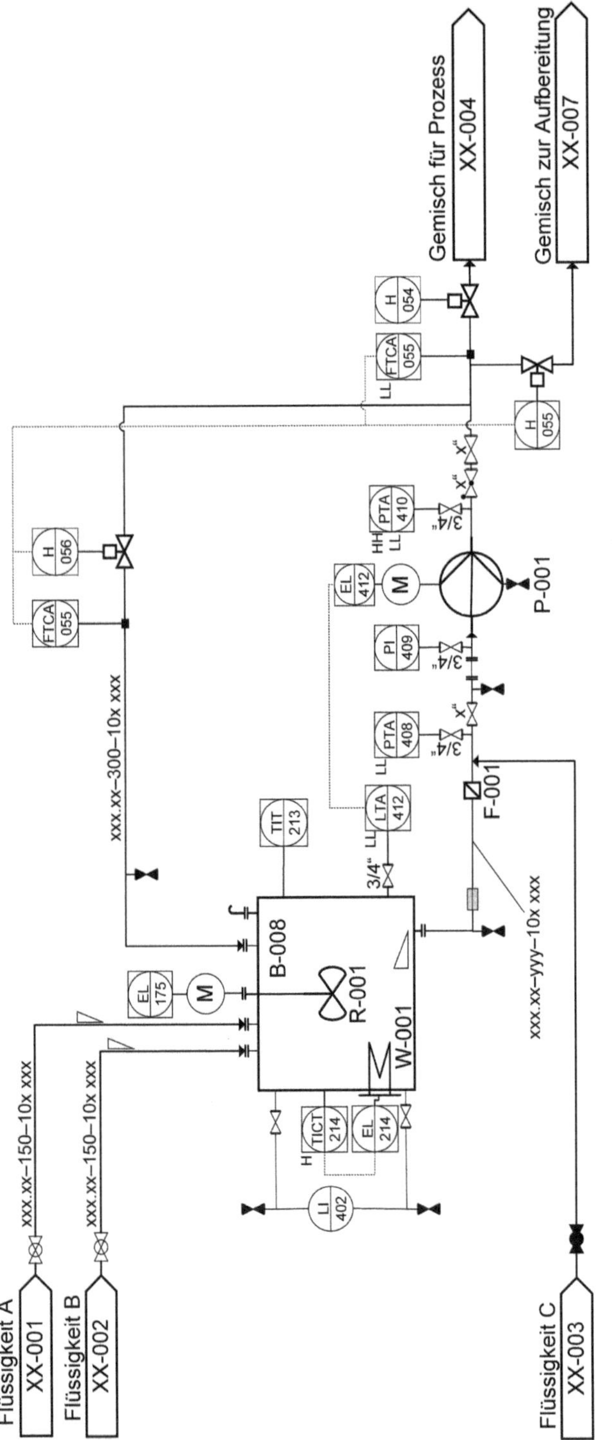

Abbildung 5.2.6: R&I-Fließbild eines beheizten Behälters mit Pumpe

183

5.2.3 Bilanzierung und Berechnungen in der Prozesstechnik

Sobald ein Prozess oder Produkt definiert ist, bedarf es oft schon in der Planungsphase einiger grundlegender Berechnungen, um Stoffströme, Energiebedarf und Apparategrößen festzulegen. Aber auch später im Betrieb der Anlage werden Bilanzen aufgestellt, um z.B. die Effizienz zu überprüfen oder Verbesserungen zu erarbeiten. Abbildung 5.2.7 zeigt die üblicherweise dafür benötigten Grundlagen und Berechnungen.

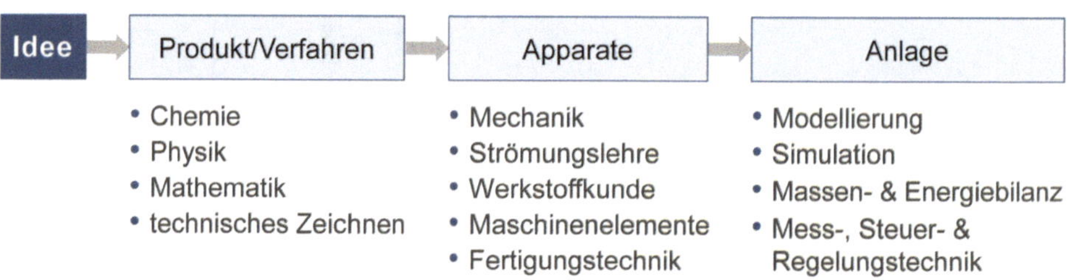

Abbildung 5.2.7: Grundlagen und Berechnungen in der Verfahrenstechnik

Unter Bilanzierung versteht man generell die Gegenüberstellung von zufließenden Strömen in ein und abfließenden Strömen aus einem System (Abbildung 5.2.8). Dabei können z.B. Stoffe, Energien oder auch Geld fließen. In der Prozesstechnik liegen dieser Gegenüberstellung Massen-, Energie-, und Impulserhaltungssätze zugrunde. Bei verfahrenstechnischen Berechnungen werden häufig Grundlagen der Stoffchemie, Mechanik, Strömungslehre und Wärmeübertragung mathematisch miteinander verknüpft. Beim Erstellen von Bilanzen muss der Bilanzraum eines Systems klar definiert und abgegrenzt werden. Ein betrachtetes System kann vom kleinsten Apparatebauteil bis hin zu komplexen Verfahren oder gesamten Anlagen reichen. Über die Systemgrenzen hinweg können Materie, Energie und Informationen transportiert werden.

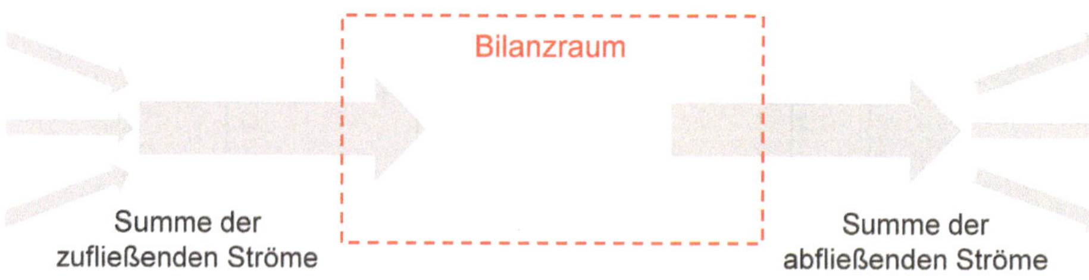

Abbildung 5.2.8: Prinzip der prozesstechnischen Bilanzierung

Unterschiedliche Bilanzräume sind am Beispiel des beheizten Behälters mit Pumpe in Abbildung 5.2.9 dargestellt. Hier ändern sich Stoffströme und Energieströme je nach Wahl der Bilanzgrenzen. Zur Berechnung der benötigten Leistung für die Beheizung des Tanks eignet sich Bilanzraum 1 besser; zur Bestimmung der Massenströme, die Einfluss auf umliegende Prozessteile haben, ist Bilanzraum 2 relevant.

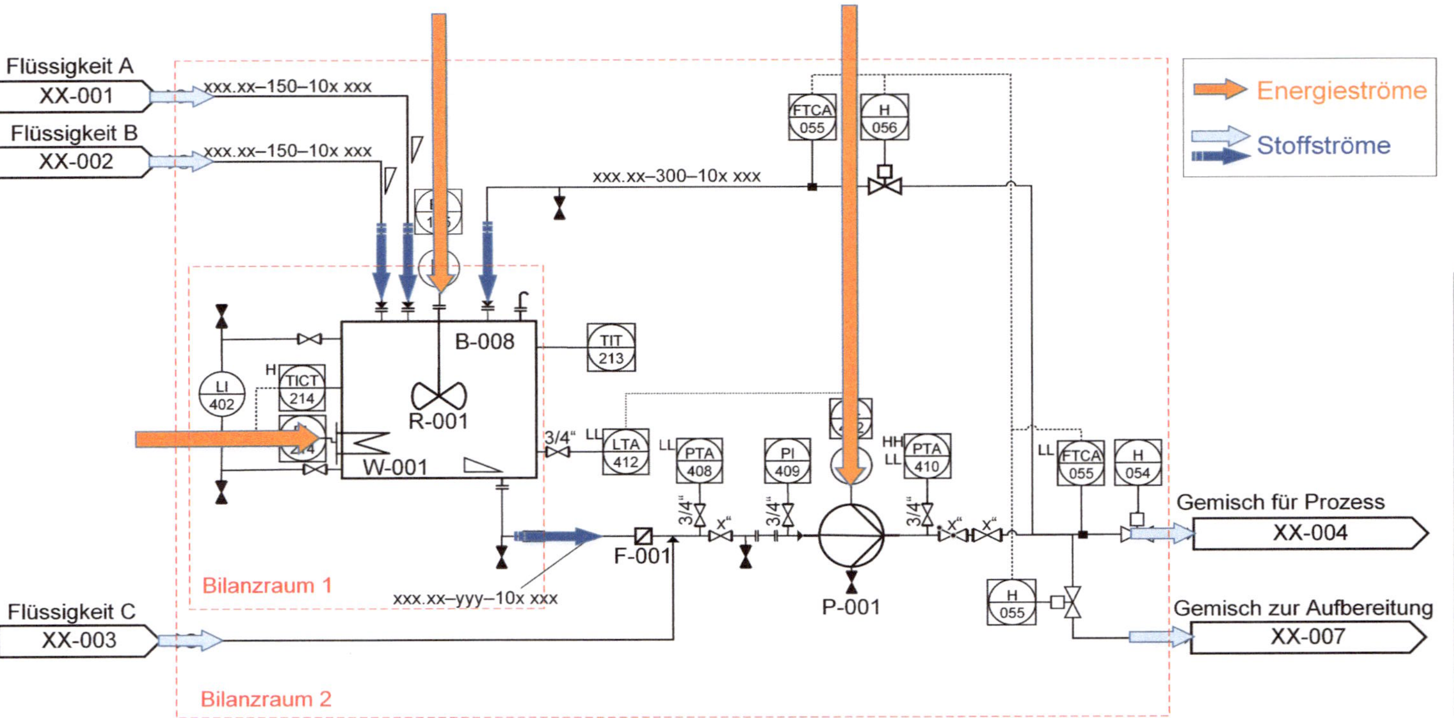

Abbildung 5.2.9: Darstellung von unterschiedlichen Bilanzräumen am Beispiel eines beheizten Behälters mit Pumpe

5.2.4 Projektmanagement in der Verfahrenstechnik

In diesem Abschnitt wird die wichtige Rolle des technischen Projektmanagements bei der Konzeption und beim Bau verfahrenstechnischer Anlagen gezeigt.

Bei großen verfahrenstechnischen Projekten werden Anlagen oder Anlagenteile entsprechend den Kundenvorgaben oder -spezifikationen geplant, ausgelegt, beschafft, gebaut, geliefert und in Betrieb genommen. Während der gesamten Projektlaufzeit ist eine Projektmanagerin/ein Projektmanager dafür verantwortlich, ein geeignetes, multidisziplinäres Projektteam zusammenzustellen, und hat als direkte Ansprechperson für die Auftraggeberin/den Auftraggeber für eine termingerechte Lieferung des Produktes/der Anlage zu sorgen. Die Aufgaben der Projektmitarbeiterinnen und -mitarbeiter sind klar definiert. Sie müssen im vorgegebenen Zeitraum erfüllt werden, da Aktivitäten miteinander verknüpft sind und Abhängigkeiten zwischen den einzelnen Personen/Teams/Aktivitäten bestehen. Eine kleine zeitliche Verschiebung kann sich im Verlauf des Projekts zu einer großen Verzögerung und enormen, ungeplanten Kosten entwickeln.

Große Projekte werden in Abschnitte (Meilensteine) gegliedert. Sie dienen zur Strukturierung des Projektablaufs und sind häufig an Teilzahlungen der Auftraggeberin/des Auftraggebers geknüpft. Einen wesentlichen Anteil der Projektarbeit stellt eine umfassende Dokumentation dar. Sie wird für Projektpartnerinnen und -partner, für Genehmigungsverfahren und für Zertifizierungen benötigt. Dabei wird neben technischen Dokumenten, Anträgen, Verträgen und Spezifikationen auch eine komplette Enddokumentation erstellt. Als spezielle Beispiele können hier die Umweltverträglichkeitsprüfung (UVP) oder die CE-Zertifizierung genannt werden. Eine UVP soll in der Planungsphase helfen, umweltrelevante Auswirkungen einzuschätzen. Die CE-Zertifizierung bestätigt die Einhaltung rechtlicher Mindestanforderungen, stellt aber kein Qualitätskennzeichen dar. Bau- oder Umbauvorhaben prozesstechnischer Anlagen sind ab einer bestimmten Größe bzw. Produktionskapazität oder ab Überschreitung ähnlicher Kriterien einer UVP zu unterziehen.

Das Ziel einer UVP ist es, direkte oder indirekte Auswirkungen des Projekts auf die Umwelt vorzeitig zu erfassen, Umweltschäden zu vermeiden und Umweltbelangen im Entscheidungsprozess einen adäquaten Stellenwert zu geben. Umfassende Genehmigungsverfahren sollen transparent sein, damit Antragstellerinnen und Antragsteller besser darauf vorbereitet sind. Vor dem Bau oder Umbau sind z.B. thermische Kraftwerke, Wasserkraftwerke, Chemieanlagen, Raffinerien sowie Papier- und Zellstoffanlagen einer UVP zu unterziehen. In der EU wurde die UVP durch die UVP-Richtlinie (2011) verankert, in Österreich durch das Umweltverträglichkeitsprüfungsgesetz (UVP-G 2000) und verschiedene Gesetze im Bereich der Bodenreform.

5.2.5 Zusammenfassung

Die angewandte Prozesstechnik beschäftigt sich mit aufeinander einwirkenden Vorgängen in einem technischen System, bei denen Energie, Materie und/oder Information umgewandelt, transportiert und/oder gespeichert werden. An der Schnittstelle zwischen Chemie und Maschinenbau werden dabei verschiedene Bereiche der technischen Industrie abgedeckt: Lebensmittelproduktion, Strom- und Wärmebereitstellung in Heizkraftwerken, Erdölraffinerie etc.

Die Darstellung von Prozessen in Fließbildern ist eine wesentliche Kommunikationsmöglichkeit sowohl innerhalb der Prozesstechnik als auch mit angrenzenden Disziplinen. Je nach Detailierungsgrad unterscheidet man zwischen Grund-, Verfahrenssowie Rohrleitungs- und Instrumentierungsfließbildern. Auf Basis der Fließbilder lassen sich Bilanzgrenzen für die Stoff- und Energiebilanzierung definieren. Damit können Stoff- und Energieströme berechnet und Daten für die Auslegung von Anlagenteilen ermittelt werden.

Basierend auf physikalischen und chemischen Grundlagen werden die detaillierte Auslegung und Berechnung von Anlagen inklusive aller Anlagenteile, Automatisierung, Digitalisierung, Mess-, Steuer- und Regelungstechnik durchgeführt.

Dabei werden wirtschaftliche, umweltschonende und energieeffiziente Anlagen und Prozesse entwickelt und diese an neue Anforderungen angepasst. Bei der Umsetzung in der Praxis spielt auch gutes Projektmanagement eine wesentliche Rolle.

Literatur

Austrian Standards International (2013): ÖNORM EN ISO 10628-2. Schemata für die chemische und petrochemische Industrie - Teil 2: Graphische Symbole (ISO 10628-2:2012). Wien.

Austrian Standards International (2015): ÖNORM EN ISO 10628-1. Schemata für die chemische und petrochemische Industrie - Teil 1: Spezifikation der Schemata (ISO 10628-1:2014). Wien.

UVP-G (2000): Bundesgesetz über die Prüfung der Umweltverträglichkeit (Umweltverträglichkeitsprüfungsgesetz 2000), i.d.F. Nov. 2018, zuletzt geändert mit BGBl. I Nr. 80/2018.

UVP-Richtlinie (2011): Richtlinie 2011/92/EU des Europäischen Parlaments und des Rates vom 13. Dezember 2011 über die Umweltverträglichkeitsprüfung bei bestimmten öffentlichen und privaten Projekten. Abl L 26/2012, 1. Verfügbar in: http://data.europa.eu/eli/dir/2011/92/oj [Abfrage am 12.6.2019].

Weiterführende Literatur

Vauck, W. R. A. und Müller H. A. (1999): Grundoperationen chemischer Verfahrenstechnik. 11. Auflage, Weinheim: Wiley VCH.

5.3 Abfallwirtschaft und Recycling – am Beispiel von Kunststoffprodukten

Christian Zafiu und Marion Huber-Humer
Institut für Abfallwirtschaft, Department für Wasser-Atmosphäre-Umwelt (WAU)
christian.zafiu@boku.ac.at, marion.huber-humer@boku.ac.at

5.3.1 Von der Abfallentsorgung zur Ressourcenbewirtschaftung

In den Anfängen unserer Gesellschaft waren Abfälle nur organischen und damit natürlichen Ursprungs. Sie fielen auch nicht wirklich konzentriert an, und so erforderte ihr „Wegwerfen" keine besonderen Vorkehrungen. Abfälle, sofern sie überhaupt als solche wahrgenommen wurden, fügten sich problemlos wieder in den natürlichen Stoffkreislauf ein. Ein Bewirtschaften wurde erst dort notwendig, wo sie in großen Mengen auf engem Raum anfielen. Zum akuten Problem wurden Abfälle mit der Urbanisierung und dem Wandel von einer Aufbewahrungs- und Reparaturgesellschaft hin zur heutigen Wegwerfgesellschaft. Natürliche Kreisläufe sind längst nicht mehr in der Lage, mit der Menge an Abfällen und v.a. mit der Vielzahl von synthetisierten Stoffen umzugehen.

Im 20. Jahrhundert lag der Schwerpunkt der geregelten Abfallbewirtschaftung in Österreich sowie in einigen anderen wirtschaftlich stark wachsenden und industrialisierten Teilen Europas hauptsächlich im Aufbau einer effizienten (getrennten) Abfallsammlung im urbanen Raum. Die Errichtung von kontrollierten, mit technischen Barrieren ausgestatteten Deponien lag dann v.a. in der zweiten Hälfte des 20. Jahrhunderts im Fokus. Die Ausrichtung der Abfallwirtschaft war damals eindeutig entsorgungsorientiert.

Die Ablagerung von nichtvorbehandelten Siedlungsabfällen auf "Hausmülldeponien" (wissenschaftlich auch als „Reaktordeponien" bezeichnet) bringt langfristige Umweltauswirkungen wie treibhausrelevante Emissionen von Methangas sowie kostenaufwendige Sammel- und Reinigungsverfahren für verunreinigte Deponiesickerwässer mit sich. Aufgrund dessen wurde in Europa die Vorbehandlung von Abfällen vor ihrer Ablagerung thematisiert. Es folgte der Erlass entsprechender gesetzlicher Vorgaben. Im Jahr 1990 wurde im österreichischen Abfallwirtschaftsgesetz (AWG § 1(1)) das Gemeinwohlprinzip (also der Umgang mit Abfällen ohne Gefährdung der menschlichen Gesundheit oder Schädigung der Umwelt) sowie das Vorsorgeprinzip (keine Beeinträchtigung künftiger Generationen) festgeschrieben. Auf europäischer Ebene erfolgte die Festschreibung dieser Prinzipien in der Abfallrahmenrichtlinie (derzeitige Fassung: Richtlinie 2008/98/EG).

In einigen europäischen Ländern – allen voran z.B. Deutschland, Österreich und die Niederlande – hat sich die Abfallwirtschaft in den letzten Jahrzehnten von der Entsorgungsorientierung hin zur Ressourcenorientierung entwickelt. Dieser Prozess wird nun von der Europäischen Kommission in allen Mitgliedsstaaten eingefordert. Die EU hat dazu ambitionierte Ziele im sogenannten „Circular Economy Package" (Kreislaufwirtschaftspaket; EU COM 2018a) festgelegt, welches am 4. Juli 2018 in Kraft getreten ist und nun in den nächsten zwei Jahren in nationales Recht umzusetzen ist. Übergeordnetes politisches Ziel des EU-Kreislaufwirtschaftspaketes ist es, den Übergang von einem linearen Wirtschaftsmodell in Europa hin zu einer Kreislaufwirtschaft anzukurbeln, dadurch die globale Wettbewerbsfähigkeit zu steigern und ein nachhaltiges Wirtschaftswachstum zu erreichen. Der Abfallwirtschaft wird hierbei eine zentrale Rolle abverlangt: Abfälle als Sekundärrohstoffe wieder in den Produktionskreislauf und die Nutzungskette zurückzuführen.

Abfallwirtschaftliche Maßnahmen sollen und können des Weiteren auch einen bedeutenden Beitrag zur Erreichung der SDGs leisten. So wird im SDG 11 (nachhaltige Städte und Gemeinden) und SDG 12 (nachhaltige/r Konsum und Produktion) die Abfallwirtschaft explizit angesprochen, und zwar in den Unterzielen 11.6 („Bis 2030 die von den Städten ausgehende Umweltbelastung pro Kopf senken, u.a. mit besonderer Aufmerksamkeit auf der Luftqualität und der kommunalen und sonstigen Abfallbehandlung"), 12.3 („Bis 2030 die weltweite Nahrungsmittelverschwendung pro Kopf auf Einzelhandels- und Verbraucherebene halbieren …"), 12.4 („Bis 2020 einen umweltverträglichen Umgang mit Chemikalien und allen Abfällen während ihres gesamten Lebenszyklus … erreichen …") und 12.5 („Bis 2030 das Abfallaufkommen durch Vermeidung, Verminderung, Wiederverwertung und Wiederverwendung deutlich verringern"). Zudem haben fehlende oder fehlgerichtete abfallwirtschaftliche Maßnahmen deutliche Auswirkungen u.a. auf SDG 6 (sauberes Wasser und Sanitärversorgung) z.B. durch Beeinträchtigung des Grund-/Trinkwassers aufgrund unsachgemäßer Abfallablagerung/Deponierung, SDG 13 (Maßnahmen zum Klimaschutz) z.B. Treibhausgasemissionen aus Abfalldeponien, SDG 14 (Leben unter Wasser) z.B. Meeresverschmutzung und -vermüllung durch Kunststoffabfälle/Mikroplastik.

5.3.2 Der Abfallbegriff und die Abfallwirtschaft heute

Die Abfallwirtschaft beschäftigt sich heute mit der Vermeidung, Verwertung und Behandlung bzw. Beseitigung von Abfällen. Im rechtlichen Sinn (Abfallwirtschaftsgesetz (AWG 2002)) sind Abfälle bewegliche Sachen, deren sich die Besitzerin/ der Besitzer entledigen will oder bereits entledigt hat (subjektiver Abfallbegriff) oder deren Sammlung, Lagerung, Beförderung und Behandlung als Abfall erforderlich ist, um die öffentlichen Interessen nicht zu beeinträchtigen (objektiver Abfallbegriff). Um Abfall nach dem objektiven Abfallbegriff einzuordnen, sind jene Gefahren für die Umwelt zu berücksichtigen, die von den Sachen selbst ausgehen und die durch eine Erfassung und Behandlung verhindert werden können. Entscheidend ist immer das tatsächliche Gefährdungspotenzial der betreffenden Materialien für die Umwelt.

Die Bewirtschaftung der Abfälle erfolgt in Österreich gemäß der von der EU vorgegebenen fünfstufigen Maßnahmenhierarchie (Abfallrahmenrichtlinie 2008) und soll im Sinne einer möglichst umfassenden Ressourcenschonung sowie nachhaltigen und nachsorgefreien Bewirtschaftung der Abfälle ablaufen (siehe Abbildung 5.3.1).

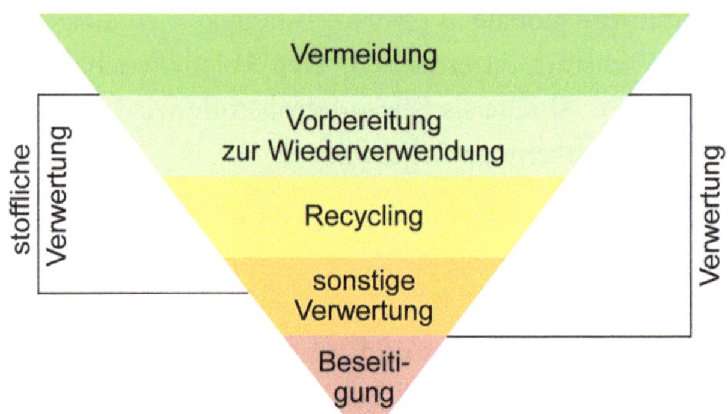

Abbildung 5.3.1: **Maßnahmenhierarchie für die Behandlung von Abfällen gemäß EU-Abfallrahmenrichtlinie 2008**

Oberste Priorität in der Maßnahmenhierarchie hat die Vermeidung von Abfällen. Es handelt sich hierbei um Maßnahmen im Vorfeld der Abfallbewirtschaftung, die dafür sorgen, dass Produkte erst gar nicht zu Abfällen werden (also der rechtliche Abfallbegriff noch nicht schlagend wird). Um dieses Ziel zu erreichen, sind v.a. auch die Konsumentinnen und Konsumenten bei ihren alltäglichen Aktivitäten, ihren Kaufentscheidungen und prinzipiell in der Gestaltung ihres gesamten „Lifestyles" gefordert.

Welche abfallwirtschaftlichen Maßnahmen gemäß dieser Hierarchie gesetzt und ergriffen werden können, wird in weiterer Folge am *Beispiel von Kunststoffabfällen* dargestellt. Dieses Beispiel wurde gewählt, da der Umgang mit Kunststoffprodukten bzw. -abfällen sowie deren unsachgemäße und unkontrollierte Freisetzung in die Umwelt (Schlagworte „Littering" und „Mikroplastik") ein sehr aktuelles und gesellschaftsrelevantes Umweltthema darstellen und neue gesetzliche Regelungen diesbezüglich die Abfall- und Kreislaufwirtschaft vor enorme Herausforderungen stellt.

5.3.3   Grundlagen und Relevanz von Kunststoffabfällen

5.3.3.1   Mengen und Umweltrelevanz

Kunststoffe sind bedeutende Werkstoffe des 20. Jahrhunderts, die viele Bereiche der Gesellschaft verändert haben. Im Jahr 2015 wurden weltweit 322 Mio. t Kunststoffe

(PlasticsEurope 2017) und in der EU etwa 49 Mio. t (EU COM 2018a) produziert. Ihren Erfolg verdanken Kunststoffe v.a. den günstigen Produktionskosten, den vielfältigen Verarbeitungsformen und der Diversität ihrer Eigenschaften, die dazu führten, dass sie in den vergangenen Jahrzehnten in vielen Bereichen traditionelle Werkstoffe sehr schnell ersetzten. Kunststoffprodukte werden aber auch sehr rasch wieder zu Abfällen. In der EU fallen derzeit pro Jahr insgesamt etwa 25 bis 26 Mio. t Kunststoffabfälle an, wovon ca. 50% deponiert und 30% thermisch verwertet werden, 20% gehen ins stoffliche Recycling (EU COM 2018b). Für ein hochwertiges stoffliches Recycling müssen häufig noch Störstoffe und Verunreinigungen entfernt werden, was die Menge des letztendlich tatsächlich produzierten Sekundärrohstoffs deutlich verringert.

Besonders für kurzlebige alltägliche Güter wurden und werden häufig Kunststoffe eingesetzt. Ein Paradebeispiel dafür sind Verpackungen, die bei den Konsumentinnen und Konsumenten ebenso anfallen wie in der Produktion und im Handel (z.B. Transportverpackungen). Die jährliche Produktion von Kunststoffverpackungen beträgt weltweit derzeit 78 Mio. t. Diese werden meist schon nach sehr kurzen Nutzungsphasen zu Abfällen. Derzeit werden 40% der Kunststoffverpackungsabfälle deponiert, 14% thermisch behandelt (mit oder ohne energetischem Nutzen), 14% für eine anschließende Verwertung getrennt gesammelt, und es wird geschätzt, dass ca. 32% nicht in abfallwirtschaftlichen Systemen erfasst werden, sie gelangen vermutlich unkontrolliert (z.B. durch achtloses Wegwerfen, sogenanntes Littering) in die Umwelt (Ellen MacArthur Foundation und McKinsey & Company 2016). Das „Kunststofflittering" in der Umwelt kann zu großen Problemen führen (z.B. Müllteppiche in den Ozeanen, siehe Abschnitt 5.3.5). Von den 14% für eine weitere Verwertung erfassten Kunststoffverpackungen werden nur 2% zu Recyclaten, die wieder für gleichwertige Produkte, sprich lebensmitteltaugliche Verpackungen, eingesetzt werden (z.B. PET to PET Recycling), 8% werden einem „Downcycling" zugeführt (z.B. aus hochwertigen Lebensmittelverpackungen werden Blumentöpfe, Gartenzwerge etc.), und 4% sind Prozessverluste.

5.3.3.2 Basiswissen zu Kunststoffen

Kunststoffe bestehen hauptsächlich aus langkettigen Molekülen, die als Polymere bezeichnet werden und vorwiegend aus den chemischen Elementen Wasserstoff (H) und Kohlenstoff (C), gefolgt von Stickstoff (N) und Sauerstoff (O) sowie in selteneren Fällen auch Schwefel (S) und Halogenen bestehen. Das Wort *Polymer* beschreibt die gemeinsame Eigenschaft der Moleküle, vielteilig zu sein und somit aus einer Vielzahl von gleichen Einzelmolekülen zu bestehen, den *Monomeren*. Durch die chemische Reaktion der *Polymerisation* bilden Monomere *kovalente Bindungen* untereinander aus, sodass eine Kette an Monomeren entsteht. Die Eigenschaften der

Polymere werden in erster Linie von der *Kettenlänge*, die in technischen Anwendungen aus 50 bis 5.000 Monomeren bestehen können, sowie den chemischen Eigenschaften der *Seitenkette* bestimmt. Eine weitere Klassifizierung von Polymeren wird anhand ihrer mechanisch-thermischen Eigenschaften vorgenommen, die auf Kräften und Bindungen zwischen den Polymerketten beruhen und als *Thermoplaste, Elastomere* und *Duroplaste* bezeichnet werden.

Thermoplaste besitzen die Eigenschaft, in einem bestimmten Temperaturbereich verformbar zu sein. Unterhalb dieses Temperaturbereichs sind sie fest, oberhalb setzt die Zersetzung des Materials ein. Die verformbaren Eigenschaften basieren auf den schwachen nichtkovalenten Bindungen zwischen den Polymerketten. Sie ermöglichen die Verarbeitung in vielen technischen Verfahren (wie Spritzguss, Extrusion etc.). In der Abfallwirtschaft spielen Thermoplaste ebenfalls eine wichtige Rolle, da sie sich zum Recycling gut eignen. So können sortenreine thermoplastische Kunststoffe (Kunststoffe einer einzigen Polymersorte) nach einer Reinigung und einem Aufschmelzprozess zu neuen Rohmaterialien in der Produktion werden (werkstoffliches bzw. Materialrecycling).

Elastomere verformen sich unter Einwirkung mechanischer Kräfte reversibel (d.h. umkehrbar). Sie bestehen aus langkettigen Polymeren mit wenigen kovalenten Bindungen. Unter Zugkraft können die Polymerketten gegeneinander verschoben werden. Lässt die Zugkraft nach, wird das Elastomer aufgrund der Verbindungen zwischen den Polymerketten wieder in den Ausgangszustand gebracht. Bei einer Überdehnung brechen diese Verbindungen und können nicht wiederaufgebaut werden.

Duroplasten haben eine hohe Formbeständigkeit, die durch kurze und untereinander verbundene Polymerketten erreicht wird. Aufgrund sehr vieler Bindungen lassen sich die Polymerketten nicht durch mechanische Kräfte gegeneinander verschieben, sodass irreversible Schäden entstehen.

In den letzten Jahren werden in bestimmten Anwendungsbereichen auch zunehmend „Biokunststoffe" eingesetzt. Der Begriff des Biokunststoffs ist derzeit (Stand Juli 2019) nicht eindeutig definiert. Damit sind einerseits Kunststoffe gemeint, die aus nachwachsenden Rohstoffen hergestellt werden, und andererseits solche, die biologisch abbaubar sind (also von Organismen abgebaut werden können – unabhängig davon, aus welcher Rohstoffquelle sie stammen). Grundsätzlich können auf chemischem Wege alle Monomere sowohl aus fossilem Erdöl als auch aus nachwachsenden Quellen gewonnen werden. Aufgrund des hohen ökonomischen und energetischen Aufwands sind Kunststoffe aus nachwachsenden Rohstoffen aber erst rudimentär am Markt verfügbar und werden in alltäglichen Produkten noch sehr eingeschränkt verwendet. Zudem wird für die Herstellung von „Biokunststoffen" meist auch fossile Energie eingesetzt.

Abbildung 5.3.2 zeigt die Einteilung der Kunststoffe nach zwei Kriterien. In den Zeilen wird die Rohstoffquelle berücksichtigt (Biokunststoffe bzw. Kunststoffe aus fossiler Quelle) und in den Spalten die biologische Abbaubarkeit (biologisch abbaubar bzw. nicht biologisch abbaubar). Die Polymerkürzel in der blauen und roten Kachel unterscheiden sich allein durch die Vorsilbe *Bio*. Das heißt, chemisch gleiche Monomere können sowohl aus fossilen als auch aus nachwachsenden Rohstoffquellen gewonnen werden. Die gelbe Kachel enthält Polymere, deren Monomere aus einer fossilen Rohstoffquelle gewonnen werden, aber dennoch biologisch abbaubar sind. Die biologische Abbaubarkeit ist daher keine Eigenschaft der Rohstoffquelle, sondern liegt in der Natur der chemischen Bindung der Polymerkette und der enthaltenen Monomere.

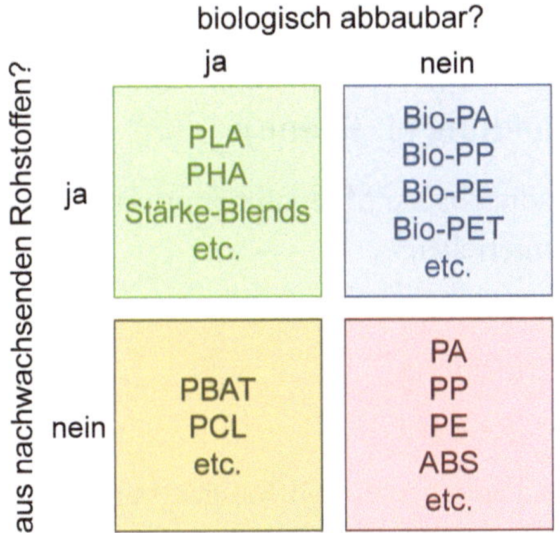

Abbildung 5.3.2: *Einteilung von Kunststoffen hinsichtlich Rohstoff und biologischer Abbaubarkeit*

Biologisch abbaubare Kunststoffe weisen in ihrer Polymerkette chemische Bindungen auf, die natürlich vorkommende Enzyme in kleinere Fragmente und Monomere spalten können. Erst dann können sie von der Zelle aufgenommen und dort weiter abgebaut und sowohl zum Aufbau von neuen Biomolekülen verwendet als auch vollständig zu Kohlendioxid (CO_2) und Wasser abgebaut werden (Mineralisierung). Biologisch abbaubare Kunststoffe müssen daher sowohl eine enzymatisch abbaubare Polymerkette aufweisen, als auch aus biologisch abbaubaren Monomeren bestehen.

Die Eigenschaften von Kunststoffen werden in weiteren Verarbeitungsschritten durch Zusätze bestimmt. Dazu zählen der Zusatz von *Additiven* (*Compoundierung*) sowie das Herstellen von Gemischen unterschiedlicher Polymere (*Blends*). Häufig werden auch *Füllstoffe* verwendet. *Additive* sind Moleküle, die über schwache Wechselwirkungen im Material gebunden sind und die intermolekulare Wechselwirkungen verändern. Zu den bedeutsamen Additiven zählen Weichmacher und Flammhemmer. Problematisch an den meisten Additiven ist, dass sie durch ihre geringe Masse das Material mit der Zeit unkontrolliert verlassen und sich aufgrund ihrer Eigenschaften im menschlichen Organismus anreichern können (Thompson et al. 2009). Bei einigen Substanzen wird vermutet, dass sie hormonelle Wirkungen besitzen und für Mensch und Umwelt gesundheitsschädlich sein können. Ein viel diskutiertes Thema waren z.B. Phthalat-Weichmacher im Polyvinylchlorid (PVC) (Fankhauser-Noti und Grob 2006), das besonders in weichem Plastikkinderspielzeug vorkam. Umweltrelevante Additive können v.a. auch während eines unkontrollierten Zerfalls von Kunststoffabfällen in der Umwelt freigesetzt werden.

5.3.4   Maßnahmen- und Behandlungsprioritäten in der Abfallwirtschaft

5.3.4.1   Abfallvermeidung (1. Ebene)

Abfallvermeidung stellt die oberste Maßnahmenpriorität in der Abfallwirtschaft dar. Sie lässt sich wie folgt unterteilen:

- qualitative Abfallvermeidung,

- quantitative Abfallvermeidung,

- Wiederverwendung („Re-use"),

- Verminderung der schädlichen Auswirkungen von Abfall auf Umwelt und Gesundheit,

- Mehrwegsysteme (Gebinde und Transportverpackungen).

Unter *qualitativer Abfallvermeidung* versteht man die Vermeidung oder den Ersatz (*Substitution*) gefährlicher Materialien oder Zusatzstoffe (z.B. Additive in Kunststoffen). Hier ist v.a. das *Produkt-/Materialdesign* (Öko-Design) gefragt, wodurch ein Produkt z.B. besser repariert bzw. die Produktnutzungsdauer (Lebensdauer) verlängert werden kann, was auch zur quantitativen Abfallvermeidung beiträgt. Oder ein Material/Produkt, das zu Abfall wurde (dessen man sich entledigt hat), hätte zuvor verbrannt werden müssen (um z.B. organische Schadstoffe zu zerstören) und kann nun, durch verbessertes Design, wieder recycelt werden. Hierunter fällt auch die *Verminderung der schädlichen Auswirkungen von Abfall auf Umwelt und Gesundheit.*

Quantitative Abfallvermeidung bedeutet, dass ein bestimmtes Material/Produkt in geringeren Mengen als Abfall anfällt. Beispielsweise kann die Einsparung von Kunststoffverpackungen im Lebensmittelbereich das Abfallaufkommen reduzieren. Wird stattdessen aber Karton eingesetzt, steigt das Abfallaufkommen in einem anderen Abfallstrom.

Unter *Wiederverwendung (Re-use)* versteht man den Einsatz des Materials/Produkts durch eine neue Besitzerin/einen neuen Besitzer (z.B. Second Hand, Weitergabe über Onlineplattformen) oder durch die gleiche Besitzerin/den gleichen Besitzer (z.B. nach einer Reparatur), bevor das Produkt überhaupt zu Abfall geworden ist (im Sinne des subjektiven Abfallbegriffes). Letzteres ist der Fall, wenn beispielsweise beim Einkaufen ein Kunststofftragebeutel öfter genutzt und nicht nach der ersten Verwendung sofort entsorgt wird. Auch im Handel oder in der Gastronomie können derartige Abfallvermeidungsmaßnahmen gesetzt werden. So sollen in Zukunft wieder häufiger *Mehrwegsysteme* zum Einsatz kommen (v.a. bei Transportverpackungen und Großgebinden) und zunehmend auch Mehrwegtransportpaletten (Kunststoffpaletten) oder Mehrwegkunststoffkanister verwendet werden.

5.3.4.2 Vorbereitung zur Wiederverwendung (2. Ebene)

Mit dieser Ebene beginnt die „klassische" Abfallbehandlung. Ab hier handelt es sich um Güter/Sachen, die (im rechtlichen Sinne) bereits zu Abfall geworden sind. Das heißt, sie wurden bei (kommunalen) Abfallsammelzentren (z.B. Mistplätzen der MA 48) oder anderen autorisierten Sammelstellen/-behältern etc. abgegeben (die Entledigungsabsicht der Endkonsumentin/des Endkonsumenten wurde bereits schlagend). Die Vorbereitung zur Wiederverwendung erfordert meist einen Prozessschritt der Aufbereitung und ist somit mit einem Energie- und Ressourcenaufwand verbunden. Unter diesen Punkt fällt z.B. die Reinigung einer Sache (z.B. Altkleider) oder die Funktionsfähigkeitsprüfung und Reparatur (z.B. von Elektroaltgeräten oder von einzelnen Bestandteilen). Dabei werden die aufbereiteten Sachen bzw. die Bauteile meist wieder für denselben Verwendungszweck eingesetzt wie in der bestimmungsgemäßen Erstnutzung (oft auch als Produktrecycling bezeichnet).

5.3.4.3 Stoffliches Recycling (3. Ebene)

Die dritte Ebene der Abfallhierarchie nimmt das stoffliche Recycling ein, welches auch als werkstoffliches oder „Materialrecycling" bezeichnet wird, da werkstoffliche bzw. Materialeigenschaften erhalten bleiben. Im rechtlichen Sinne versteht man unter „Recycling" generell alle Verwertungsverfahren, die Abfallmaterialien zu Produkten, Sachen oder Stoffen aufwerten. Diese können sowohl dem ursprünglichen Zweck oder anderen Verwendungen zugeführt werden (sinngemäß § 2 Abs. 4.7 AWG 2002). Auch die Verwertung von organischen Materialien (z.B. die Kompostierung von getrennt erfasstem Biomüll) fällt unter die Recyclingverfahren dieser Ebene. In Fallbeispiel 5.3.1 wird das werkstoffliche Recycling von PET-Flaschen dargestellt.

Fallbeispiel 5.3.1: Werkstoffliches Recycling von Kunststoffen anhand von PET
(nach Veolia 2019)

Polyethylenterephthalat (PET) ist ein Copolymer. Es besteht aus den Monomeren Terephtalat und Ethylenglycol und zählt zu den sogenannten Polyestern, da die Monomere durch Esterbindungen verkettet sind. PET ist ein Thermoplast und eignet sich daher für werkstoffliches Recycling. Das Material weist viele physikalisch-chemische Eigenschaften auf, die es für die Verarbeitung zu Folien, Sichtfenstern und insbesondere zu Getränkeflaschen auszeichnen.

PET wird heutzutage in West- und Mitteleuropa schon größtenteils „Bottle to Bottle" recycelt (siehe Abbildung 5.3.3). In Österreich wird die getrennte Sammlung von Kunststoffverpackungen (darunter auch PET-Flaschen) gemäß der Verpackungsverordnung 1996 und dem Abfallwirtschaftsgesetz 2002 von genehmigten Sammel- und Verwertungssystemen für Verpackungen durchgeführt. Dies geschieht im Rahmen der sogenannten erweiterten Produzentenverantwortung, die Herstellerinnen und Hersteller, Importeurinnen und Importeure, Abpackerinnen und Abpacker sowie Vertreiberinnen und Vertreiber von Verpackungen in Österreich (und in der EU) verpflichtet, die von ihnen in Verkehr gesetzten Verpackungen wieder zurückzunehmen. Sie können aber auch Gebühren an genehmigte Sammelsysteme entrichten (finanzielle Entpflichtung), die dann für sie die Sammlung und Verwertung der Verpackungen durchführen. Mit Jahresbeginn 2019 waren in Österreich sieben derartiger Systeme für die Sammlung von Haushaltsverpackungen gemeldet. Die möglichst sortenrein erfassten PET-Flaschen werden an Recyclingunternehmen (z.B. „PET to PET Recycling Österreich GmbH") übergeben, wo in mehreren Aufbereitungsschritten wieder lebensmitteltaugliche PET-Vorformen hergestellt und an die Getränkeindustrie weitergegeben werden.

Der Kreislauf beginnt bei der sachgerechten Entsorgung der leeren PET-Flaschen durch die Konsumentinnen und Konsumenten (1. Schritt). In einem 2. Schritt werden die Flaschen gesammelt und vorsortiert, um Fremdkörper zu entfernen, und danach nach Farben sortiert. In komprimierten Ballen werden die Flaschen in das Recyclingwerk gebracht, wo sie zunächst gesiebt werden, um kleinere Teile (z.B. Kappen) abzutrennen. Dann werden sie in einer Mühle zu sogenannten Flakes zerkleinert. Im 3. Schritt werden diese mit heißem Wasser und einem Laugenzusatz gewaschen, um sie von Schmutzpartikeln, Getränkerückständen sowie Etiketten zu befreien. Mithilfe des Schwimm-Sink-Verfahrens wird im 4. Schritt PET von PP, das üblicherweise für Getränkeverschlüsse verwendet wird, und anderen Kunststoffen, die eine geringere Dichte aufweisen, getrennt. Das so gewonnene PP kann in einem separaten Kreislauf wieder zu Verschlüssen recycelt werden. Nachdem die PET-Flakes getrocknet wurden, entfernt man mithilfe eines Windsichters weitere leichte Materialien wie Folien oder Etiketten. Die fertigen Flakes werden als „Washed Flakes" bezeichnet und können für Anwendungen außerhalb der Lebensmittelindustrie verarbeitet werden. Um PET in jener Qualität erzeugen zu können, die für Lebensmittelverpackungen erforderlich ist, werden die „Washed Flakes" im 5. Schritt mit Natronlauge benetzt. Natronlauge hydrolysiert die Polymerkette und löst bei kurzzeitiger Anwendung eine geringe Schicht der Oberfläche der PET-Flakes auf (Peelingeffekt). Man erhält eine „frische" Oberfläche, die zuvor noch nicht mit anderen Substanzen in Kontakt war.

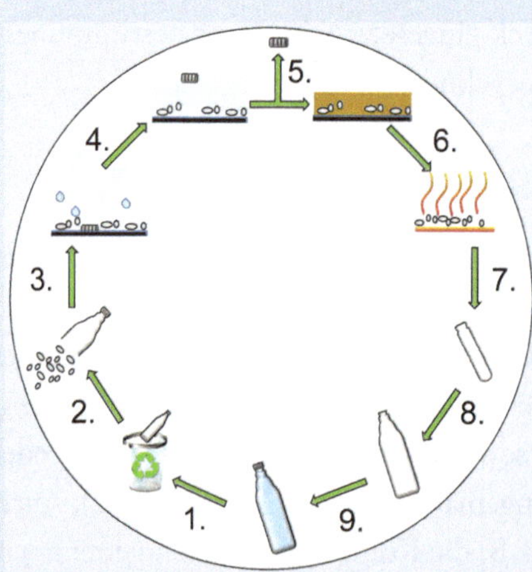

Abbildung 5.3.3: Vereinfachte Darstellung des PET-Kreislaufes für Getränkeflaschen

Nachdem das Material getrocknet ist, wird es im 6. Schritt in einem großen Drehrohrofen unter Vakuum leicht erwärmt, wodurch hauptsächlich flüchtige Verbindungen (Geruchs- und Geschmacksstoffe) entfernt werden. Im Anschluss werden die Flakes gewaschen und getrocknet und als CleanPET® FK bezeichnet. Aus einer Tonne Abfall-PET-Flaschen können etwa 750 – 800 kg lebensmitteltaugliche Recycling-Flakes gewonnen werden. Diese bilden einen Sekundärrohstoff und müssen teilweise noch mit Primärrohstoffen, die zum ersten Mal verarbeitet werden, gemischt werden. Mittlerweile gibt es bereits Produkte, die die Beimischung von primären PET nicht mehr benötigen. Diese Flakes werden noch im Werk durch das Spritzgussverfahren zu PET-Rohlingen verarbeitet und dann an die Getränkeherstellerinnen und -hersteller geliefert (7. Schritt). Dort werden die Rohlinge durch das Streckblasverfahren zu Flaschen geformt, abgefüllt (8. Schritt) und gelangen über den Handel wieder zu den Konsumentinnen und Konsumenten (9. Schritt), bei denen sich der Kreislauf schließt.

Fallbeispiel 5.3.2: Umgang mit biologisch abbaubaren Kunststoffen

Biologisch abbaubare Kunststoffe können ebenso wie nichtabbaubare Kunststoffe entsprechend ihren Eigenschaften stofflich und thermisch verwertet werden. Bei abbaubaren Kunststoffen steht allerdings eine weitere Behandlungsoption über die Kompostierung offen, wo Kunststoffe durch Mikroorganismen (wie Pilze und Bakterien) abgebaut werden. In Österreich zählt die Kompostierung rechtlich zu den Recyclingverfahren. Im Falle von biologisch abbaubaren Kunststoffen ist sie aber eher als Entsorgungsweg und nicht als Verwertung zu sehen. Da das Material vollständig mineralisiert werden sollte, d.h. größtenteils zu CO_2 und Wasser abgebaut wird, trägt es nach derzeitigem Wissensstand nicht zum Huminstoffaufbau im Kompost bei und liefert auch sonst keine wertgebenden Substanzen.

Wenn überhaupt, dann sollten nur nachweislich (zertifizierte) abbaubare Kunststoffe Eingang in eine Kompostierung finden. Die ÖNORM EN 13432 (Austrian Standards International 2008) beschreibt, ob ein Kunststoff biologisch abbaubar und kompostierbar ist. Das Prüfmaterial muss jede der vier Stufen bestehen. Die Zertifizierung gilt für die untersuchte Materialzusammensetzung und die geprüfte Materialdicke sowie für dünnere Materialien.

Die erste Stufe prüft die Materialzusammensetzung mittels chemischer Analyse, bei der mögliche Schwermetalle und andere Schadstoffe identifiziert werden sollen.

Die zweite Stufe sieht die biologische Abbaubarkeit des Materials in einer Rotte bei Komposttemperaturen von mindestens 58 °C unter optimalen Rahmenbedingungen vor. Über einen Zeitraum von 6 Monaten müssen dabei 90% des Materials im Vergleich zum Referenzmaterial (Zellulose) abgebaut sein.

Die dritte Stufe prüft den Zerfall des Materials in kleinere Fragmente (Desintegration). Dabei wird das Material über einen Zeitraum von 3 Monaten unter „realitätsnahen" Bedingungen kompostiert. Die Feststoffe im Kompost werden durch ein Sieb mit 2 mm Maschenweite getrennt und auf Kunststoffpartikel geprüft. In der Fraktion dürfen noch 10% der Eingangsmasse aufscheinen.

In der vierten Stufe vergleicht man mithilfe eines Ökotoxizitätstests das Pflanzenwachstum auf der mit dem Kunststoff angereicherten Kompostprobe mit einem Vergleichskompost ohne Kunststoff. Die Prüfung gilt als bestanden, wenn der Kunststoff keinen negativen Einfluss auf das Wachstum hat.

Da die Norm hohe Temperaturen von mindestens 58 °C über einen Zeitraum von 6 Monaten voraussetzt, wird auf Bedingungen geprüft, die, wenn überhaupt, nur in (technischen) industriellen Kompostanlagen erreicht werden. Materialien, die die Norm erfüllen, können grundsätzlich biologisch abgebaut werden, geprüft wird aber nicht, wie lange es dauert, bis der Kunststoff unter weit milderen Umweltbedingungen (z.B. im Wasser, im Boden, im Komposthaufen zu Hause (Heimkompostierung)) mineralisiert ist.

5.3.4.4 Sonstige Verwertung (4. Ebene)

Die vierte Ebene der Maßnahmenhierarchie wird als sonstige Verwertung bezeichnet und unterscheidet zwischen stofflicher und allgemeiner Verwertung. Stoffliche Verwertung meint z.B. die Verfüllung, Rekultivierung und Verwendung von Abfall als Porosierungsmittel in der Ziegelherstellung. Die Materialien können sehr heterogen sein und müssen keine besonderen Eigenschaften aufweisen. Auch die rohstoffliche Verwertung von Kunststoffabfällen fällt in diese Ebene. Dabei werden die Polymerketten durch das Einwirken von Wärme zu Monomeren gespalten, die als petrochemische Grundstoffe und zur Herstellung neuer Kunststoffe eingesetzt werden können. Bei der rohstofflichen Verwertung können stark verunreinigte und sehr heterogene Altkunststoffe (Mischungen aus Abfällen unterschiedlicher Kunststoffarten wie auch Verbundmaterialien) wieder einer höherwertigen stofflichen Verwertung zugeführt werden. Beispiele für rohstoffliche Verwertungsverfahren sind Vergasung, Cracking, Hydrierung oder auch der Einsatz von Kunststoffen als Reduktionsmittel in Hochofenprozessen.

Eine weitere Art der sonstigen Verwertung ist die *thermische* oder *energetische Verwertung*. Darunter versteht man die Verwendung von Abfällen als Ersatzbrennstoffe zur Energiegewinnung. Einerseits kann der Kunststoffanteil im gemischten Siedlungsabfall (Restmüll) energetisch in Abfallverbrennungsanlagen genutzt, andererseits sortierte und aufbereitete Kunststofffraktionen auch gezielt als Ersatzbrennstoff in der Industrie (z.B. in Zementwerken) eingesetzt werden.

5.3.4.5 Beseitigung (5. Ebene)

Die fünfte Ebene der Abfallhierarchie ist die Beseitigung. Diese umfasst die Verbrennung von Abfällen ohne entsprechende Energienutzung (z.B. als thermische Abfallvorbehandlung vor einer Deponierung), die Vorbehandlung in mechanisch-biologischen Abfallbehandlungsanlagen (MBA) sowie die Deponierung. In Österreich ist die direkte Deponierung von Kunststoffen seit 2004 de facto verboten (DVO 1996 bzw. 2008). Abfälle müssen gewisse Grenzwerte einhalten, damit sie auf bestimmten Deponietypen abgelagert werden dürfen; z.B. einen TOC-Gehalt (Total Organic Carbon = gesamter organischer Kohlenstoffgehalt) von < 5% in der Trockenmasse des Abfalls bzw. bei gewissen Deponietypen auch einen bestimmten Brennwert (< 6.600 kJ/kg Trockenmasse). Diese Grenzwerte können bei Kunststoffabfällen nicht eingehalten werden. Kunststoffabfälle werden daher in Österreich entweder thermisch behandelt oder getrennt erfasst (getrennt gesammelt, z.B. gelber Sack, Hohlkörpersammlung; aus gemischten Siedlungsabfällen aussortiert) und anschließend einer stofflichen Verwertung (3. Ebene) zugeführt.

Kunststoffabfälle und -verpackungen, die nicht getrennt erfasst werden, verbleiben im Restmüll (gemischte Siedlungsabfälle). Dieser wird in Österreich vorwiegend in Müllverbrennungsanlagen behandelt, die meist über einen entsprechenden energetischen Nutzungsgrad verfügen (4. Ebene). Geschieht die thermische Behandlung ohne entsprechende Ausnutzung der Energie, ist diese Maßnahme der 5. Ebene zuzuordnen. Gelangt der Restmüll in eine MBA-Anlage, wird ein Großteil des Kunststoffes im ersten Schritt mechanisch aussortiert (z.B. abgesiebt) und kommt als heizwertreiche Fraktion meist in die industrielle Mitverbrennung (dies stellt dort eine Substitution von Primärenergieträgern dar (4. Ebene)). Auch biologisch abbaubare Kunststoffabfälle im Restmüll werden in Österreich entweder thermisch behandelt oder in einer MBA-Anlage – sofern diese nicht im mechanischen Schritt mit der heizwertreichen Fraktion abgetrennt werden – voraussichtlich größtenteils im zweiten Schritt der MBA, der biologischen Behandlung (d.s. technisch forcierte Abbauprozesse durch Mikroorganismen) abgebaut.

Zuletzt werden die Rückstände aus diesen Behandlungsverfahren (Verbrennungsrückstände wie Aschen und Schlacken oder das stabilisierte Outputmaterial aus einer MBA, das noch Reste an Kunststoffen enthalten kann) möglichst reaktionsarm auf Deponien abgelagert.

2018 wurden in Österreich nur 1% der Kunststoffabfälle deponiert (v.a. Rückstände aus der Abfallvorbehandlung wie MBA), 26% recycelt und 73% verbrannt (40% davon energetisch verwertet) (Van Eygen et al. 2018). Welche Art der Verwertung und Behandlung von spezifischen Kunststoffabfällen ökologisch sinnvoll ist, hängt von unterschiedlichen Rahmenbedingungen ab und wird zunehmend mithilfe der Methode der Ökobilanzierung (Life-Cycle-Assessment) umfassend untersucht und bewertet.

5.3.5 Makro- und Mikrokunststoffe in der Umwelt – ein abfallwirtschaftliches Problem?

Schätzungen zufolge werden weltweit 32% der produzierten und in Verkehr gesetzten Kunststoffverpackungen nicht in abfallwirtschaftlichen Systemen erfasst und gelangen unkontrolliert in die Umwelt (Böden, Oberflächengewässer etc.) (Ellen MacArthur Foundation und McKinsey & Company 2016). Zudem schätzt die EU, dass weltweit jedes Jahr etwa 5 bis 13 Mio. t Kunststoffe in die Weltmeere eingetragen werden, das sind 1,5 bis 4 % der weltweiten Kunststoffproduktion (EU COM 2018b). Diese sind für die Kreislaufwirtschaft verloren und gefährden globale Ökosysteme. Konventionelle Kunststoffe weisen nur eine sehr geringe Zersetzungsrate auf und werden daher in der Umwelt angereichert. Die offensichtlichsten Anzeichen der globalen Umweltverschmutzung durch Kunststoffe sind große ozeanische „Müllinseln". Diese offenbaren aber nur einen kleinen Teil der tatsächlichen Verschmutzung, da nur jene Kunststoffe an der Oberfläche der Meere schwimmen, die eine geringe Dichte aufweisen, und viele Objekte zu klein sind (d.h. für das menschliche Auge unsichtbar). Erkennbare „große" Kunststoffe werden als *Makrokunststoffe* bezeichnet. Lange Zeit vernachlässigt wurden *Mikrokunststoffe*. Das sind Objekte mit Durchmessern kleiner als 5 mm. Die Europäische Kommission (EU COM 2018b) schätzt, dass in der EU pro Jahr etwa 75.000 bis 300.000 t Mikroplastik unkontrolliert in die Umwelt freigesetzt werden. Nach neuester Betrachtungsweise ist es sinnvoll, Kunststoffe mit einem Durchmesser kleiner 100 nm als *Nanokunststoffe* zu klassifizieren, da Materialien in diesem Größenbereich in der Umwelt besondere Eigenschaften und Wirkungsweisen zeigen (Gigault 2018). Da mit geringer werdender Größe der instrumentelle Aufwand zur Charakterisierung und Quantifizierung von Kunststoffen steigt, ist das Wissen um *Mikroplastik-* und *Nanoplastikpartikel* in der Umwelt noch sehr eingeschränkt.

Mikrokunststoffe werden nach ihrer Entstehung unterteilt:

- *Primäres Mikroplastik* wird bei der Entstehung eines Produktes (absichtlich) hergestellt. Man unterscheidet zwischen Typ A und B. Typ A liegt als Produkt in „Mikrogröße" vor (z.B. Kunststoffpellets, Peelingmittel etc.). Typ B wird erst während der Nutzungsphase in Form von Mikrokunststoffen emittiert (z.B. Reifenabrieb, Faserverlust von Funktionswäsche etc.).

- *Sekundäres Mikroplastik* entsteht durch Verwitterung und Fragmentierung von Makroplastik in der Umwelt.

Diese Einteilung erlaubt es, Vermeidungsmaßnahmen für die unterschiedlichen Mikrokunststofftypen abzuleiten. *Sekundäres Mikroplastik* kann über Vermeidung des *Litterings* von Makroplastik und die Installation von Rückhalte- und geeigneten Abfallwirtschaftsmaßnahmen reduziert werden. Bei der Entstehung von primärem Mikroplastik müssen v.a. die Emissionsquellen berücksichtigt werden. Abbildung 5.3.4 verdeutlicht, dass die größten Mikroplastikemissionen aus dem Straßenverkehr stammen und sich hauptsächlich aus dem Reifen- (43%) sowie dem Asphaltabrieb (8%) zusammensetzen (Bertling et al. 2018). Die zweitgrößte Quelle ist mit 10% die Abfallbehandlung. Hierbei wurde die Kompostierung bzw. die Ausbringung von Komposten als größte Quelle für Mikroplastik identifiziert, gefolgt vom Kunststoffrecycling. Während beim Kunststoffrecycling Mikroplastik primär bei der Zerkleinerung der angelieferten Kunststoffabfälle anfällt und die Entstehung lokal begrenzt ist, verhält sich die Situation beim Kompost etwas komplexer und ist noch nicht vollständig geklärt. Eine weitere Studie, in der die Behandlung von Bioabfall aus Haushalten jener von landwirtschaftlichen Rückständen gegenübergestellt wurde, zeigte, dass Mikroplastik in den untersuchten Komposten hauptsächlich durch Kunststoffkontaminationen aus den Haushalten stammt (Weithmann et al. 2018). Der Biomüll wird nach der Anlieferung und während der Kompostierung bestmöglich von Kontaminationen befreit. Im fertigen Kompost wird derzeit ein Kunststoffanteil von 0,1% in der Trockenmasse akzeptiert.

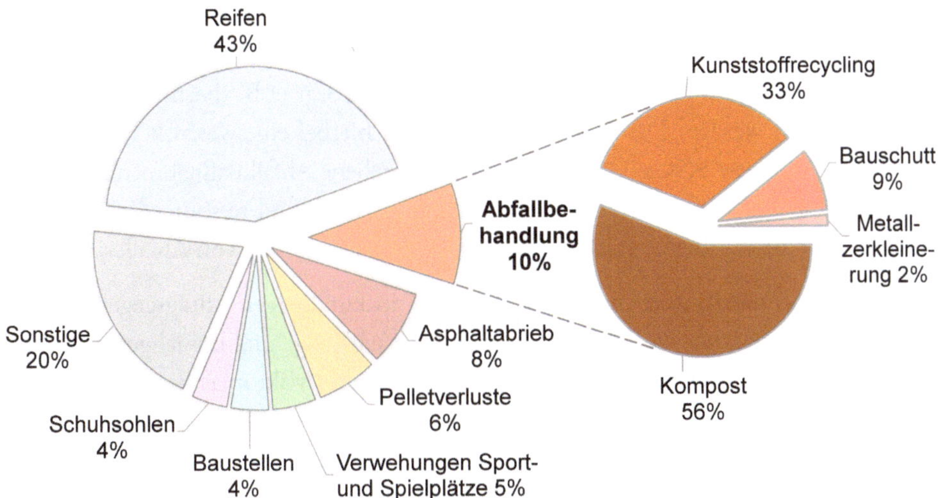

Abbildung 5.3.4: **Mikrokunststoffe aus unterschiedlichen Emissionsquellen** *(Abschätzung anhand von Literaturstudien: Bertling et al. 2018, Juni)*

Um die Akkumulation von Makro- und Mikrokunststoffen in der Umwelt zu reduzieren, bedarf es Maßnahmen in allen Lebensphasen von Kunststoffprodukten (Produktions-, Nutzungs- und End-of-Life-Phase), einer Forcierung der Kreislaufwirtschaft sowie der Reduktion des Kunststoffverbrauchs, beispielsweise durch Substitutionsprodukte (Bertling et al. 2018). Um die durch den acht- und sorglosen Umgang mit Kunststoffprodukten bzw. -abfällen entstandenen Umweltprobleme zu reduzieren und Kunststoffprodukte, allen voran Verpackungsmaterialien, besser kreislauffähig zu machen, fordert die Europäische Kommission im „Circular Economy Package" (Kreislaufwirtschaftspaket; EU COM 2018a) die Erhöhung der Recyclingquoten für Kunststoffverpackungen in den EU-Mitgliedsstaaten bis zum Jahr 2030 von derzeit geforderten 22,5% auf 55% und macht weitere Vorgaben für den Umgang mit Kunststoffen in der EU, so z.B. in der Kunststoffstrategie (EU COM 2018b) und in der Richtlinie über Einwegkunststoffe (Richtlinie (EU) 2019/904), die v.a. auf die Vermeidung und Verringerung von Kunststoffabfällen im Meer abzielt. Sie enthält Vorgaben zu signifikanten Verbrauchsminderungen in allen EU-Staaten (z.B. Lebensmittelverpackungen, Getränkebecher inklusive Verschlüsse/Deckel) bis zum Jahr 2026 sowie ein Verbot von bestimmten Einwegkunststoffen (voraussichtlich ab 2021).

5.3.6 Zusammenfassung

Die Abfallwirtschaft beschäftigt sich mit der Vermeidung, Verwertung und Behandlung von Abfällen mit dem Ziel, diese – wenn sie nicht vermieden werden können – im Sinne der Nachhaltigkeit und Ressourcenschonung möglichst wieder zu verwenden oder hochwertig zu verwerten und als Sekundärrohstoffe im Kreislauf zu führen. Nicht mehr verwertbare (z.B. kontaminierte) Abfälle müssen im Sinne des Vorsorgeprinzips ohne Gefährdung für Mensch, Tier und Umwelt entsorgt (z.B. thermisch behandelt und deponiert) werden. Der Abfallwirtschaft spielt hierbei eine wesentliche Rolle zur Erreichung mehrerer SDGs. Die von der EU vorgegebene Abfallmaßnahmenhierarchie regelt die logische Abfolge von Maßnahmen zur sicheren und ressourcenschonenden Abfallbehandlung. Oberste Priorität hat hierbei die Vermeidung von Abfällen.

Kunststoffmaterialien werden in vielen und v.a. in kurzlebigen Alltagsgegenständen eingesetzt (z.B. in Kunststoffverpackungen). Der nachlässige und unsachgemäße Umgang damit führt zu ernsthaften Umweltauswirkungen (Mikroplastik in Böden und Gewässern, Müllteppich in den Meeren, Ressourcenverbrauch). Der Abfallwirtschaft kann darin eine Schlüsselrolle zukommen, durch gezielte abfallwirtschaftliche Maßnahmen diesen negativen umwelt- und gesellschaftsrelevanten Entwicklungen entgegenzuwirken. Kunststoffprodukte sind am Ende des Produktlebenszyklus einer sicheren und ressourcenschonenden Verwertung zuzuführen. Diese kann in Form von Re-use (Produktrecycling, 2. Ebene), werkstofflich (3. Maßnahmenebene), rohstofflich oder energetisch (4. Maßnahmenebene) erfolgen. Eine wesentliche Voraussetzung für die zielgerichtete Verwertung ist die Kenntnis der chemischen Zusammensetzung und thermomechanischen Eigenschaften der Kunststoffe. Welche Art der Verwertung für bestimmte Kunststoffabfälle ökologisch sinnvoll ist, kann mithilfe der Methode der Ökobilanzierung (Life-Cycle-Assessment) umfassend untersucht und bewertet werden. Derzeit sind es aber vorwiegend wirtschaftliche Überlegungen, die für die Wahl des Verwertungs- oder Behandlungsweges ausschlaggebend sind. Zielgerichtete gesetzliche Rahmenbedingungen und konkrete Vorgaben, wie z.T. im Kreislaufwirtschaftspaket der EU gefordert, unterstützen das Etablieren einer nachhaltigen Kreislaufwirtschaft und tragen auch zur Erreichung der SDGs bei.

Literatur

Abfallrahmenrichtlinie (2008): Richtlinie 2008/98/EG des Europäischen Parlaments und des Rates vom 19. November 2008 über Abfälle und zur Aufhebung bestimmter Richtlinien. Abl L 312/2008, 3. Verfügbar in: http://data.europa.eu/eli/dir/2008/98/oj [Abfrage am 13.5.2019].

Austrian Standards International (2008): ÖNORM EN 13432. Verpackung – Anforderungen an die Verwertung von Verpackungen durch Kompostierung und biologischen Abbau. Prüfschema und Bewertungskriterien für die Einstufung von Verpackungen (konsolidierte Fassung). Wien.

AWG (2002): Bundesgesetz über eine nachhaltige Abfallwirtschaft (Abfallwirtschaftsgesetz 2002). BGBl. I Nr. 102/2002, i.d.F. Juli 2019, zuletzt geändert mit BGBl. I Nr. 71/2019. Verfügbar in: https://www.ris.bka.gv.at/GeltendeFassung.wxe?Abfrage=Bundesnormen&Gesetzesnummer=20002086 [Abfrage am 30.7.2019].

Bertling, J., Bertling, R. und Hamann, L. (2018): Kunststoffe in der Umwelt: Mikro- und Makroplastik. Ursachen, Mengen, Umweltschicksale, Wirkungen, Lösungsansätze, Empfehlungen. Kurzfassung der Konsortialstudie. Oberhausen: Frauenhofer-Institut für Umwelt-, Sicherheits- und Energietechnik UMSICHT. http://dx.doi.org/10.24406/UMSICHT-N-497117.

DVO (1996): Verordnung des Bundesministers für Umwelt über die Ablagerung von Abfällen (Deponieverordnung). BGBl. Nr. 164/1996. Verfügbar in: https://www.ris.bka.gv.at/Dokumente/BgblPdf/1996_164_0/1996_164_0.pdf [Abfrage am 20.7.2019].

DVO (2008): Verordnung des Bundesministers für Land- und Forstwirtschaft, Umwelt und Wasserwirtschaft über Deponien (Deponieverordnung 2008 – DVO 2008). i.d.F. Okt. 2016, zuletzt geändert mit BGBl. II Nr. 291/2016. Verfügbar in: https://www.ris.bka.gv.at/GeltendeFassung.wxe?Abfrage=Bundesnormen&Gesetzesnummer=20005653 [Abfrage am 13.5.2019].

Ellen MacArthur Foundation and McKinsey & Company (2016): The New Plastics Economy – Rethinking the Future of Plastics. Available at: http://www.ellenmacarthurfoundation.org/publications [accessed 1.4.2019].

EU COM (European Commission) (2018a): Circular Economy Package – Implementation of the Circular Economy Action Plan. Available at: http://ec.europa.eu/environment/circular-economy/index_en.htm [accessed 1.4.2019].

EU COM (Europäische Kommission) (2018b): Mitteilung der Kommission an das Europäische Parlament, den Rat, den Europäischen Wirtschafts- und Sozialausschuss und den Ausschuss der Regionen „Eine europäische Strategie für Kunststoffe in der Kreislaufwirtschaft". COM(2018) 28 final. Brüssel. Verfügbar in: https://eur-lex.europa.eu/legal-content/DE/ALL/?uri=CELEX%3A52018DC0028 [Abfrage am 1.4.2019].

Fankhauser-Noti, A. and Grob, K. (2006): Migration of plasticizers from PVC gaskets of lids for glass jars into oily foods: Amount of gasket material in food contact, proportion of plasticizer migrating into food and compliance testing by simulation. Trends in Food Science & Technology, 17, 3, 105–112. https://doi.org/10.1016/j.tifs.2005.10.013.

Gigault, J., Ter Halle, A., Baudrimont, M., Pascal, P.-Y., Gauffre, F., Phi, T.-L., El Hadri, H., Grassl, B., and Reynaud, S. (2018): Current opinion: What is a nanoplastic? Environmental Pollution, 235, 1030–1034. https://doi.org/10.1016/j.envpol.2018.01.024.

PlasticsEurope (2017): Plastics – the facts: An analysis of European plastics production, demand and waste data. Available at: https://www.plasticseurope.org/en/resources/publications/274-plastics-facts-2017 [accessed 1.4.2019].

Richtlinie über Einwegkunststoffe (2019): Richtlinie (EU) 2019/904 des Europäischen Parlaments und des Rates vom 5. Juni 2019 über die Verringerung der Auswirkungen bestimmter Kunststoffprodukte auf die Umwelt. Abl L 155/2019, 1. Verfügbar in: http://data.europa.eu/eli/dir/2019/904/oj [Abfrage am 20.7.2019].

Thompson, R. C., Moore, C. J., vom Saal, F. S., and Swan, S. H. (2009): Plastics, the environment and human health: current consensus and future trends. Philosophical Transactions of the Royal Society B: Biological Sciences, 364, 1526, 2153–2166. https://doi.org/10.1098/rstb.2009.0053.

Van Eygen, E., Laner, D., and Fellner, J. (2018): Circular economy of plastic packaging: current practice and perspectives in Austria. Waste Management, 72, 55–64. https://doi.org/10.1016/j.wasman.2017.11.040.

Veolia (Veolia Umweltservice PET Recycling GmbH) (s.a.): PET-Kreislauf – URRC-Verfahren. Verfügbar in: http://www.recypet.ch/urrc/ [Abfrage am 1.4.2019].

Weithmann, N., Möller, J. N., Löder, M. G. J., Piehl, S., Laforsch, C., and Freitag, R. (2018): Organic fertilizer as a vehicle for the entry of microplastic into the environment. Science Advances, 4, eaap8060. https://doi.org/10.1126/sciadv.aap8060.

5.4 Verkehr und Mobilität im Wandel

Astrid Gühnemann
Institut für Verkehrswesen,
Department für Raum, Landschaft und Infrastruktur (RALI)
astrid.guehnemann@boku.ac.at

5.4.1 Historische Entwicklung der Verkehrssysteme

Um die Grundbedürfnisse der Menschen – wie die Versorgung mit Nahrung oder sozialer Kontakt – erfüllen zu können, müssen Menschen bewegt oder Waren ausgetauscht werden. Die Geschichte des Verkehrs ist daher so alt wie die der Menschheit. Größere Mengen an Waren wurden zuerst mit Schiffen über lange Distanzen v.a. an den Küsten und später auch auf Flüssen befördert. Die ersten großen, internationalen Handelswege, die Tee- und Seidenstraßen, führten von China bis zum Schwarzen Meer. Mit der Erfindung des Rades wurde der Bau von Straßen mit festen Belägen unerlässlich. Erste Straßenbauten sind aus dem alten China bekannt (ca. 2700 v. Chr.). Zentralistische Staaten des Altertums wie Griechenland und das Römische Reich verfügten über ein ausgedehntes Straßennetz, das die Entfaltung ihrer Reiche überhaupt erst ermöglichte. Die industrielle Revolution führte durch technologische Innovationen innerhalb kurzer Zeit zu tiefgreifenden Veränderungen, die bis heute unsere Mobilität[1] und auch die Verkehrsplanung prägen. Bedeutend waren die Erfindung der Dampfmaschine und die Eröffnung der ersten Dampfeisenbahnstrecken in der ersten Hälfte des 19. Jahrhunderts sowie die Erfindung des Automobils Ende des 19. Jahrhunderts und erster Motorflugzeuge Anfang des 20. Jahrhunderts (Schmitz 2013).

Die flächendeckende Verkehrserschließung und die unmittelbare Verfügbarkeit des Automobils revolutionierten die Fortbewegungsmöglichkeiten und infolgedessen auch die Stadt- und Verkehrsplanung. Das Verkehrssystem der westlichen Länder ist durch eine stark wachsende Motorisierung im letzten Jahrhundert geprägt. Diese erlaubte es, in immer kürzerer Zeit immer weitere Distanzen zu überwinden (siehe Abbildung 5.4.1).

---

[1] Der Begriff Mobilität wird hier im Sinne der Möglichkeit der Bewegung von Personen und Gütern (Beweglichkeit) und der Begriff Verkehr als realisierte Ortsveränderung verwendet (siehe auch Holz-Rau 2009, S. 797).

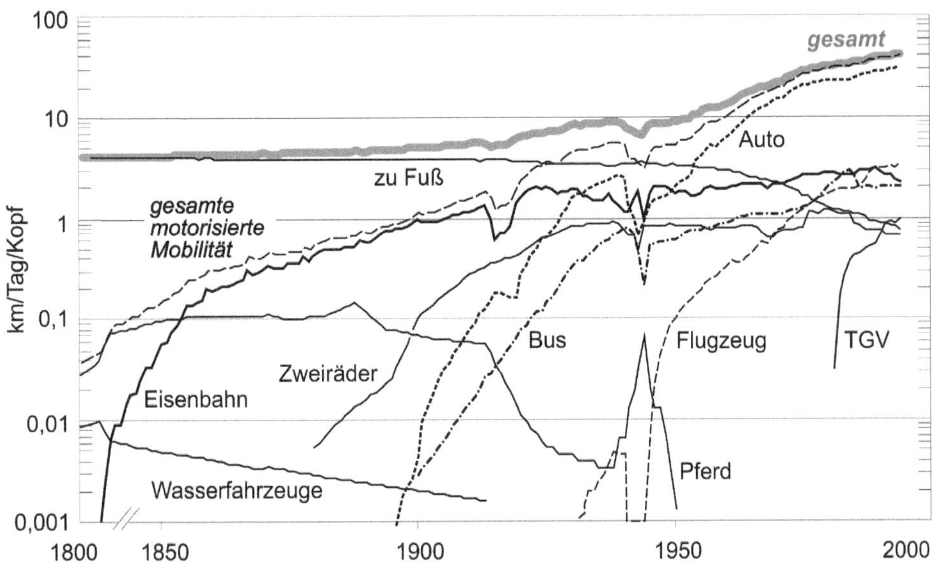

Abbildung 5.4.1: *Entwicklung von Verkehrsmitteln und Reisedistanzen in Frankreich von 1800 bis 2000 (Grübler 1990, S. 232, modifiziert; aus Grübler 1998, S. 318, übersetzt)*

5.4.2 Verkehrsnetze und -entwicklung in Österreich

Historisch betrachtet, wurde die Verkehrsinfrastruktur in Österreich ausgebaut, um Agglomerationsräume und größere Siedlungsgebiete besser zu verbinden. Zur Stärkung des Wirtschaftsstandorts Österreich sollten v.a. die Erreichbarkeiten im Pendler-, Berufs- und Güterverkehr verbessert werden (vgl. Herry et al. 2012). Aufgrund der Topographie Österreichs sind die Verkehrswege großteils in wenigen Tälern und Pässen gebündelt. Die Raumstruktur kann so als „Modell der zentralen Peripherie" beschrieben werden (Lichtenberger 2001), in dem das Zentrum des Landes deutlich schlechter über hochrangige Infrastrukturen (d.s. Autobahnen, Schnellstraßen oder Fernbahnen) erreichbar ist als die peripheren, grenznahen Gebiete.

Die Gesamtnetzlänge des österreichischen Straßennetzes betrug 2018 über 130.000 km, wovon weniger als 2% auf das hochrangige Straßennetz, ca. 26% auf Landesstraßen und 72% auf Gemeindestraßen entfallen (BMVIT 2019). Österreich verfügt mit durchschnittlich 1,7 km Straße/km^2 über eines der dichtesten Straßennetze weltweit (Meijer et al. 2018). Demgegenüber betrug die Gesamtlänge des Schienennetzes (ohne Straßen- und U-Bahnen) im Jahr 2018 ca. 5.650 km (Statistik Austria 2018a). Vergleicht man Österreich und die Schweiz (zwei Länder mit ähnlicher Topographie), so weist die Schweiz im Jahr 2005 ein um ca. 25% dichteres Straßennetz und ein um ca. 65% dichteres Schienennetz pro km² aus als Österreich (Moidl 2007). In Österreich wurde die Länge des hochrangigen Straßenverkehrsnetzes zwischen 1970 und 2011 von knapp 450 auf 2.185 km vervierfacht, während die Länge des Schienennetzes, trotz Ausbauten des Hochleistungsnetzes, um ca. 13% reduziert wurde (Herry et al. 2012).

Auch in Österreich stieg die Anzahl zugelassener Kraftfahrzeuge seit dem Ende des Zweiten Weltkriegs stetig an (siehe Abbildung 5.4.2). Wie in vielen Ländern begann die Massenmotorisierung mit einspurigen Krafträdern, die bei steigendem Wohlstand durch Personenkraftwagen (Pkw) ersetzt oder ergänzt wurden. Von 1995 bis 2014 nahm die Pkw-Verfügbarkeit in Österreich durchschnittlich von ca. 1 auf 1,24 Pkw pro Haushalt zu (Tomschy et al. 2016).

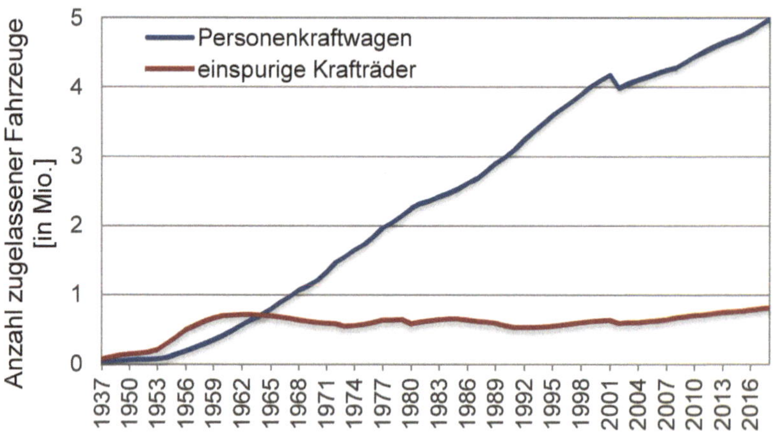

Abbildung 5.4.2:   *Entwicklung des Fahrzeugbestandes in Österreich von 1937 bis 2018 (Datenquelle: Statistik Austria 2019)*

Mit zunehmender Motorisierung stieg auch die Verkehrsleistung[2] (inklusive Ziel- und Durchgangsverkehr) in Österreich zwischen 1990 und 2014 um ein Drittel von ca. 80 Mrd. Pkm auf ca. 110 Mrd. Pkm pro Jahr an (Umweltbundesamt 2016). Treiber dieses Verkehrswachstums waren neben der Motorisierung auch die gesellschaftlichen, wirtschaftlichen und technologischen Entwicklungen, wie z.B. Bevölkerungswachstum, steigender Wohlstand, veränderte Arbeitsstrukturen, flexiblere und kürzere Arbeitszeiten, höhere Frauenerwerbstätigkeit, mehr und kleinere Haushalte, veränderte Raumstrukturen und Suburbanisierung sowie engere internationale Vernetzung u.a. durch Informations- und Kommunikationstechnologien (Verron et al.

---

[2]   Verkehrsleistung (oder gelegentlich Verkehrsaufwand) bezeichnet im Verkehrswesen die pro Zeiteinheit von allen Personen, Waren oder Fahrzeugen zurückgelegten Distanzen. Sie wird in Personenkilometern (Pkm), Tonnenkilometern (tkm) oder Fahrzeugkilometern (Fz-km) pro Zeiteinheit, üblicherweise pro Jahr, gemessen.

2005). Gleichzeitig wurden viele dieser Entwicklungen durch die Massenverfügbarkeit des Pkw, geringere Transportkosten und verbesserte Infrastrukturnetze ermöglicht oder verstärkt, sodass hier starke Wechselwirkungen bestehen (siehe Fallbeispiel 5.4.1).

Fallbeispiel 5.4.1: Treiber des Verkehrswachstums – Wechselwirkung zwischen Verkehrs- und Siedlungsentwicklung

Die Zunahme des motorisierten Personenverkehrs ist eng an die Siedlungsentwicklung gekoppelt. Diese ist spätestens seit der zweiten Hälfte des 20. Jahrhunderts stark durch Ein- und Zweifamilienhäuser geprägt, in denen die Wünsche moderner Gesellschaften nach großflächigem Wohnraum, eigenem Garten, ruhiger Wohnlage und nach Rückzugsmöglichkeit von der (teils selbst verursachten) Hektik des städtischen Lebens verwirklicht werden können (Kurath 2006). Gleichzeitig soll aber eine möglichst gute Erreichbarkeit der Arbeitsstätte sowie von Versorgungs- und Freizeiteinrichtungen sichergestellt werden. So sind Einfamilienhaussiedlungen für ihre Bewohnerinnen und Bewohner Ausgangspunkt für vielfältige Aktivitäten. Jedoch werden diese gerade aufgrund der massenhaften Verfügbarkeit von privaten Pkw auch weit entfernt ausgeübt bzw. es werden größere Distanzen in Kauf genommen.

Diese Entwicklung wurde durch gesellschaftliche und wirtschaftliche Entwicklungen wie steigende Konsumbedürfnisse, zunehmende Anzahl an Ein- bis Zweipersonenhaushalten, niedrige Benzinpreise, stärkere Arbeitsteilung und steigende Wohnkosten in Innenstädten sowie gleichzeitige steuerliche und raum- bzw. stadtplanerische Maßnahmen forciert (Hesse 1996). So wurde günstiger Baugrund v.a. in stadtnahen Randlagen auch zur Erzielung von Steuereinnahmen ausgewiesen und die Autonutzung z.B. durch Pendlerpauschalen und frei zur Verfügung gestellten Parkraum finanziell begünstigt. Noch zwischen 2010 und 2017 war ca. ein Drittel der neubewilligten Wohngebäude in Österreich Ein- bis Zweifamilienhäuser (Statistik Austria 2018b). Durch Bevölkerungswachstum, zunehmende Urbanisierung und höhere Ansprüche an die Qualität und Quantität von Wohnraum steigt zudem auch die Nachfrage nach Wohnraum in Städten und Stadt-Umland-Gemeinden (Umweltbundesamt 2016). Es ist daher davon auszugehen, dass das Einfamilienhaus auch in Zukunft eine beliebte Wohnform und für viele die Erfüllung eines Traums bleibt.

Eine Versorgung dieser Siedlungen mit öffentlichem Verkehr ist wegen der geringen Bevölkerungsdichte kostspielig, und Rad- und Fußverkehr sind meist aufgrund der großen Distanzen zu Versorgungseinrichtungen, der fehlenden sicheren Infrastrukturen und der eintönigen Umgebung wenig attraktiv (Schiller und Kenworthy 2018). Infolgedessen weisen Einfamilienhaussiedlungen eine sehr hohe Pkw-Abhängigkeit auf. Beispielsweise wird in den dicht besiedelten Innenstadtgebieten Wiens mehr als ein Drittel der Wege zu Fuß zurückgelegt, während der Fußwegeanteil in Einfamilienhausgebieten in städtischen Randlagen nur noch 21% beträgt (Heller und Schreiner 2015). Auch die motorisierte Verkehrsleistung pro Aktivität von Einwohnerinnen und Einwohnern in peripheren Lagen ist ca. 2–3 Mal so hoch wie jene von Einwohnerinnen und Einwohnern in verdichteten Kernbezirken (Tappeiner et al. 2002).

Der Anteil des mit öffentlichen oder nichtmotorisierten Verkehrsmitteln zurückgelegten Verkehrs an den Verkehrsleistungen Österreichs lag im Jahr 2014 bei etwa 29% (Umweltbundesamt 2016). Hierbei sind allerdings starke räumliche Unterschiede zu verzeichnen: So ist beispielsweise der Anteil der mit öffentlichen Verkehrsmitteln oder zu Fuß zurückgelegten werktäglichen Wege der Wienerinnen und Wiener mit

38% bzw. 25% deutlich höher als im Landesdurchschnitt (17% bzw. 18%) (Tomschy et al. 2016). Grund hierfür ist neben unterschiedlichen geographischen Gegebenheiten eine verkehrspolitische Mischung aus Anreiz- und Restriktionsmaßnahmen Wiens, wie der Ausbau und die günstige Tarifgestaltung des öffentlichen Verkehrs einerseits und die Parkraumbewirtschaftung durch Verknappung und Verteuerung andererseits (Klementschitz und Roider 2019). In anderen Großstädten Österreichs wurden dagegen günstigere Bedingungen für den Radverkehr geschaffen, sodass dort der Anteil an der Personenverkehrsleistung mit 5% höher liegt als im Landesdurchschnitt (Tomschy et al. 2016).

Im Jahr 2018 wurde im Luftverkehr Österreichs aufkommensstärkster Flughafen Wien-Schwechat von 27 Mio. Passagieren genutzt, und er bediente ca. 205 Destinationen in 71 Ländern. Im Zeitraum 2001 bis 2016 nahm die Zahl der Landungen und Abflüge um 22% zu (Statistik Austria 2018c). Der Flughafen Wien-Schwechat dient auch als West-Ost-Knotenpunkt v.a. für Flüge nach Osteuropa und in den Nahen Osten. Die sitzplatzstärksten Angebote sind auf den Verbindungen nach Deutschland, Zürich, Paris, Amsterdam und Istanbul zu finden, und mehr als 85% der Streckenziele liegen innerhalb Europas. Neben dem Flughafen Wien-Schwechat gewinnen zunehmend auch die Flughäfen Salzburg, Graz, Linz, Klagenfurt und Innsbruck v.a. im Tourismus an Bedeutung.

Noch stärkere Zuwächse als im Personenverkehr waren in Österreich in der Verkehrsleistung im Güterverkehr zu verzeichnen. Zwischen 1990 und 2014 hat sich diese von etwas über 30 Mrd. tkm auf über 70 Mrd. tkm mehr als verdoppelt (Umweltbundesamt 2016). Die Zunahme der Gütermobilität ist getrieben durch wirtschaftliches Wachstum, gleichzeitig steigende internationale Verflechtung und durch moderne, auf flexible und *just in time* ausgerichtete Logistikkonzepte (Sammer et al. 2009). Der auf der Bahn zurückgelegte – vergleichsweise geringe – Anteil der Güterverkehrsleistung betrug 2014 ca. 29% und ist neben marktstrukturellen Ursachen auch auf eine fehlende Kostenwahrheit im Verkehr und auf eine teilweise ineffiziente Abwicklung internationaler Bahnverkehre zurückzuführen (Umweltbundesamt 2016).

5.4.3 Nachhaltigkeit der Mobilitäts- und Verkehrsentwicklung

Die stark zunehmende Motorisierung und das Verkehrswachstum haben negative Folgen für Umwelt und Gesellschaft. Auswirkungen wie Luftverschmutzung, Flächeninanspruchnahme, Lärm und Treibhausgasemissionen, aber auch ein ungleicher Zugang zu grundlegenden Dienstleistungen oder ungleiche Umweltbelastungen durch den Verkehr überschreiten häufig Grenzen, die mit umwelt- und sozialverträglichen Lebensstandards nicht vereinbar sind (siehe Fallbeispiel 5.4.2).

Fallbeispiel 5.4.2: Beispiele für negative Auswirkungen des Verkehrswachstums auf Umwelt und Gesellschaft

Der globale Energieverbrauch im Verkehr hat sich von Anfang der 1970er-Jahre bis 2016 mehr als verdoppelt, wobei der Straßenverkehr allein knapp die Hälfte des weltweiten Ölkonsums verursacht (IEA 2018).

Mit anteilig 29% ist der Verkehrssektor – nach Energie und Industrie – Österreichs zweitgrößter Verursacher von Treibhausgasemissionen (THG). Während in den anderen Sektoren Minderungen oder nur geringe Anstiege erreicht werden konnten, nahmen die vom Verkehr innerhalb Österreichs verursachten THG-Emissionen zwischen 1990 und 2017 um 74% zu (Umweltbundesamt s.a.). So gefährdet v.a. die Entwicklung im Verkehrssektor die Erreichung internationaler Klimaziele wie die des Pariser Klimaabkommens. Auch die derzeit in der Verkehrspolitik vorgesehenen Maßnahmen werden nicht dazu führen, dass die THG-Ziele des österreichischen Klimaschutzgesetzes für den Verkehr erreicht werden (Heinfellner et al. 2019).

Im Jahr 2016 starben weltweit 1,35 Mio. Menschen an den Folgen von Verkehrsunfällen (WHO 2018). Im Jahr 2013 waren ca. 30% der in Europa im Verkehr getöteten Menschen Fußgängerinnen und Fußgänger sowie Radfahrerinnen und Radfahrer. Dieser Anteil hat jedoch aufgrund des gestiegenen Pkw-Besitzes und der sich daraus ergebenen Abhängigkeit vom Pkw seit den 1960er-Jahren stark abgenommen (WHO 2017).

Obwohl der Ausstoß zahlreicher verkehrsbedingter Luftschadstoffe reduziert wurde, werden in vielen Städten Europas weiterhin regelmäßig gesundheitsschützende Grenzwerte für die Luftqualität überschritten (EEA 2018). Die Weltgesundheitsorganisation (WHO) schätzt, dass bei Erwachsenen jährlich ca. 500.000 vorzeitige Todesfälle auf Schadstoffemissionen zurückzuführen sind, zu denen der Verkehr maßgeblich beiträgt (WHO 2017).

Um diese negativen Entwicklungen zu stoppen, braucht es eine Vision für ein "nachhaltiges Verkehrssystem", welches die Bedürfnisse aller Menschen in der Gesellschaft befriedigt, Personen und Güter zur Ausübung sozialer und wirtschaftlicher Aktivitäten befördert, und gleichzeitig die Umwelt nicht oder wenig belastet. Während über die generellen Elemente eines solchen nachhaltigen Verkehrssystems Einigkeit herrscht, gibt es bis dato keine allgemein akzeptierte Konzeptualisierung (Gudmundsson et al. 2016). Verkehr war zunächst in allgemeinen Texten und Erklärungen für nachhaltige Entwicklung eingeschlossen, z.B. in der Rio-Erklärung über Umwelt und Entwicklung (UN 1992). Erst Mitte der 1990er-Jahre wurden grundlegende Definitionen für ökologisch nachhaltigen Verkehr entwickelt, z.B. im EST-Projekt der OECD (1996). Diese Teildefinitionen wurden später um soziale und ökonomische Aspekte erweitert und als "Vancouver Principles of Sustainable Transportation" (OECD 1997) veröffentlicht. Eine weitverbreitete Definition stammt vom kanadischen Centre for Sustainable Transportation (CST 1997, zitiert in Gudmundsson et al. 2016), die auch von den Verkehrsministerinnen und Verkehrsministern der EU (EU COM 2001, S. 15f.) weitgehend übernommen wurde. Letztere statuiert ein nachhaltiges Verkehrssystem als eines, das

- „ermöglicht, dass die Grundbedürfnisse von Einzelpersonen, Unternehmen und der Gesellschaft sicher und in einer Weise befriedigt werden, die mit der Gesundheit von Mensch und Ökosystem im Einklang steht, und Gerechtigkeit innerhalb und zwischen nachfolgenden Generationen fördert;

- erschwinglich ist, gerecht und effizient arbeitet, eine Auswahl an Verkehrsmitteln bietet und eine wettbewerbsfähige Wirtschaft sowie eine ausgeglichene regionale Entwicklung unterstützt;

- Emissionen und Abfälle innerhalb der Fähigkeit des Planeten, sie zu absorbieren, begrenzt, erneuerbare Ressourcen innerhalb oder unterhalb ihrer Regenerationsraten verwendet, nichterneuerbare Ressourcen innerhalb oder unterhalb der Entwicklungsraten von erneuerbaren Substituten verbraucht, währenddessen die Nutzung von Land und die Produktion von Lärm minimiert wird" (EU COM 2001, eigene Übersetzung).

Die hohe politische Relevanz der Erreichung eines nachhaltigen Verkehrssystems zeigt sich auch darin, dass in vier der siebzehn SDGs explizit Verkehrsziele festgelegt wurden (SDGs 3, 9, 11, 12) und Verkehr in mindestens vier weiteren direkt oder indirekt zur Zielerreichung beiträgt (SDGs 2, 6, 7, 13) (UN 2015).

5.4.4 Planung eines nachhaltigen Mobilitäts- und Verkehrssystems der Zukunft

Nachhaltige Mobilitätslösungen müssen somit auch sozial- und umweltgerecht sicherstellen, dass Ziele wie Produktions-, Arbeits- und Ausbildungsstätten, Freizeit- und Gesundheitseinrichtungen, Geschäfte etc. für alle erreichbar sind. Hierfür werden — in der Reihung ihrer Priorität — Strategien der Verkehrsvermeidung, der Verkehrsverlagerung und der Verbesserung der Verkehrsabläufe eingesetzt (Holz-Rau 2009):

- Durch *Verkehrsvermeidung* soll die Notwendigkeit für Verkehre erst gar nicht entstehen, einerseits durch die Vermeidung von Fahrten (z.B. durch verbesserte Organisation und weniger Leerfahrten im Güterverkehr oder durch Videokonferenzen anstelle von Dienstreisen), andererseits durch kürzere Wege (z.B. durch die Mischung von Wohn- und Gewerbefunktionen).

- Durch *Verkehrsverlagerung* sollen Verkehre vom motorisierten Individualverkehr auf umweltverträglichere Verkehrsmittel umgestellt werden, insbesondere auf den öffentlichen und nichtmotorisierten Verkehr.

- Schließlich kann eine effiziente, umwelt- und sozialverträgliche Abwicklung zur *Verbesserung der Verkehrsabläufe* in Richtung Nachhaltigkeit beitragen, wenn die spezifischen Energieverbräuche verringert und die Auslastungen erhöht werden.

Zur Umsetzung dieser Strategien können Instrumente der Infrastruktur-, Technologie-, Finanz-, Rechts- und Ordnungspolitik sowie Organisation und Information eingesetzt werden (siehe z.B. Holz-Rau und Jansen 2006). Die Verkehrsplanung stellt Entscheidungsträgerinnen und -trägern Informationen zur Verfügung, um diese Strategien und Instrumente für die Gestaltung der Verkehrssysteme sinnvoll einsetzen und miteinander kombinieren zu können. Das erfolgt im Allgemeinen in einem Planungszyklus (siehe Abbildung 5.4.3) (FSV 2013).

Abbildung 5.4.3: Prozess der Verkehrsplanung
(vereinfachte Darstellung nach FSV 2013)

Im Zuge der Verkehrsplanung kommen verschiedene Methoden und Werkzeuge zum Einsatz:

- *Datenerhebung und -analyse:* Für die Problemanalyse, Maßnahmenuntersuchung und zur Wirkungskontrolle werden hochwertige Daten benötigt. Diese geben Auskunft zu den Mobilitätsbedürfnissen unterschiedlicher gesellschaftlicher Gruppen, beispielsweise von Touristen (Juschten et al. 2019) oder Kindern (Stark et al. 2019), zur Entwicklung der Verkehrsnachfrage allgemein (z.B. die landesweite Erhebung „Österreich Unterwegs", Tomschy et al. 2016) und zu den Auswirkungen des Verkehrs (siehe Fallbeispiel 5.4.3). Gerade bei der Erhebung von Mobilitätsdaten können unterschiedliche Methoden erheblichen Einfluss auf die Qualität der gewonnenen Daten haben (siehe z.B. Aschauer et al. 2018), und die Digitalisierung eröffnet neue Datenquellen (z.B. Smartphonedaten für Mobilitätsanalysen). Verkehrsplanerinnen und Verkehrsplaner müssen somit über entsprechende Kenntnisse der Methoden, der Erhebung, der Verarbeitung und räumlichen Darstellung großer Datenmengen verfügen.

- *Gestaltung der Verkehrssysteme*: Im Bereich der baulichen und technischen Planung spielt der Verkehrswegeentwurf bei der Maßnahmenuntersuchung eine wesentliche Rolle, um Verkehrswege sicher (siehe z.B. Berger 2019), effizient und möglichst umweltschonend zu gestalten (siehe z.B. Meschik 2018). Auch Fähigkeiten zur Gestaltung von Preis- und Regulierungsmaßnahmen sowie sogenannte „weiche" Maßnahmen des Mobilitätsmanagements (Information, Kommunikation, Koordination und Organisation) werden benötigt, beispielsweise um durch stärkeres Gesundheitsbewusstsein die Bereitschaft zur Nutzung aktiver Mobilitätsformen zu erhöhen (Wegener et al. 2017).

- *Verkehrsmodellierung:* Verkehrsmodelle werden als Analyse- und Prognosewerkzeuge benötigt, um zukünftige Verkehrsentwicklungen einschätzen und bewerten zu können. Sie werden daher v.a. in der Maßnahmenuntersuchung und Wirkungskontrolle eingesetzt. Die Bandbreite reicht von der Modellierung des individuellen Mobilitätsverhaltens (wie Reaktionen auf Benzinpreisänderungen; Hössinger et al. 2017) bis hin zu hochaggregierten strategischen Modellen zur Untersuchung der langfristigen Wechselwirkungen zwischen Verkehrsnachfrage, Infrastrukturen, Raum und Wirtschaft (z.B. Pfaffenbichler 2011).

- *Bewertungsverfahren:* Zur Abwägung der vielfältigen Wirkungen von Verkehrsmaßnahmen in der Maßnahmenuntersuchung und Wirkungskontrolle werden Bewertungsverfahren benötigt, wie z.B. Kosten-Nutzen-Analysen, multikriterielle Analysemethoden oder hybride Ansätze (siehe z.B. Gühnemann et al. 2012).

- *Partizipative Planung:* Eine frühzeitige und kontinuierliche Einbindung relevanter Akteurinnen und Akteure, wie z.B. Verwaltungen, Verbände, Verkehrsbetriebe, Interessensgruppen und von den Planungen betroffene Personen, unterstützt die Umsetzung anspruchsvoller und oft kontrovers diskutierter Maßnahmen und ermöglicht die Einbindung von lokalem Wissen.

Fallbeispiel 5.4.3: Indikatoren der Nachhaltigkeit im Verkehr

Die Messung von Nachhaltigkeit im Verkehr ist eine Voraussetzung für die gute Planung zukünftiger Verkehrssysteme. Sie ermöglicht die Bereitstellung von Daten, mit denen Entwicklungen beobachtet, Zusammenhänge analysiert, Trends prognostiziert und Ziele verglichen werden können. Diese Messung erfolgt anhand quantitativer oder qualitativer Nachhaltigkeitsindikatoren, die ein wichtiges Instrument zur Information der Öffentlichkeit sowie der Entscheidungsträgerinnen und -träger ist. Gudmundsson und Sørensen (2013) stellen fest, dass solche Indikatoren Politikentscheidungen zwar meist nicht direkt beeinflussen, aber eine wichtige Grundlage für die Rationalisierung von Entscheidungsprozessen sind.

Indikatoren müssen die grundsätzlichen Anforderungen an eine nachhaltige Entwicklung abbilden, d.h., sie müssen sowohl die Kriterien der Nachhaltigkeit im Verkehr als auch intra- und intergenerationale Gerechtigkeit reflektieren. In der Literatur existieren bereits viele Indikatorsätze (siehe z.B. Joumard und Gudmundsson 2010). Abhängig von lokalen Gegebenheiten (wie z.B. Zielen, Datenverfügbarkeit, Art und Größe der zu messenden Eingriffe etc.) können anhand von Leitlinien passende Indikatoren ausgewählt werden, die z.B. für nachhaltige städtische Verkehrspläne in Europa (Gühnemann 2016) oder als Vorschlag für einen nationalen Indikatorensatz für Österreich (Fürst et al. 2018) existieren. Typische Beispiele für im Verkehr genutzte Nachhaltigkeitsindikatoren sind Erreichbarkeitsindikatoren (z.B. Anteil der Bevölkerung, der ein regionales Zentrum innerhalb einer vorgegebenen Zeit mit dem öffentlichen Verkehr erreichen kann), Verkehrssicherheitsindikatoren (z.B. Anzahl pro Jahr verletzter Verkehrsteilnehmerinnen und -teilnehmer) oder Umweltindikatoren (z.B. verkehrsbedingte THG-Emissionen).

Im UBRM-Studium werden neben Grundkenntnissen zum Mobilitätsverhalten und zur Verkehrsplanung auch Fertigkeiten der Anwendung verschiedener Methoden und Werkzeuge vermittelt. Studierende erhalten somit das Rüstzeug, um auf zukünftige Herausforderungen der Verkehrsplanung Antworten zu finden (z.B. die Dekarbonisierung des Verkehrs und die zunehmende Digitalisierung und Automatisierung im Verkehrssystem).

5.4.5 Fazit

Jede Entscheidung in der Verkehrspolitik und Verkehrsplanung – z.B. die Bestimmung verkehrsrelevanter Steuern und Subventionen, die Regulierungen zur Erhöhung der Verkehrssicherheit, die Reduzierung von Umweltwirkungen, die Realisierung von Verkehrsprojekten oder die Aufstellung von Verkehrsplänen – erfordert die Abwägung potenziell konkurrierender Nachhaltigkeitsziele.

Angesichts begrenzter Ressourcen, eines steigenden Bewusstseins für die vielfältigen Wirkungen von Verkehrsmaßnahmen und gestiegener Anforderungen an transparente Planungsverfahren benötigen Entscheidungsträgerinnen und -träger zur Abwägung von Maßnahmen Informationen und Verfahren, die ihnen umfassende, verständliche und verlässliche Grundlagen liefern. Das UBRM-Studium bietet eine Spezialisierung im Bereich Verkehrswesen, um zukünftigen Verkehrsplanerinnen und Verkehrsplanern das Rüstzeug zu geben, diese gesellschaftlich wichtigen Prozesse aktiv mitgestalten zu können.

Danksagung

Die Abschnitte 5.4.1 und 5.4.4 basieren teilweise auf Skripten des Instituts für Verkehrswesen, die im Laufe der Zeit von einer Vielzahl an Autorinnen und Autoren verfasst und redigiert wurden. Die Autorin dieses Beitrags dankt allen Beteiligten.

Literatur

Aschauer, F., Hössinger, R., Axhausen, K. W., Schmid, B., and Gerike, R. (2018): Implications of survey methods on travel and non-travel activities. European Journal of Transport and Infrastructure Research, 18, 1, 4–35.

Berger, W. J. (2019): Geschwindigkeitsdämpfung innerorts – Beispiele für straßengestalterische Maßnahmen. In: FSV (Forschungsgesellschaft Straße-Schiene-Verkehr), Hrsg., FSV Kooperationsveranstaltung – Bundeskongress kommunale Verkehrssicherheit, Wien, 7. Mai 2019.

BMVIT (Bundesministerium Verkehr Innovation Technologie) (2019): Statistik Straße & Verkehr. Wien. Verfügbar in: https://www.bmvit.gv.at/service/publikationen/verkehr/strasse/statistik_strasseverkehr.html [Abfrage am 20.6.2019].

CST (Centre for Sustainable Transportation) (1997): Definition and vision of sustainable transportation. Ontario: CST.

EEA (European Environment Agency) (2018): Air pollution: agriculture and transport emissions continue to pose problems in meeting agreed limits. Available at: https://www.eea.europa.eu/highlights/air-pollution-agriculture-and-transport. [accessed 15.6.2019].

EU COM (European Commission) (2001): 2340th Council meeting transport / telecommunications, Luxembourg, 4-5 April 2001. Press release 7587/01. Luxembourg. Available at: http://europa.eu/rapid/press-release_PRES-01-131_en.htm?locale=en [accessed 20.6.2019].

FSV (Forschungsgesellschaft Straße-Schiene-Verkehr) (2013): RVS 02.01.11 Grundsätze der Verkehrsplanung; Verkehrsplanung; Grundlagen; Verkehrsuntersuchungen. Wien.

Fürst, B., Schnützlinger, P., Käfer, A., Kanatschnik, D., Sancho-Reinoso, A., Rogalli, T., Gerlich, W., Doringer, E. und Brossmann, J. (2018): SAMOA – Sustainability Assessment for Mobility in Austria. Ergebnisbericht. Wien: Bundesministerium für Verkehr, Innovation und Technologie. Verfügbar in: https://www2.ffg.at/verkehr/projekte.php?id=1421&lang=de&browse=programm [Abfrage am 15.6.2019].

Grübler, A. (1990): The Rise and Fall of Infrastructures: Dynamics of Evolution and Technological Change in Transport. Heidelberg, New York: Physica-Verlag.

Grübler, A. (1998): Technology and Global Change. Cambridge, UK: Cambridge University Press.

Gudmundsson, H. and Sørensen, C. H. (2013): Some use – Little influence? On the roles of indicators in European sustainable transport policy. Ecological Indicators, 35, 43–51. http://dx.doi.org/10.1016/j.ecolind.2012.08.015.

Gudmundsson, H., Hall, R., Marsden, G., and Zietsman, J. (2016): Sustainable Transportation. Indicators, Frameworks and Performance Management. Berlin, Heidelberg: Springer.

Gühnemann, A. (2016): SUMP Manual on Monitoring and Evaluation: Assessing the impact of measures and evaluating mobility planning processes. Available at: www.eltis.org and www.sump-challenges.eu/kits [accessed 26.6.2019].

Gühnemann, A., Laird, J. J., and Pearman, A. D. (2012): Combining cost-benefit and multi-criteria analysis to prioritise a national road infrastructure programme. Transport Policy, 23, 15–24. https://doi.org/10.1016/j.tranpol.2012.05.005.

Heinfellner, H., Ibesich, N., Lichtblau, G., Stranner, G., Svehla-Stix, S., Vogel, J., Wedler, M. und Winter, R. (2019): Sachstandsbericht Mobilität und mögliche Zielpfade zur Erreichung der Klimaziele 2050 mit dem Zwischenziel 2030. Endbericht. Wien: Umweltbundesamt. Verfügbar in: https://www.umweltbundesamt.at/aktuell/publikationen/publikationssuche/publikationsdetail/?pub_id=2280 [Abfrage am 15.6.2019].

Heller, J. und Schreiner, R. (2015): Zu Fuß gehen in Wien – Vertiefte Auswertung des Mobilitätsverhaltens der Wiener Bevölkerung für das zu Fuß gehen. Wien. Verfügbar in: https://www.wien.gv.at/stadtentwicklung/studien/b008453.html [Abfrage am 15.6.2019].

Herry, M., Sedlacek, N. und Steinacher, I. (2012): Verkehr in Zahlen Österreich, Ausgabe 2011. Wien, im Auftrag des BMVIT. Verfügbar in: https://www.bmvit.gv.at/verkehr/gesamtverkehr/statistik/viz11/index.html [Abfrage am 26.6.2019].

Hesse, M. (1996): Ist ökologische Mobilität planbar? Ökologisches Wirtschaften, 6, 11, 10–11.

Holz-Rau, C. (2009): Raum, Mobilität und Erreichbarkeit – (Infra-)Strukturen umgestalten? Informationen zur Raumentwicklung, 12, 797–804.

Holz-Rau, C. und Jansen, U. (2006): Mobilitätssicherung durch energiesparsame integrierte Siedlungs- und Verkehrsplanung. Informationen zur Raumentwicklung, 8, 447–456.

Hössinger, R., Link, C., Sonntag, A., and Stark, J. (2017): Estimating the price elasticity of fuel demand with stated preferences derived from a situational approach. Transportation Research Part A: Policy and Practice, 103, 154–171. https://doi.org/10.1016/j.tra.2017.06.001.

IEA (International Energy Agency) (2018): Key world energy statistics. Paris. Available at: www.iea.org/statistics/ [accessed 21.6.2019].

Joumard, R. and Gudmundsson, H. (eds.) (2010): Indicators of environmental sustainability in transport: an interdisciplinary approach to methods. INRETS report, Recherches R282, Bron, France. Available at: http://cost356.inrets.fr [accessed 15.6.2019].

Juschten, M., Brandenburg, C., Hössinger, R., Liebl, U., Offenzeller, M., Prutsch, A., Unbehaun, W., Weber, F., Jiricka-Pürrer, A., Juschten, M., Brandenburg, C., Hössinger, R., Liebl, U., Offenzeller, M., Prutsch, A., Unbehaun, W., Weber, F., and Jiricka-Pürrer, A. (2019): Out of the city heat—Way to less or more sustainable futures? Sustainability, 11, 1, 214. https://doi.org/10.3390/su11010214.

Klementschitz, R. and Roider, O. (2019): From traffic management towards mobility management, the case of the city of Vienna. 15th World Conference on Transport Research, 26-31 May, 2019, Mumbai, India.

Kurath, S. (2006): Die Unschuld des Einfamilienhauses. Tec21 – Fachzeitschrift für Architektur, Ingenieurwesen und Umwelt, 132, 31-32, 12–16.

Lichtenberger, E. (2001): Analysen zur Erreichbarkeit von Raum und Gesellschaft in Österreich. Wien: Verlag der Österreichischen Akademie der Wissenschaften.

Meijer, J. R., Huijbregts, M. A., Schotten, K. C. G. J., and Schipper, A. M. (2018): Global patterns of current and future road infrastructure. Environmental Research Letters, 13.

Meschik, M. (2018): Planungshandbuch Straßenraum – Lebenswerte Straßen in Niederösterreich bauen, mitgestalten und erhalten. Amt der Niederösterreichischen Landesregierung, Gruppe Straße und Gruppe Raumordnung, Umwelt und Verkehr, 270.

Moidl, S. (2007): Vergleichsstudie der Verkehrsinfrastruktur und Mobilität von Österreich und der Schweiz. Wien. Verfügbar in: https://www.global2000.at/sites/global/files/Studie%20Verkehrsinfrastruktur_Stefan%20Moidl.pdf [Abfrage am 15.6.2019].

OECD (Organisation for Economic Co-operation and Development) (1996): Environmental Criteria for Sustainable Transport, Organisation for Economic Co-operation and Development, (OECD), Paris.

OECD (Organisation for Economic Co-operation and Development) (1997): Towards Sustainable Transportation, The Vancouver Conference, 24-27 March 1996. OECD proceedings, Paris: OECD.

Pfaffenbichler, P. (2011): Modelling with systems dynamics as a method to bridge the gap between politics, planning and science? Lessons learnt from the development of the land use and transport model MARS. Transport Reviews, 31, 2, 267–289. https://doi.org/10.1080/01441647.2010.534570.

Sammer, G., Klementschitz, R., Steininger, K., Schmid, C., Hausberger, S. und Rexeis, M. (2009): Problemanalyse und Lösungskonzepte für den Güterverkehr in Österreich aus der Sicht der Bundesländer. Ive Forschungsberichte Nr. 01/2009. Wien, Graz. Verfügbar in: https://boku.ac.at/fileadmin/data/H03000/H85000/H85600/downloads/Bericht_2009_05_05_Gueterverkehr_in_OEsterreich.pdf [Abfrage am 15.6.2019].

Schiller, P. L. and Kenworthy, J. R. (2018): An Introduction to Sustainable Transportation: Policy, Planning and Implementation. 2nd edition, Oxon, New York: Routledge.

Schmitz, S. (2013): Revolutionen der Erreichbarkeit. Opladen: Leske + Budrich.

Stark, J., Singleton, P. A., and Uhlmann, T. (2019): Exploring children's school travel, psychological well-being, and travel-related attitudes: Evidence from primary and secondary school children in Vienna, Austria. Travel Behaviour and Society, 16, 118–130. https://doi.org/10.1016/j.tbs.2019.05.001.

Statistik Austria (2018a): Schieneninfrastruktur in Österreich. Verfügbar in: https://www.statistik.at/web_de/statistiken/energie_umwelt_innovation_mobilitaet/verkehr/schiene/schienenfahrzeuge_bestand/056540.html [Abfrage am 21.6.2019].

Statistik Austria (2018b): Wohnen. Zahlen, Daten und Indikatoren der Wohnstatistik. Wien. Verfügbar in: http://www.statistik.at/web_de/services/publikationen/7/index.html?includePage=detailedView§ionName=Wohnen&publd=572 [Abfrage am 21.6.2019].

Statistik Austria (2018c): Verkehrsstatistik 2017. Wien. Verfügbar in: http://www.statistik.at/web_de/services/publikationen/14/index.html?includePage=detailedView§ionName=Verkehr&publd=676 [Abfrage am 21.6.2019].

Statistik Austria (2019): Fahrzeugbestand ab 1937. STATcube – Statistische Datenbank von Statistik Austria. https://www.statistik.at/web_de/services/statcube/index.html [Abfrage am 4.7.2019].

Tappeiner, G., Koblmüller, M., Stafler, G. und Walch, K. (2002): Heimwert – Ökologisch-ökonomische Bewertung von Sieldungsformen. Berichte aus Energie- und Umweltforschung 25/2002, Wien: Bundesministerium für Verkehr, Innovation und Technologie. Verfügbar in: https://nachhaltigwirtschaften.at/de/hdz/projekte/heimwert-oekologisch-oekonomische-bewertung-von-siedlungsformen.php [Abfrage am 2.7.2019].

Tomschy, R., Herry, M., Sammer, G., Klementschitz, R., Riegler, S., Follmer, R., Gruschwitz, D., Josef, F., Gensasz, S., Kirnbauer, R. und Spiegel, T. (2016): Österreich unterwegs 2013/2014. Ergebnisbericht zur österreichweiten Mobilitätserhebung „Österreich unterwegs 2013/2014". Wien: Bundesministerium für Verkehr, Innovation und Technologie. Verfügbar in: https://www.bmvit.gv.at/verkehr/gesamtverkehr/statistik/oesterreich_unterwegs/ [Abfrage am 26.6.2019].

Umweltbundesamt (s.a.): Verkehr beeinflusst das Klima. Verfügbar in: http://www.umweltbundesamt.at/umweltsituation/verkehr/auswirkungen_verkehr/verk_treibhausgase/ [Abfrage am 22.6.2019].

Umweltbundesamt (2016): Elfter Umweltkontrollbericht – Umweltsituation in Österreich. Wien. Verfügbar in: https://www.umweltbundesamt.at/umweltsituation/umweltkontrollbericht/ukb/ [Abfrage am 23.3.2019].

UN (United Nations) (1992): Rio-Erklärung über Umwelt und Entwicklung. Verfügbar in: https://www.nachhaltigkeit.info/artikel/rio_deklaration_950.htm [Abfrage am 22.6.2019].

UN (United Nations) (2015): Transforming Our World: The 2030 Agenda for Sustainable Development. Available at: https://sustainabledevelopment.un.org/post2015/transformingourworld/publication [accessed 24.6.2019].

Verron, H., Huckestein, B., Penn-Bressel, G., Röthke, P., Bölke, M. und Hülsmann, W. (2005): Determinanten der Verkehrsentstehung. Dessau. Verfügbar in: https://www.umweltbundesamt.de/publikationen/determinanten-verkehrsentstehung [Abfrage am 22.6.2019].

Wegener, S., Raser, E., Gaupp-Berghausen, M., Anaya, E., de Nazelle, A., Gerike, R., Horvath, I., Iacorossi, F., Int Panis, L., Kahlmeier, S., Nieuwenhuijsen, M., Mueller, N., Rojas Rueda, D., Sanchez, J., and Rothballer, C. (2017): Active mobility – the new health trend in smart cities, or even more? In: Schrenk, M., Popovich, V. V., Zeile, P., Elisei, P., Beyer, C., eds., REAL CORP 2017 – PANTA RHEI – A World in Constant Motion. Proceedings of 22nd International Conference on Urban Planning, Regional Development and Information Society. 21–30. Available at: https://repository.corp.at/348/ [accessed 26.6.2019].

WHO (World Health Organization) (2017): Fact sheet 1 – Cities. Transport, health and environment. Available at: http://www.euro.who.int/en/media-centre/fact-sheets [accessed 26.6.2019].

WHO (World Health Organization) (2018): Global status report on road safety. Geneva. Available at: https://www.who.int/violence_injury_prevention/road_safety_status/2018/en/ [accessed 21.6.2019].

5.5 Siedlungswasserwirtschaft und Gewässerschutz

Roman Neunteufel, Verena Germann und Lena Simperler
Institut für Siedlungswasserbau, Industriewasserwirtschaft und Gewässerschutz,
Department für Wasser-Atmosphäre-Umwelt (WAU)
roman.neunteufel@boku.ac.at, verena.germann@boku.ac.at, lena.simperler@boku.ac.at

5.5.1 Bedeutung der Siedlungswasserwirtschaft für die Gesellschaft

Der Wasserkreislauf ist einer der zentralen natürlichen Einflussfaktoren auf unser Leben. Angetrieben durch die Sonne, kommt es zur Verdunstung von Wasser aus Wasserflächen. Der Großteil davon kommt aus den Ozeanen, ein geringerer Teil vom Land. In Form von Wasserdampf wird es in der Atmosphäre transportiert, bis es als Niederschlag in Form von Regen, Schnee oder Hagel meist über Land wieder auf die Erdoberfläche niedergeht. Von dort gelangt es über Grundwasser und Oberflächengewässer schließlich zurück in die Ozeane. Der Wasserkreislauf schließt sich, sodass die Gesamtmasse des Wassers auf der Erde konstant bleibt, was sich ändert ist der Aggregatzustand (fest, flüssig, gasförmig).

Nur sehr geringe Mengen Wasser sind tatsächlich Teil des Wasserkreislaufs, der größte Teil bleibt in Ozeanen und Eis gespeichert. Für die Nutzung durch den Menschen ist besonders Oberflächenwasser und Grundwasser von Bedeutung. Auf globaler Ebene ist wesentlich mehr Wasser vorhanden, als verbraucht wird. Der Wasserverbrauch ist jedoch zeitlich und räumlich sehr unterschiedlich verteilt. Weltweit wird der mit Abstand größte Teil des Wassers für die Bewässerung landwirtschaftlicher Flächen verbraucht, in Österreich überwiegt der industrielle Wasserverbrauch (siehe Abschnitt 5.5.4).

Der gesicherte Zugang zu Wasser ist eine Grundvoraussetzung für die Entstehung größerer Siedlungsräume. Die Siedlungswasserwirtschaft greift dabei entstehende Fragen auf und erarbeitet Lösungen für eine gesicherte Wasserversorgung unter Berücksichtigung quantitativer und qualitativer Aspekte, für eine geregelte Abwassersammlung und -reinigung und für den Umwelt- und Ressourcenschutz. Damit liefert dieser multidisziplinäre Fachbereich viele, sich wechselseitig beeinflussende Beiträge zu den SDGs.

Mehr als die Hälfte der Weltbevölkerung lebt derzeit in Städten, und dieser Anteil wird in Zukunft noch deutlich steigen. Damit ergeben sich große Herausforderungen in der Umsetzung von SDG 11 (nachhaltige Städte und Gemeinden) und einer damit einhergehenden Sicherstellung der Grundversorgung für alle Menschen.

SDG 6 (sauberes Wasser und Sanitärversorgung) soll die Verfügbarkeit und nachhaltige Bewirtschaftung von Wasser und eine Sanitärversorgung für alle Menschen gewährleisten. In Österreich ist der Zugang zu einwandfreiem, bezahlbarem Trinkwasser (Zielvorgabe 6.1) und zu einer angemessenen und gerechten Sanitärversorgung und Hygiene (Zielvorgabe 6.2) weitgehend gegeben. Die Erhaltung der dafür geschaffenen Infrastruktur stellt allerdings eine wachsende Herausforderung dar (Bundeskanzleramt Österreich 2016).

Darüber hinaus gibt es viel Forschungsbedarf, um diese Infrastruktur nachhaltiger zu gestalten (SDG 9). Verbesserungspotenzial gibt es beispielsweise in Bezug auf die Ressourcenrückgewinnung (siehe Abschnitt 5.5.6.4). Neben Nährstoffen steht in der Siedlungswasserwirtschaft die Rückgewinnung von Energie aus Abwasser im Mittelpunkt, die so zur Erreichung von SDG 7 (bezahlbare und saubere Energie) beiträgt. Dies kann entweder durch Gewinnung von Biogas oder durch Nutzung der darin enthaltenen Wärmeenergie (siehe Fallbeispiel 5.5.2 und Abschnitt 5.5.6.4) erfolgen.

Trotz des Wasserreichtums in Österreich werden große Mengen an Wasser als sogenanntes „virtuelles Wasser" importiert. Dies bezeichnet jenes Wasser, das bei der Erzeugung eines Produkts benötigt wird. Bis zu zwei Drittel des österreichischen Wasserbedarfs werden über Produkte aus dem Ausland importiert (Vanham 2012), was die Bedeutung von SDG 12 (verantwortungsvolle Konsum- und Produktionsmuster) unterstreicht. Darüber hinaus wird dadurch die Erreichung der SDGs in anderen Ländern in vielfältiger Weise beeinflusst. Solche sogenannten Spillover-Effekte beeinflussen u.a. auch SDG 14 (Leben unter Wasser) und, obwohl Österreich keinen direkten Meerzugang hat, gelangen auch Schadstoffeinträge und Verunreinigungen aus Österreich in die Meere. Über die Donau werden beispielsweise große Mengen an Plastik ins Schwarze Meer transportiert. Dies geschieht bis zu 90% über diffuse Quellen z.B. durch Abschwemmung, Windverfrachtung oder Wegwerfen (Littering) (Umweltbundesamt 2015), was die Wichtigkeit eines multidisziplinären Lösungsansatzes deutlich macht.

5.5.2 Wasserversorgung

Wasser ist als Lebensmittel durch nichts ersetzbar. Die Versorgung mit Wasser war deshalb seit jeher eine der vordringlichsten Aufgaben menschlicher Gesellschaften. In Europa wird heute eine gesicherte öffentliche Wasserversorgung als Selbstverständlichkeit angesehen. Die Verfahren und Systeme sind weitgehend gut etabliert. Dennoch tauchen immer wieder neue Aspekte auf, die für eine nachhaltige Wasserversorgung zu bedenken sind. Der Neubau von Versorgungsanlagen ist in Österreich, mit Ausnahme von Siedlungserweiterungen, weitgehend in den Hintergrund getreten. Thema ist vielmehr das Management, die Instandhaltung und Erneuerung der alternden Infrastruktur. Auch der globale Klimawandel hat mit seinen lokalen Ausprägungen Einfluss auf die Wasserversorgung und die Siedlungswasserwirtschaft. Neben möglichen

Schäden an der Infrastruktur durch vermehrt auftretende Hochwasser (z.B. Überschwemmung von Brunnenfeldern, Zerstörung von Leitungstrassen) erhöhen langandauernde Trockenzeiten den Wasserbedarf der Bevölkerung. Dieser muss durch die Wasserversorgung abgedeckt werden können. Durch die vermehrte Vernetzung und Nutzung unabhängiger Wasserspender soll die Versorgungssicherheit gesteigert werden.

Rund 92% der österreichischen Bevölkerung werden über zentrale Trinkwasserversorgungsanlagen versorgt, 8% sind über private Quellen und Brunnen einzelversorgt. Die zentrale Versorgung ist über rund 5.500 Wasserversorgungsunternehmen organisiert. 3.400 davon sind (kleinere) Genossenschaften, 165 Verbände und 1.900 kommunale Versorger (ÖVGW 2018). Technisch gesehen untergliedert sich die Wasserversorgung in Wassergewinnung, Wasseraufbereitung und Wasserverteilung inklusive Wasserspeicherung. Im Folgenden wird auf die Teilbereiche der Wasserversorgung näher eingegangen. Die Grundlagen der Wasserversorgungsplanung werden im Anschluss vorgestellt. Denn für den erfolgreichen Betrieb von Wasserversorgungsanlagen sind Kenntnisse über planerische, betriebswirtschaftliche, rechtliche und sozioökonomische Aspekte sowie über den Umwelt- und Ressourcenschutz von wesentlicher Bedeutung.

5.5.3   Teilbereiche der Wasserversorgung

Die Wassergewinnung erfolgt je nach verfügbarer Wasserressource durch unterschiedliche, an die entsprechende Umgebung und die Rohwasserqualität angepasste Bauwerke. Generell ist Grundwasser im Vergleich zu Oberflächenwasser deutlich besser vor Verunreinigungen geschützt. Es wird mittels Brunnen (in verschiedenen Bauformen) mit unterschiedlichen Pumpen gefördert. Ein wesentlicher Faktor ist dabei die Durchlässigkeit des Untergrundes. Die grundwasserhydraulischen Berechnungen erfolgen nach dem Gesetz von Darcy. Dieses Gesetz beschreibt den Zusammenhang der Grundwasserdurchflussrate mit dem Durchlässigkeitsbeiwert des Untergrundes und dem hydraulischen Gradienten, welcher das Verhältnis zwischen dem Druckhöhenunterschied und der Fließlänge ausdrückt. Quellwässer werden je nach Quelltyp mit unterschiedlichen Quellfassungen in Quellsammelschächten gesammelt.

Je nach Art der Wasserressource sind unterschiedliche Rohwasserqualitäten zu erwarten bzw. muss mit typischen (natürlichen oder anthropogenen) Belastungen oder Qualitätsbeeinträchtigungen gerechnet werden, die eine direkte Nutzung als Trinkwasser verhindern. Um diese zu beseitigen, stehen verschiedene Aufbereitungsverfahren zur Verfügung. Die benötigte Wasserqualität wird von der geplanten Nutzungsart bestimmt (z.B. gewerbliche Nutzungen bzw. öffentliche Wasserversorgung). Die Anforderungen an das Trinkwasser sind in der österreichischen Trinkwasserverordnung (TWV 2001 – Verordnung über die Qualität von Wasser für den menschlichen Gebrauch) geregelt, sodass Wasser ohne Gesundheitsgefährdung getrunken oder verwendet werden kann. Im Anhang der TWV finden sich u.a. Grenzwerte von mikrobiologischen und chemischen Parametern (Parameterwerte), die das Trinkwasser nicht überschreiten darf (siehe Beispiele in Tabelle 5.5.1).

Tabelle 5.5.1:   Mikrobiologische und chemische Parameterwerte für nichtdesinfiziertes Wasser laut TWV 2001 (beispielhaft)

Parameter	Parameterwert	Einheit
Mikrobiologische Parameter		
Escherichia coli	0	Anzahl/100 ml
Enterokokken	0	Anzahl/100 ml
Chemische Parameter		
Arsen	10	µg/l
Blei	10	µg/l
Nitrat	50	mg/l
Nitrit	0,1	mg/l
Pestizide (einzeln)	0,10	µg/l
Pestizide (insgesamt)	0,50	µg/l
Quecksilber	1,0	µg/l

Rohwässer, die diese Grenzwerte überschreiten, müssen aufbereitet werden, bevor sie als Trinkwasser in den Verkehr gebracht werden dürfen. Die Aufbereitungsmaßnahmen sind dabei so vielfältig, wie es qualitätsbeeinträchtigende Stoffe bzw. Stoffgruppen gibt. Oftmals sind Verfahrenskombinationen nötig, um den gewünschten Aufbereitungserfolg zu erzielen. Details zu den Aufbereitungsverfahren und deren Bemessung finden sich z.B. in Rautenberg et al. (2014). Genauere Vorgaben, welche Aufbereitungsverfahren für Trinkwasser zulässig sind, finden sich im Österreichischen Lebensmittelbuch. Dieses ist ein Codex, der die allgemeine Verkehrsauffassung zur Beschaffenheit von Lebensmitteln dokumentiert, und beinhaltet u.a. Richtlinien für das Inverkehrbringen von Waren. Kapitel B1 Trinkwasser (ÖLMB 2007) lässt z.B. für die Trinkwasserdesinfektion folgende Verfahren zu:

- Chlorung mit Natrium-, Kalium-, Calcium- oder Magnesiumhypochlorit,
- Chlorung mit Chlorgas,
- Behandlung mit Chlordioxid,
- Ozonung,
- UV-Bestrahlung.

Laut einer Studie der ÖVGW (2018) muss rund ein Viertel des Trinkwassers der teilnehmenden Wasserversorgungsunternehmen derzeit nicht behandelt und zwei Drittel nur desinfiziert werden. Das restliche Wasser bedarf weiterer Aufbereitungsmaßnahmen (Abbildung 5.5.1). Die Studie beruht auf Daten von mehr als 100 Wasserversorgungsunternehmen und erfasst etwas mehr als 50% der zentral versorgten Wassereinspeisung. Städtisch strukturierte Wasserversorger sind überproportional repräsentiert, was vermuten lässt, dass unbehandeltes Trinkwasser einen etwas höheren Anteil als den angegebenen aufweist.

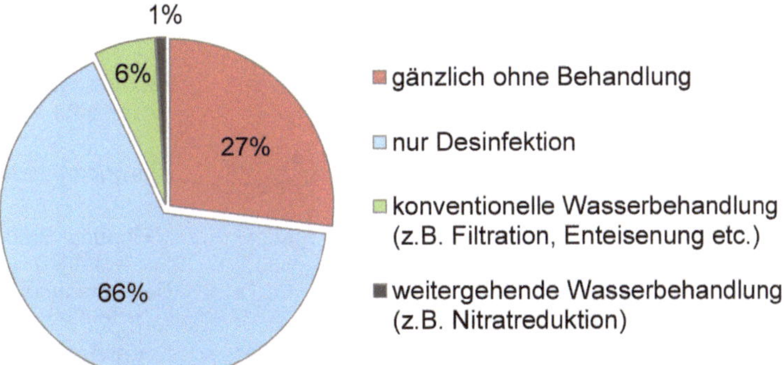

Abbildung 5.5.1: *Wasseraufbereitungsmaßnahmen und ihre mengenmäßigen Anteile (Datenquelle: ÖVGW 2018)*

Alle Systemteile von Wasserversorgungsanlagen werden nach hydraulischen Berechnungen dimensioniert und bemessen. Es bedarf z.B. der Bemessung von Brunnenpumpen, der Auslegung von Transportleitungen und von Filtern sowie anderer Verfahrensschritte innerhalb der Aufbereitungsanlagen. Die Wasserspeicherung soll Unterschiede zwischen dem Wasserdargebot und dem schwankenden Verbrauch ausgleichen. Bei zentraler Versorgung werden pro Einwohnerin bzw. Einwohner 400 bis 700 l Wasser gespeichert (ÖVGW 2018). Das österreichische Wasserleitungsnetz wird derzeit auf insgesamt rund 81.000 km geschätzt (ÖVGW 2018), was ca. der zweifachen Länge des Äquators entspricht.

Hydraulische Berechnungen bedienen sich u.a. der Kontinuitätsgleichung, der Druckhöhenverlustberechnung in Druckrohrleitungen, Knoten- und Maschenregeln sowie Näherungsverfahren zum Druckhöhenausgleich von vermaschten Rohrnetzen. Die Bemessungen erfolgen so, dass Wasser zu jeder Zeit, also auch zu Verbrauchsspitzen, in ausreichender Menge, in angemessener Qualität und unter ausreichendem Druck an die Konsumentinnen und Konsumenten geliefert werden kann. Abbildung 5.5.2 zeigt schematisch die Systemteile von Wasserversorgungsanlagen.

In diesem Zusammenhang ist auch die Prozessüberwachung und -steuerung aller Anlagenteile von der Wassergewinnung bis zur Lieferung an die Konsumentinnen und Konsumenten zu nennen, die über die siedlungswasserbauliche Infrastruktur weit hinausgeht.

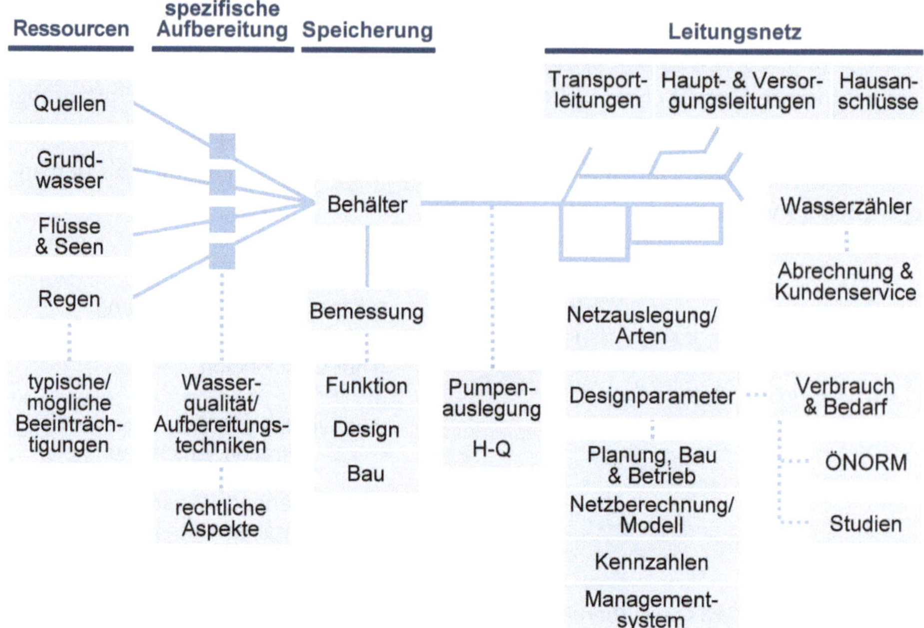

Abbildung 5.5.2:   Systemteile der Wasserversorgung
(Quelle: Neunteufel, eigene Abbildung, bearbeitet)

5.5.4   Grundlagen der Wasserversorgungsplanung

Der Wasserbedarf dient als Grundlage für alle Planungen einer öffentlichen Wasserversorgung. Er beinhaltet jene Wassermengen, die von der ansässigen Wohnbevölkerung, von Einpendlerinnen und Einpendlern, Zweitwohnsitzen, öffentlichen Einrichtungen, mitversorgten Gewerbe- und Industriebetrieben, vom Tourismus sowie von sonstigen Verbraucherinnen und Verbrauchern benötigt werden. Der Wasserbedarf unterliegt starken tageszeitlichen, saisonalen und regionalen Unterschieden und Schwankungen sowie langfristigen Trends. Aufgrund der Langlebigkeit der Infrastruktur ist somit auch eine genaue Kenntnis über die zukünftige Entwicklung des Wasserbedarfs für den Planungsprozess von großer Bedeutung (Abbildung 5.5.3).

Neben dem Wasserbedarf der öffentlich versorgten Bevölkerung ist auch der Bedarf von Eigenversorgungen, selbstversorgten Gewerbe- und Industriebetrieben und der Landwirtschaft zu berücksichtigen und mit dem nachhaltig nutzbaren Dargebot in Einklang zu halten.

Der jährliche Wasserbedarf in Österreich wird derzeit auf ca. 2,2 Mrd. m³ geschätzt. Der Großteil entfällt auf die Industrie, ein geringerer Teil auf Haushalte und nur ein kleiner Teil auf die Landwirtschaft. Die Wassermenge aus dem jahresdurchschnittlichen Niederschlag und dem Zufluss aus benachbarten Ländern abzüglich der Ver-

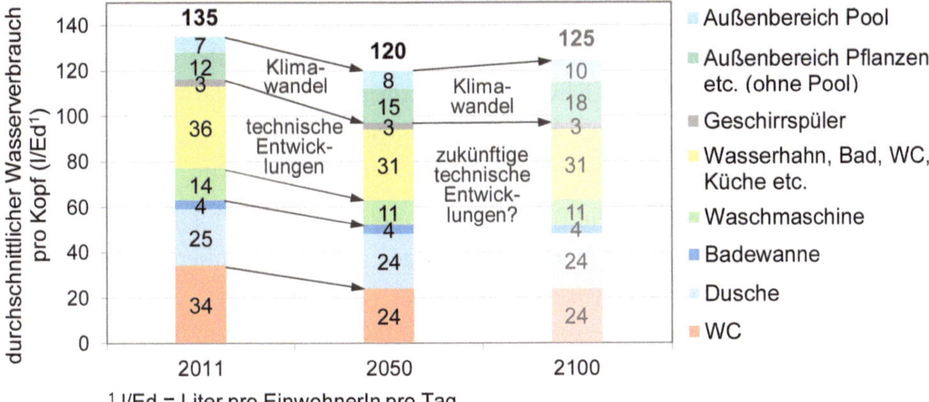

Abbildung 5.5.3: *Entwicklung des durchschnittlichen Haushaltswasserverbrauchs pro Kopf (Neunteufel et al. 2012, bearbeitet)*

dunstung entspricht rund 76,4 Mrd. m³ pro Jahr. Die theoretisch verfügbare Wassermenge übersteigt daher den Wasserbedarf deutlich (ÖVGW 2018). Diese ist jedoch nicht mit dem tatsächlich nutzbaren Dargebot gleichzusetzen, für das zusätzliche Faktoren wie der gute mengenmäßige Zustand der Grundwasserkörper und der Oberflächenabfluss berücksichtigt werden müssen. In Österreich gibt es diesbezüglich lokal große Unterschiede. Im Sinne einer nachhaltigen Nutzung ist ein Gleichgewicht des Wasserkreislaufs auf regionaler Ebene entscheidend (ÖVGW 2018).

In Österreich wird für die Versorgung der Bevölkerung beinahe ausschließlich Grund- und Quellwasser herangezogen (über Brunnen und Quellfassungen jeweils rund 50%). Im weltweiten Kontext gehört auch Oberflächenwasser aus Seen und Flüssen zu den bedeutenden Wasserressourcen. Künstlich angereichertes Grundwasser, die Sammlung von Niederschlägen, aufbereitetes Abwasser sowie zunehmend auch die Entsalzung von Meerwasser sind weitere mögliche Wasserressourcen.

In Österreich sind der Schutz und die Reinhaltung der Gewässer, in Einklang mit der europäischen Gesetzgebung, im Wasserrechtsgesetz (WRG 1959) festgelegt: „Insbesondere ist Grundwasser sowie Quellwasser so reinzuhalten, dass es als Trinkwasser verwendet werden kann". Darüber hinaus werden im WRG auch spezielle Schutzgebiete für Wasserentnahmen geregelt.

Die für die Bemessung der Wasserversorgungsinfrastruktur wesentlichen Verbrauchsspitzen werden insbesondere durch private Haushalte ausgelöst. Diese entstehen durch gleichzeitige Wasserverbräuche. Die Spitzenstunden finden sich üblicherweise am Morgen und sind wesentlich durch WC-Spülungen und das Duschen beeinflusst. Spitzentage mit sehr hohem Wasserverbrauch gibt es in den Sommermonaten in langen Trocken- und Hitzeperioden aufgrund der Gartenbewässerung und der Befüllung privater Pools.

Wasserpreis und Tarifstruktur erlauben eine gewisse Steuerung des Wasserverbrauchs. Wasser gilt jedoch allgemein als wenig preiselastisch, d.h., eine Preiserhöhung führt nicht zwangsläufig zu einer gleichwertigen, relativen Mengenänderung in der Nachfrage. Fehlende Verbrauchskontrollen wie Wasserzähler oder die Wasserabgabe nach Pauschaltarifen können zu übermäßigem Wasserverbrauch führen.

Da Wasserversorgungsinfrastrukturen i.d.R. langlebig sind (50 Jahre und mehr), muss auf das Management der Versorgungsanlagen großes Augenmerk gelegt werden. Anhand der technischen und wirtschaftlichen Nachhaltigkeit werden der technische Zustand der Anlagen sowie die Kostendeckung des Betriebs und nötiger Erneuerungen ermittelt. Die Beurteilung des technischen Zustands der Leitungsnetze erfolgt mittelbar durch Kennzahlen zu Wasserverlusten und Schadensraten. Zur Einschätzung der wirtschaftlichen Nachhaltigkeit müssen die wahrscheinliche Lebensdauer der Anlagen und die Kosten der Erneuerungen bekannt sein.

Wie groß und weitläufig Wasserinfrastruktur sein kann, zeigt sich am Beispiel der Wiener Wasserversorgung (siehe Fallbeispiel 5.5.1 und Abbildung 5.5.4).

*Fallbeispiel 5.5.1: **Wasserversorgung in Wien** (MA 31 – Wiener Wasser 2019)*

*Abbildung 5.5.4: **Hochquellenleitungen Wiener Wasser** (MA 31 – Wiener Wasser 2019)*

Die Stadt Wien wird über zwei Hochquellenleitungen mit Trinkwasser aus den niederösterreichisch-steirischen Alpen versorgt. Täglich fließen im freien Gefälle rund 220 Mio. Liter Wasser über die I. Hochquellenleitung aus dem Quellgebiet des Schneebergs, der Rax und der Schneealpe, und 217 Mio. Liter über die II. Hochquellenleitung aus dem Quellgebiet am Hochschwab bis in die Hochbehälter der Stadt. Die I. Hochquellenleitung wurde im Jahr 1873 eröffnet, die II. Hochquellenleitung im Jahr 1910. Sie erstrecken sich heute über eine Länge von 150 km bzw. 180 km. Etwa 95% des jährlichen Wasserverbrauchs der Stadt werden so mit Quellwasser gedeckt, 5% werden zusätzlich aus den Wasserwerken Lobau und Moosbrunn eingeleitet (z.B. bei extrem hohem Verbrauch oder bei Wartungsarbeiten an den Hochquellenleitungen).

Die 30 Hochbehälter in Wien haben ein Speichervermögen von 900 Mio. Litern. Zusätzlich gibt es zwei weitere außerhalb Wiens, welche das Gesamtspeichervolumen auf rund 1,6 Mio. m^3 erhöhen. Von den Hochbehältern wird das Wasser weiter über 3.000 km öffentliche Rohrstränge und mehr als 100.000 Anschlussleitungen (Verbindungsleitungen zwischen Straßenrohrstrang und dem Wasserzähler im Haus) in die Wiener Haushalte gebracht. Verantwortlich dafür ist die Magistratsabteilung 31 – Wiener Wasser.

5.5.5 Siedlungsentwässerung

Siedlungsgebiete benötigen neben einer Wasserversorgung auch eine adäquate Siedlungsentwässerung. Die unzureichende Ableitung häuslicher und industrieller Abwässer kann zur Umweltverschmutzung und zur Gefährdung der menschlichen Gesundheit führen. Zusätzlich kommt es im Siedlungsgebiet aufgrund der Versiegelung des Bodens zu größeren Abflüssen von Niederschlagswasser als unter natürlichen Bedingungen. Der zweite Teilbereich der Siedlungsentwässerung umfasst die Ableitung von Niederschlagswässern und den damit verbundenen Überflutungsschutz. Je nach Menge und Art des Abwassers werden unterschiedliche Anforderungen an die Ableitung sowie die anschließende Reinigung gestellt. Die Siedlungsentwässerung nutzt meist ein künstlich geschaffenes Kanalnetz zur schnellen und sicheren Ableitung des Abwassers, was gewisse Probleme löst (z.B. Siedlungshygiene, Überflutungsschutz), jedoch auch andere schafft (z.B. Störung des natürlichen Wasserkreislaufs). Die zahlreichen umweltrelevanten Herausforderungen können nicht allein von einer Disziplin gelöst werden. Es braucht sowohl ein Verständnis für den größeren Rahmen, in den die Siedlungsentwässerung eingebettet ist, als auch für die technischen Aspekte der unterschiedlichen Technologien (Butler und Davis 2010).

5.5.5.1 Entwässerungssysteme

Die Siedlungsentwässerung unterscheidet die getrennte (Trennverfahren) und gemeinsame (Mischverfahren) Sammlung und Ableitung von Schmutz- bzw. Niederschlagswasser. Laut ÖNORM B 2508 (Austrian Standards International 2010) ist in Österreich für Ortschaften mit weniger als 500 Einwohnerinnen und Einwohnern eine Trennkanalisation verpflichtend. Das Trennsystem ist in Österreich vorherrschend. Etwa 62% des gesamten öffentlichen Kanalnetzes sind Schmutzwasserkanäle, 12% Regenwasserkanäle, und rund 26% sind als Mischwasserkanäle ausgeführt (ÖWAV 2015).

Neben dem Schutz der öffentlichen Gesundheit und Sicherheit dient die Siedlungsentwässerung auch dem Umweltschutz und der nachhaltigen Entwicklung (ÖNORM EN 752, siehe Austrian Standards International 2017). Besonders in der Niederschlagswasserbewirtschaftung werden in den letzten Jahren zunehmend naturnahe Systeme verwendet, welche vermehrt auf lokale Maßnahmen zur Rückhaltung (Retention) und Versickerung (Infiltration) des Niederschlagswassers setzen. Der Abfluss aus dem urbanen Raum wird dadurch verringert bzw. verzögert. Eine naturnahe Regenwasserbewirtschaftung bietet zusätzliche Vorteile (z.B. Verbesserung des lokalen Mikroklimas, Erhöhung der Biodiversität, Steigerung der Lebensqualität).

5.5.5.2 Entwässerungsplanung

Das Entwässerungssystem außerhalb von Gebäuden besteht aus mehreren Komponenten (z.B. Kanalrohre, Schächte, Pumpwerke, Mischwasserentlastungsanlagen). Je nach System können diese unterschiedlich ausgeführt sein. Es gibt jedoch generelle Anforderungen. Rohrleitungen und Verbindungen müssen wasserdicht sein, um den Austritt von Abwasser in den umgebenden Boden, aber auch den Eintritt von Fremdwasser in die Kanalisation zu verhindern. In Österreich müssen Schmutzwasserleitungen in ausreichender Tiefe verlegt werden, um den Frostschutz zu gewährleisten. Die Lage der Entwässerungsleitungen ist so zu planen, dass möglichst eine Ableitung im freien Gefälle realisierbar ist. Die Materialen müssen chemisch und physikalisch beständig sein. Bei der Errichtung von Entwässerungssystemen ist auf Kosteneffizienz und Dauerhaftigkeit zu achten.

5.5.6 Abwasserreinigung

Die Abwasserreinigung befasst sich mit der Entfernung unerwünschter Schmutzstoffe sowie deren Aufbereitung für die Entsorgung oder Nutzung. In Österreich baut die Abwasserreinigung auf einem kombinierten Ansatz aus Emissions- und Immissionsbegrenzungen auf, die dem Gewässerschutz dienen. Sie zielt darauf ab, einen Mindestreinigungsgrad des Abwassers sicherzustellen. Gleichzeitig gibt es Qualitätsstandards für das Gewässer, in welches das gereinigte Abwasser eingeleitet wird. In Österreich sind die Entfernung von Kohlenstoffverbindungen und die Nitrifikation (Stickstoffumwandlung von Ammonium zu Nitrat) gesetzlich vorgeschrieben. Je nach Größe der Anlage müssen auch Stickstoff sowie Phosphor entfernt werden (AAEV 1996). In Zukunft ist mit Erweiterungen der bestehenden Reinigungsanforderungen zu rechnen (z.B. bei den Spurenstoffen).

5.5.6.1 Mechanische Abwasserreinigung

Die erste Reinigungsstufe in einer Kläranlage ist die mechanische Abwasserreinigung. Sie dient als Vorbereitung (Vorreinigung, Vorklärung) für die eigentliche Reinigung des Abwassers. Hierbei kommen ausschließlich mechanische Apparate (Rechen, Siebe) und physikalische Prozesse, wie die Ablagerung von Teilchen durch die Schwerkraft (Sedimentation) und die Entfernung von leichten Feststoffen mittels Aufschwimmen (Flotation), zum Einsatz. In der Vorreinigung entfernt man Grobstoffe, Sand und Fett aus dem Abwasser, die sich negativ auf den Betrieb der Anlage auswirken können. Die Vorklärung dient zur Abtrennung sedimentierbarer Schmutzstoffe. Dies schützt und entlastet die anderen Verfahrensstufen, u.a. da der Sauerstoffbedarf in der biologischen Stufe reduziert werden kann. Der in der Vorklärung anfallende Schlamm muss einer Schlammbehandlung zugeführt werden (Gujer 2007). Die Sedimentation bestimmter Stoffe kann durch die chemische Abwasserreinigung noch verstärkt werden. Durch die Zugabe von Chemikalien (z.B. von Metallsalzen, Polyelektrolyten) kommt es zur Fällung und Flockung unterschiedlicher Substanzen. Ein wichtiges Einsatzgebiet der chemischen Abwasserreinigung ist die Phosphatfällung zur Entfernung von Phosphor.

5.5.6.2 Biologische Abwasserreinigung

Die zweite Stufe stellt die biologische Abwasserreinigung dar. Dabei werden die natürlichen Selbstreinigungskräfte von Gewässern und Böden genutzt, indem in der Natur vorkommende, biologische Prozesse technisch intensiviert werden. Alle Verfahren der biologischen Reinigung nutzen den Schmutzstoffabbau durch Mikroorganismen. Die Verfahren unterscheiden sich in den Milieubedingungen (d.h., ob Sauerstoff benötigt wird (aerob) oder nicht (anaerob)), in der Lage der Biomasse (frei schwebend (suspendiert) oder festsitzend) und im Einsatz von Energie in der Reinigung (intensiv oder extensiv). Je nach Anlagengröße und Randbedingungen kommen unterschiedliche Technologien zum Einsatz (für eine detaillierte Beschreibung siehe Gujer 2007).

In Österreich werden mehr als 90% der ca. 1.800 Anlagen mit einer Ausbaukapazität von mehr als 50 Einwohnerwerten (EW)[1] als Belebungsanlagen ausgeführt. Belebungsanlagen sind aerobe, intensive Reinigungsanlagen mit suspendierter Biomasse. Die restlichen 10% sind Festbettanlagen mit festsitzender Biomasse (ÖWAV 2015). Bei Anlagen mit weniger als 50 EW (Kleinkläranlagen) dominieren ebenfalls Belebungsanlagen, jedoch spielen hier auch bepflanzte Bodenfilter (Pflanzenkläranlagen) eine wichtige Rolle. Diese stellen ca. 20% der Anlagen (Langergraber et al. 2018). Be-

---

[1] Der Einwohnerwert (EW) ist ein Vergleichswert für die in Abwässern enthaltenen Schmutzfrachten. Er wird genutzt, um die Belastung bzw. die Ausbaukapazität von Kläranlagen auszudrücken. Ein Einwohnerwert von 1 entspricht der mittleren, täglich entstehenden Schmutzfracht des häuslichen Abwassers einer Einzelperson.

pflanzte Bodenfilter sind aerobe, extensive Verfahren mit festsitzender Biomasse. Insgesamt gibt es in Österreich ca. 27.500 Kleinkläranlagen mit einer Ausbaukapazität von ca. 260.000 EW (Langergraber et al. 2018). In Bezug auf die österreichweite Ausbaukapazität haben Kleinkläranlagen damit eine untergeordnete Bedeutung, sind aber in manchen Gebieten beispielsweise aus technischen bzw. finanziellen Gründen geeigneter als zentrale Anlagen.

5.5.6.3   Schlammbehandlung

Bei der Schlammbehandlung wird der während der mechanischen und biologischen Reinigung anfallende Klärschlamm für die weitere Nutzung oder Entsorgung aufbereitet. In den einzelnen Schritten (Eindickung, Hygienisierung, Stabilisierung, Entwässerung) werden unterschiedliche Technologien genutzt. Die Eindickung dient zur Reduktion des Wassergehalts und somit des Volumens. Die Hygienisierung ist v.a. bei der landwirtschaftlichen Nutzung wichtig. Die Übertragung von Krankheitserregern durch den Klärschlamm soll verhindert werden. Bei der Stabilisierung wird der Gehalt an organischen Substanzen reduziert, um die weitere biologische Umsetzung zu verhindern. Bei der anaeroben Stabilisierung (Faulung) wird zusätzlich Faulgas gewonnen. Die aerobe Stabilisierung findet simultan oder getrennt von der biologischen Reinigung statt. Die Entwässerung kann natürlich und mechanisch erfolgen (Gujer 2007).

In Österreich ist das gängigste Verfahren die simultan aerobe Stabilisierung des Klärschlamms. Rund 30% der Anlagen mit einer Ausbaukapazität von mehr als 5.000 EW sind mit einer anaeroben Schlammfaulung ausgestattet. Je größer die Ausbaukapazität, desto häufiger kommt die anaerobe Schlammfaulung zum Einsatz. In Österreich werden mehr als 50% des jährlich anfallenden Klärschlamms verbrannt, rund 15% wird in der Landwirtschaft verwertet, der Rest landet in der Kompostierung, im Landschaftsbau, im Zwischenlager oder auf der Deponie (ÖWAV 2015).

5.5.6.4   Ressourcenorientierte Konzepte der Abwasserreinigung

Die konventionelle Abwasserreinigung stellt aufgrund der Komplexität und des Energiebedarfs keine universelle Lösung für die Abwasserentsorgung dar. In den vergangenen Jahrzehnten wurden daher Konzepte entwickelt, die auf die nachhaltige Nutzung von Abwasser abzielen. Hierbei werden die Abwasserinhaltsstoffe, die aus dem Wasser entfernt werden müssen, nicht als Verschmutzung gesehen, sondern als Ressource für eine weitere Nutzung. Bei den ressourcenorientierten Ansätzen werden die Abwasserteilströme einzeln betrachtet. Dabei wird Abwasser je nach Verschmutzung grob in Grauwasser (ohne Abwasser aus der Toilette, z.B. von der Dusche oder Waschmaschine), Gelbwasser (mit Urin), Braunwasser (mit Fäkalien) oder Schwarzwasser (mit Urin und Fäkalien) eingeteilt. Die Betrachtung umfasst die Erfassung, Ableitung sowie deren gezielte Aufbereitung. Durch die getrennte Behandlung sollen u.a. Nährstoffe vermehrt in die Landwirtschaft rückgeführt, Energie aus Biogas gewonnen und der Trinkwasserverbrauch durch eine effiziente Wassernutzung und die Wiederverwendung von gereinigtem Abwasser reduziert werden. Die Konzepte sollen zur Schließung von Stoff- und Wasserkreisläufen beitragen (DWA 2014).

Fallbeispiel 5.5.2: *Energierückgewinnung aus Abwasser*

Im Abwasser ist sowohl chemische als auch thermische Energie enthalten. Die chemische Energie tritt in Kohlenstoffverbindungen auf und kann in Form von Klärgas, welches durch anaerobe Stabilisierung entsteht, genutzt werden. Die thermische Energie stammt v.a. aus warmen Abwässern von Haushalten oder Gewerbe- und Industriebetrieben. Die Energie kann sowohl in der Kläranlage selbst als auch extern in umliegenden Gemeinden genutzt werden. Die Kläranlage kann somit als regionale Energiezelle betrachtet werden.

Eine Analyse des thermischen Energiepotenzials aus dem Abwasser der Kläranlagen mit einer Ausbaukapazität von mehr als 2.000 EW in Österreich hat gezeigt, dass jährlich rund 3.144 GWh[2] auf Kläranlagen zur Verfügung stehen, die für eine externe Nutzung geeignet bzw. bedingt geeignet sind (Neugebauer et al. 2015). Das Energiepotenzial entspricht ca. 37% der Wärmeerzeugung in österreichischen Heizkraftwerken im Jahr 2012, die über keine Kraft-Wärme-Kopplung verfügen.

---

[2] 1 Gigawattstunde (GWh) = 10^6 Kilowattstunden (kWh) = 3,6 Terajoule (TJ)

5.5.7 Zusammenfassung

In Österreich gibt es weitgehend eine gut funktionierende Wasserversorgung, was die Wassergewinnung, -aufbereitung, -verteilung und -speicherung mit einschließt. Die Qualität ist durch rechtliche Grundlagen (z.B. WRG, TWV) und eine entsprechende Aufbereitung gesichert. Planerische Grundlage ist der Wasserbedarf, wobei besonders auf dessen zukünftige Entwicklung und den Einklang mit dem nachhaltig nutzbaren Dargebot zu achten ist.

Neben der Wasserversorgung ist eine gesicherte Siedlungsentwässerung ein weiterer, wichtiger Teilbereich der Siedlungswasserwirtschaft. Sie dient der Ableitung von häuslichem und gewerblichem Abwasser sowie von Niederschlagswasser und kann im Misch- oder Trennverfahren erfolgen. Der Großteil des Abwassers wird in Kläranlagen zuerst mechanisch und anschließend biologisch gereinigt. Der dabei anfallende Klärschlamm wird weiter behandelt und entsorgt.

Die aktuellen Themen der Siedlungswasserwirtschaft gehen weit über die rein lehrbuchmäßige Bemessung und den Bau siedlungswasserwirtschaftlicher Infrastruktur hinaus. Sie umfassen u.a. die Anlageninstandhaltung, die vorausschauende Erneuerungsplanung, die Berechnung von Investitionserfordernissen, die konkurrierenden Nutzungen und Beeinträchtigungen von Wasserressourcen (z.B. durch Düngemittel oder Pestizide), die nachhaltige Ressourcennutzung, die Entfernung von Spurenstoffen und Medikamentenrückständen in Kläranlagenabläufen und Oberflächenwässern und nicht zuletzt den globalen Klimawandel und seine lokalen Auswirkungen.

Der Fachbereich der Siedlungswasserwirtschaft nutzt u.a. verschiedene Grundlagen wie z.B. den konstruktiven Ingenieurbau, die Hydrologie, die Grundwasserwirtschaft, die Hydraulik und hydraulische Modellierung und bezieht weiterführende Themen wie Umwelt- und Ressourcenschutz, Projektplanung und strategische Planung, Betriebswirtschaft, Infrastrukturmanagement sowie nationales und internationales Recht ein.

Aufgrund der Vielfalt der notwendigen Kenntnisse und Fertigkeiten für die Dimensionierung, den Bau und den Betrieb von Wasserversorgungs- und Abwasserentsorgungsanlagen und die damit in engem Zusammenhang stehenden Verbund- und Querschnittsthemen wird im UBRM-Studium nur ein allgemeiner Überblick zu den vielfältigen Aufgaben, Zielen und Strukturen der Siedlungswasserwirtschaft und des Gewässerschutzes gegeben.

Literatur

AAEV (1996): Verordnung des Bundesministers für Land- und Forstwirtschaft über die allgemeine Begrenzung von Abwasseremissionen in Fließgewässer und öffentliche Kanalisationen (AAEV). i.d.F. Mai 2019, zuletzt geändert mit BGBl. II Nr. 128/2019.

Austrian Standards International (2010): ÖNORM B 2508. Kläranlagen – Kleine Kläranlagen für 51 bis 500 Einwohnerwerte. Wien.

Austrian Standards International (2017): ÖNORM EN 752. Entwässerungssysteme außerhalb von Gebäuden – Kanalmanagement. Wien.

Bundeskanzleramt Österreich (2016): Beiträge der Bundesministerien zur Umsetzung der Agenda 2030 für eine nachhaltige Entwicklung durch Österreich – Darstellung 2016. Wien. Verfügbar in: https://www.bundeskanzleramt.gv.at/nachhaltige-entwicklung-agenda-2030 [Abfrage am 10.5.2019].

Butler, D. and Davis, J. W. (2010): Urban Drainage. 3rd edition. London, New York: Spon Press.

DWA (Deutsche Vereinigung für Wasserwirtschaft, Abwasser und Abfall e.V.) (2014): Grundsätze für die Planung und Implementierung Neuartiger Sanitärsysteme (NASS). Arbeitsblatt DWA-A 272. Hennef: DWA.

Gujer, W. (2007): Siedlungswasserwirtschaft. 3., bearb. Auflage. Berlin, Heidelberg, New York: Springer.

Langergraber, G., Pressl, A., Kretschmer, F. und Weissenbacher, N. (2018): Kleinkläranlagen in Österreich – Entwicklung, Bestand und Management. Österreichische Wasser- und Abfallwirtschaft, 70, 11-12, 560–569. https://doi.org/10.1007/s00506-018-0519-z.

MA 31 – Wiener Wasser (Magistratsabteilung 31 – Wiener Wasser) (2019): Wasserversorgung in Wien. Verfügbar in: https://www.wien.gv.at/wienwasser/versorgung/ [Abfrage am 13.5.2019].

Neugebauer, G., Kretschmer, F., Kollmann, R., Narodoslawsky, M., Ertl, T., and Stoeglehner, G. (2015): Mapping thermal energy resources potentials from wastewater treatment plants. Sustainability, 7, 12988–13010. https://doi.org/10.3390/su71012988.

Neunteufel, R., Richard, L. und Perfler, R. (2012): Wasserverbrauch und Wasserbedarf. Auswertung empirischer Daten zum Wasserverbrauch. Wien: Bundesministerium für Land- und Forstwirtschaft, Umwelt und Wasserwirtschaft, Sektion VII Wasser.

ÖLMB (2007): Österreichisches Lebensmittelbuch. IV. Auflage. Codexkapitel / B 1 / Trinkwasser. i.d.F. Juli 2019, zuletzt geändert mit BMASGK-75210/0004-IX/B/13/2019. Wien: Bundesministerium für Arbeit, Soziales, Gesundheit und Konsumentenschutz (BMASGK). Verfügbar in: http://www.lebensmittelbuch.at/. [Abfrage am 20.7.2019].

ÖVGW (Österreichische Vereinigung für das Gas- und Wasserfach) (2018): Die österreichische Trinkwasserwirtschaft – Branchendaten und Fakten. Ausgabe 3/2018. Wien. Verfügbar in: https://www.ovgw.at/wasser/ressource/ [Abfrage am 13.5.2019].

ÖWAV (Österreichischer Wasser- und Abfallwirtschaftsverband) (2015): Branchenbild der österreichischen Abwasserwirtschaft 2016. Wien. Verfügbar in: https://www.oewav.at/Page.aspx?target=196960 [Abfrage am 14.5.2019].

Rautenberg, J., Fritsch, P., Hoch, W., Merkl, G., Otillinger, F., Weiß, M. und Wricke, B. (2014): Mutschmann/Stimmelmayr – Taschenbuch der Wasserversorgung. 16., vollst. überarb. und aktual. Auflage. Wiesbaden: Springer Vieweg.

TWV (2001): Verordnung des Bundesministers für soziale Sicherheit und Generationen über die Qualität von Wasser für den menschlichen Gebrauch (Trinkwasserverordnung – TWV), i.d.F. Dez. 2017, zuletzt geändert mit BGBl. II Nr. 362/2017.

Umweltbundesamt (2015): Plastik in der Donau. Wien. Verfügbar in: https://www.umweltbundesamt.at/fileadmin/site/publikationen/REP0547.pdf [Abfrage am 10.5.2019].

Vanham, D. (2012): Der Wasserfußabdruck Österreichs: Wie viel Wasser nützen wir tatsächlich, und woher kommt es? Österreichische Wasser- und Abfallwirtschaft, 64, 1, 267–276. https://doi.org/10.1007/s00506-011-0370-y.

WRG (1959): Wasserrechtsgesetz 1959. i.d.F. Nov. 2018, zuletzt geändert mit BGBl. I Nr. 73/2018.

6 Umweltinformationssysteme und -management

6.1 Umweltdaten und Informationsmanagement

Gregor Laaha[a], Johannes Schmidt[b] und Sebastian Wehrle[b]
[a] Institut für Statistik, Department für Raum, Landschaft und Infrastruktur (RALI)
[b] Institut für Nachhaltige Wirtschaftsentwicklung, Department für Wirtschafts- und Sozialwissenschaften (WiSo)
gregor.laaha@boku.ac.at, johannes.schmidt@boku.ac.at, sebastian.wehrle@boku.ac.at

6.1.1 Einleitung

In diesem Beitrag werden die Bereiche Umweltdatenmanagement und Umweltstatistik vorgestellt und ihre Anwendung in der Umweltökonomie beispielhaft gezeigt. Dafür sind Kenntnisse und Fertigkeiten zu Management, Modellierung und Bewertung von Umweltdaten mit Raum- und Zeitbezug wichtig. Im Bachelorstudium UBRM werden dazu Grundlagen vermittelt, die im Masterstudium in einem eigenen Fachbereich vertieft werden können. Die vermittelten Fertigkeiten beinhalten Datenhaltung und -management, Visualisierung und Analyse mittels Geoinformationssystemen (GIS), Grundlagen des Modellierens und Simulierens, statistische Modellierung für Umweltdaten und deren Extremwerte sowie Methoden zur Bewertung von Umweltdaten und zur umweltökonomischen Entscheidungsunterstützung. Aufgrund seiner Anwendungsbreite liefert der Fachbereich einen Beitrag zu einer Reihe von SDGs, insbesondere für SDG 13 (Maßnahmen zum Klimaschutz), SDG 7 (bezahlbare und saubere Energie), SDG 15 (Leben an Land) und SDG 14 (Leben unter Wasser).

6.1.2 Umweltdaten

Umweltstatistische Untersuchungen sind größere Aufgabenstellungen, die eine Reihe von Arbeitsschritten erfordern. Umweltdaten müssen zunächst gemessen oder erhoben, gesammelt und gespeichert werden. Darauf folgt die Aufbereitung der Daten und die Ableitung spezifischer Informationen, die dann als Ausgangspunkt für statistische Analysen und ökonomische Bewertungen dienen. Meist liegen diese Arbeitsschritte nicht in einer Hand, was zu einer Reihe von Problemen bei den Untersuchungen führen kann (Stoyan und Jansen 2013).

Der Umgang mit Umweltdaten ist eine *komplexe Aufgabenstellung*, da sehr heterogene Daten verschiedener Herkunft und Erfassungsart analysiert werden. Die Messungen

233

© Der/die Herausgeber bzw. der/die Autor(en) 2020
E. Schmid und T. Pröll (Hrsg.), *Umwelt- und Bioressourcenmanagement für eine nachhaltige Zukunftsgestaltung*, https://doi.org/10.1007/978-3-662-60435-9_6

sind in unterschiedlichem Maße mit Unsicherheiten (z.B. Messfehlern) behaftet. Oft werden auch nicht die Messwerte selbst, sondern daraus abgeleitete Größen analysiert, die zusätzliche Fehlerkomponenten beinhalten können. Ein Beispiel dafür ist die Bestimmung von Abflussmengen in der Hydrologie. Tatsächlich gemessen werden dabei Wasserstände, die über eine mathematische Beziehung zwischen Wasserstand und Abfluss (die sogenannte Pegelschlüsselkurve) erst in Abflusswerte umgerechnet werden müssen. Die zeitliche Veränderlichkeit dieser Beziehung führt zu zusätzlichen Fehlern, die den eigentlichen Messfehler um ein Vielfaches übertreffen können.

Eine weitere Besonderheit von Umweltdaten ist ihre *zeitliche Variabilität,* die dazu führt, dass Messungen nicht wiederholbar sind. Ein Ausfall von Messgeräten kann gerade bei Extremereignissen auftreten und führt zu Fehlwerten (Missing Values), die die Analysen substanziell beeinträchtigen können. Technischer Fortschritt und Lernprozesse verändern die Messmethodik, die Genauigkeit und die zeitliche Auflösung der Messungen, was die Vergleichbarkeit von Messreihen über einen längeren Zeitraum erschwert. In Abhängigkeit von der untersuchten Fragestellung sind unterschiedliche zeitliche Auflösungen der Daten (beispielsweise Stunden-, Tages-, oder Monatswerte bzw. zeitlich hochauflösende Daten) erforderlich, die bei der Messung und Modellierung berücksichtigt werden müssen. Dazu wird oft eine Glättung oder Mittelung der Daten vorgenommen, um zufällige Schwankungen zu eliminieren und so stabilere oder aussagekräftigere Werte zu erhalten.

Die *großen Datenmengen* umweltstatistischer Studien führen zu weiteren Problemen. Beim Ablegen der Daten erfolgt oft eine Kodierung. Für ihre Interpretation sind zusätzliche Informationen (sogenannte Metadaten) erforderlich, die oft nicht in ausreichendem Maße erfasst werden und dann zu Fehlinterpretationen führen können. Hinter den Daten stehen weitere Informationen, die oft nur den mit der Messung betrauten Personen bekannt sind. Eine Einbeziehung solcher Informationen als „Soft Data" ist lohnend, aber aufgrund der komplexen Datenstruktur schwierig und bedarf besonderer Konzepte.

Nicht zuletzt besteht an Umweltstudien ein großes *öffentliches Interesse,* das aber die Verfügbarkeit von Daten oder die Publizierbarkeit von Studien beeinträchtigen kann. So besteht laut Umweltinformationsgesetz (UIG 1993) zwar ein allgemeines Recht auf einen einfachen Zugang zu Umweltinformation und Daten, das in der Praxis aber oft durch Geheimhaltungsinteressen (wie z.B. öffentliche Sicherheit oder Geschäfts- und Betriebsgeheimnisse) eingeschränkt wird. Viele Menschen interessieren sich für Umweltprobleme und verbinden mit umweltstatistischen Untersuchungen Hoffnungen oder Befürchtungen, was den sachlichen Umgang mit Informationen erschwert. So können die Auswertungsergebnisse zu beachtlichen Konsequenzen führen, wenn negative Aussagen rufschädigend wirken oder das Risiko von Missverständnissen besteht.

Vor Beginn einer Studie sollte daher einer Reihe von Informationen eingeholt werden:

- Herkunft der Daten,
- Motivation der Datenerhebung,
- Darstellung, Genauigkeit und Zuverlässigkeit der Daten,
- Aufwand und Nutzen der Messungen.

Das hilft, die enthaltene Information und die Unsicherheiten besser einzuschätzen und den Umgang mit den Daten festzulegen. Umweltdaten können durch terrestrische (erdgebundene) Messungen bzw. Messnetze sowie Fernerkundungsverfahren gewonnen werden. In diesem Abschnitt wird auf Aspekte von terrestrischen Messungen sowie die statistische Analyse und ökonomische Bewertung von Umweltdaten eingegangen. Für eine spezifische Diskussion von Fernerkundungsdaten und Geoinformationen siehe Beitrag 6.2.

6.1.3 Umweltstatistik

6.1.3.1 Charakteristik

Im Rahmen einer umweltstatistischen Studie sollen Schlüsse über den Zustand der Umwelt gezogen werden. Dabei stehen häufig folgende Fragestellungen im Mittelpunkt:

- Was ist der aktuelle Zustand der Umwelt (Monitoring)?
- Hat sich der Zustand in den letzten Jahren oder Jahrzehnten verändert (Homogenität, Trend)?
- Wie wird sich der Zustand in naher Zukunft (Kurzzeitprognose), mittelfristig (saisonale Vorhersage) oder über einen längeren Zeithorizont (Langzeitprognose, Klimaprojektion) entwickeln?
- Wie groß ist das Risiko, dass eine Gefahrensituation, wie z.B. ein Hochwasserereignis oder eine Grenzwertüberschreitung eines Luftschadstoffs eintritt (Extremwertstatistik)?
- Gibt es Zusammenhänge zwischen dem Zustand der Umwelt und anderen Umwelt- bzw. Einflussgrößen (Korrelation)?
- Können diese Zusammenhänge für eine räumliche oder zeitliche Prognose (Schätzung) verwendet werden und falls ja, wie (statistisches Modell)?

Zur Beantwortung solcher Fragestellungen sind spezifische Umweltdaten erforderlich. Erschwerend ist, dass es sich bei Umweltphänomenen um komplexe räumlichzeitliche Systeme handelt, die sich einer gesamtheitlichen Betrachtung weitgehend entziehen. Bei rein zeitlicher Betrachtung steht eine einzelne Messreihe $X(t)$ im Mittelpunkt. Bei einer räumlichen Betrachtung werden Messungen Z an Orten mit den Lagekoordinaten (x, y) (und manchmal der Seehöhe) berücksichtigt. Diese Daten sind mit Unsicherheiten wie Mess- und Auswertefehlern sowie einer gewissen Zufälligkeit (im Sinn von nicht erklärbaren Entstehungsprozessen) behaftet und werden daher als räumliche Zufallsvariable $Z(x, y)$ bezeichnet.

Im Rahmen einer statistischen Studie will man Aussagen über die Daten als Ganzes treffen (kollektive Vorgehensweise). Hierbei ist auch der Umgang mit Unsicherheit entscheidend. Die Statistik als methodische Wissenschaft liefert eine Fülle an Verfahren zur Beschreibung und Analyse unsicherer Daten und Informationen. Sie bietet die Möglichkeit, eine systematische Verbindung zwischen Erfahrung (Empirie) und Theorie herzustellen. Bei der Umweltstatistik stehen angewandte, umweltwissenschaftliche Fragen im Mittelpunkt. Für ihre Beantwortung ist eine Auswahl spezieller Verfahren und Modelle erforderlich, die den Besonderheiten von Umweltdaten Rechnung trägt (Abbildung 6.1.1).

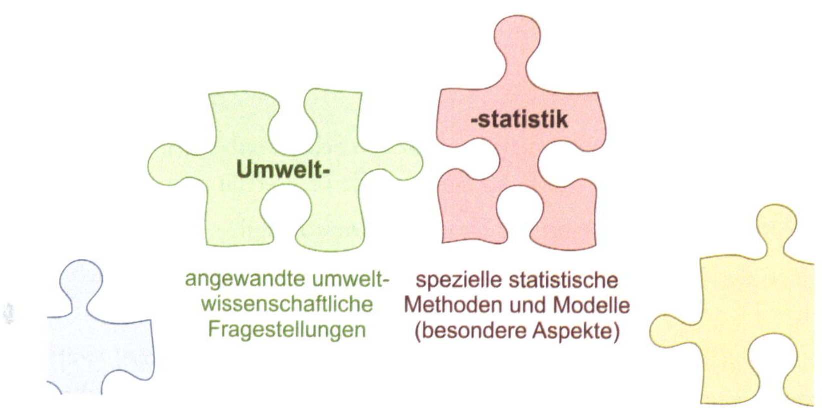

Abbildung 6.1.1: Umweltstatistik, spezielle Methoden für umweltspezifische Fragestellungen

6.1.3.2   Systematik der Aufgabenstellungen

Bei umweltstatistischen Studien können meist lokale und regionale Aufgabenstellungen unterschieden werden. *Lokale Aufgaben* beziehen sich auf einen Messpunkt ohne Berücksichtigung des regionalen Kontexts. Die Datengrundlage bildet meist eine Messreihe der interessierenden Größe. Eine typische Aufgabe liegt in der Angabe von langjährigen mittleren Kenngrößen (wie dem mittleren Jahresniederschlag oder der mittleren maximalen Lufttemperatur in einem Kalendermonat). Dazu werden statistische Kennzahlen wie arithmetischer Mittelwert, Minimum und Maximum, Standardabweichung oder Quantile (Werte mit bestimmter Auftretenswahrscheinlichkeit) herangezogen. Im Rahmen der Homogenitätsanalyse werden Messreihen auf zeitliche Veränderungen (Trends und Sprünge) untersucht, um etwa mögliche Auswirkungen des Klimawandels oder anthropogener Eingriffe zu analysieren. Bei der Extremwertstatistik stehen Extremereignisse und Naturgefahren wie Hochwässer oder Dürreereignisse im Blickpunkt. Soll der Zusammenhang zwischen verschiedenen Umweltgrößen untersucht werden, stehen Verfahren der Zeitreihenanalyse und Korrelationsanalysen zur Verfügung.

Bei den *regionalen Aufgaben* steht ein Messnetz von Pegelstellen oder Stationen im Mittelpunkt der Untersuchungen. Ziel ist es, aus dem räumlichen Muster der Messwerte räumlich geschlossene Aussagen abzuleiten. Um eine flächendeckende Kartierung der untersuchten Größe zu erstellen, werden Interpolationsverfahren herangezogen. In der Regel weisen Nachbarpunkte ähnlichere Werte auf als weit voneinander entfernte Punkte. Dieser Umstand wird als räumliche Korrelation bezeichnet und im Rahmen von geostatistischen Verfahren bei der Modellierung von Umweltphänomenen eingesetzt. Geostatistische Methoden ermöglichen eine Interpretation räumlicher Zusammenhänge und können etwa im Rahmen von Umweltmonitoringprogrammen zur Schätzung von Flächenkontaminationen eingesetzt werden.

6.1.3.3 Statistische Grundlagen

Ausgangspunkt für die statistische Analyse ist ein beobachteter Datensatz über die interessierende Größe *(Merkmal)*. Dabei ist es sinnvoll, nur einen repräsentativen Teil *(Stichprobe)* aller möglichen Daten *(Grundgesamtheit)* zu erheben. Die Wahl der statistischen Methode hängt wesentlich vom *Skalenniveau des Merkmals* ab. Prinzipiell unterscheidet man:

- *kontinuierliche Merkmale*, die auf einer metrischen Skala messbar sind, wie Temperatur in °C, Regenintensität in mm/h, Abfluss in m³/s, Pestizidbelastung in parts per million (ppm),
- *diskrete Merkmale (Zählmerkmale* und *kategoriale Merkmale* wie Geschlecht oder geologische Formation, Bodentyp, Landbedeckungsklasse, deren Ausprägungen in Form einer Kategorie angegeben werden).

Sind beobachtete Merkmale in einem Datensatz zusammengefasst worden, kann die Frage gestellt werden, wie häufig bestimmte Werte, Situationen oder allgemein *Ereignisse* vorkommen. Die *absolute Häufigkeit* h_a erhält man durch Zählen aller Werte, die einem Ereignis entsprechen (z.B. Hochwässer mit einem Abfluss zwischen 110 und 120 m³/s). Sie ist von der Stichprobengröße (Anzahl n) abhängig. Dies erschwert eine Vergleichbarkeit von Stichproben. Es wird daher meistens die *relative Häufigkeit* h_r verwendet, die sich durch Division der absoluten Häufigkeit durch die Stichprobenanzahl n ergibt.

Die *Häufigkeitsverteilung* einer Stichprobe kann als *Histogramm* (kontinuierliche Daten) oder Stabdiagramm (kategoriale Daten) dargestellt werden. Durch fortschreitendes Aufsummieren der Klassenhäufigkeiten erhält man das *kumulierte Histogramm*, das auch als *Summenpolygon* bezeichnet wird (Abbildung 6.1.2).

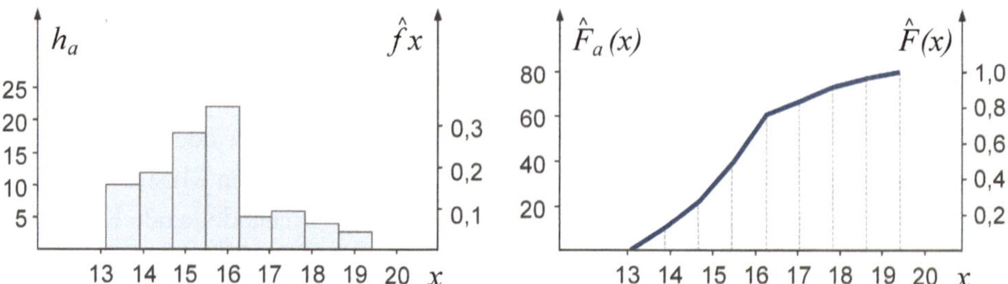

Abbildung 6.1.2:   Nichtkumulierte und kumulierte Häufigkeitsverteilung der Stichprobe, Histogramm (links) **und Summenpolygon** (rechts)

Ziel der schließenden Statistik ist es, von der Stichprobe auf die Grundgesamtheit zu schließen (*statistische Inferenz*). Das Gesetz der großen Zahlen besagt, dass die relative Häufigkeitsverteilung mit wachsender Stichprobenanzahl in die *Wahrscheinlichkeitsverteilung* der Grundgesamtheit übergeht. Die Wahrscheinlichkeitsverteilung ist eine wichtige Kennlinie eines Merkmals, die eine komplette Beschreibung der Auftretenswahrscheinlichkeit von Ereignissen enthält. Auch sie wird in nichtkumulierter und kumulierter Form angegeben. Die nichtkumulierte Form heißt *Wahrscheinlichkeits-(dichte-)funktion f(x)* und entspricht dem Histogramm bzw. Stabdiagramm der Stichprobe. Sie gibt die relative Wahrscheinlichkeit von Merkmalswerten zueinander an und ermöglicht somit Aussagen der Form „Welche Körpergröße ist bei Männern wahrscheinlicher, 160 cm oder 180 cm?". Die kumulierte Form heißt *Verteilungsfunktion F(x)* und entspricht dem kumulierten Histogramm. Sie ermöglicht Aussagen über die Wahrscheinlichkeit von Wertebereichen oder „Ereignissen", wie z.B. „Wie groß ist die Wahrscheinlichkeit einer Körpergröße ≤ 180 cm?" (Abbildung 6.1.3).

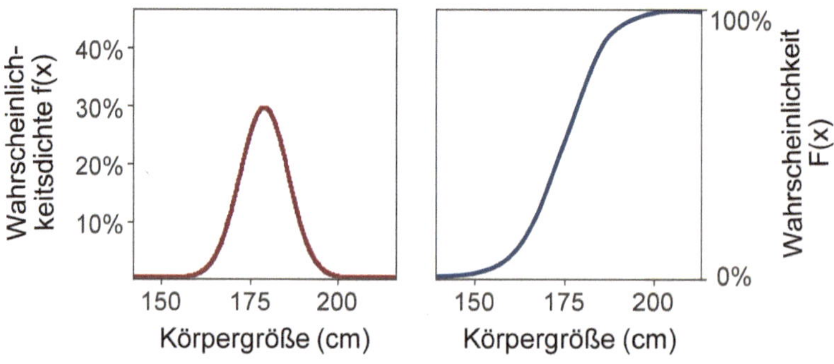

Abbildung 6.1.3:   Wahrscheinlichkeitsverteilung: Dichtefunktion (links) **und Verteilungsfunktion** (rechts)

Fallbeispiel 6.1.1: Extremwertstatistik von Sturmereignissen

In diesem Fallbeispiel soll die Anwendung der Wahrscheinlichkeitsrechnung im Rahmen einer extrem-wertstatistischen Studie gezeigt werden. Den Ausgangspunkt bilden Messreihen der täglichen Wind-spitzengeschwindigkeiten (nach der 12-teiligen Beaufortskala) in mehreren Messpunkten über Island (Stoyan und Jansen 2013). Anhand der Informationen an den Einzelpunkten wird ein räumlich aggre-gierter Sturmindex betrachtet, der die Anzahl der Stationen, an denen 9 Beaufort erreicht oder über-schritten wurde, angibt. Die Tageswerte dieses Index liegen zwischen 0% (kein Sturm) und 100% (extremer Sturm über ganz Island). Sie bilden eine Zeitreihe, die in der Folge analysiert wird.

Mithilfe der Extremwertstatistik soll nun eine Einschätzung der jährlichen Auftretenswahrscheinlichkeit von Extremereignissen erfolgen. Dabei stehen typischerweise folgende Fragestellungen im Mittelpunkt:

- Welche Sturmstärke ist in einem durchschnittlichen Jahr zu erwarten?
- Wie hoch ist die Wahrscheinlichkeit, dass z.B. ein Sturmstärkeindex von 60 auftritt?
- Welche extreme Sturmstärke tritt im Durchschnitt nur alle 100 Jahre auf (100-jährliches Ereignis)?

Zur Beantwortung der Fragestellungen ist die Kenntnis der Wahrscheinlichkeitsverteilung der Extrem-ereignisse erforderlich. Dazu wird zunächst eine Extremwertserie für den Beobachtungszeitraum 1912–1992 (81 Jahre) gebildet, die sich aus der maximalen Sturmstärke jedes Jahres zusammen-setzt. Die Daten sind in Abbildung 6.1.4 als Histogramm dargestellt. Aufgrund der symmetrischen Form scheint eine Normalverteilung gut zu passen. Die Normalverteilung hat zwei Parameter, Mittelwert μ und Standardabweichung σ, die die Form der Verteilung bestimmen. Bei der Verteilungsanpassung werden sie durch den Stichprobenmittelwert $\bar{x}$ (hier ein Indexwert von 54,18) und die Stichproben-standardabweichung s (hier 13,70) geschätzt.

Die resultierende Verteilung ist in Abbildung 6.1.4 dargestellt. Die linke Graphik zeigt das Histogramm der Stichprobenwerte und die daran angepasste Wahrscheinlichkeitsdichtefunktion. Mit ihrer Hilfe kann die Frage nach der in einem durchschnittlichen Jahr zu erwartende Sturmstärke beantwortet werden. Diese entspricht dem Erwartungswert der Verteilung. Bei einer Normalverteilung entspricht der Erwartungswert dem Wert mit der höchsten Wahrscheinlichkeitsdichte. Durch Ablesen desjenigen Werts auf der x-Achse, dem der höchste Punkt der Dichtefunktion entspricht, erhält man einen Indexwert von etwas unter 60 (genau 54,2). Dies entspricht dem Stichprobenmittelwert.

Die rechte Graphik in Abbildung 6.1.4 zeigt das kumulierte Histogramm der Stichprobe und die daran angepasste Verteilungsfunktion. Mit ihrer Hilfe können Fragen der Auftretenswahrscheinlichkeit von Ereignissen beantwortet werden. Hierbei ist zu berücksichtigen, dass die Verteilungsfunktion die Unterschreitungswahrscheinlichkeit $P(x)$ angibt. Dies ist die Wahrscheinlichkeit für das Auftreten eines Sturmereignisses, welches kleiner als x ist. Im Fall von Maxima wie extremen Stürmen, Hoch-

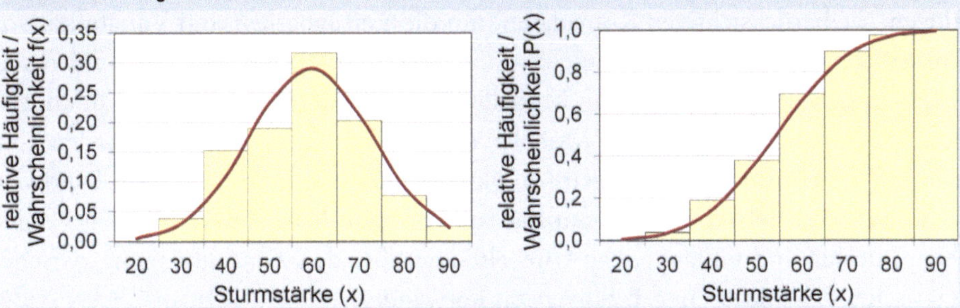

Abbildung 6.1.4: Empirische und theoretische Verteilung der maximalen Windstärken über Island,
Links: Histogramm (gelb) und Wahrscheinlichkeitsdichtefunktion (rot),
Rechts: Kumulatives Histogramm (gelb) und Verteilungsfunktion (rot)

wässern etc. muss $P(x)$ in die Überschreitungswahrscheinlichkeit $P_{ü}(x) = 1 - P(x)$ umgerechnet werden. In unserem Fall kann für den Sturmstärkeindexwert 60 eine Unterschreitungswahrscheinlichkeit von etwa 0,80 abgelesen werden. Daraus ergibt sich eine durchschnittliche jährliche Auftretenswahrscheinlichkeit von 0,20 (bzw. 20%), d.h., in 20% aller Jahre muss mit einer Sturmstärke > 60 gerechnet werden.

Die Frage nach einem 100-jährlichen Ereignis stellt eine Umkehraufgabe dar. Eine solche Aufgabe kann durch die Umkehrfunktion der Verteilungsfunktion, die sogenannte Quantilfunktion, beantwortet werden. Diese kann auf mathematischem Wege aus der Verteilungsfunktion abgeleitet werden. Hier wird eine graphische Lösung unter Verwendung der Verteilungsfunktion gezeigt. Ein 100-jährliches Sturmereignis ist als Windstärkeindex mit einer Überschreitungswahrscheinlichkeit von $p_{ü}=1/100=0,01$ definiert. Sie entspricht einer Unterschreitungswahrscheinlichkeit von $p=1-p_{ü}=0,99$. Bei der graphischen Lösung geht man mit dem Wert von 0,99 auf der y-Achse in das Diagramm der Verteilungsfunktion und erhält das 100-jährliche Sturmereignis durch Ablesen des Werts auf der x-Achse. Die Umkehrfunktion wird also durch umgekehrtes Ablesen der Funktionswerte gebildet. Somit ergibt sich als 100-jährliches Ereignis eine Sturmstärke von etwa 85 (genau 86,1).

6.1.4   Umweltökonomische Bewertung

Umweltdaten und Umweltstatistik liefern wichtige Informationen, um umweltpolitische Entscheidungsprozesse zu unterstützen. Die Umweltökonomie stellt Werkzeuge und Modelle bereit, die die Bewertungen der Auswirkungen von Produktions- und Konsumverhalten auf die Umwelt ermöglichen. Dazu zählt die Bewertung

- der Wirkung von umweltpolitischen Maßnahmen auf die soziale Wohlfahrt und Umwelt,

- von externen Effekten bei Produktions- und Konsumaktivitäten,

- eines effizienten Managements von natürlichen Ressourcen und der Bereitstellung öffentlicher Güter (siehe dazu auch Beitrag 2.1).

Die umweltökonomischen Werkzeuge und Modelle beziehen in hohem Umfang Umweltdaten und umweltstatistische Methoden mit ein. Ein Beispiel dafür sind energieökonomische Modelle, die die Politik bei der Planung der Energiewende unterstützen. Sie berücksichtigen Klimadaten, um die Verfügbarkeit und Variabilität von erneuerbaren Energien besser abzuschätzen. Klima- und Wetterprognosen werden aber auch von betriebswirtschaftlichen Modellen im Energiesektor benötigt. Ein anderes Beispiel sind agrarökonomische Modelle, die beispielsweise verwendet werden können, um die Umweltauswirkungen von ökologischer und konventioneller Landwirtschaft auf die Biodiversität und auf das landwirtschaftliche Einkommen zu vergleichen. Hierfür sind umfangreiche Umweltdaten über den Zusammenhang zwischen agrarischer Produktion und Biodiversität notwendig.

Methodisch werden normative und positive Ansätze unterschieden. In normativen Ansätzen wird versucht, eine ökonomische Zielgröße effizient zu erreichen (z.B. die

Reduktion von Treibhausgasemissionen (Schmidt et al. 2010)), während in positiven Modellen Umweltindikatoren und ökonomische Daten mit statistischen Methoden auf Zusammenhänge und Kausalitäten untersucht werden (z.B. zwischen Freihandelspolitik und globalen Treibhausgasemissionen (Islam et al. 2016)).

Natürliche Ressourcen sind sowohl Produktionsfaktor als auch Lieferant von Ökosystemdienstleistungen in unserem Wirtschaftssystem. Jedoch beeinträchtigen unsere Produktions- und Konsumaktivitäten die Umwelt. Umweltdaten sind in beiden Fällen relevant. So beeinflussen Klimavariablen die Produktivität in der Landwirtschaft genauso wie die Energieerzeugung mittels erneuerbarer Technologien. Auch für die Abschätzung der Folgen menschlichen Wirtschaftens auf die natürliche Umwelt sind Umweltdaten wichtig. Nur wenn Emissionen und daraus resultierende Schäden systematisch erhoben werden, können Rückschlüsse gezogen werden, welchen Einfluss verschiedene Formen des Wirtschaftens auf das System Erde haben. Ein klassisches Beispiel ist die Messung von Treibhausgasemissionen und die Bestimmung von globalen Durchschnittstemperaturen, die es erlauben, den Zusammenhang zwischen dem Wirtschaften, den damit verbundenen Emissionen und dem Klimawandel zu beschreiben. Während in den letzten Jahren in diesem Bereich große Fortschritte erzielt wurden und eine immer genauere Beschreibung des Beitrags unterschiedlicher Sektoren, Regionen und Länder an den globalen Treibhausgasemissionen möglich ist, bestehen in anderen Bereichen noch große Lücken. So ist z.B. die systematische, globale Erfassung von Biodiversitätsdaten in vielen Fällen noch nicht ausreichend fortgeschritten, um Wirkungszusammenhänge umfassend und zuverlässig abschätzen zu können.

Hohe Datenmengen sind v.a. auch dann notwendig, wenn Entscheidungen unter Unsicherheit getroffen werden müssen. Als vereinfachtes Beispiel kann das Schadensrisiko von Naturgefahren wie etwa Hochwasser, Dürre oder Sturmschäden dienen. Dieses Risiko entspricht der mit der Eintrittswahrscheinlichkeit gewichteten Schadenshöhe, wobei die Eintrittswahrscheinlichkeit von Extremereignissen mithilfe der Extremwertstatistik ermittelt werden kann. Ist z.B. das Schadensrisiko einer Überschwemmung größer als die Kosten eines Hochwasserschutzes, so ist eine Investition in eine Schutzmaßnahme sinnvoll. Um solche Risikobewertungen durchführen zu können, sind lange Zeitreihen von Umweltdaten notwendig, da Schadensereignisse meist nur selten auftreten. Umweltzustände verändern sich nicht nur räumlich, sondern auch über die Zeit (u.a. auch durch menschlichen Eingriff), was die Bewertung erschwert. So können beispielsweise bei der Verwendung sehr kurzer Zeitreihen von Hochwasserdaten langfristige, möglicherweise durch den Klimawandel ausgelöste Trends nicht erkannt werden. Die Entscheidung über Schutzmaßnahmen würde in diesem Fall auf falschen Erwartungen über die zukünftige Wahrscheinlichkeit solcher Ereignisse basieren.

Eine Bewertung von öffentlichen Gütern und Umweltbeeinträchtigungen ist notwendig, um gesellschaftliche Entscheidungen treffen zu können (siehe Fallbeispiel 6.1.2). Dies ist in der Praxis mit hohen Unsicherheiten und ethischen Problemen behaftet, da notgedrungen die Bewertung von menschlichem Leben, von Biodiversität oder von zukünftiger Lebensqualität in solche Modelle einfließen muss.

Fallbeispiel 6.1.2:   Kosten und Emissionen der Energiewende in Deutschland und Österreich

Das UBRM-Studium beschäftigt sich in vielen Fällen mit der Frage, wie wir unsere natürlichen Ressourcen nachhaltig bewirtschaften können. Dies ist eine typische *normative* ökonomische Fragestellung. Im diesem Beispiel untersuchen wir, mit welchen Kosten und welchen CO_2-Emissionen die Energiewende in Deutschland verbunden ist. In ökonomischen Modellen gibt es verschiedene Möglichkeiten, die Auswirkungen wirtschaftlicher Aktivität auf die Umwelt miteinzubeziehen. Erstens kann die Optimierung von Wirtschaftssystemen die *monetarisierten Umweltschäden* und *Verschmutzungsvermeidungskosten* berücksichtigen. Als zweite Möglichkeit kann die Umweltverschmutzung mit *maximalen Limits* beschränkt werden, in unserem Beispiel also die maximal erlaubten Treibhausgasemissionen im Stromsystem. Wir setzen das Limit für Treibhausgasemissionen im Stromsystem auf jenen Wert für das Jahr 2030, der die Erreichung des „1,5 °C"-Ziels als realistisch erscheinen lässt (lineare Reduktionen der Treibhausgasemissionen im Stromsektor auf null von heute bis 2050).

Schließlich kann auch eine *Mehrzieloptimierung* vorgenommen werden: Anstatt eine einzelne, optimale Lösung zu bestimmen, wird die gewichtete Summe mehrerer alternativer Indikatoren, in diesem Fall Emissionen sowie Brennstoff- und Kapitalkosten des Systems, minimiert. Werden diese Gewichte verändert, ergeben sich unterschiedliche Lösungen, die den Trade-off zwischen den beiden Zielen anzeigen und so eine Entscheidungsgrundlage bieten.

In unserem Beispiel verwenden wir das Strommarktmodell *medea* (Wehrle und Schmidt 2018). Das Modell minimiert die Kosten der Bereitstellung von Strom in Deutschland und Österreich unter Berücksichtigung der Variabilität von Nachfrage und erneuerbarem Angebot – und das auf stündlicher Basis. Das Modell entscheidet sich für Investitionen in neue Technologien (z.B. Windkraft und Photovoltaik), wenn beispielsweise der Preis für CO_2-Emissionen erhöht wird. Damit können Kosten und CO_2-Emissionen von unterschiedlichen Varianten der Energiewende einfach berechnet werden. *Medea* verwendet umfangreiche Umweltdaten: Zur Modellierung des Ausbaus erneuerbarer Energien werden Klimadaten (Windgeschwindigkeiten und solare Strahlung) verwendet. Außerdem werden im Modell die CO_2-Emissionen, die in der thermischen Stromproduktion (z.B. Gas- und Kohlekraftwerke) entstehen, gegen Umweltdaten, die in den nationalen Treibhausgasbilanzen veröffentlicht werden, validiert.

Abbildung 6.1.5 zeigt die Resultate von Szenarienrechnungen, die sich an den diskutierten Möglichkeiten einer Berücksichtigung von Umweltverschmutzung in ökonomischen Modellen orientieren. In Szenario 1 fixieren wir den Emissionspreis auf 160 €/t CO_2 (roter Punkt in der Graphik) – einem 2016 publizierten Wert für das Jahr 2030[1] (Nordhaus 2017). In Szenario 2 limitieren wir die jährlichen CO_2-Emissionen in der Stromproduktion auf 170 Mio. t CO_2 (blauer Punkt in der Graphik) – derzeit werden in Deutschland rund 280 Mio. t CO_2 pro Jahr ausgestoßen. In Szenario 3 suchen wir optimale Kombinationen aus Emissionspreis und CO_2-Emissionen durch Mehrzieloptimierung (schwarze Punkte durch Linie verbunden). Wird das Gewicht für die Emissionen erhöht, wird ein Punkt optimal, der weniger Emissionen, aber höhere Kapital- und Brennstoffkosten vorweist.

Abbildung 6.1.5 zeigt also deutlich den Trade-off zwischen niedrigeren CO_2-Emissionen im Stromsystem und den damit verbundenen Kosten.

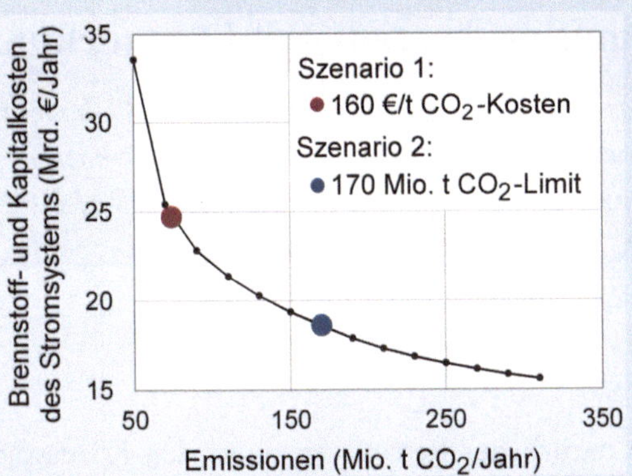

Abbildung 6.1.5: Ergebnisse der medea-Modellrechnungen zum Trade-off von Produktionskosten und CO₂-Emissionen

Die Mehrzielanalyse gibt vielfältige Informationen über die Kosten der Dekarbonisierung des Energiesystems. So zeigt die Kurve beispielsweise, dass eine Reduktion von 70 Mio. t CO_2 auf 50 Mio. t CO_2 um ein Vielfaches teurer ist (8,13 Mrd. €) als eine Reduktion von 310 Mio. t CO_2 auf 290 Mio. t CO_2 (0,25 Mrd. €). Eine vollständige Dekarbonisierung des Elektrizitätssystems ist also vermutlich kurzfristig nicht die billigste Option, um die gesamtwirtschaftlichen Treibhausgasemissionen zu reduzieren. Langfristig, bis 2050, sollten die CO_2-Emissionen in der Stromproduktion allerdings auf 0 reduziert werden.

---

[1] Es gilt zu berücksichtigen, dass dieser Wert stark von den Annahmen abhängig ist und ethische Bewertungen inkludiert. Wir verwenden hier also einen Beispielwert, einer von vielen möglichen. Der Wert kann aber z.B. dafür verwendet werden, die eigenen, durch Treibhausgasemissionen verursachten Folgekosten abzuschätzen. Österreicherinnen und Österreicher verursachen im Jahr rund 15 t CO_2 (konsumbasiert, im Jahr 2011 (Anderl et al. 2016)). Multipliziert mit dem CO_2-Preis von 160 € ergibt das Kosten von 2.400 € pro Österreicherin oder pro Österreicher.

Literatur

Anderl, M., Gössl, M., Kuschel, V., Haider, S., Gangl, M., Heller, C., Lampert, C., Moosmann, L., Pazdernik, K., Poupa, S., Purzner, M., Schieder, W., Schneider, J., Schodl, B., Stix, S., Stranner, G., Storch, A., Wiesenberger, H., Winter, R., Zechmeister, A. und Zethner, G. (2016): Klimaschutzbericht 2016. Wien: Umweltbundesamt.

Islam, M., Kanemoto, K., and Managi, S. (2016): Impact of trade openness and sector trade on embodied greenhouse gases emissions and air pollutants. Journal of Industrial Ecolology, 20, 3, 494–505. https://doi.org/10.1111/jiec.12455.

Nordhaus, W. D. (2017): Revisiting the social cost of carbon. Proceedings of the National Academy of Sciences of the United States of America, 114, 7, 1518–1523. https://doi.org/10.1073/pnas.1609244114.

Schmidt, J., Leduc, S., Dotzauer, E., Kindermann, G., and Schmid, E. (2010): Cost-effective CO2 emission reduction through heat, power and biofuel production from woody biomass: A spatially explicit comparison of conversion technologies. Applied Energy, 87, 7, 2128–2141. https://doi.org/10.1016/j.apenergy.2009.11.007.

Stoyan, H. und Jansen, U. (2013): Umweltstatistik: Statistische Verarbeitung und Analyse von Umweltdaten. Leipzig: Springer-Verlag.

UIG (1993): Bundesgesetz über den Zugang zu Informationen über die Umwelt (Umweltinformationsgesetz – UIG). i.d.F. Nov. 2018, zuletzt geändert mit BGBl. I Nr. 74/2018.

Wehrle, S. and Schmidt, J. (2018): District heating systems under high CO2 emission prices: the role of the pass-through from emission cost to electricity prices. https://arxiv.org/abs/1810.02109 [econ.GN].

6.2   Geoinformationssysteme und Fernerkundung

Anja Klisch, Thomas Bauer, Reinfried Mansberger und Clement Atzberger
Institut für Vermessung, Fernerkundung und Landinformation,
Department für Raum, Landschaft und Infrastruktur (RALI)
anja.klisch@boku.ac.at, t.bauer@boku.ac.at, mansberger@boku.ac.at,
clement.atzberger@boku.ac.at

6.2.1   Einleitung

Um den Verbrauch natürlicher Ressourcen sowie den Klimawandel und seine Auswirkungen zu verstehen, ist es wichtig, zu wissen, womit die Erdoberfläche heute bedeckt ist (man spricht von „Landbedeckung", z.B. mit Vegetation, Bauwerken oder Gewässern) und wie sie genutzt wird.

Die Fernerkundung liefert diese Daten und ermöglicht damit die Erfassung des aktuellen Zustands der Erdoberfläche, z.B. über satellitengestützte Bilder und zugehörige Auswerteverfahren. Vergleicht man die aktuellen mit historischen Bilddaten, lässt sich auch ein Blick in die Vergangenheit werfen und die Veränderung der Landnutzung in Raum und Zeit untersuchen. Zur Speicherung, Analyse, Modellierung und Visualisierung solcher naturräumlichen Daten dienen Geoinformationssysteme (GIS).

In den folgenden Abschnitten wird ein Überblick darüber gegeben, welche Daten für das UBRM relevant sind und wie sie gewonnen und analysiert werden. Ebenso wird die Aufgabe von Koordinatensystemen beschrieben, die für die Verknüpfung von Daten von Bedeutung sind.

6.2.2   Geodaten

Daten, die einen räumlichen Bezug zu Objekten auf der Erde haben, werden als Geodaten bezeichnet. Der räumliche Bezug kann über geographische Namen, Adressen, Grundstücksnummern oder auch durch Koordinaten hergestellt werden. Durch Verknüpfung von Geodaten (Modellierungen, Simulationen) können neue Informationen gewonnen werden.

Der Fachbereich Vermessung, Fernerkundung und Landinformation umfasst die in Abbildung 6.2.1 dargestellten Wissenschaftsdisziplinen. Hier werden raumzeitliche Informationen geometrisch und thematisch erfasst, mithilfe von GIS gespeichert und analysiert sowie in Karten und Plänen dargestellt.

Welches Gebiet die Daten abdecken sollen (einen Betrieb, eine Region, eine Nation, einen Kontinent, den ganzen Globus) und wie detailliert sie räumlich, zeitlich und thematisch erfasst werden sollen, hängt vom jeweiligen Anwendungsgebiet ab.

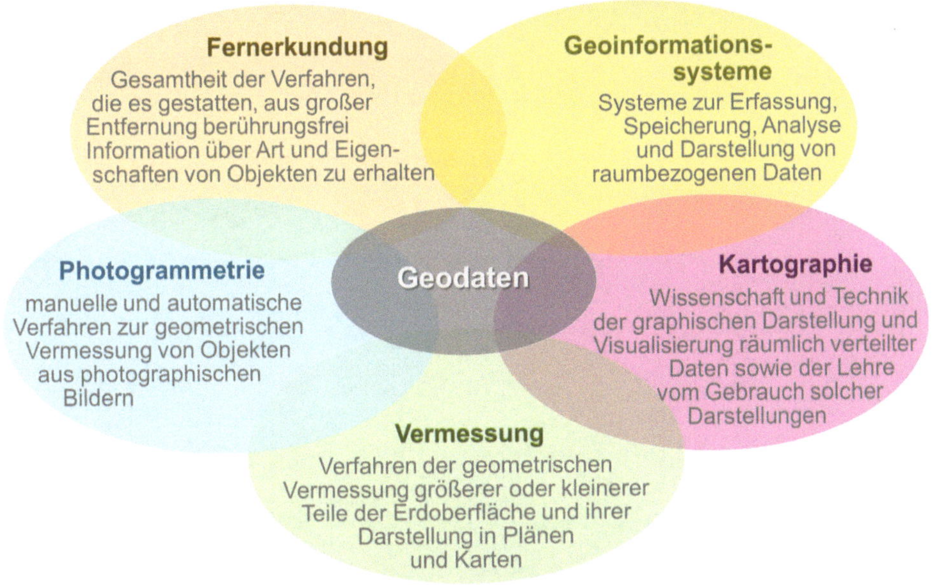

Abbildung 6.2.1: *Einordnung der für die Erfassung und Analyse von Geodaten relevanten Wissenschaftsdisziplinen*

Eine Möglichkeit, Geodaten zu erfassen, sind terrestrische Erhebungen (Vermessungsarbeiten, Taxation und andere messkundliche Aufnahmen). Diese Aufnahmeverfahren liefern differenzierte und genaue Daten. Sie sind jedoch sehr aufwendig zu gewinnen und liegen daher oft nicht aktuell und nicht flächendeckend vor. Neben der direkten Aufnahme vor Ort können Geodaten auch indirekt aus Luft- oder Satellitenbildern abgeleitet werden. Und schließlich werden mittlerweile sehr viele Geodaten von öffentlichen und privaten Institutionen auf Geoportalen angeboten, auf die gratis oder kostenpflichtig zugegriffen werden kann. Ein Beispiel für Geodaten aus öffentlichen Institutionen ist basemap.at (Stadt Wien et al. 2016) (siehe Abbildung 6.2.2), eine Grundkarte von Österreich, basierend auf den Geodaten von den Ländern und deren Partnern.

Aus Luft- und Satellitenbildern sowie Aufnahmen von „Airborne Laserscannern" (ALS) können Geodaten berührungsfrei und großflächig gewonnen werden. Stehen geometrische Eigenschaften im Vordergrund, sprechen wir von Photogrammetrie – geht es dagegen um die thematische Erfassung von Daten, ist von Fernerkundung die Rede. Raumbezogene Daten werden zumeist in einem GIS verarbeitet, in digitaler Form gespeichert und für konkrete Anwendungen eingesetzt. Ältere Daten liegen oft noch als Ausdruck auf Papier oder Folie vor (z.B. konventionelle Karten; historische Orthophotos, also verzerrungsfreie Darstellungen der Erdoberfläche).

Im Zusammenhang mit Geodaten spielen auch „Metadaten" eine große Rolle. Metadaten sind „Daten über Daten", sie werden zur Beschreibung des Inhalts, der Quali-

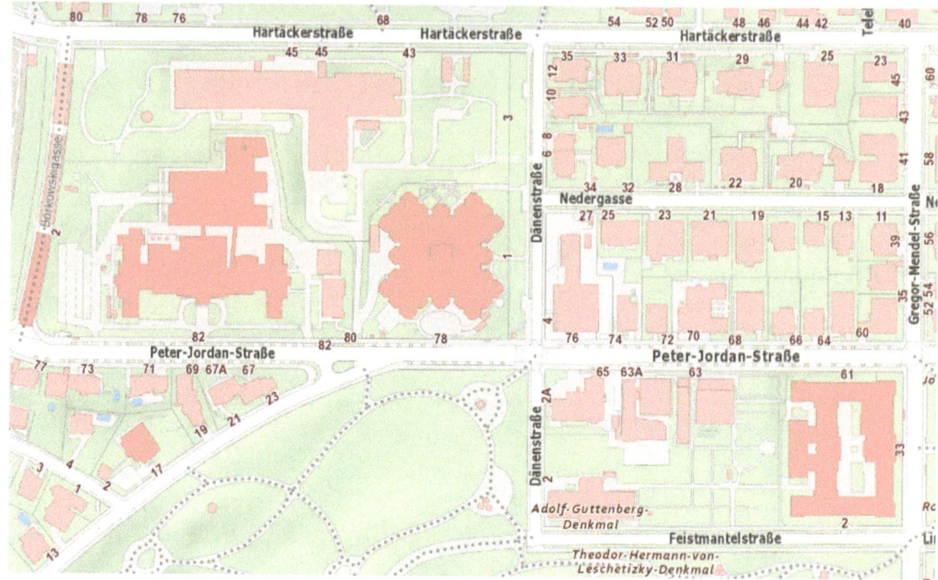

Abbildung 6.2.2: Ausschnitt aus basemap.at (BOKU – Türkenschanze)
(Stadt Wien et al. 2016)

tät, der Nutzbarkeit, der Verfügbarkeit und anderer Eigenschaften von Daten verwendet. Die zunehmende Verfügbarkeit von Geodaten und die stetig steigende Zahl an Nutzerinnen und Nutzern, die nach geeigneten Geodaten suchen, erhöht den Bedarf nach Aussagen über die Datenbestände.

6.2.2.1 Koordinatensysteme

Der unmittelbare Gegenstand der Erfassung von Geodaten ist die sichtbare (physische) Erdoberfläche. Diese ist unregelmäßig gestaltet und weder mathematisch noch physikalisch exakt beschreibbar. Um aber dennoch räumliche Objekte weltweit eindeutig verorten zu können, werden als Näherung sogenannte Bezugsflächen verwendet.

Das Geoid ist eine physikalische Bezugsfläche und kommt der wahren Erdfigur am nächsten. Es leitet sich aus dem Erdschwerefeld ab. Entlang der Erdoberfläche können Flächen gleichen Schwerepotenzials definiert werden. Das Geoid entspricht derjenigen Fläche gleichen Schwerepotenzials, welche mit der ruhenden mittleren Meeresoberfläche zusammenfällt. Da die Masse an der Erdoberfläche und im Erdmantel unterschiedlich verteilt ist, entsteht die unregelmäßige Form des Geoids (siehe Abbildung 6.2.3a). Es wird als Bezugsfläche für Höhenangaben verwendet, wie z.B. Höhen über dem Meeresniveau bzw. in Österreich über „Adria Null".

Möchte man lediglich die Lage oder Geometrie von Objekten auf der Erde beschreiben, werden sogenannte regelmäßige, mathematische Bezugsflächen verwendet. Für

246

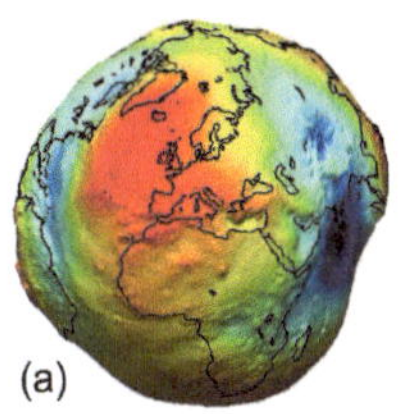
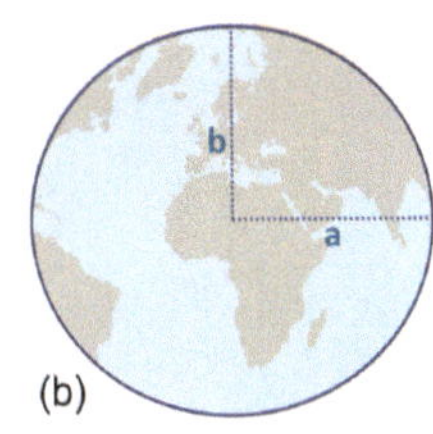
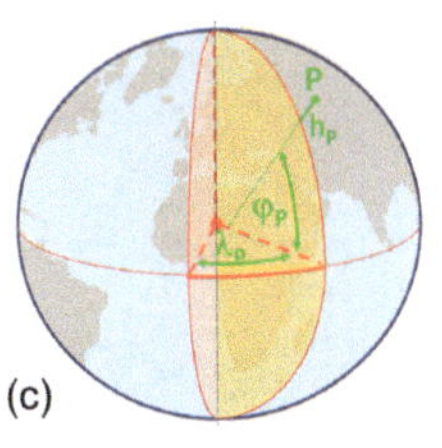
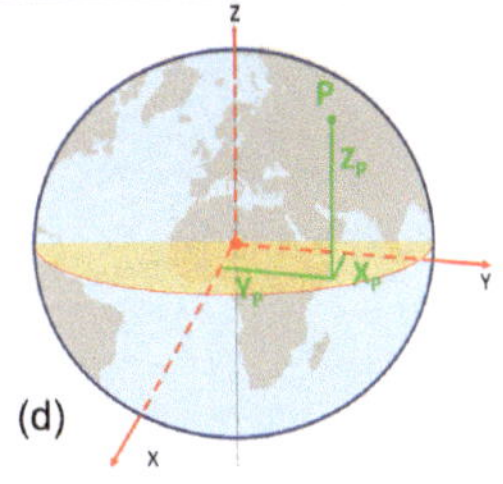

(a)   (b)   (c)   (d)

Abbildung 6.2.3:   *Bezugsflächen der Erde: (a) das Geoid als physikalische Bezugsfläche (ESA 2018a), (b) das Ellipsoid als mathematische Bezugsfläche, (c) ellipsoidische Koordinaten zur Verortung eines Punktes P auf einem Ellipsoid und (d) kartesische Koordinaten zur Verortung eines Punktes P auf einem Ellipsoid (administrative Daten: GADM 2018)*

kleinmaßstäbige Darstellungen großer Gebiete wie Kontinente in Atlanten kann eine Kugel als Bezugsfläche herangezogen werden.

Für die detailliertere Beschreibung von Objekten auf der Erdoberfläche muss zusätzlich die Erdabplattung berücksichtigt werden. Dies wird mithilfe von Ellipsoiden erreicht, die entweder weltweit oder für bestimmte Bereiche, wie das Staatsgebiet Österreichs, an die Erdoberfläche angepasst werden. Zur genauen Definition muss zum einen die Größe in Form der beiden Halbachsen bekannt sein (Abbildung 6.2.3b), zum anderen muss die Lagerung des Ellipsoids bezüglich der Erde genau definiert sein. Zur Verortung von Objekten auf einem Ellipsoid werden entweder ellipsoidische Koordinaten (Abbildung 6.2.3c) oder rechtwinkelige Koordinaten (Abbildung 6.2.3d) verwendet.

Aber wie gelangt man vom dreidimensionalen Erdkörper zu einer ebenen Karte oder einem Plan? Gleich vorab: Dieses Problem ist zwar unlösbar, es wurden aber verschiedene Kartenprojektionen entwickelt, um das Problem näherungsweise zu lösen. Aufgrund der Krümmung der Erdoberfläche und der zuvor beschriebenen mathematischen Bezugsflächen kann eine Abbildung in die Ebene nie verzerrungsfrei erfolgen. Verzerrungen können hinsichtlich Winkel, Strecken oder Flächen auftreten. Es wurde eine Vielzahl von Projektionen (Abbildungsvorschriften) entwickelt. Eine wichtige Rolle spielen hierbei Projektionsflächen. Dafür sind geometrische Formen geeignet, die bereits eben sind oder die sich in eine Ebene abwickeln lassen, beispielsweise Ebenen (azimutale Projektionen), Kegel (konische Projektionen) oder Zylinder (Zylinderprojektionen). Welche aus der Vielzahl von Projektionen geeignet ist, hängt v.a. von der Größe des Gebiets, dessen Lage auf der Erde (Polgebiete oder mittlere Breitengrade) sowie von der jeweiligen Aufgabenstellung ab.

Ziel ist es, eine Projektion zu finden, die möglichst kleine Verzerrungen verursacht. Dies kann dadurch erreicht werden, dass nur Teilstücke der Erdoberfläche abgebildet werden, oder man akzeptiert, dass nur teilweise Verzerrungsfreiheit vorliegt (z.B. nur

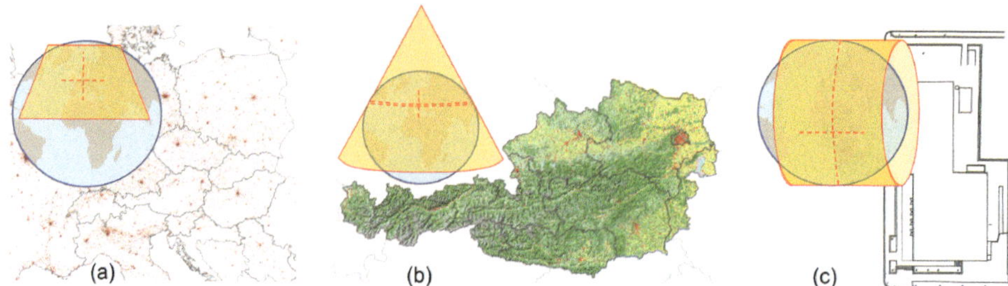

Abbildung 6.2.4: *Anwendungsspezifische Projektionen: (a) flächentreue Azimutalprojektion für thematische Karten wie die Versiegelung in der EU* (Versiegelungsdaten: EEA 2015)*, (b) winkeltreue Kegelprojektion (Lambert) für thematische Karten wie die Landbedeckung in Österreich* (Karte der Landbedeckung: LISA 2017; Reliefschummerung: Jarvis et al. 2008)*, (c) winkeltreue transversale Zylinderprojektion (Gauß-Krüger) für die Erstellung detaillierter Pläne am Beispiel des Türkenwirtgebäudes auf dem BOKU-Gelände* (Buchta und Zangl 2019)

Winkeltreue oder nur Flächentreue). Abbildung 6.2.4 zeigt Beispiele für Projektionen und deren Anwendungen.

Zusammenfassend lässt sich sagen, dass es bei der Verwendung von vorhandenen Geodaten oder bei der Erfassung von Geodaten nicht ausreicht, nur die Koordinaten zu kennen (Lage und Höhe). Vielmehr braucht man ausführliche Angaben darüber, welche Bezugsfläche verwendet wurde, wie diese an die Erde angepasst wurde und mit welcher Projektion die Objekte auf der Erdoberfläche in die Ebene abgebildet wurden.

6.2.2.2 Arten von Geodaten

Geodaten zeichnen sich durch die folgenden drei Aspekte aus, welche auch als „Säulen" eines GIS bezeichnet werden:

- *Geometrie*: Die geometrische Information liefert den Raumbezug. Dieser ermöglicht es, Objekte in einem bekannten Koordinatensystem zu verorten. Aus der Geometrie können Informationen wie Flächeninhalte, Strecken und Winkel abgeleitet werden. Da die Daten reale oder abstrakte Objekte beschreiben, ist der Detaillierungsgrad, d.h. die Größe und Genauigkeit, mit denen ein Objekt im GIS abgebildet wird, ein wichtiger Aspekt bei den geometrischen Eigenschaften.

- *Thematik*: Thematische Informationen beschreiben die nichtgeometrischen Eigenschaften des Objekts. Sie lassen sich bei GIS in zwei Gruppen einteilen:
  - Thematische Layer: Sie geben Auskunft darüber, welchem Thema ein GIS-Objekt (Punkt, Linie, Fläche) zugeordnet wird. Abhängig von der Fragestellung werden die Objekte in verschiedene Layer gegliedert und somit in unterschiedlichen Ebenen abgespeichert.

– Attribute oder Sachdaten: Attribute verfeinern die thematische Information und erlauben es, jedem Objekt seine spezifischen Eigenschaften zuzuordnen.

- *Topologie*: Sie beschreibt die Beziehungen geometrischer Objekte zueinander, v.a. deren Nachbarschaftsbeziehungen.

Grundsätzlich werden Geodaten in Form von Vektor- oder Raster-GIS-Modellen abgespeichert. Ein Raster ist eine Matrixstruktur, bestehend aus Rasterelementen. Diese können quadratisch oder auch rechteckig sein und werden als Pixel (vom englischen Picture-Element) oder Grid-Elemente bezeichnet. In einer Rasterstruktur wird jedem Pixel ein Wert zugeordnet. Raster-GIS-Modelle eignen sich zum Abspeichern von räumlich kontinuierlichen Phänomenen (z.B. Lufttemperatur in °C, Seehöhe in Metern, Humusgehalt des Bodens in %).

Das Vektor-GIS-Modell ist anders aufgebaut: Hier ist der Punkt Träger der geometrischen Information und stellt (in der Regel über Koordinaten) den Raumbezug her, aus dem sich geometrische Aussagen wie Höhen, Entfernungen oder Flächeninhalte ableiten lassen. Eine Linie ist eine Verbindung von Punkten zu Vektoren. Den einzelnen Vektoren und Punkten kann auch eine Thematik zugeordnet sein. Eine Fläche wird durch eine in sich geschlossene Linie oder durch mehrere Einzelflächen abgegrenzt. Vektor-GIS-Modelle eignen sich für die Darstellungen von Objekten, die räumlich eindeutig zu verorten sind (z.B. Grenzen). Abbildung 6.2.5 veranschaulicht die Möglichkeit, Geodaten als thematische Layer abzubilden.

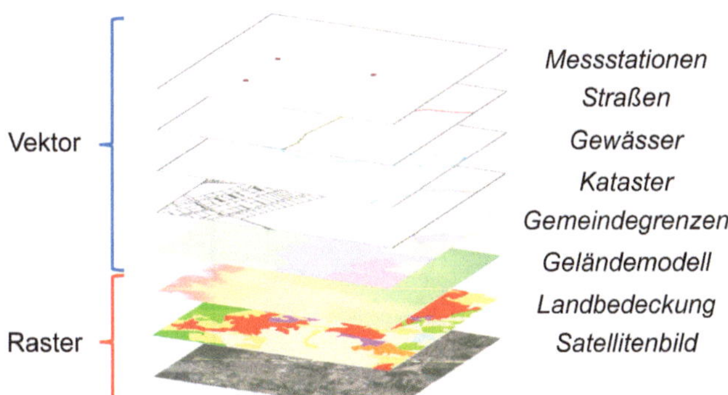

Abbildung 6.2.5: **Prinzip eines GIS in Form von thematischen Layern mit unterschiedlichen Datentypen (Vektordaten als Punkt-, Linien- oder Flächenlayer bzw. Rasterdaten)**

6.2.3 Geoinformationssysteme

GIS werden auch als raumbezogene Informationssysteme bezeichnet. Sie dienen der Erfassung, Speicherung, Verarbeitung und Darstellung aller Daten, die einen Teil der Erdoberfläche und die darauf befindlichen technischen und administrativen Einrichtungen sowie ökologische und ökonomische Gegebenheiten beschreiben. Ein GIS umfasst Werkzeuge für die Verknüpfung und die Analyse der gespeicherten Daten, sodass Fragestellungen mit räumlichem Bezug beantwortet und Umweltprozesse simuliert werden können.

Die Anwendungsbereiche von GIS sind heute sehr breit gestreut. Gerade in den an der BOKU vertretenen Fachbereichen ist GIS heute ein nicht mehr wegzudenkendes Werkzeug geworden. Anwendungsbereiche finden sich z.B. in der Energie- und Wasserversorgung, bei Gebietskörperschaften, im Umweltbereich, in der Land- und Forstwirtschaft, im Geo-Marketing sowie im Risikomanagement.

Das folgende Beispiel (Abbildung 6.2.6) stammt aus einem EU-Projekt, dessen Ziel es war, den Alpen-Karpaten-Korridor für Wildtiere wieder durchgängig zu machen und somit eine ökologisch funktionsfähige Landschaft wiederherzustellen. Dabei wurde mithilfe von GIS-Modellierungen der Verlauf eines Korridors für Wildtiermigration berechnet. Die Ergebnisse dienen in weiterer Folge als Grundlage zur Erhaltung und Schaffung geeigneter Landschaftsstrukturen und Grünbrücken sowie für eine nachhaltige Raumplanung.

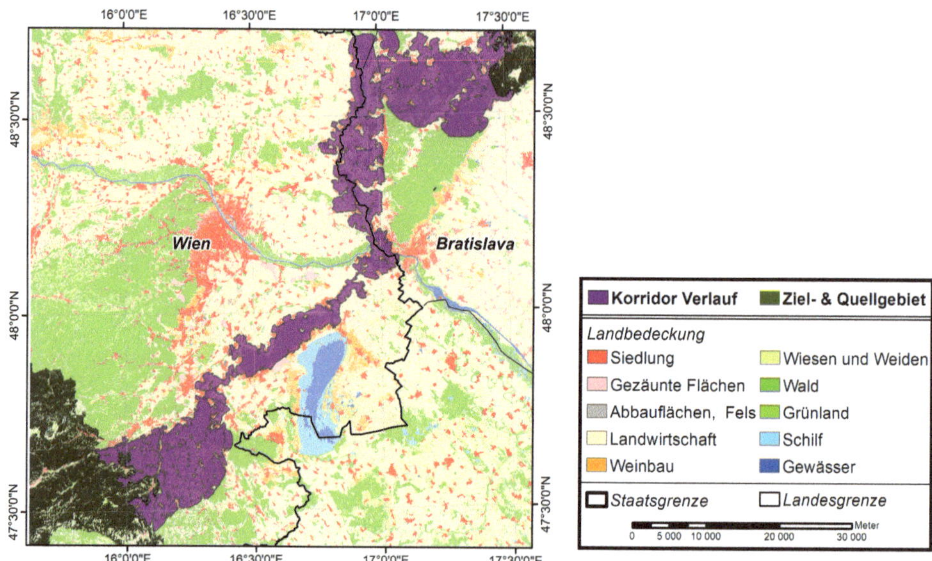

Abbildung 6.2.6: Beispiel für das Ergebnis einer GIS-Modellierung: Alpen-Karpaten-Korridor für Wildtiere (modifiziert nach AKK 2014)

6.2.4 Fernerkundung

Die Fernerkundung beschäftigt sich mit der Beobachtung der Erde, ohne mit ihr in direkter Berührung zu stehen. Dazu werden Sensoren (Kameras und andere Messgeräte) an Satelliten, Flugzeugen oder Drohnen angebracht. Diese messen die von der Erdoberfläche reflektierte oder emittierte elektromagnetische Strahlung. Diese Information wird in Form von Bildern verfügbar gemacht.

Die meisten Fernerkundungssensoren nutzen das Sonnenlicht und erfassen jenen Anteil der Strahlung, welcher an der Erdoberfläche reflektiert wird. Die Auswertung solcher Bilder beruht darauf, dass spezifische Oberflächentypen (z.B. Vegetation, Wasser, Böden oder Gesteine) die Sonnenstrahlung in verschiedenen Wellenlängenbereichen unterschiedlich stark reflektieren.

Die besondere Stärke der Fernerkundung liegt in der systematischen flächendeckenden Erfassung von Phänomenen auf der Erde und ihrer Veränderung mit der Zeit. So dokumentieren Fernerkundungssensoren den Zustand der Erde schon seit den 1970er-Jahren. Abbildung 6.2.7 zeigt Beispiele für Bilder der US-amerikanischen Landsat-Satelliten.

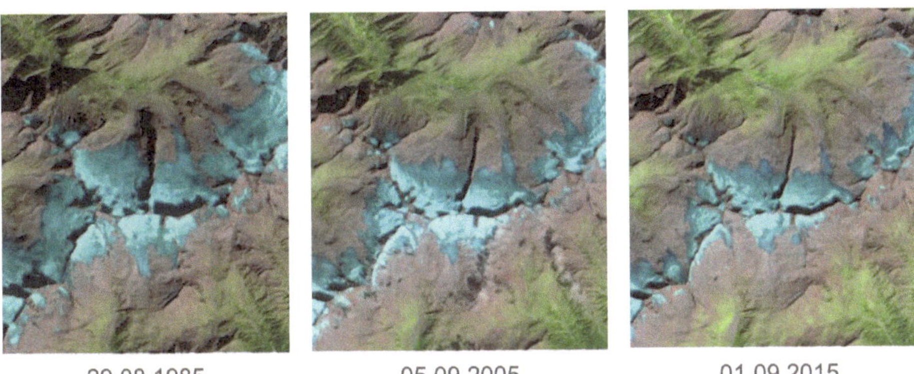

Abbildung 6.2.7: **Dokumentation des Rückgangs von Gletschern mit Landsat-Daten zu verschiedenen Zeitpunkten am Beispiel des Waxeggkees in den Zillertaler Alpen** *(USGS 2019)*

6.2.4.1 Spezifikation von Fernerkundungsdaten

Die Eigenschaften von Fernerkundungssensoren und Fernerkundungsbilddaten lassen sich durch die verschiedenen Formen der „Auflösung" charakterisieren:

- Die *räumliche Auflösung* wird durch die Größe eines Bildelements (Pixels) am Boden charakterisiert. Die sogenannte „Ground Sample Distance" gibt damit auch ungefähr die Größe der Details an, die man auf den Bildern noch erkennen kann.

- Die *spektrale Auflösung* gibt die Breite und die Anzahl der Spektralbereiche (Wellenlängenbereiche) an, in denen der Sensor die Strahlung erfasst. Sie beeinflusst die Unterscheidbarkeit und die Identifizierbarkeit verschiedener Oberflächen (Gesteine, Böden, Vegetation).

- Die *radiometrische Auflösung* gibt die Genauigkeit an, mit der die Intensität der Strahlung innerhalb eines einzelnen Spektralbereichs gemessen werden kann – oder in anderen Worten: Sie wird durch die Anzahl der Intensitätsstufen definiert.

- Die *zeitliche Auflösung* gibt die Häufigkeit und den zeitlichen Abstand von Fernerkundungsaufnahmen desselben Gebiets an bzw. charakterisiert die Flexibilität in der Wahl der Aufnahmezeitpunkte.

6.2.4.2 Methoden der Auswertung

Zur Analyse von Fernerkundungsbildern müssen diese zunächst aufbereitet werden, um daraus die gewünschte Information ableiten zu können. So unterliegen die Bilddaten geometrischen Verzerrungen, welche beseitigt werden müssen. Diese lassen sich beispielsweise auf unebenes Gelände zurückführen oder sind sensorbedingt. Zudem müssen den Pixeln Koordinaten in einem der unter Abschnitt 6.2.2.1 angesprochenen Koordinatensysteme zugeordnet werden.

Die am Sensor ankommende Strahlung unterliegt zahlreichen Störeinflüssen. Die Störungen resultieren daraus, dass die Strahlung die Atmosphäre zweimal passieren muss, bevor sie vom Sensor aufgezeichnet wird: (i) von der Sonne durch die Erdatmosphäre bis zum Auftreffen auf die Erde und (ii) auf dem Weg zurück zum Weltall. Dies bringt eine Veränderung der am Sensor erfassten Strahlung mit sich, die nicht auf die Oberflächeneigenschaften zurückzuführen ist. Solche Störungen müssen unbedingt korrigiert werden, um die Reflexionseigenschaften der Oberfläche bestimmen zu können.

Nach diesen Schritten kann die eigentliche Auswertung der fernerkundlichen Bilddaten erfolgen. Oft besteht die Aufgabenstellung darin, eine thematische Karte zu erstellen. Dabei wird jedem Bildelement im Fernerkundungsbild eine thematische Kategorie zugewiesen. Ein Beispiel hierfür ist eine Landbedeckungskarte mit den thematischen Kategorien Gewässer, Wald, Wiese und versiegelte Flächen. Dabei können zwei Herangehensweisen unterschieden werden: die visuelle Bildinterpretation und automatisierte Auswerteverfahren.

Die visuelle Bildinterpretation umfasst Methoden, die nichtgeometrische Eigenschaften von Objekten ermitteln und den Bildinhalt deuten. Dafür werden v.a. räumlich hochauflösende Luft- oder Satellitenbilder herangezogen. Dabei befassen sich Interpretinnen und Interpreten im Wesentlichen mit folgenden Teilaufgabestellungen:

(1) Identifizieren von Objekten, die ein ähnliches, möglichst homogenes Erscheinungsbild in den Bilddaten haben,

(2) Feststellen von Objekteigenschaften,

(3) Erkennen von funktionalen Zusammenhängen.

Für die Aufgaben (1) und (2) werden üblicherweise Objektmerkmale wie Größe, Gestalt oder Form, aber auch Farbgebung und Feinstruktur herangezogen. Hilfreich ist dabei auch ein eventuell vorhandener Schattenwurf. Er erleichtert die Abschätzung von Höhen aus dem Schlagschatten einzeln stehender Objekte wie Bäume. Die Deutung von räumlichen Mustern oder Nachbarschaftsbeziehungen (z.B. Siedlungsmuster, Muster landwirtschaftlicher Kulturen) erfordert detaillierte Kenntnisse in der jeweiligen Fachrichtung.

Automatisierte Auswerteverfahren zielen hingegen darauf ab, relevante Informationen automatisiert abzuleiten. Bei der digitalen Klassifikation werden den Objekten im Bild anhand ihrer Eigenschaften Kategorien zugeordnet, ähnlich wie bei der Bildinterpretation. Allerdings erfolgt die Zuweisung mithilfe von Algorithmen, die in Softwarepaketen umgesetzt oder selbst programmiert wurden.

Neben der Erstellung von Landbedeckungskarten beschäftigt sich die Fernerkundung auch mit der Untersuchung von Veränderungen auf der Erdoberfläche. Durch den Vergleich von Landbedeckungskarten zu verschiedenen Zeitpunkten kann beispielsweise das Schmelzen von Gletschern oder Eismassen dokumentiert werden (siehe Beispiel Zillertaler Alpen in Abbildung 6.2.7). Fernerkundungsmethoden erlauben es auch, physikalische Parameter und deren Veränderung zu erfassen. So kann der Anstieg von Temperaturen oder die Erwärmung der Meere quantifiziert werden.

Die Untersuchung von Zeitreihen, also die Beobachtung einer Größe in regelmäßigen Abständen (z.B. wöchentlich) über mehrere Jahre, erlaubt die Erfassung von Veränderungen zwischen einzelnen Jahren und auch die Ableitung von langfristigen Trends.

Ein Fallbeispiel ist die Beobachtung des Eintrittszeitpunkts des Blattwachstums im Frühjahr. Dies wird in Abbildung 6.2.8 am Beispiel von Österreich dargestellt. Traditionell wird der Beginn des Frühjahrs durch sogenannte Zeigerpflanzen (z.B. Blüte der Hasel) von freiwilligen Beobachterinnen und Beobachtern erfasst (vgl. ZAMG 2013). Solche Beobachtungen sind sehr aufwendig und werden nur an einzelnen Standorten für bestimmte Wildpflanzen oder landwirtschaftliche Kulturpflanzen durchgeführt. Die Fernerkundung gestattet eine flächendeckende Abschätzung solcher Zeitpunkte und veranschaulicht somit die räumliche Verteilung dieser Größen. In Abbildung 6.2.8 wird gezeigt, dass der Eintritt des Blattwachstums sich zwischen 2002 und 2017 tendenziell in Richtung eines früheren Zeitpunkts verschoben hat. Dies ist ein signifikanter Hinweis auf den Klimawandel.

Der Beitrag der Fernerkundung zur Umsetzung der nachhaltigen Entwicklungsziele der Agenda 2030 (SDGs) ist darin zu sehen, dass sie den derzeitigen Zustand und

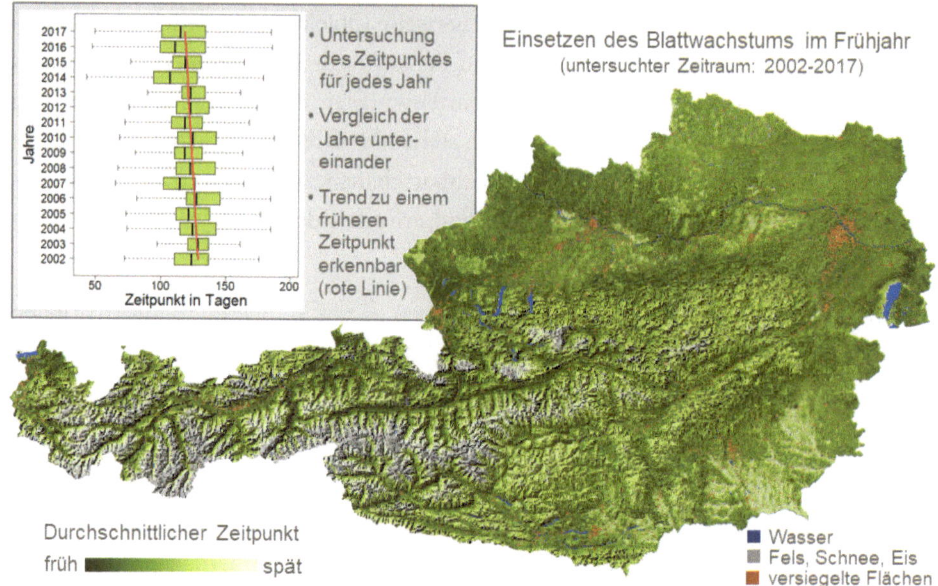

Die Aufnahme des Vegetationsverlaufs in Satellitenbildern alle 8 Tage erlaubt die Bestimmung des Eintrittszeitpunkts für jeden Bildpunkt (ca. 1 km) in jedem Jahr.

Abbildung 6.2.8: *Untersuchung des Einsetzens des Blattwachstums im Frühjahr mithilfe von Zeitreihen der MODIS-Sensoren (Moderate-resolution Imaging Spectroradiometer) (MODIS-Daten: LP DAAC 2019; Landbedeckung: LISA 2017; Reliefschummerung: Jarvis et al. 2008)*

die Auswirkungen von ergriffenen Maßnahmen mithilfe von Indikatoren dokumentiert und überwacht. Für einige dieser Indikatoren werden die erforderlichen Daten schon routinemäßig bereitgestellt. Ein Beispiel hierfür ist die Erfassung von Waldgebieten für das SDG 15 (Landökosysteme schützen, wiederherstellen und ihre nachhaltige Nutzung fördern; vgl. Anderson et al. 2017; ESA 2018b, S. 13ff.). Für andere Indikatoren ist die Methodik zwar vorhanden, die Daten werden aber noch nicht regelmäßig abgeleitet. Für weitere Indikatoren ist die entsprechende Methodik noch Forschungsgegenstand, hier leitet sich ein hoher Bedarf an Weiterentwicklungen ab. Vor diesem Hintergrund spannt sich ein interessantes und breites Tätigkeitsfeld für UBRM-Absolventinnen und -Absolventen auf.

Zusammenfassend lässt sich sagen, dass Fernerkundung und GIS wichtige Werkzeuge zur kontinuierlichen und verlässlichen Messung und Dokumentation von Phänomenen auf der Erde sowie von Umwelteinflüssen und deren Konsequenzen sind. Sie erlauben damit die Erfassung mittel- und langfristiger Trends und ein Monitoring von Veränderungen.

Literatur

AKK (Alpen Karpaten Korridor) (2014): Wildökologische GIS-Modellierung des Korridorverlaufes im Rahmen des Projektes Alpen Karpaten Korridor, gefördert durch die EU im Rahmen des ETZ Slowakei-Österreich, das Land Niederösterreich, das Land Burgenland und das Lebensministerium. Verfügbar in: http://www.alpenkarpatenkorridor.at/ [Abfrage am 20.7.2019].

Anderson, K., Ryan, B., Sonntag, W., Kavvada, A., and Friedl, L. (2017): Earth observation in service of the 2030 Agenda for Sustainable Development. Geo-spatial Information Science, 20, 2, 77-96. https://doi.org/10.1080/10095020.2017.1333230.

Buchta, B. und Zangl, C. (2019): Geodätische Bestandsaufnahme und Kartierung des Bereichs TÜWI. Konstruktives Projekt, Universität für Bodenkultur Wien, unveröffentlicht.

EEA (European Environment Agency) (2015): High Resolution Layer: Imperviousness Density (IMD) 2015. Available at: https://land.copernicus.eu/pan-european/high-resolution-layers/imperviousness/status-maps/2015 [accessed 23.8.2019].

ESA (European Space Agency) (2018a): Earth's geoid as seen by GOCE. Available at: https://www.esa.int/spaceinimages/Images/2008/05/Earth_s_geoid_as_seen_by_GOCE2 [accessed 23.8.2019].

ESA (European Space Agency) (2018b): Satellite Earth Observations in Support of the Sustainable Development Goals. The CEOS Earth Observation Handbook, Special 2018 Edition. Available at: http://eohandbook.com/sdg/ [accessed 18.3.2019].

GADM (Database of Global Administrative Areas) (2018): Global administrative data version 3.6. Available at: https://gadm.org/ [accessed 23.8.2019].

Jarvis A., Reuter, H. I., Nelson, A., and Guevara, E. (2008): Hole-filled seamless SRTM data V4. International Centre for Tropical Agriculture (CIAT). Available at: http://srtm.csi.cgiar.org [accessed 23.8.2019].

LISA (Land Information System Austria) (2017): Landbedeckungskarte Österreich. Verfügbar in: https://www.landinformationsystem.at/ [Abfrage am 20.7.2019].

LP DAAC (Land Processes Distributed Active Archive Center) (2019): MODIS data distributed by the LP DAAC located at USGS/EROS, Sioux Falls, SD, USA. Available at: https://lpdaac.usgs.gov/ [accessed 23.8.2019].

Stadt Wien und Österreichische Länder bzw. Ämter der Landesregierung (2016): basemap.at – die Verwaltungsgrundkarte von Österreich. Verfügbar in: https://basemap.at/ [Abfrage am 20.7.2019].

USGS (U.S. Geological Survey) (2019): Landsat data available from the USGS. Reston, VA, USA. Available at: https://earthexplorer.usgs.gov/ [accessed 23.8.2019].

ZAMG (Zentralanstalt für Meteorologie und Geodynamik) (Hrsg.) (2013): Beobachtungsanleitung für die Phänologie. Wien. Verfügbar in: http://www.phenowatch.at/fileadmin/_migrated/content_uploads/Beobachtungsanleitung_2015_8.pdf [Abfrage am 18.3.2019].

Weiterführende Literatur

Albertz, J. (2019): Einführung in die Fernerkundung: Grundlagen der Interpretation von Luft- und Satellitenbildern. 5. akt. Auflage, Darmstadt: WBG (Wissenschaftliche Buchgesellschaft).

Bill, R. (2016): Grundlagen der Geo-Informationssysteme. 6., völlig neu bearb. u. erw. Auflage. Karlsruhe: Wichmann.

7 Einblicke in die Studien- und Berufspraxis

Elfriede Wagner[a] und Simon Huber[b]
[a] *Stabstelle Qualitätsmanagement (BOKU),* [b] *UBRM-Alumni*
elfriede.wagner@boku.ac.at, ubrm-alumni@boku.ac.at

7.1 Ergebnisse aus Studien zu Absolventinnen und Absolventen

Die BOKU untersucht seit 2013 regelmäßig den Arbeitsmarkt- und Berufserfolg ihrer Absolventinnen und Absolventen (BOKU 2019). Man weiß somit in etwa, welchen Berufsweg Absolventinnen und Absolventen der UBRM-Studien nach ihrem Abschluss einschlagen und wie erfolgreich sie dabei sind.

Der Großteil der UBRM-Bachelorabsolventinnen und -absolventen studiert weiter, die UBRM-Masterstudierenden drängen hingegen nach ihrem Abschluss auf den Arbeitsmarkt. UBRM-Diplomingenieurinnen und -ingenieure benötigen häufig eine etwas längere Such- und Orientierungsphase am Arbeitsmarkt. Jedoch steigt die leicht unterdurchschnittliche Erwerbsbeteiligung nach einem halben Jahr kontinuierlich an. Zwei Jahre nach dem Abschluss liegt sie bereits über dem BOKU-Durchschnitt. Insbesondere die Frauenerwerbsquoten sind bei UBRM-Absolventinnen und -Absolventen sehr hoch. Darüber hinaus zeigen sich überdurchschnittlich stabile Beschäftigungsverhältnisse.

UBRM-Absolventinnen und -absolventen arbeiten aufgrund ihrer vielseitigen Ausbildung in einer Vielzahl von Sektoren. Drei Jahre nach ihrem Abschluss sind sie am häufigsten in folgenden Branchen[1] zu finden:

- öffentliche Verwaltung,
- Interessenvertretungen und Vereine,
- Erziehung und Unterricht (u.a. Universitäten),
- Architektur- und Ingenieurbüros,
- Abfallbehandlung,
- Unternehmensführung und -beratung,
- Energieversorgung,
- Großhandel und Einzelhandel.

Vergleichsweise wenig UBRM-Alumni gehen ins Ausland.

---

[1] Die Gliederung erfolgt nach der ÖNACE-Klassifikation der Arbeitsstätte (siehe Statistik Austria 2018).

© Der/die Herausgeber bzw. der/die Autor(en) 2020
E. Schmid und T. Pröll (Hrsg.), *Umwelt- und Bioressourcenmanagement für eine nachhaltige Zukunftsgestaltung,* https://doi.org/10.1007/978-3-662-60435-9_7

Wie zufrieden sind UBRM-Absolventinnen und -absolventen nun im Beruf? Die KOAB-AbsolventInnenbefragung (BOKU 2017) zeigt, dass UBRM-Masterabsolventinnen und -absolventen (im Vergleich zu BOKU-Absolventinnen und -absolventen anderer Fächer) weniger studienfachnah beschäftigt sind, sie ihre Beschäftigung jedoch überdurchschnittlich oft an ihr Ausbildungsniveau angemessen einschätzen. Darüber hinaus sind sie – im BOKU-Vergleich – mit ihrer beruflichen Situation insgesamt zufriedener. UBRM-Bachelorabsolventinnen und -absolventen bewerten ihre berufliche Situation deutlich negativer: Sie sind öfter teilzeitbeschäftigt, können ihre im Studium erworbenen Qualifikationen weniger einsetzen, übernehmen seltener studienfachnahe berufliche Aufgaben und sind mit ihrer beruflichen Situation insgesamt unzufriedener als Absolventinnen und Absolventen anderer BOKU-Bachelorstudien.

7.2   Porträts von UBRM-Absolventinnen und -Absolventen

Foto: Mira Nograsek

Elena Beringer, BSc

UBRM-Bachelor (Abschluss 2016, BSc); UBRM-Master (laufend)

Aktuelle Tätigkeit: Selbstständige Trainerin

Was ist UBRM für dich?
UBRM ist für mich eine Verbindung verschiedener Sichtweisen auf unsere komplexe Welt und eine Studienrichtung, die einem die Möglichkeiten gibt, die Probleme unserer Zeit zu bearbeiten und zu verstehen. Die Interdisziplinarität und die Vielseitigkeit sind für mich die Stärken des Studiums, da man dadurch zwischen verschiedenen Personen und Positionen vermitteln lernt. Gleichzeitig ist UBRM für mich auch ein Studium, das meinen Horizont maßgeblich erweitert und reflektiertes Handeln und Denken stark gefördert hat, auch durch den häufigen Austausch mit den Studierenden untereinander.

Was machst du in deinem Job?
Als Trainerin arbeite ich interaktiv mit Gruppen zu unterschiedlichsten Themen. Teambuilding, Projekt- und Visionsarbeit, Kommunikation und Konfliktmanagement sind hier Schwerpunkte. Durch einen spielerischen Zugang und mit Gespür für die jeweilige Situation passe ich mich flexibel den Gegebenheiten in einem Seminar oder Workshop an. Inhaltlich arbeite ich auch in den Bereichen Klima, Nachhaltigkeit und Finanzkompetenz.

Was hat dir UBRM dafür gebracht?
Durch das Studium habe ich ausreichend Grundlagenwissen in den Bereichen Klima, Energie, Regionalentwicklung und Nachhaltigkeit vermittelt bekommen, was mir hilft, die Hintergründe meiner Tätigkeiten schnell zu erfassen. Ich kann mich so also auch inhaltlich besser auf die Gruppen einstellen. Kommunikationsfähigkeit, wissenschaftliches Arbeiten und Projektmanagement sind außerdem zentrale Fähigkeiten, die ich in meinem Beruf häufig brauche. Wichtig ist zudem die Fähigkeit, Inhalte zu reflektieren, kreative Ideen einbringen zu können und Zusammenhänge rasch zu verstehen. Der interdisziplinäre Zugang und ein Denken in Systemen sind ebenfalls besonders wertvoll.

Was empfiehlst du UBRM-Studierenden?

Ich würde den Studierenden empfehlen, sich im Studium einerseits durch Wahlfächer zu spezialisieren und andererseits sich durch ehrenamtliches Engagement, zusätzliche Ausbildungen und Praktika persönlich weiterzuentwickeln. Viele Fertigkeiten, die mir in meinem Job zugutekommen, habe ich mir in anderweitigen Tätigkeiten angeeignet. Inspiration durch andere Studierende und ein Ideenaustausch auf diversen Veranstaltungen sind auch gute Wissens- und Austauschquellen für eine umfassende Qualifikation. Das Aufbauen eines Netzwerks ist hier ein weiterer Vorteil. Generell würde ich sagen: Engagiert euch für das, was euch wichtig ist!

Dipl.-Ing. Daniel Böhm, BSc

UBRM-Bachelor (Abschluss 2012, BSc); Master in Agrar- und Ernährungswirtschaft (Abschluss 2016, Dipl.-Ing.)

Aktuelle Tätigkeit: Mitarbeiter im Event- und Projektmanagement sowie für Social Media, Mobilitätsagentur Wien

Was ist UBRM für dich?

UBRM ist für mich viel mehr als nur eine Studienrichtung. Es ist ein Lebensgefühl und eine Herangehensweise an gesellschaftliche und berufliche Herausforderungen. Die Vielfalt der Studienfächer regt stets zur kritischen Diskussion an und ermöglicht eine differenzierte Betrachtung der Themen. UBRM hat mich gelehrt, interdisziplinär zu denken und komplexe Zusammenhänge leichter zu verstehen.

Was machst du in deinem Job?

Ich bin für die Mobilitätsagentur Wien zuständig und betreue dort zahlreiche Projekte, die Menschen zur aktiven Mobilität in der Stadt anregen sollen. Ich unterstütze das städtische Unternehmen dabei, die Marken „Fahrrad Wien" und „Wien zu Fuß" zu kommunizieren und diese der Öffentlichkeit über zahlreiche Kanäle und Veranstaltungen zu präsentieren. Zurzeit organisiere ich außerdem eine internationale Fachkonferenz.

Was hat dir UBRM dafür gebracht?

UBRM hat mir dabei geholfen, den interdisziplinären Herausforderungen der Arbeitswelt begegnen zu können. Es hat mich gelehrt, gemeinsam mit anderen im Team an Projekten arbeiten zu können und diese zu koordinieren. UBRM hat mir außerdem dabei geholfen, komplexe Themen verständlich an die Öffentlichkeit kommunizieren zu können und so eine Übersetzerrolle einzunehmen.

Was empfiehlst du UBRM-Studierenden?

Ich empfehle den Studierenden, neugierig zu sein und sich Wissen aus möglichst vielen Bereichen anzueignen. Dennoch sollten sie nicht ihre Talente und Interessen vergessen, sondern das Studium zur Vertiefung dieser nutzen. Außerdem empfehle ich dringendst, die Studienzeit an der schönen BOKU zu genießen, zu reisen und sich neben dem Studium so gut es geht zu engagieren.

Christina Trapl, MA BSc

UBRM-Bachelor (Abschluss 2013, BSc); Professional Master in Public Communication, Spezialisierung Public Affairs (Abschluss 2016, MA); UBRM-Master, Spezialisierung Energie und Wasser (laufend)

Aktuelle Tätigkeit: Consultant and Public Affairs Expert, Grayling Austria GmbH

Was ist UBRM für dich?

UBRM ist für mich eine Plattform für Dialog und Menschen, die nachfragen und Dinge nicht als gegeben ansehen.

Was machst du in deinem Job?

Als Public-Relations- und Public-Affairs-Expertin berate ich Kundinnen und Kunden aus dem öffentlichen und privaten Sektor mit strategischer Kommunikation. Was heißt das genau? Ich bin Ideenpool, Themendetektivin, Strategin und Troubleshooterin in einer Person. In meiner täglichen Arbeit muss ich Problemstellungen kreativ lösen, wissen, mit wem man spricht, und *pain points* für meine Kundinnen und Kunden schnell erkennen können.

Was hat dir UBRM dafür gebracht?

Als Beraterin für große und kleine Unternehmen und Organisationen lese ich mich schnell in Themen ein, interessiere mich für Trends und gehe proaktiv auf Personen und Gruppen – mit unterschiedlichen Ideologien und Interessen – zu. Bei UBRM trifft Ökonomie auf Ökologie, jeder redet mit und hat die Chance, verschiedene wirtschafts- und gesellschaftspolitische Themen aus neuen Blickwinkeln zu betrachten. UBRM hat mich gelehrt, immer neugierig und aufgeschlossen an die Dinge heranzugehen.

Was empfiehlst du UBRM-Studierenden?

Manche kritisieren, dass UBRM zu oberflächlich ist. Mein Zugang dazu: Nutze das breite Studienangebot als Chance, um herauszufinden, was dich bewegt. Führe Gespräche mit Studierenden sowie mit Professorinnen und Professoren und fang früh an, dich auf ein Thema zu spezialisieren. So habe ich auch meinen ersten berufsspezifischen Job über die Kontakte meiner BOKU-Professorin bekommen.

Dipl.-Ing. Georg Weber, BSc

Bachelor in Agrarwissenschaften (Abschluss 2013, BSc); UBRM-Master (Abschluss 2019, Dipl.-Ing.)

Aktuelle Tätigkeit: Junior Rohstoffkoordinator, Ja! Natürlich Naturprodukte Gesellschaft m.b.H.

Was ist UBRM für dich?

Für mich ist UBRM ein unglaublich vielseitiges Studium, das einem im Bachelor das breite Feld der Umwelt- und Nachhaltigkeitsthemen eröffnet und im Master die Möglichkeit bietet, sich ganz nach den individuellen Interessen zu vertiefen. Der Mix aus Natur-, Sozial- und Wirtschaftswissenschaften schafft in einer Vielzahl von Bereichen ein hervorragendes Basiswissen, auf das man im späteren Berufsleben aufbauen kann.

Was machst du in deinem Job?

Im Ja! Natürlich-Team der Eigenmarkenabteilung der REWE International AG teilt sich mein Aufgabenfeld grob in zwei Bereiche. Einerseits handelt es sich dabei um ein aktives Rohstoffmanagement inklusive Bedarfskalkulationen und Entwicklungsbeobachtungen in den Bereichen Schwein, Wurst & Schinken, Geflügel und Eier sowie in weiterer Folge auch Obst & Gemüse. Andererseits widme ich mich der Analyse und Auswertung von Marktdaten zur Entwicklung der Bioanteile in allen Frischesegmenten im eigenen Haus wie auch beim Mitbewerb.

Was hat dir UBRM dafür gebracht?

Die umfassende, ganzheitliche Erfassung von Problemstellungen mit allen relevanten Akteurinnen und Akteuren und Faktoren sowie die Ableitung von Maßnahmen unter Berücksichtigung der Auswirkungen dieser ist ganz klar ein Learning, das ich aus dem UBRM-Studium mitnehmen konnte. Das analytische Denken und Finden von Lösungsansätzen, wie es in vielen Übungen im Studium gefordert wird, ist ganz klar ein wichtiger Bestandteil meiner Arbeit.

Was empfiehlst du UBRM-Studierenden?

Nutzt unbedingt das vielfältige Angebot an Veranstaltungen zu Themen eures Interesses an der BOKU und in Wien überhaupt. Wenn man das Studium lediglich auf das Lernen zu Hause oder in der Bibliothek beschränkt, entgehen einem meiner Meinung nach wertvoller, unterschiedlichster Input, spannende Diskussionen, unerwartete Möglichkeiten und glückliche Zufälle.

Dipl.-Ing. Katharina Gruber, BSc

UBRM-Bachelor und -Master (Abschluss 2017, Dipl.-Ing.)

Aktuelle Tätigkeit: Wissenschaftliche Projektmitarbeiterin am Institut für Nachhaltige Wirtschaftsentwicklung, BOKU

Was ist UBRM für dich?

Nach einem Jahr Elektrotechnikstudium, das für mich sehr theoretisch war, wollte ich etwas Vielseitigeres mit mehr Bezug zur Praxis machen, das auch, aber nicht nur, technische Themen umfasst. UBRM deckt mit einer Mischung aus technischen, wirtschaftlichen, sozial-, natur- und rechtswissenschaftlichen Themen ein breites Spektrum ab. Besonders schätze ich die inter- und transdisziplinäre Ausrichtung, welche es ermöglicht, die Schnittstellen verschiedener Wissenschaften wahrzunehmen und entsprechende ganzheitliche Systeme zu betrachten.

Was machst du in deinem Job?

Ich arbeite für das Forschungsprojekt reFUEL, das sich mit der Rolle des Handels erneuerbarer Energie in einer zukünftigen Welt befasst. Dabei beschäftige ich mich mit der Simulation von erneuerbarer Energieproduktion basierend auf Klimadaten und mit der Analyse dieser Zeitreihen. Auch Aspekte der Speicherung von Strom aus Erneuerbaren, Möglichkeiten des Transports und wirtschaftliche Belange werden dabei untersucht. Ich bin Teil eines Teams, das sich aus Expertinnen und Experten verschiedener Bereiche zusammensetzt, was Koordination und Kommunikation an diesen Schnittstellen notwendig macht.

Meine Hauptaufgaben bestehen darin, globale Klimadaten zu analysieren, wobei ich Modelle anwende und bewerte und diese Ergebnisse in schriftlicher oder mündlicher Form präsentiere.

Was hat dir UBRM dafür gebracht?

Das Know-how in verschiedenen wissenschaftlichen Bereichen ist für mich wichtig, da ich einerseits selbst mehrere Bereiche miteinander verbinde, insbesondere Klima und Energie. Andererseits ist ein breites Wissen auch notwendig, um über diverse Aspekte, die alle mit dem Umstieg auf erneuerbare Energiequellen zusammenhängen, diskutieren zu können – sowohl innerhalb des Projektteams als auch mit Expertinnen und Experten aus anderen Disziplinen, die oft wichtige Ansichten einbringen.

Was empfiehlst du UBRM-Studierenden?

Oft wird die Ansicht vertreten, UBRM wäre zu „oberflächlich". Das mag daran liegen, dass das Bachelorstudium sehr breit gefächert ist. Detaillierteres Fachwissen für spezielle Tätigkeiten könnt ihr beispielsweise im Rahmen von Praktika oder der Masterarbeit erwerben oder auch zu Beginn eurer beruflichen Tätigkeit.

Markus Ginders, BSc

UBRM-Bachelor (Abschluss 2017, BSc)

Aktuelle Tätigkeit: Gründer von CO2mpensio (weltweit erste App zur CO_2-Kompensation von Flugreisen und Autofahrten)

Was ist UBRM für dich?

Studieren war für mich nie ein Muss, sondern eher ein Luxus, den ich mir erst verdienen und dann gönnen wollte. Als ich mich für das UBRM-Studium entschied, war ich als Prokurist für ein deutsches Handelshaus in Senegal tätig und wollte eine Richtungsänderung in meiner Karriere. Das UBRM-Studium hat mich in meiner damaligen Lebenssituation ideal unterstützt, um mich im Bereich Nachhaltigkeit weiterzuentwickeln.

Was machst du in deinem Job?

Als Gründer von CO2mpensio habe ich die Idee & Strategie entwickelt und kümmere mich um Partnerschaften mit Unternehmen und Kompensationspartnern wie dem Zentrum für Globalen Wandel & Nachhaltigkeit an der BOKU. Ich bin Schnittstelle zwischen IT und Kundinnen und Kunden, Vertriebsleiter, mache die Öffentlichkeitsarbeit und betreue ein kleines, aber feines Team.

Was hat dir UBRM dafür gebracht?

Das UBRM-Studium hat mir einen guten Einblick in viele Aspekte der Ressourcenökonomie und Nachhaltigkeit gegeben. V.a. das fächerübergreifende Denken und das kollegiale Miteinander hilft mir fast täglich, einen guten Job zu machen.

Was empfiehlst du UBRM-Studierenden?

Rennt nicht durch eure Studienzeit, indem ihr Fragenkataloge auswendig lernt, sondern nutzt diese Phase eures Lebens, um das Denken neu zu entdecken. Macht ein Erasmus-Praktikum mit echtem Studienbezug. Nutzt gesellige Momente, um Theorien und Denkansätze zu diskutieren. Vergesst bei all dem Trubel nicht, dass regelmäßiger Schlaf und Bewegung helfen können, Gedanken und Ideen neu zu ordnen. Seid proaktiv in eurem Auftreten und behaltet euch eine positive Grundeinstellung zum Leben, auch wenn das Studium und die Menschen desillusionieren können.

Dipl.-Ing. Carmen Schmid, BSc

UBRM-Bachelor und -Master (Abschluss 2013, Dipl.-Ing.)

Aktuelle Tätigkeit: Expertin für Treibhausgasinventuren und -projektionen, Umweltbundesamt

Was ist UBRM für dich?

Ich habe mich schon immer für ein Studium mit Schwerpunkt Umweltschutz interessiert, und ich habe mich bereits mit 16 Jahren entschieden, UBRM auf der BOKU zu studieren (zu der Zeit wurde das Studium gerade eingeführt). UBRM hat mir beigebracht, in verschiedenen Disziplinen zu denken und diese zu verstehen. Als UBRM-Absolventin bzw. -Absolvent besitzt man sehr viel implizites Wissen und spricht viele Fachsprachen. Diese Skills werden einem aber oft erst später im Berufsleben bewusst.

Was machst du in deinem Job?

Ich arbeite im Umweltbundesamt in der Abteilung für Klimaschutz und Emissionsinventuren. Ich bin einerseits für die Erstellung der österreichischen Treibhausgasinventur des Landnutzungs- und Forstsektors zuständig, andererseits arbeite ich für das European Topic Center of Climate Change Mitigation, wo ich ein kleines Team leite, das sich mit der Qualitätssicherung von Treibhausgasprojektionen der EU-Mitgliedsländer beschäftigt.

Die Haupttätigkeiten in diesem Beruf sind, große Datenmengen zu bearbeiten und Berichte zu schreiben. Dies geschieht sehr oft auch in Kooperation mit anderen (internationalen) Partnern.

Was hat dir UBRM dafür gebracht?

Alles, aber das Wichtigste ist das fachübergreifende Denken, denn Klimaschutz ist durch und durch ein interdisziplinäres Thema. Das Studium lehrt aber auch wichtige grundlegende Methoden, die man im Beruf sehr gut anwenden kann. Das wirtschaftliche Grundwissen hat sich bisher immer als sehr nützlich dargestellt.

Was empfiehlst du UBRM-Studierenden?

Macht verschiedene Praktika in unterschiedlichen Unternehmen und Institutionen, um herauszufinden, was ihr später in eurem Beruf machen wollt, v.a. was ihr nicht machen wollt! Das ist besonders für diejenigen empfehlenswert, die überhaupt nicht wissen, wohin es gehen soll. Wählt bei der Masterarbeit ein Thema, das euch auch beruflich interessiert.

Dipl.-Ing. Thomas Eberhard, BSc

UBRM-Bachelor und -Master (Abschluss 2018, Dipl.-Ing.)

Aktuelle Tätigkeit: Junior Expert, AustriaTech GmbH (Team Automatisierte und Saubere Mobilität)

Warum UBRM? (Was ist UBRM für dich?)

Ich habe mich in der Zeit nach der Matura intensiv mit der Frage auseinandergesetzt, wo meine Interessensgebiete liegen und in welchem Bereich ich später arbeiten möchte. Als ich auf das Studium UBRM gestoßen bin, wusste ich, dass ich fündig geworden bin. UBRM ist für mich ein Studium, mit dem man sich identifizieren kann. Es werden umweltrelevante Aspekte nicht nur aufgezeigt und vermittelt, sondern es werden auch Lösungsansätze entwickelt. Und eben das macht die Stärke von UBRM aus: Umweltprobleme erkennen und gleichzeitig sektorübergreifende Lösungen erarbeiten.

Was machst du in deinem Job?

Meine Tätigkeiten bei AustriaTech sind in der Elektromobilität angesiedelt und umfassen ein laufendes Monitoring rund um aktuelle Trends und Entwicklungen im Bereich Elektromobilität sowie die Mitarbeit in verschiedenen Fachgremien und Arbeitsausschüssen. Da AustriaTech eine 100%ige Tochter des Bundesministeriums für Verkehr, Technologie und Innovation ist, liegen meine Aufgaben auch in der Unterstützung des Ministeriums bei laufenden Agenden wie Förderungen, Forschungsprogramme und Leitfäden rund um das Thema Elektromobilität.

Was hat dir UBRM dafür gebracht?

In meiner jetzigen Arbeit bin ich in unterschiedlichen Themenbereichen tätig, von Energie und Verkehr über Gesetze und Verordnungen bis hin zu wissenschaftlichem Arbeiten ist einiges dabei. Nachdem UBRM ein Generalistenstudium ist, habe ich mir Wissen aus unterschiedlichen Disziplinen aneignen können, wovon ich in meiner Arbeit sehr profitiere. Sei es beim Netzwerken bei Fachtagungen, bei Projektmeetings oder im täglichen Austausch mit Kolleginnen und Kollegen, als UBRM-Absolvent kann ich in vielen Bereichen mitdiskutieren und meine Expertise einbringen.

Was empfiehlst du UBRM-Studierenden?

Nutzt die Möglichkeit und sammelt Erfahrungen im Ausland. Davon profitiert ihr sowohl sprachlich als auch hinsichtlich Lebenslauf und Bewerbungen. Genießt die Zeit an der BOKU, sie ist wirklich eine tolle Uni, und genießt die Zeit im Türkenschanzpark. Nutzt das vielseitige Angebot und besucht v.a. im Bachelor unterschiedliche Lehrveranstaltungen, um eure Interessen herauszufinden und euch zu orientieren. Und zu guter Letzt, feiert und erfreut euch an den netten Leuten der BOKU.

Dipl.-Ing. Annemarie Hofer, BSc

UBRM-Bachelor und -Master (Abschluss 2018, Dipl.-Ing.)

Aktuelle Tätigkeit: Consultant für Legal Compliance im Bereich Umweltrecht und Schutzrecht für Arbeitnehmerinnen und Arbeitnehmer, denkstatt (Unternehmensberatung im Nachhaltigkeitsbereich)

Was ist UBRM für dich?

UBRM ist für mich ein sehr vielseitiges Studium, in dem ich gelernt habe, inter- und transdisziplinär zu denken und zu handeln. Durch UBRM habe ich ein naturwissenschaftlich-technisches, aber auch sozialwissenschaftliches Grundverständnis in unterschiedlichen Fachbereichen erworben. Dadurch kann ich komplexe Prozesse, die gerade beim Umwelt- und Klimaschutz eine große Rolle spielen, besser verstehen und Probleme aus unterschiedlichen Perspektiven betrachten.

Was machst du in deinem Job?

In meinem Job versuche ich Unternehmen zu erklären, welche umwelt- und arbeitnehmerschutzrechtlichen Anforderungen sie einhalten müssen. Unser Ziel ist es, die teilweise sehr kompliziert formulierten Rechtsvorschriften für Unternehmen verständlich aufzubereiten. Neben den inhaltlichen Aufgaben bin ich auch für die Koordination unseres Legal-Compliance-Teams verantwortlich und übernehme unterschiedliche organisatorische Aufgaben. Zusätzlich betreue ich das interne Managementsystem der denkstatt.

In meinem Job bin ich viel unterwegs – selbstverständlich hauptsächlich mit der Bahn. Ich beschäftige mich intensiv mit unterschiedlichen Gesetzestexten und Normen, bin aber auch viel bei Kundinnen und Kunden vor Ort. Da wir auf Projektbasis arbeiten, ist der Workload unterschiedlich verteilt. Einen „klassischen Arbeitsalltag" gibt es bei mir deshalb eigentlich nicht.

Was hat dir UBRM dafür gebracht?

Durch UBRM habe ich viele verschiedene Disziplinen kennengelernt. Prozesstechnik, Umweltsoziologie, Agrarwissenschaft, Meteorologie oder Betriebswirtschaftslehre sind nur einige davon. Dadurch habe ich auch das jeweilige grundlegende Fachvokabular gelernt. Deshalb kann ich heute mit Vertreterinnen und Vertretern unterschiedlichster Disziplinen in ihrer „Sprache" kommunizieren.

Was empfiehlst du UBRM-Studierenden?

Stellt euch darauf ein, viele unterschiedliche Dinge zu lernen, von denen ihr nicht immer wisst, ob ihr sie wirklich jemals brauchen werdet. Ihr werdet später für jede einzelne Vorlesung dankbar sein, und sei es nur, weil sie euren Horizont erweitert hat. Sucht euch Praktika und schnuppert in verschiedene Berufsfelder und Aufgabenbereiche hinein. Ich empfehle euch aber auch, euch ein Thema zu suchen, in dem ihr euch besonders gut auskennen wollt. Die Interdisziplinarität von UBRM ist einerseits wunderbar, andererseits auch die größte Herausforderung des gesamten Studiums.

Dipl.-Ing. Anton Ettl, BSc

UBRM-Bachelor und -Master (Abschluss 2014, Dipl.-Ing.)

Aktuelle Tätigkeit: Angestellter bei einem Energieversorgungsunternehmen

Was ist UBRM für dich?

Dieser Studiengang – v.a. das Bachelorstudium – ist für mich weniger eine Berufsausbildung als eine Denkschule. Es zeigt die wesentlichsten Problemstellungen unserer Gesellschaft auf lokaler, nationaler und globaler Ebene auf und versucht Antworten, bereitzustellen bzw. Studentinnen und Studenten das Werkzeug zu vermitteln, diese zu bearbeiten und so an deren Lösung mitwirken zu können. Aufgrund der Vielschichtigkeit dieser Problemfelder kommt man mit Schwarz-Weiß-Denken jedoch nicht weit. Ein Kommilitone hat es einmal folgendermaßen ausgedrückt: UBRM-Absolventinnen und -Absolventen sollen z.B. in der Lage sein, ökonomische Fragestellungen mit der ökologischen Brille zu betrachten und vice versa. Es soll also der Mittelweg zwischen Schwarz und Weiß ausgeleuchtet werden. Dieser Vereinfachung kann ich nur zustimmen.

Was machst du in deinem Job?

In meiner Tätigkeit für ein niederösterreichisches Energieversorgungsunternehmen beschäftige ich mich mit Energieberatungen für Unternehmenskunden und momentan v.a. mit Energieauditierungen, welche laut EEffG für große Unternehmen vorgeschrieben sind. Dabei werden die wichtigsten Energieflüsse innerhalb des Unternehmens identifiziert, analysiert und dokumentiert. Anschließend werden daraus mögliche Potenziale zur Energieeinsparung extrahiert. Es dreht sich in meinem Arbeitsgebiet also alles rund um das Thema der effizienten Energienutzung.

Was hat dir UBRM dafür gebracht?

V.a. die Spezialisierung im Masterstudium hat mir wesentliches spezifisches, technisches Wissen vermittelt. Darüber hinaus eignet man sich während des Studiums natürlich eine Vielzahl von Skills und Fertigkeiten an, die man im beruflichen Alltag zur Anwendung bringen kann.

Was empfiehlst du UBRM-Studierenden?

Allem voran natürlich das Studium zu genießen. Studierende sollten die Möglichkeiten ausschöpfen, die einem eine hervorragende Bildungsinstitution wie die BOKU bietet. Nach dem Abschluss, und darin besteht meine Hoffnung, sollte der Geist dieses einzigartigen Studiums möglichst aufrechterhalten werden.

Dipl.-Ing. Kathrin Höfferer, BEd BSc

Bachelor in Agrarpädagogik (2016, BEd), UBRM-Bachelor und -Master (Abschluss 2016, Dipl.-Ing.)

Aktuelle Tätigkeit: Referentin für Energie- und Umweltpolitik, Austropapier (Fachverband der österreichischen Papier- und Zellstoffindustrie)

Was ist UBRM für dich?

Grundsätzlich sehe ich das Studium als Bindeglied der Schwerpunkte Technik, Wirtschafts- und Naturwissenschaften. Somit lässt sich UBRM auch am besten durch seine breite Fachverteilung charakterisieren, die anfangs recht

Foto: Philip Hahn

willkürlich erscheint, aber sich mit fortschreitendem Studium und v.a. beim Jobeinstieg zum Vorteil entwickelt. Poetisch ausgedrückt: UBRM ist die Nuancierung seines noch nicht wahrgenommenen Ziels. Das Studium vermittelt das Werkzeug, mit dem Lösungen erarbeitet werden können – ohne einschlägigen Schwerpunkt. Klingt unspezifisch – ist es auch. Genau das bringt seinen Absolventinnen und Absolventen aber den wesentlichen Vorteil der Generalistin/des Generalisten.

Was machst du in deinem Job?

Ich arbeite als Referentin für Energie- und Umweltpolitik für den Fachverband der österreichischen Papier- und Zellstoffindustrie. Meine Position ist in diesem Bereich die Schnittstelle zwischen Wirtschaft und Politik, sowohl auf nationaler als auch auf EU-Ebene. In enger Zusammenarbeit mit der Wirtschaftskammer vertrete ich die Interessen der Papierbranche. Ich bin verantwortlich für mehrere Ausschüsse, analysiere, erarbeite und präsentiere einschlägige Fachthemen zu Energie und Umwelt.

Was hat dir UBRM dafür gebracht?

Wesentlichstes Element ist sicher das fachübergreifende Denken und der Blick über den Tellerrand. Natürlich auch die Basis in einigen technischen und wirtschaftlichen Bereichen, allerdings war mir dabei wichtig, mich durch Wahlfächer in Teilbereichen zu vertiefen.

Was empfiehlst du UBRM-Studierenden?

Praktika, Sprachweiterbildung und Zusatzqualifikationen sind Elemente, die aus keiner Bewerbung wegzudenken sind. UBRM bietet ein Programm an diversen Fortbildungen, Auslandsstudien und -reisen, wodurch die Möglichkeit geboten wird, sich in seinen Interessensgebieten zu spezialisieren. Außerdem läuft man ohne entsprechenden Einschlag nach dem Studium Gefahr, in diversen Praktika und ohne konkretem Job zu enden. Auch ein zweites Studium, das sich an eure Interessen und an UBRM anlehnt, ist schwerstens zu empfehlen.

Dipl.-Ing. Clemens Nießner, BSc

UBRM-Bachelor und -Master (Abschluss 2013, Dipl.-Ing.)

Aktuelle Tätigkeit: Projektmanager, Österreichische Post AG

Was ist UBRM für dich?

Für mich ist UBRM, wie für viele der Absolventinnen und Absolventen, die Kombination aus Natur-, Wirtschafts- und Ingenieurwissenschaften. Meiner Meinung nach ist das eine ganz besondere Basis für den weiteren Berufs- und Lebensweg. Man kann im UBRM-Studium vielfältige Qualifikationen erlernen. Danach stehen dann viele Türen offen – auch manche, an die man vorerst vielleicht gar nicht gedacht hat!

Was machst du in deinem Job?

In meinem alltäglichen Berufsleben beschäftige ich mich vorwiegend mit Projektmanagement. Dabei konzentriere ich mich auf klassische Projektmanagementaufgaben: von der Projektplanung, über die Projektsteuerung und die Projektkontrolle bis hin zu einem hoffentlich erfolgreichen Projektabschluss. V.a. in der Logistik und bei einem großen Logistikunternehmen wie der Post ist das eine sehr spannende und vielfältige Aufgabe!

Was hat dir UBRM dafür gebracht?

Durch das UBRM-Studium habe ich gelernt, ganzheitlich – im Sinne von verknüpft und interdisziplinär – zu denken und Sachen aus den verschiedensten Blickwinkeln zu betrachten. Im Projektmanagement sind das wertvolle Eigenschaften, da eine ganzheitliche Denkweise besonders wichtig ist, um den Überblick zu bewahren.

Was empfiehlst du UBRM-Studierenden?

Auch wenn es manchmal mühsam erscheint, eine Prüfung nach der anderen zu schreiben – kämpft euch durch das Bachelorstudium. Im Master empfehle ich euch aber, den Fokus auf ein Fachgebiet zu legen und dementsprechend auch nur eine Spezialisierung zu wählen.

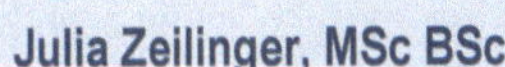

Julia Zeilinger, MSc BSc

UBRM-Bachelor (Abschluss 2014, BSc), Master in Community Water and Sanitation, Cranfield University, UK (Abschluss 2016, MSc), UBRM-Master (laufend), Doctorate School Transitions to Sustainability (laufend)

Aktuelle Tätigkeit: Wissenschaftliche Mitarbeiterin und Doktorandin am Institut für Abfallwirtschaft, BOKU

Was ist UBRM für dich?

UBRM ist für mich ein vielfältiges und zukunftsfähiges Studium, das seine Stärken in der inhaltlichen Breite und durch den Fokus auf die Schnittstellen zwischen Umwelt, Gesellschaft und Wirtschaft hat. Durch diese starke interdisziplinäre Ausrichtung ermöglicht das Studium ein Auseinandersetzen mit verschiedenen fachlichen Blickwinkeln und stellt wertvolle Werkzeuge zur Verfügung, die für die komplexen Problemfelder unserer Zeit mehr und mehr erforderlich werden.

Was machst du in deinem Job?

Erstkontakt zum Institut für Abfallwirtschaft an der BOKU hatte ich 2011 im Zuge einer bundeslandweiten Restmüllsortieranalyse, bei der mehrere Tonnen Restmüll durch die Hände unseres kleinen Teams von Forscherinnen und Forschern gegangen sind. Seither bin ich mit einer längeren Unterbrechung aufgrund von Auslandsaufenthalten am Institut für Abfallwirtschaft angestellt – zuerst als studentische Mitarbeiterin und seit 2018 als wissenschaftliche Projektmitarbeiterin. Im Zuge eines Grundlagenforschungsprojektes zum Thema nachhaltige temporäre Wohnformen im urbanen Bereich habe ich auch die Möglichkeit, mein Doktorat zu machen. In diesem interdisziplinären Projekt, das in Kooperation von fünf BOKU-Instituten und zwei weiteren Forschungseinrichtungen durchgeführt wird, forsche ich im Bereich Abfall-, Wasser- und Ressourcenmanagement und arbeite an Life-Cycle-Assessments von temporären Wohnformen. Ich kann hier fortsetzen, was ich schon in meinen Bachelor- und Masterstudien sehr geschätzt habe: Jeden Tag etwas Neues zu lernen, sich intensiv mit wissenschaftlichen Fragestellungen zu befassen und komplexen Problemstellungen auf den Grund zu gehen.

Was hat dir UBRM dafür gebracht?

Im UBRM-Studium habe ich gelernt, offen zu sein und gut zuzuhören. Mitunter sprechen unterschiedliche Fachrichtungen vom Gleichen, verwenden dafür aber ganz unterschiedliche (Fach-)Sprachen. Nachdem ich in einem sehr interdisziplinären Forschungsteam arbeite, kommt es mir zugute, grundsätzlich über verschiedene Fachgebiete Bescheid zu wissen und mitunter auch als Verbindungsglied zwischen verschiedenen Kolleginnen und Kollegen zu agieren und „Übersetzungsarbeit" zu leisten. Zudem schätze ich den regen Austausch und den kooperativen Charakter des Studierens und Arbeitens an der BOKU.

Ich habe es immer als Bereicherung empfunden, aus so vielen Wissensgebieten lernen zu können. Bei den vielen UBRM-Lehrveranstaltungen ist es nur natürlich, dass nicht alles gleich interessant wirkt. Im Laufe der Jahre habe ich aber gemerkt, dass auch weniger spannende Lehrinhalte oftmals später sehr nützlich waren, wenn man ihnen wieder in dem einen oder anderen Kontext begegnet und sofort Anknüpfungspunkte herstellen kann.

Was empfiehlst du UBRM-Studierenden?

Geht offen durch eure Studierendenjahre und sucht euch Initiativen, in denen ihr mitgestalten könnt. Engagiert euch für etwas, das euch begeistert und am Herzen liegt. Gestaltet eure Studienzeit bzw. Lehrveranstaltungen mit, indem ihr Fragen stellt, euch in Diskussionen einbringt und euch kritisch mit den Inhalten auseinandersetzt. Studieren ist so viel mehr als die Suche nach dem nächsten Fragenkatalog und den „prüfungsrelevanten Inhalten". Für mich war es auch immer spannend, Lehrveranstaltungen abseits des UBRM-Studienplans zu besuchen, besonders solche mit Praxisbezug, Exkursionen oder Kleingruppen. Und hebt euch am besten nicht alle vermeintlichen „Angstprüfungen" bis zum Schluss auf.

An einigen wissenschaftlichen Konferenzen ist eine Teilnahme für Studierende gratis oder zu sehr reduzierten Teilnahmegebühren möglich. Solche Veranstaltungen ermöglichen nicht nur einen spannenden Überblick über die neueste Forschung im jeweiligen Bereich, sondern bieten auch vortreffliche Möglichkeiten zum Networking, und möglicherweise ergeben sich ja auf diesem Weg Kontakte für Praktika, Sommerjobs, Themen für Masterarbeiten oder Ähnliches.

Ich würde meine Zeit im Ausland nicht missen wollen. Im Zuge eines Double Degrees der BOKU und der Cranfield University habe ich über das Erasmus-Programm einen Master in England gemacht. Das war eine sehr bereichernde Zeit für mich. Speziell für Personen, die sich eine berufliche Zukunft in der Wissenschaft vorstellen können, kann es eine wichtige Erfahrung sein, auch andere Universitätssysteme und universitäre „Unternehmenskulturen" kennenzulernen und internationale Netzwerke aufzubauen.

Dipl.-Ing. David Tanner, BSc

UBRM-Bachelor und -Master (Abschluss 2016, Dipl.-Ing.)

Aktuelle Tätigkeit: Junior Business Developer, RP Global Austria GmbH (im Bereich Wasser-, Wind- und Solarkraftwerke)

Was ist UBRM für dich?

UBRM ist für mich die optimale Querschnittsmaterie der Bereiche Technik, Wirtschaft und Ökologie. In diesem Studium wird ein ganzheitliches Denken vermittelt und Lösungsansätze bereitgestellt, um umweltpolitische Problemstellungen sowohl auf regionaler, nationaler als auch auf globaler Ebene behandeln zu können.

Was machst du in deinem Job?

In meiner Tätigkeit bin ich zuständig für die Erforschung relevanter Daten zu neuen Technologien im Bereich der erneuerbaren Energien, zur Validierung neuer Geschäftsmöglichkeiten sowie für die Unterstützung in der internationalen Projektentwicklung.

Was hat dir UBRM dafür gebracht?

Aus dem UBRM-Studium habe ich in erster Linie die Fähigkeit, vernetzt zu denken und Aufgaben/ Projekte durch ein fundiertes Basiswissen vielseitig anzugehen, mitgenommen. Darüber hinaus hat mir die fachspezifische Vertiefung im Masterstudium in vielen beruflichen Themenfeldern weitergeholfen.

Was empfiehlst du UBRM-Studierenden?

Ich empfehle allen Studierenden, die sich für UBRM entscheiden, die umfangreiche Bandbreite im Bachelorstudium zu nutzen, um sich der eigenen Interessen und Fähigkeiten bewusst zu werden, und sich nicht von der Vielschichtigkeit abschrecken zu lassen. Ganz wichtig ist meiner Meinung nach auch, sei es durch Praktika oder Nebenjobs Berufserfahrung in den zukünftigen Branchen zu sammeln, die in der Wahl der Spezialisierung im Master ausschlaggebend sein können. Während des Studiums Auslandserfahrungen durch die diversen Angebote (Erasmus etc.) sammeln zu können, ist eine einmalige Chance, die sehr zu empfehlen ist.

DDipl.-Ing. Julia Schilder

Wirtschaftsingenieurwesen (Maschinenbau) (Abschluss 2011, Dipl.-Ing.), UBRM-Master (Abschluss 2017, Dipl.-Ing.)

Aktuelle Tätigkeit: Programme Budget Officer, UN-Sekretariat in New York

Was ist UBRM für dich?

Vor meinem UBRM-Master habe ich Wirtschaftsingenieurwesen studiert und kenne daher die rein betriebswirtschaftliche Herangehensweise, bei der externe Kosten von wirtschaftlichen Aktivitäten zulasten der Umwelt und/oder Gesellschaft nicht betrachtet werden. Wir spüren heute, wie sich dieses Vorgehen mit rasanter Geschwindigkeit auf unseren Lebensraum Erde auswirkt. UBRM ist meiner Meinung nach eine Studienrichtung, die es dringend braucht – v.a. in Bezug auf die Umsetzung von Nachhaltigkeit in Ökologie, Ökonomie und Sozialem durch Politik, Wirtschaft und die Gesellschaft.

Was machst du in deinem Job?

Aktuell bin ich im UN-Sekretariat in New York im Bereich Policy-Beratung für die Budgetplanung (5 Mrd. US$, ausgenommen Peacekeeping) und Analyse der finanziellen Kennzahlen tätig. So habe ich die vielfältigen Bereiche der Vereinten Nationen kennengelernt und bin in die Vorbereitung der Budgetplanung für 2020 zur Vorlage in der Generalversammlung im September und in die Aufbereitung der Erklärungen zu budgetrelevanten Fragestellungen aus den zuständigen Komitees eng eingebunden. Besonders spannend ist auch, dass gerade ein neues System zur Budgetplanung eingeführt wird, gleichzeitig mit dem Wechsel von einem zweijährigen auf einen einjährigen Budgetzyklus.

Was hat dir UBRM dafür gebracht?

Die UN ist die Organisation, in der die (politischen) Anliegen der Weltgemeinschaft aufeinanderprallen. Teils habe ich mich an Kurse wie „Wissenschaft in Politik und Gesellschaft" sowie „Governance Nachhaltiger Entwicklung" zurückerinnert – häufig geht die Spannweite der Interessen von kleinen Inselstaaten bis hin zu den „Weltmächten" jedoch über den meist europäischen Kontext der Kurse hinaus und führt zu vergleichbaren paradoxen Situationen. Ein hoher Spezialisierungsgrad der einzelnen UN-Bereiche macht eine umfassende Nachhaltigkeitsanalyse je nach Problemstellung hinreichend komplex, sodass UBRM-Absolventinnen und -Absolventen optimale Voraussetzungen haben, um mit verschiedenen Stakeholdern an einer umfassenden Strategie zu arbeiten (Big Picture).

Was empfiehlst du UBRM-Studierenden?

Das Studium ist dazu da, sich auszuprobieren – sei es, Vorlesungen aus anderen Bereichen zu belegen oder ein Praktikum bzw. einen Auslandsaufenthalt während des Studiums einzuplanen. Diese Erfahrungen sind unersetzbar – neben einer Menge Spaß bringen sie einen fachlich und v.a. persönlich viel weiter. Ergreift Chancen und bleibt neugierig in jeder Hinsicht, denn fragen kostet nichts!

Dipl.-Ing. Martin Borries, BSc

UBRM-Bachelor und -Master (Abschluss 2011, Dipl.-Ing.)

Aktuelle Tätigkeit: Logistics & Recycling Spezialist, Fiat Chrysler Automobiles

Was ist UBRM für dich?

UBRM ist ein breit angelegter Studiengang, der neben naturwissenschaftlichen Grundlagen auch ökonomische und soziale Themen behandelt. UBRM ist für mich ein solides Fundament zum weiteren Wissenserwerb insbesondere spezieller Thematiken im Umweltbereich. Der eher allgemeine Charakter mag anfangs etwas verwirren, nach dem Studium bemerkt man allerdings, wie gut das eigene vernetzte (interdisziplinäre) Denken funktioniert, was einen umfassenden Blick in die verschiedensten Bereiche des Wirtschaftens ermöglicht. Das Wissensspektrum reicht vom grundsätzlichen Verständnis der Stoffkreisläufe über das (Aus-)Wirken der Politik bis hin zur Funktionsweise von Wirtschafts- und Finanzprozessen.

Was machst du in deinem Job?

Mein Job als Logistics & Recycling Specialist bei Fiat Chrysler Automobiles in Frankfurt am Main umfasst neben Tätigkeiten aus dem Bereich Umweltmanagement, wie z.B. die Einhaltung umweltgesetzlicher Anforderung des Unternehmens, auch administrative Aufgaben wie die Erstellung, Auswertung und Dokumentation von Datengrundlagen und Vorgehensweisen sowie vertragliche Angelegenheiten und Kostenkontrolle. Meine Position ist eine Querschnittsfunktion. Dabei spielen v.a. die

Fachbereiche Abfallwirtschaft (z.B. VerpackV, ELV, BattG), Energiemanagement (Energiemanagementsysteme und Auditierungen) und Logistik (Lagerungs-, Lieferungs- und Rücknahmeprozesse von Fahrzeugen und Ersatzteilen) eine Rolle.

Was hat dir UBRM dafür gebracht?

UBRM hat es mir ermöglicht, Problemstellungen aus unterschiedlichen Perspektiven zu betrachten. So ist es möglich, sich mit Vertreterinnen und Vertretern der Wirtschaftswissenschaften, Ingenieurinnen und Ingenieuren, Technikerinnen und Technikern wie auch Geisteswissenschaftlerinnen und -wissenschaftlern auf Augenhöhe auszutauschen, die teilweise komplexen Problemstellungen zu verstehen und lösungsorientiert zu handeln. Das Prinzip des nachhaltigen Wirtschaftens hat sich in allen Lebensbereichen als erfolgreich erwiesen.

Was empfiehlst du UBRM-Studierenden?

Ich empfehle allen UBRM-Studierenden, sich anfangs nicht von der Bandbreite des Studiengangs abschrecken zu lassen. Gerade in diesem weit gefassten Spektrum liegt der Vorteil von UBRM. Das entbindet natürlich nicht von selbstständiger Vertiefung der eigenen Interessensgebiete. Zusätzliche Wahlfächer auch aus Masterprogrammen oder bei bevorzugten Professorinnen und Professoren sind aus meiner Sicht Pflicht im UBRM-Studium. Ergänzend empfehle ich, viele Praktika aus möglichst unterschiedlichen Bereichen/Branchen zur eigenen Interessensfindung beizumischen. Aus eigener Erfahrung kann ich sagen, dass wirklich jedes Fach im UBRM eine Bereicherung für die Ausbildung der eigenen Fähigkeiten war, auch wenn es manchmal schwierig war, sich das einzugestehen. Aus meiner Sicht ist das Entscheidende am Studieren die Bestimmung der eigenen Interessen und die Entwicklung des eigenen Charakters. Hierbei kann UBRM bei der Orientierung helfen. Die eigentliche Aktion muss aber stets aus Eigeninitiative erfolgen. Ich wünsche allen Studierenden viel Spaß im Studium und hoffe gemeinsam auf eine lebenswerte Zukunft.

7.3 UBRM-Alumni – das Netzwerk für Absolventinnen und Absolventen

Der Verein der Absolventinnen und Absolventen der Studien für Umwelt- und Bioressourcenmanagement, kurz UBRM-Alumni, vertritt Studierende sowie Absolventinnen und Absolventen der gleichnamigen Bachelor- und Masterstudien. Im Jahr 2014 gegründet, bietet der junge Verein seinen Mitgliedern in Zusammenarbeit mit dem Alumni-Dachverband der BOKU eine Vielzahl an Services an.

> Der Begriff Alumni bezeichnet die Absolventinnen und Absolventen einer Hochschule oder Institutionen des tertiären Bildungsbereiches.

Die Hauptaufgaben und Ziele des UBRM-Alumni sind es, die Verbindung der Alumni zur Universität bzw. zum eigenen Studium aufrechtzuerhalten sowie die einzelnen Alumni miteinander zu vernetzen. In regelmäßigen Netzwerktreffen berichten ausgewählte UBRM-Alumni über ihren derzeitigen Job und Werdegang, und die Alumni tauschen sich untereinander aus.

In regelmäßigen Newslettern informiert das UBRM-Alumni-Vorstandsteam die Mitglieder über UBRM-relevante Informationen zu Jobs, Veranstaltungen und Initiativen. UBRM-Alumni ist auf Facebook mit einer eigenen Seite, einer exklusiven Gruppe nur für Alumni-Mitglieder sowie einem LinkedIn-Profil vertreten.

Das UBRM-Alumni-Vorstandsteam nutzt verschiedene Möglichkeiten und unterschiedliche Wege, um das Studium am Arbeitsmarkt bekannter zu machen sowie Arbeitgeberinnen und Arbeitgeber über die Qualifikationen und Stärken der UBRM-Alumni zu informieren.

> Werde Mitglied beim UBRM-Alumni: Anmeldung beim BOKU-Alumni-Dachverband (auch Studierende sind willkommen).

Kontakt UBRM-Alumni

Webseite:	https://boku.ac.at/ubrm-alumni/
E-Mail:	ubrm-alumni@boku.ac.at
Facebook-Seite:	https://www.facebook.com/ubrm.alumni
Facebook-Gruppe (nur für Mitglieder):	https://www.facebook.com/groups/192660231374805/
LinkedIn:	https://www.linkedin.com/in/ubrm-alumni/

Literatur

BOKU (Universität für Bodenkultur Wien) (2017): AbsolventInnenbefragung KOAB: Aggregierte Analyse der Jahrgänge 2010/11 bis 2013/14. Verfügbar in: https://short.boku.ac.at/koabergebnis [Abfrage am 27.6.2019].

BOKU (Universität für Bodenkultur Wien) (2019): AbsolventInnenstudien an der BOKU. Verfügbar in: https://short.boku.ac.at/absstudien.html [Abfrage am 27.6.2019].

Statistik Austria (2018): Klassifikationsdatenbank. Verfügbar in: http://www.statistik.at/web_de/klassifikationen/klassifikationsdatenbank/ [Abfrage am 27.6.2019].